lesclésdubac

TOUT POUR RÉUSSIR l'année

Maths

2de

NOUVEAU PROGRAMME

Pierre-Henri Pin
Professeur de Mathématiques
Lycée Hector Berlioz, Vincennes

Rhydwen Volsik
Professeur de Mathématiques
Lycée Hector Berlioz, Vincennes

8, rue Férou 75278 Paris cedex 06
www.editions-belin.com
Belin

Optimisez vos révisions avec des compléments numériques

- Le site www.clesdubac.com vous propose des compléments numériques pour optimiser vos révisions :
  - ✔ des **quiz** pour vérifier vos acquis
  - ✔ des **cours audio mp3** accessibles par le site ou par les QR-codes qui figurent dans le sommaire. Les QR-codes permettent d'écouter les cours audio directement. Pour les conserver, il suffit de les télécharger sur le site www.clesdubac.com
  - ✔ une base d'**annales** actualisée avec les sujets de l'année
  - ✔ les **corrigés** détaillés des annales
- **Gratuit**, quelle que soit la matière : l'accès aux quiz et aux annales et sujets type bac.
- En plus, avec l'achat de cet ouvrage, **gratuit** : les corrigés des annales et les cours audio.

ISBN 978-2-7011-6538-7

Mode d'emploi

COURS

- **L'essentiel à retenir** dans des cours synthétiques et complets.
- Des aides placées au bon endroit : **Rappels**, **Définitions, Pièges à éviter**.

MÉTHODE

- Des méthodes concrètes pour **acquérir les savoir-faire** nécessaires.
- Des rubriques **Conseils** et des **Points Méthode** pour suivre la bonne démarche.
- Un corrigé commenté et guidé.

EXERCICES

- Des quiz « **Testez vos connaissances** » pour vérifier rapidement les connaissances acquises.
- De nombreux exercices « **Entraînez-vous** » pour travailler sur tous les types de sujets.

CORRIGÉS

- Tous les exercices **intégralement corrigés.**
- Des **Conseils** et des **Astuces** pour progresser.

Sommaire

Statistiques

POUR DÉMARRER

- Revoir les représentations de données statistiques (diagrammes en bâtons, histogrammes, etc.).
- On pourra lire le chapitre 2 sur les probabilités ainsi que le chapitre 6 pour les définitions des intervalles.

1 Séries statistiques

A. Séries statistiques discrètes

Définitions

• On appelle **série statistique discrète** une série de nombres définie par un tableau de la forme :

Valeurs x_i	x_1	x_2	...	x_p	Total
Effectifs n_i	n_1	n_2	...	n_p	N
Fréquences	$f_1 = \frac{n_1}{N}$	$f_2 = \frac{n_2}{N}$	...	$f_p = \frac{n_p}{N}$	1

REMARQUE
La notation x_i signifie que les valeurs de la série sont $x_1, x_2, \ldots, x_p$.

• L'**effectif** n_i d'une valeur x_i est le nombre d'individus prenant cette valeur.

• L'**effectif total** N de la série est le nombre d'individus de la population.

REMARQUE
L'effectif total est aussi appelé la taille de population.

Ainsi : $N = n_1 + n_2 + \ldots + n_p$.

• La **fréquence** f_i d'une valeur x_i est le quotient de l'effectif de cette valeur par l'effectif total N. Ainsi : $f_i = \frac{n_i}{N}$.

Exemple

On considère la série ci-contre, correspondant aux nombres de frères et sœurs, de 20 élèves d'une classe de Seconde.

Valeurs x_i	0	1	2	3	Total
Effectifs n_i	4	8	6	2	20
Fréquences	0,2	0,4	0,3	0,1	1

B. Effectifs et fréquences cumulés croissants

Définition

• L'**effectif cumulé croissant** d'une valeur x_i est le nombre d'individus qui prennent une valeur inférieure ou égale à x_i.

• La **fréquence cumulée croissante** d'une valeur x_i le quotient de l'effectif cumulé croissant de cette valeur par l'effectif total N.

Exemple

En reprenant l'exemple précédent, on obtient le tableau suivant.

Valeurs x_i	0	1	2	3
Effectifs cumulés croissants (E.c.c)	4	12	18	20
Fréquences cumulées croissantes (F.c.c)	0,2	0,6	0,9	1

C. Regroupement en classes

Définitions

Une série statistique est **continue** lorsque le caractère étudié varie de manière continue sur un intervalle, comme par exemple la taille d'un individu (en cm) ou la température (en degrés) mesurée par un thermomètre en un lieu donné.

Dans ce cas, les valeurs sont regroupées en classe, c'est-à-dire en intervalles.

2 Moyenne

Définition

REMARQUE

On effectue une moyenne pondérée. Dans le cas où chaque effectif est égal à 1, on parle de moyenne simple et $\bar{x} = \frac{x_1 + x_2 + \ldots + x_N}{N}$.

La **moyenne** $\bar{x}$ de la série discrète du paragrahe 1 se calcule ainsi :

$$\bar{x} = \frac{n_1x_1 + n_2x_2 + \ldots + n_px_p}{N}$$

ou $$\bar{x} = x_1f_1 + x_2f_2 + \ldots + x_pf_p.$$

Exemple

En utilisant la série précédente :

$$\bar{x} = \frac{4 \times 0 + 8 \times 1 + 6 \times 2 + 2 \times 3}{20} = 1,3$$

ou $\bar{x} = 0,2 \times 0 + 0,4 \times 1 + 0,3 \times 2 + 0,1 \times 3$
$= 1,3.$

La moyenne de la série statistique est 1,3.

Dans cette classe, chaque élève a, en moyenne, 1,3 frère ou sœur.

REMARQUE

Dans le cas où les données sont regroupées par classe, on remplace chaque classe par son milieu (ou centre) pour le calcul de la moyenne (voir la méthode 1).

3 Indicateurs de position et de dispersion

A. Médiane

Définition

• Soit une série statistique de taille N dont les valeurs x_i sont rangées par ordre croissant : $x_1 \leq x_2 \leq \ldots \leq x_p$.

Si N est pair, $N = 2k$, alors la **médiane** est :

$$M = \frac{x_k + x_{k+1}}{2}.$$

Si N est impair, $N = 2k + 1$, alors la médiane est :

$$M = x_{k+1}.$$

• M est telle que 50 % des valeurs lui sont inférieures et 50 % lui sont supérieures.

REMARQUE

La médiane est la valeur du « milieu » de la série.

B. Quartiles

Définitions

• Le **premier quartile** Q_1 est la plus petite valeur x_i telle qu'au moins 25 % des données soient inférieures ou égales à Q_1.

• Le **troisième quartile** Q_3 est la plus petite valeur x_i telle qu'au moins 75 % des données soient inférieures ou égales à Q_3.

• L'**intervalle interquartile** est $[Q_1 ; Q_3]$. L'écart interquartile est $Q_3 - Q_1$.

C. Étendue

Définition

• L'**étendue** d'une série statistique est la différence entre la plus grande et la plus petite valeur de cette série.

D. Types d'indicateurs

Définitions

• La médiane, la moyenne et les quartiles sont des indicateurs de position.

• L'étendue et l'écart interquartile sont des indicateurs de dispersion.

> ***Exemple***
>
> Soit la série 1, 1, 2, 2, 3, 5, 5, 5, 7, 8, 11, 11, 12, 14, 15, 15, 20.
>
> Il y a $N = 17$ valeurs.
>
> $N = 17 = 2 \times 8 + 1$, donc la médiane est la 9e valeur : $M = 7$.
>
> Il y a 8 valeurs inférieures à M et 8 valeurs supérieures à M.
>
> $17 \times 0,25 = 4,25$. Q_1 est la 5e valeur : $Q_1 = 3$.
>
> $17 \times 0,75 = 12,75$. Q_3 est la 13e valeur : $Q_3 = 12$.
>
> L'intervalle interquartile est [3 ; 12].
>
> L'écart interquartile est :
>
> $$Q_3 - Q_1 = 12 - 3 = 9.$$
>
> L'étendue est : $20 - 1 = 19$.

E. Diagramme en boîte

On représente les indicateurs de la série par un diagramme de la forme suivante :

REMARQUE

Ce diagramme est appelé « diagramme en boîte » ou « boîte à moustaches ».

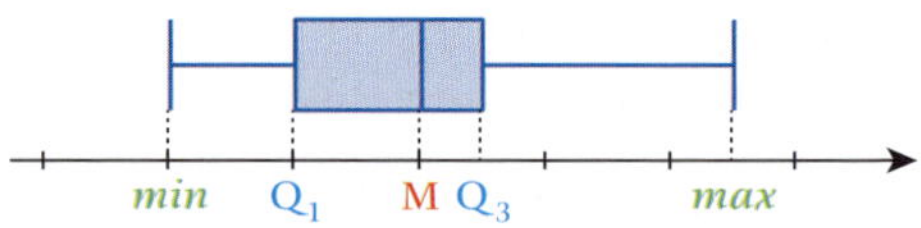

4 Échantillonnage

A. Échantillon

Définition

• Un **échantillon de taille n** est obtenu par n répétitions indépendantes d'une même épreuve de Bernoulli de paramètre p.

> *Exemple*
> On lance un dé bien équilibré 600 fois de suite.
> On compte le nombre de faces supérieurs ou égales à 5 obtenues.
> Le résultat final lors de cette expérience peut être théoriquement compris entre 0 et 600. En pratique, on verra qu'il fluctue autour de la valeur 200.
> La fréquence d'apparition des faces supérieures ou égales à 5 est souvent proche de $\frac{1}{3}$ qui est la probabilité théorique d'obtenir un résultat supérieur ou égal à 5. En effet, deux faces sur six sont supérieures ou égales à 5.

B. Fluctuation d'échantillonnage

Propriété

• On considère une population dans laquelle les proportions des individus possédant un caractère particulier est égale à un nombre p compris entre 0,2 et 0,8.

• On étudie un grand nombre d'échantillons de taille n (avec $n \geqslant 25$) et on note à chaque fois la fréquence d'apparition f de ce caractère.

• On peut montrer que plus de 95 % des valeurs prises par f appartiennent à l'intervalle $\left[p - \frac{1}{\sqrt{n}}\ ;\ p + \frac{1}{\sqrt{n}}\right]$ appelé intervalle de fluctuation au seuil de 95 %.

C. Prise de décision

On suppose que la proportion d'un certain caractère dans une population est égale à p et on souhaite savoir si cette supposition est acceptable.

Pour cela, on observe un échantillon de taille n et on détermine la fréquence observée f de ce caractère dans cet échantillon.

Si les conditions $0,2 \leqslant p \leqslant 0,8$ et $n \geqslant 25$ sont remplies, on applique alors la règle de décision suivante :

• si f appartient à $\left[p-\frac{1}{\sqrt{n}}\,;\,p+\frac{1}{\sqrt{n}}\right]$, alors on peut décider que la supposition est acceptable (avec un risque d'erreur de 5 %).

• sinon, on décide que la population n'est pas acceptable. On sait que statistiquement on a (au plus) 5 % de chances.

E. Estimation d'une proportion

Lorsque l'on veut estimer une proportion p d'un certain caractère au sein d'une population, on prélève un échantillon de taille n et on mesure la fréquence f d'apparition de ce caractère au sein de l'échantillon.

Si les conditions $0,2 \leqslant f \leqslant 0,8$ et $n \geqslant 25$ sont remplies, alors on peut affirmer, avec un risque d'erreur de 5 %, que la proportion p appartient à l'intervalle $\left[f-\frac{1}{\sqrt{n}}\,;\,f+\frac{1}{\sqrt{n}}\right]$, appelé **intervalle de confiance au seuil de 95 %**.

PIÈGES À ÉVITER

- Dans un histogramme, c'est l'aire qui est proportionnelle à l'effectif. Il faut en particulier en tenir compte lorsque les classes n'ont pas toutes la même largeur.
- Apprenez à bien utiliser votre calculatrice. Presque tous les résultats demandés s'obtiennent très rapidement.

1 Calculer une moyenne pondérée

CONSEILS

- Toujours vérifier la cohérence de vos résultats.
- Ici, le résultat cherché est une moyenne de notes comprises entre 0 et 20.
- Cette moyenne doit aussi être comprise entre 0 et 20.
- Les fréquences sont comprises entre 0 et 1.

Exercice

On donne ci-dessous un histogramme représentant la répartition des notes obtenues à un contrôle commun par des élèves.

a. Dresser un tableau des effectifs en fonction de la note obtenue au contrôle.

b. Indiquer la fréquence en pourcentage (arrondi à 10^{-2}) de chaque classe.

c. Calculer une valeur approchée à 10^{-2} près de la moyenne $\overline{x}$ de cette série.

POINT MÉTHODE

✓ *Dans le graphique, c'est l'aire de chaque rectangle qui est proportionnelle à l'effectif.*

✓ *Le calcul de la moyenne se fait suivant la définition du paragraphe 2.*

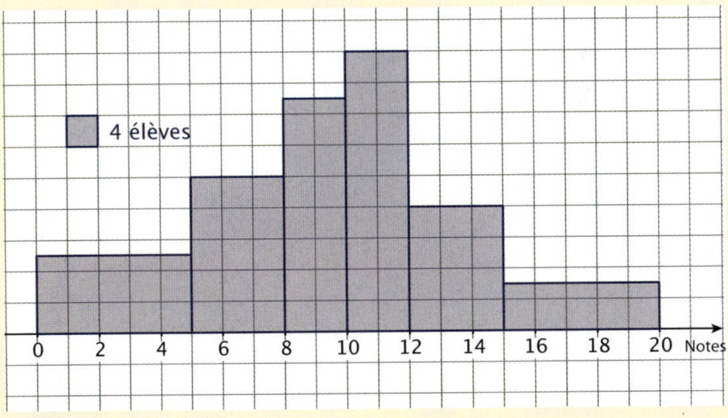

Comment répondre ?

Un carreau correspond à 4 élèves, et l'aire du rectangle le plus à gauche est 12,5 carreaux.
Donc il y a 50 élèves qui ont une note entre 0 et 5.

REMARQUE
L'histogramme ne permet pas de savoir quel est le sens des crochets des classes.

On détermine ainsi l'effectif de chaque classe.
L'effectif total étant de 320, la fréquence de la première classe se calcule ainsi :

$$f_1 = \frac{50}{320} = 0{,}15625 = 15{,}625\ \%.$$

Donc $f_1 \approx 15{,}63$ %. On a donc le tableau suivant :

Notes	[0 ; 5[	[5 ; 8[	[8 ; 10[	[10 ; 12[	[12 ; 15[	[15 ; 20]	Total
Effectifs	50	60	60	72	48	30	320
Fréquences	15,63 %	18,75 %	18,75 %	22,50 %	15,00 %	9,38 %	100 %

Pour calculer la moyenne de cette série, on remplace chaque classe par son centre comme valeur. Ainsi, l'intervalle [5 ; 8[est remplacé par $\frac{5+8}{2} = 6{,}5$.

REMARQUE
Les fréquences ont déjà été arrondies. Pour cette raison, le résultat peut parfois être différent suivant la méthode utilisée.

La moyenne est donc :

$$\bar{x} = \frac{2{,}5\times 50 + 6{,}5\times 60 + 9\times 60 + 11\times 72 + 13{,}5\times 48 + 17{,}5\times 30}{320} \simeq 9{,}44.$$

On peut également calculer une valeur approchée de la moyenne en utilisant les fréquences.

Ainsi : $\bar{x} = 2{,}5\times 0{,}1563 + 6{,}5\times 0{,}1875 + 9\times 0{,}1875$
$+ 11\times 0{,}2250 + 13{,}5\times 0{,}15 + 17{,}5\times 0{,}0938.$

On retrouve le résultat $\bar{x} \approx 9{,}44$.

2 Calculer la médiane et les quartiles

CONSEILS

- **Il est nécessaire que les valeurs soient rangées dans l'ordre croissant.**
- **La méthode pour déterminer la médiane est différente si le nombre de données est pair ou impair.**

COURS | **MÉTHODE** | EXERCICES | CORRIGÉS

Exercice

Cette série statistique correspond aux notes obtenues à un devoir par les élèves d'une classe.

Notes x_i	2	9	11	15	17
Effectifs n_i	4	5	4	7	6

1 **Calculer les quartiles et la médiane de cette série, puis l'intervalle et l'écart interquartile.**

2 **Représenter cette série par un diagramme en boîte.**

3 **Mêmes questions avec la série suivante correspondant à une autre classe.**

Notes y_i	7	9	11	12	15	16
Effectifs n_i	2	6	10	7	3	1

4 **Comparer les deux séries.**

POINT MÉTHODE

✓ *Pour calculer les quartiles et la médiane, on utilise les définitions du paragraphe 3.*

✓ *Pour construire le diagramme en boîte d'une série statistique, on trace un axe sur lequel on place le minimum et le maximum de la série, les quartiles Q_1 et Q_3 et la médiane M. On construit alors un rectangle dont le plus grand côté est parallèle à l'axe et a pour longueur l'écart interquartile (la largeur est arbitraire).*

Comment répondre ?

1 Il y a $n = 26$ valeurs. $0{,}25 \times 26 = 6{,}5$, donc Q_1 est la 7e valeur : $Q_1 = 9$.

$0{,}75 \times 26 = 19{,}5$, donc Q_3 est la 20e valeur : $Q_3 = 15$.

$26 = 2 \times 13$, donc la médiane est égale à la moyenne de la 13e et de la 14e valeur.

$$M = \frac{11+15}{2} = 13.$$

L'intervalle interquartile est donc [9 ; 15] et l'écart interquartile est : $15 - 9 = 6$.

2 La représentation par un diagramme en boîte est la suivante.

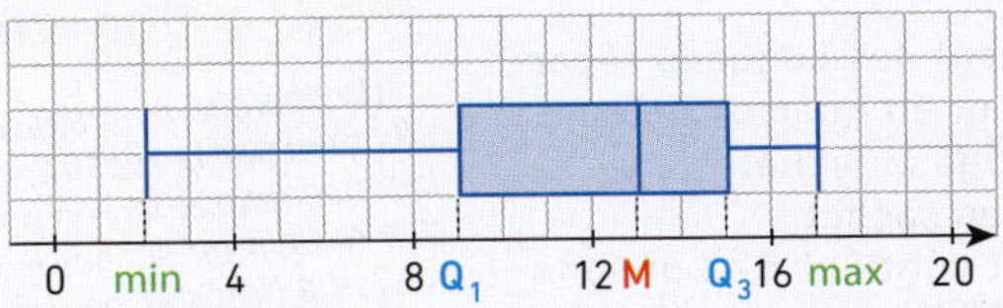

Sur ce graphique, on fait figurer les minimum et maximum, la médiane et les premier et troisième quartiles.

3 Il y a $n = 29$ valeurs ; $0{,}25 \times 29 = 7{,}25$, donc, Q_1 est la 8e valeur : $Q_1 = 9$.
$0{,}75 \times 29 = 21{,}75$, donc Q_3 est la 22e valeur : $Q_3 = 12$.
L'intervalle interquartile est donc [9 ; 12] et l'écart interquartile est : $12 - 9 = 3$.
$29 = 2 \times 14 + 1$, donc la médiane est égale à la 15e valeur ; $M = 11$.
La représentation par un diagramme en boîte est la suivante :

ATTENTION

Attention à bien utiliser la même échelle pour les deux graphiques.

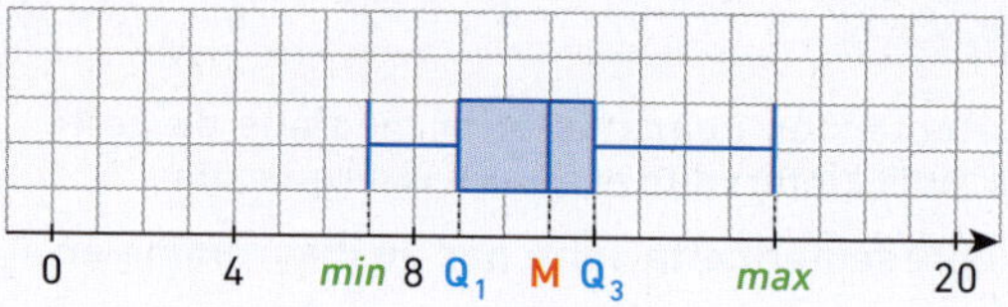

4 Le deuxième diagramme traduit le fait que les valeurs sont moins dispersées. Elles sont groupées autour de la médiane.

3 Utiliser un intervalle de fluctuation pour prendre une décision

CONSEILS

- Il faut modéliser une situation concrète sous la forme de n répétitions indépendantes d'une même épreuve.
- On vérifiera que les conditions d'application sont remplies : la proportion p du caractère doit être comprise entre 0,2 et 0,8 et la taille n de l'échantillon doit être supérieure à 25.

Exercice

Un sachet contient des bonbons répartis équitablement en quatre couleurs : bleue, verte, rouge et jaune.
Émilien achète un sachet.
Il constate qu'il contient 52 bonbons mais seulement 7 bonbons rouges.
Il pense qu'il a été lésé et que son sachet n'est pas conforme.

POINT MÉTHODE

✓ *On cherche à modéliser cette situation par la répétition de n épreuves indépendantes. Ici, on peut considérer que remplir un sachet avec des bonbons revient à tirer des boules dans une urne qui en contient une grande quantité de manière à ce qu'on puisse considérer que le tirage a lieu avec remise.*

1 À quel nombre de bonbons rouges s'attendait-il ?

2 Les conditions sont-elles remplies pour déterminer un intervalle de fluctuation à 95 % ?
Si oui, donner cet intervalle. On donnera une valeur approchée à 10^{-3} de chaque borne.

3 Au seuil de 95 %, peut-on affirmer qu'Émilien a raison de penser que le sachet a un nombre anormalement bas de bonbons rouges ?

Comment répondre ?

1 $0{,}25 \times 52 = 13$. Donc Émilien pouvait s'attendre à 13 bonbons rouges.

2 On modélise le remplissage du sachet par la répétition de 52 tirages dans une urne qui contient les bonbons.

Les bonbons sont répartis équitablement, donc on a une chance sur quatre à chaque fois de tirer un bonbon rouge.

La proportion p de bonbons rouges est donc égale à 0,25 et la taille de l'échantillon est $n = 25$.

On vérifie que $0{,}2 \leqslant p \leqslant 0{,}8$ et $n \geqslant 25$.

Donc on peut déterminer l'intervalle de fluctuation à 95 % :

$$\left[p-\frac{1}{\sqrt{n}}\ ;\ p+\frac{1}{\sqrt{n}}\right]=\left[0{,}25-\frac{1}{\sqrt{52}}\ ;\ 0{,}25+\frac{1}{\sqrt{52}}\right].$$

Donc l'intervalle trouvé est environ [0,111 ; 0,389].

REMARQUE

On a arrondi la borne inférieure par défaut et la borne supérieure par excès de manière à ce que l'intervalle contienne au moins 95 % des valeurs obtenues par fluctuation.

3 Calculons la fréquence observée dans le paquet d'Émilien :

$$f=\frac{7}{52}\approx 0{,}135.$$

Or 0,135 appartient à l'intervalle trouvé précédemment.

Donc, au seuil de 95 % on peut rejeter l'hypothèse que le sachet avait un nombre anormalement bas de bonbons rouges.

95 % des sachets produits ont une proportion de bonbons rouges comprise entre 0,111 et 0,389 soit entre 11,1 % et 38,9 %.

REMARQUE

Le principe de l'intervalle de fluctuation est le suivant : quand on remplit une grande quantité de sachets, la proportion de bonbons rouges dans chaque sachet fluctue autour de la valeur théorique 0,25.

TESTEZ VOS CONNAISSANCES

CORRIGÉ p. 25

1. La moyenne des valeurs 0, 5, 10, 15, 15, 18 est égale à :

a. 12,6. **b.** 10,5. **c.** 9,6.

2. La médiane des valeurs 0, 5, 10, 15, 15, 18 est égale à :

a. 10. **b.** 15. **c.** 12,5.

Dans les questions **3** à **6** on considère la série statistique suivante :

x_i	12	25	34	44	52
n_i	4	5	7	3	6

3. L'effectif total est égal à :

a. 50. **b.** 6. **c.** 25.

4. La fréquence la plus élevée est égale à :

a. 0,28. **b.** 28. **c.** 0,52.

5. La moyenne est égale à :

a. 34. **b.** 34,2. **c.** 25.

6. La médiane est égale à :

a. 34. **b.** 7. **c.** 13.

7. Dans une série statistique dont l'effectif total est égal à 32, la médiane est la :

a. la 16e valeur.

b. la moyenne de la 15e et de la 16e valeur.

c. la moyenne de la 16e et de la 17e valeur.

8. Dans une série statistique, Q_1 est tel que :

a. Au moins 25 % des valeurs sont inférieures ou égales à Q_1.

b. Au moins 25 % des valeurs sont supérieures ou égales à Q_1.

c. Q_1 est égal à la moitié de la médiane.

9. Dans une série statistique :

a. L'écart interquartile est supérieur ou égal à l'étendue.

b. L'écart interquartile est inférieur ou égal à l'étendue.

c. On ne peut pas savoir.

10. L'intervalle de fluctuation pour un échantillonnage de paramètres $p = 0{,}4$ et $n = 100$ est :

a. [0,3 ; 0,5]. **b.** [100,3 ; 100,5]. **c.** $\left[\frac{1}{5} ; \frac{1}{3}\right]$.

ENTRAÎNEZ-VOUS

CORRIGÉ p. 26

Séries statistiques : histogrammes, moyennes

1 On a relevé, dans le tableau ci-dessous, les durées d'attente (en min), à un guichet de banque durant une journée. ●○○ 15 min

Temps	[0 ; 1[	[1 ; 4[	[4 ; 8[	[8 ; 12[	[12 ; 20[	Total
Effectifs	14	36	36	16	4	
Fréquences						

a. Représenter cette série par un histogramme. On utilisera une feuille à petits carreaux, on prendra 1 cm pour 2 minutes en abscisses et 1 cm^2 pour un effectif de 4 personnes.

b. Compléter le tableau. On donnera les fréquences en pourcentage arrondi à 0,1 %.

c. Calculer le temps moyen d'attente à ce guichet durant la journée. On donnera ce temps en minutes et secondes arrondi à la seconde.

2 Pour chacune des séries suivantes, calculer la moyenne en arrondissant, si nécessaire, le résultat à 10^{-2} près. ●○○ 10 min

a.

Valeurs x_i	8	12	14	21	25	28
Effectif s n_i	3	6	9	12	7	4

b.

Valeurs x_i	120	135	150	165	180	195
Fréquences f_i	0,1	0,15	0,2	0,3	0,2	0,05

c.

Valeurs x_i	0,3	0,8	0,9	1,2	1,3	1,8

3 L'étude des prix d'une tablette tactile dans 120 magasins a donné les résultats suivants : ●○○ 20 min

Prix (en euros)	Effectifs	Effectifs cumulés croissants	Fréquences cumulées croissantes
[240 ; 250[	12		
[250 ; 260[	28		
[260 ; 270[	40		
[270 ; 280[	32		
[280 ; 290[	5		
[290 ; 300[	3		

1. Construire l'histogramme des effectifs. On prendra 1 cm pour 10 euros en abscisses et 1 cm pour un effectif de 5 en ordonnées. Les axes se couperont en (240 ; 0).

2. Compléter le tableau.

3. Quel est le pourcentage des magasins pratiquant un prix :

a. strictement inférieur à 260 € ?

b. supérieur ou égal à 280 € ?

c. compris entre 255 € et 275 € ?

4. Calculer le prix moyen de la tablette tactile.

4 Les salaires, en euros, dans une entreprise sont répartis selon l'histogramme suivant : ●○○ 20 min

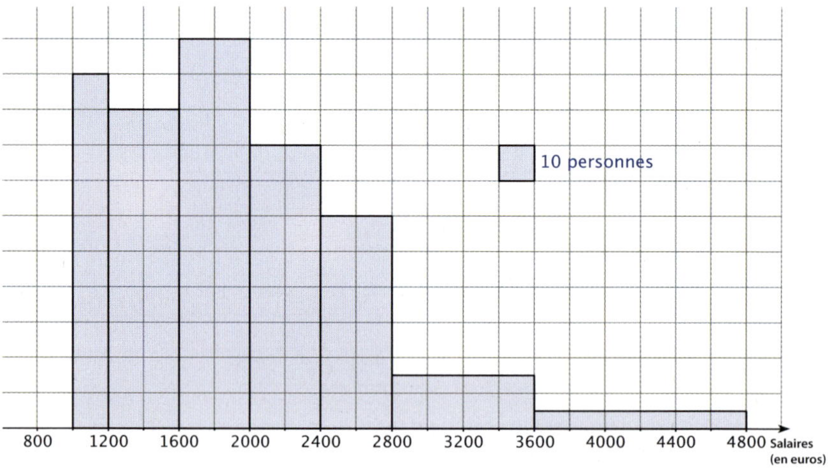

a. Dresser le tableau des effectifs en fonction du salaire.

b. Calculer la fréquence en pourcentage arrondi à 0,1 % de chaque classe.

c. Calculer une valeur, arrondie à la dizaine d'euros, du salaire moyen dans cette entreprise.

d. Déterminer le pourcentage de salariés dont le salaire est inférieur au salaire moyen.

On pourra traiter l'exercice 7 immédiatement après celui-ci.

5 On a relevé les notes à un contrôle commun de Seconde dans un lycée et on les a reportées dans la feuille de calcul suivante : ●○○ 20 min

	A	B	C	D	E
1	*xi*	*ni*	*xi * ni*	*Effectif Total*	*Moyenne*
2	0	1	0		
3	1	3	3		
4	2	4	8		
5	3	2			
6	4	6			
7	5	10			
8	6	15			
9	7	14			
10	8	18			
11	9	21			
12	10	25			
13	11	19			
14	12	26			
15	13	17			
16	14	20			
17	15	14			
18	16	12			
19	17	6			
20	18	7			
21	19	2			
22	20	3			
23					

a. Quelle formule doit-on saisir dans la cellule C2 pour obtenir, par recopie vers le bas, le produit de x_i par n_i pour chacune des valeurs ?

b. Quelle formule doit-on saisir dans la cellule D2 pour obtenir l'effectif total ?

c. Quelle formule doit-on saisir dans la cellule E2 pour obtenir la moyenne ?

d. Recopier ces valeurs dans un tableur et donner la moyenne des notes obtenues à ce contrôle commun.

Médiane et quartiles

6 On a relevé les notes à un contrôle commun de Seconde. ●○○ 10 min

Déterminer la médiane, les quartiles et l'écart interquartile de la série suivante, puis la représenter par un diagramme en boîte :

1 ; 15 ; 2 ; 7 ; 18 ; 7 ; 12 ; 17 ; 12 ; 12 ; 5 ; 12 ; 20 ; 2 ; 8 ; 4 ; 9 ; 19 ; 15 ; 18 ; 15 ; 12 ; 16 ; 3 ; 6 ; 1 ; 6 ; 5 ; 4 ; 5 ; 17 ; 8 ; 20 ; 18 ; 15 ; 17 ; 19.

On cherchera ces résultats « à la main » en détaillant la démarche puis on utilisera une calculatrice en mode statistique pour vérifier.

7 On considère l'entreprise étudiée dans l'exercice **4**. ●●● 30 min

1. Dresser un tableau des effectifs cumulés croissants des salaires, puis celui des fréquences cumulées croissantes arrondies en pourcentage à l'unité.

2.a. À quelle classe appartient la médiane *M* ?

b. À quelles classes appartiennent Q_1 et Q_3 ?

3. On va déterminer une approximation de la médiane *M*, en supposant que la répartition est uniforme à l'intérieur de chaque classe.

Pour cela, on considère la fonction affine *f* définie sur l'intervalle [1 600 ; 2 000[et telle que $f(1\ 600)$ soit égale à la fréquence cumulée, en pourcentage, des valeurs inférieures à 1 600 et $f(2\ 000)$ à la fréquence cumulée, en pourcentage, des valeurs inférieure à 2 000.

a. Justifier que $f(1\ 600) = 32$ et $f(2\ 000) = 57$.

b. Montrer que : $f(x) = 0{,}0625x - 68$.

c. Résoudre l'équation $f(x) = 50$.

d. En déduire une valeur approchée de la médiane *M*.

4. Déterminer de la même manière une approximation de Q_1 et Q_3.

5. Interpréter les résultats précédents par des phrases.

8 On a relevé, dans le tableau ci-dessous, les tailles (en cm) des membres d'un club d'arts martiaux. ●●○ 20 min

Tailles	[155 ; 165[	[165 ; 175[	[175 ; 185[	[185 ; 195[	[195 ; 205[	Total
Effectifs	10	22	28	16	4	
Fréquences						
Fréquences cumulées croissantes						

a. Compléter le tableau.

b. Représenter la courbe des fréquences cumulées croissantes dans un repère orthogonal.
On prendra 1 cm pour 5 cm en abscisse et 1 cm pour 10 % en ordonnées.

c. Déterminer graphiquement M, Q_1 et Q_3.

d. Représenter ces données dans un diagramme en boîte.

Intervalles de fluctuations – Prise de décision

9 Calculer les intervalles de fluctuation les cas suivants. ●○○ 10 min
On arrondira les résultats à 10^{-2} :

a. $n = 250$ et $p = 0{,}7$.

b. $n = 40$ et $p = 0{,}28$.

c. $n = 4\ 500$ et $p = 0{,}42$.

10 Paul propose le jeu suivant à Maéva. Elle lance un dé. ●●○ 15 min
Si le résultat est pair elle gagne un euro, sinon elle perd un euro. Avant de jouer, Maéva veut savoir si le dé qu'elle utilise dans ce jeu est bien équilibré.

a. Paul lui propose de lancer 40 fois le dé et de compter le nombre de fois qu'un nombre pair apparaît.
Après 40 lancers, il a obtenu 15 nombres pairs.
Paul affirme que le dé est équilibré. A-t-il raison ?

b. Maéva n'est pas satisfaite du résultat et propose de tester à nouveau le dé en le lançant 500 fois.
Elle obtient 221 faces paires.
Paul affirme encore que le dé est équilibré. A-t-il raison ?

11 Sur une chaîne de montage, le taux d'appareils présentant un léger défaut est habituellement de 22 %. ●●○ 10 min
Le service de contrôle qualité prélève un échantillon de 250 appareils et constate que 64 d'entre eux présentent un léger défaut.
Peut-on affirmer que ce nombre est anormalement élevé ?

12 Dans l'ouest armorico-vendéen, 45,6 % des habitants ont le groupe sanguin O. ●●○ 10 min
Une étude portant sur $n = 2\ 055$ marins bretons a montré que 1 048 de ces marins sont du groupe O.

a. Déterminer l'intervalle de fluctuation correspondant à cette étude.

b. Que peut-on penser de l'affirmation : « Les marins bretons ont le même groupe sanguin que le reste de la population » ?

Estimation d'une proportion

13 Un fabricant de feux d'artifices veut connaître la qualité de sa production. ●●○ 10 min

Il teste 40 de ses fusées et constate que 31 fonctionnent parfaitement.
À quel intervalle appartient la proportion de feux fonctionnant correctement ?

14 Lors du second tour d'une élection présidentielle qui met en concurrence deux candidats A et B, deux sondages sont réalisés. ●●○ 20 min

1. Le premier concerne 300 personnes en âge de voter et donne 55 % pour le candidat A et 45 % pour le B.

a. Déterminer à quel intervalle appartient le pourcentage de votants pour le candidat A au risque d'erreur de 5 %.

b. Déterminer à quel intervalle appartient le pourcentage de votants pour le candidat B au risque d'erreur de 5 %.

c. Au risque d'erreur de 5 %, peut-on affirmer que le candidat A sera élu ?

2. Le deuxième sondage concerne 2 500 personnes en âge de voter et donne 52,2 % pour le candidat A et 47,8 % pour le B.
Reprendre les questions précédentes.

Problème

15 Un jeu de rôle utilise un dé dont la forme est une pyramide régulière à base carrée de côté 2 cm et de hauteur 2,5 cm. ●●○ 20 min

Les faces triangulaires portent toutes les numéros 2, 3, 4 et 5 et la face carrée le numéro 1. Quand on jette le dé, on utilise comme résultat la face qui repose sur la table de jeu.
Afin de déterminer la loi de probabilité de ce dé, on effectue 400 lancers et on note que la face 1 est apparue 213 fois.

a. À quel intervalle appartient la probabilité d'obtenir la face 1 ?
On donnera une valeur approchée des bornes de l'intervalle à 0,01 près.

b. On suppose que les probabilités d'obtenir chacune des faces triangulaires sont égales.
Donner un encadrement de la probabilité d'obtenir la face 2.

Corrigés de *TESTEZ VOS CONNAISSANCES*

1. Réponse **b.** Il y a 6 valeurs donc :

$$\bar{x}=\frac{0+5+10+15\times2+18}{6}=\frac{63}{6}=10{,}5.$$

Voir le paragraphe 2.

> **REMARQUE**
> *On aurait pu faire le tableau suivant :*
>
> | x_i | 0 | 5 | 10 | 15 | 18 |
> |---|---|---|---|---|---|
> | n_i | 1 | 1 | 1 | 2 | 1 |

2. Réponse **c.** Il y a 6 valeurs, et $6 = 2 \times 3$. Donc la médiane est égale à la moyenne de la 3e et de la 4e valeur :

$$M=\frac{10+15}{2}=12{,}5.$$

Voir le paragraphe 3.A.

> **REMARQUE**
> *Dans ce cas, la médiane n'est pas une des valeurs de la série.*

3. Réponse **c.** $4 + 5 + 7 + 3 + 6 = 25$.

4. Réponse **a.** L'effectif le plus élevé est 7 et $\frac{7}{25}=0{,}28=28\,\%$.

Donc la fréquence la plus élevée est bien 0,28.

> **REMARQUE**
> *Une fréquence peut s'exprimer comme un réel compris en 0 et 1 ou comme un pourcentage compris entre 0 % et 100 %.*

5. Réponse **b.**

$$\bar{x}=\frac{12\times4+25\times5+34\times7+44\times3+52\times6}{25}=34{,}2.$$

6. Réponse **a.** Il y a 25 valeurs et $25 = 2 \times 12 + 1$. Donc, la médiane est la 13e valeur ($12+1$, voir le paragraphe 3.A). Pour déterminer la valeur de cette 13e valeur, on peut compléter le tableau en calculant les effectifs cumulés croissants :

x_i	12	25	34	44	52
n_i	4	5	7	3	6
E.C.C.	4	9	16	19	25

Il y a 9 valeurs inférieures ou égales à 25 et 16 valeurs inférieures ou égales à 34. Donc la 13e valeur est égale à 34.

7. Réponse **c.** $32 = 16 \times 2$. Donc, d'après le paragraphe3.A, la médiane est la moyenne de la 16e et de la 17e valeur.

8. Réponse **a.** Voir le paragraphe 3.B.

9. Réponse **b.** L'écart interquartile est $Q_3 - Q_1$ et l'étendue est la différence entre le maximum et le minimum. Donc l'écart interquartile est inférieur ou égal à l'étendue.

10. Réponse **a.** L'intervalle de fluctuation est : $\left[p-\frac{1}{\sqrt{n}}\ ;\ p+\frac{1}{\sqrt{n}}\right]$

donc $\left[0{,}4-\frac{1}{\sqrt{100}}\ ;\ 0{,}4+\frac{1}{\sqrt{100}}\right]$ donc $[0{,}3\ ;\ 0{,}5]$.

> **REMARQUE**
> *On vérifie que $0{,}2 \leqslant p \leqslant 0{,}8$ et $n \geqslant 25$.*
> *Voir le paragraphe 4.C.*

Corrigés de *ENTRAÎNEZ-VOUS*

Séries statistiques : histogrammes, moyennes

1 **a.** L'aire est proportionnelle à l'effectif. 1 cm^2 correspond à 4 petits carreaux sur la feuille et donc à 4 personnes d'après l'énoncé.

Par exemple, l'effectif de la classe [1 ; 4[est 36. Donc le rectangle a une largeur de 1,5 cm et une aire de 9 cm^2. Donc, sa hauteur doit être égale à $\frac{9}{1,5}$, soit 6 cm.

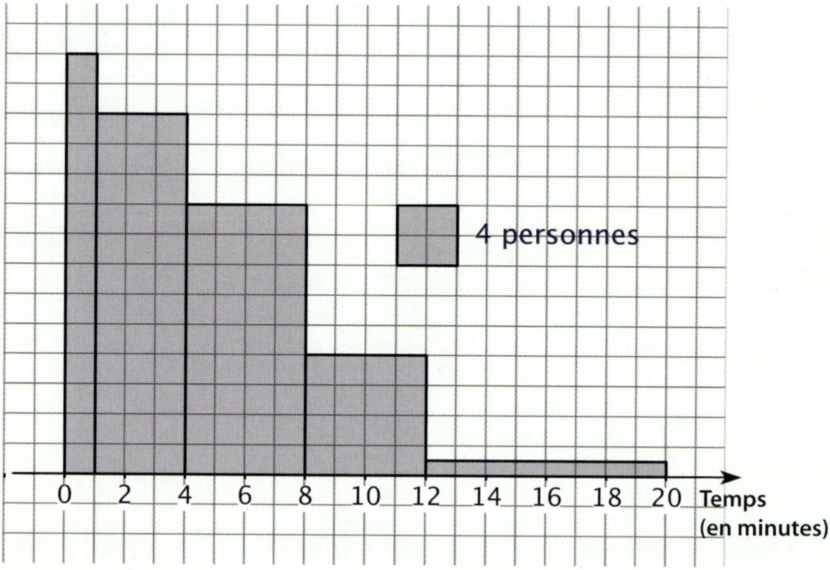

À RETENIR

Pour arrondir un résultat à 0,1 % près, il faut arrondir la fréquence à 0,001 près.

Attention : quand les classes n'ont pas la même largeur, il n'y a pas d'unité indiquée sur l'axe des ordonnées.

b. L'effectif total est de 106 personnes.

La fréquence de la classe [0 ; 1] est :

$$f_1 = \frac{14}{106} \simeq 0,132. \text{ Donc } f_1 \simeq 13,2\ \%.$$

On obtient de même les fréquences des autres classes.

Temps	[0 ; 1[	[1 ; 4[	[4 ; 8[	[8 ; 12[	[12 ; 20[	Total
Effectifs	14	36	36	16	4	106
Fréquences	13,2 %	34,0 %	34,0 %	15,1 %	3,8 %	100 %

REMARQUE

La somme des pourcentages ne fait pas exactement 100 % à cause des arrondis.

c. Le calcul du temps moyen peut se faire de deux manières, en utilisant soit les effectifs, soit les fréquences. Mais dans les deux cas, les valeurs étant regroupées en classe, on prend la valeur centrale de chaque classe.

Par exemple, l'intervalle [1 ; 4[est remplacé par la valeur $\frac{1+4}{2}=2{,}5$.

Ainsi : $\bar{x}=\frac{0{,}5\times14+2{,}5\times36+6\times36+10\times16+16\times4}{106}=\frac{537}{106}$.

Donc $\bar{x}\simeq5{,}07$.

Le temps moyen est de 5,07 minutes.

Or $0{,}07\times60\simeq4$. Donc, le temps moyen est environ 5 minutes et 4 secondes.

En utilisant les fréquences, on obtient le même résultat :

$$\bar{x}=0{,}5\times0{,}132+2{,}5\times0{,}34+6\times0{,}34+10\times0{,}151+16\times0{,}038.$$

Donc $\bar{x}\simeq5{,}07$.

2 a. $\bar{x}=\frac{8\times3+12\times6+14\times9+21\times12+25\times7+28\times4}{3+6+9+12+7+4}=\frac{761}{41}$.

Donc $\bar{x}\simeq18{,}56$.

b. $\bar{x}=120\times0{,}1+135\times0{,}15+150\times0{,}2+165\times0{,}3+180\times0{,}2+195\times0{,}05$.

Donc $\bar{x}=157{,}5$.

c. Ici, il n'y a pas d'effectif indiqué.

L'effectif est donc égal à 1 pour chaque valeur.

Donc $\bar{x}=\frac{0{,}3+0{,}8+0{,}9+1{,}2+1{,}3+1{,}8}{6}=1{,}05$.

À RETENIR

La moyenne $\bar{x}$ de la série discrète se calcule ainsi :

$$\bar{x}=\frac{n_1x_1+n_2x_2+\ldots+n_px_p}{N}$$

ou

$$\bar{x}=x_1f_1+x_2f_2+\ldots+x_pf_p.$$

3 1. Dans ce cas, les classes ont toutes la même largeur.

Donc la hauteur de chaque rectangle est proportionnelle à l'effectif comme pour les diagrammes en bâtons. C'est pourquoi on peut faire figurer les unités sur l'axe des ordonnées.

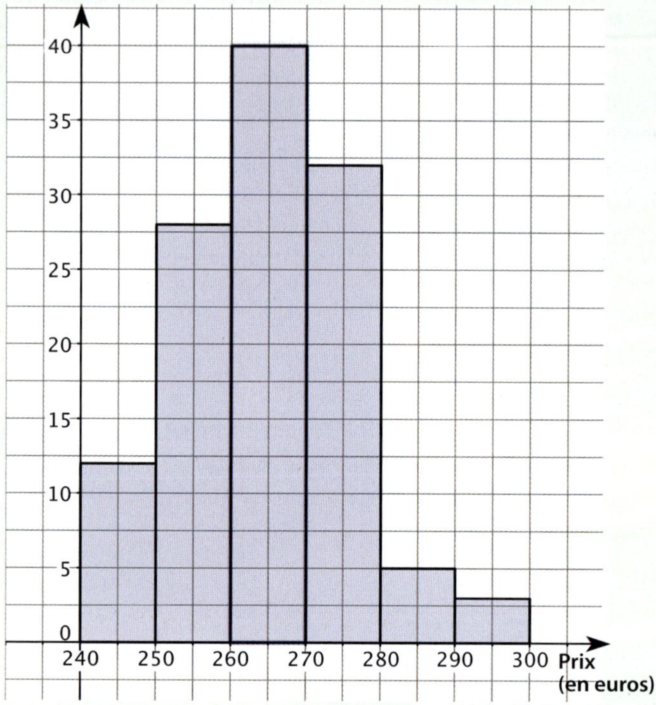

2.

Prix (en euros)	Effectifs	Effectifs cumulés croissants	Fréquences cumulées croissantes
[240 ; 250[	12	12	10 %
[250 ; 260[	28	40	33,3 %
[260 ; 270[	40	80	66,7 %
[270 ; 280[	32	112	93,3 %
[280 ; 290[	5	117	97,5 %
[290 ; 300[	3	120	100 %

3. a. D'après le tableau, 33,3 % des magasins pratiquent un prix strictement inférieur à 260 €.

b. 93,3 % pratiquent un prix strictement inférieur à 280 €, donc 6,7 % un prix supérieur ou égal à 280 €.

c. 255 et 275 ne sont pas des bornes des intervalles de l'énoncé. On suppose que dans chaque classe la répartition est uniforme. Il y a 28 tablettes dans la classe [250 ; 260[. On peut supposer qu'il y en a la moitié, soit 14 dans l'intervalle [250 ; 255[et 14 dans l'intervalle [255 ; 260[. De même, on peut supposer qu'il y a la moitié de 32, donc 16 tablettes dans l'intervalle [270 ; 275[.

Donc entre 255 et 275, il y a environ : 14 + 40 + 16, soit 70 tablettes, soit environ 58,3 % des tablettes.

4. Le prix moyen se calcule en prenant le centre de chaque classe comme valeur :

$$\overline{x} = \frac{245\times12+255\times28+265\times40+275\times32+285\times5+295\times3}{120}.$$

Donc $\overline{x} \simeq 265$.

Le prix moyen de la tablette est environ 265 €.

REMARQUE

Vous devez toujours vérifier la cohérence de vos résultats. La moyenne doit être comprise entre 240 et 300 euros.

4 a. b.

Salaires	Effectifs	Fréquences
[1 000 ; 1 200[	100	11,5 %
[1 200 ; 1 600[	180	20,7 %
[1 600 ; 2 000[	220	25,3 %
[2 000 ; 2 400[	160	18,4 %
[2 400 ; 2 800[	120	13,8 %
[2 800 ; 3 600[	60	6,9 %
[3 600 ; 4 800[	30	3,4 %
Total	**870**	**100 %**

c. Le salaire moyen se calcule en remplaçant chaque classe par son centre :

$$\overline{x} = 1\,100\times0{,}115+1\,400\times0{,}207+1\,800\times0{,}253$$
$$+2\,200\times0{,}184+2\,600\times0{,}138+3\,200\times0{,}069+4\,200\times0{,}034.$$

Donc $\overline{x} \simeq 2\,000$.

Le salaire moyen dans l'entreprise est d'environ 2 000 euros.

d. Pour trouver le pourcentage de salariés dont le salaire est inférieur à 2 000 euros, il suffit d'additionner les fréquences correspondantes :

11,5 % + 20,7 % + 25,3 % = 57,5 %.

Donc 57,5 % des salariés ont un salaire inférieur au salaire moyen.

REMARQUE

Plus de la moitié des personnes ont un salaire inférieur à la moyenne.

On doit bien distinguer la médiane et la moyenne.

5 **a.** Dans la cellule C2, on cellule saisit la formule « **= A2*B2** ». En recopiant cette formule vers le bas, le tableur va automatiquement modifier les numéros des lignes de manière à obtenir le produit des deux cellules des colonnes A et B situées sur la même ligne.

Ainsi, dans la cellule C3, on saisit : « **= A3*B3** ».

À RETENIR

B2 :B22 est la plage de toutes les cellules comprises entre B2 et B22.

b. Dans la cellule D2, on place la formule « **= SOMME (B2 :B22)** ». La fonction SOMME effectue le total des cellules situées entre B2 et B22.

c. Pour obtenir la moyenne, on place la formule « **= SOMME(C2 :C22)/D2** ».
On effectue ainsi le quotient de la somme des valeurs calculées dans la colonne C par l'effectif total calculé en D2.

d. On obtient le tableau suivant :

	A	B	C	D	E
1	*xi*	*ni*	*xi * ni*	*Effectif Total*	*Moyenne*
2	0	1	0	245	10,6612
3	1	3	3		
4	2	4	8		
5	3	2	6		
6	4	6	24		
7	5	10	50		
8	6	15	90		
9	7	14	98		
10	8	18	144		
11	9	21	189		
12	10	25	250		
13	11	19	209		
14	12	26	312		
15	13	17	221		
16	14	20	280		
17	15	14	210		
18	16	12	192		
19	17	6	102		
20	18	7	126		
21	19	2	38		
22	20	3	60		
23					

Donc, la moyenne est d'environ 10,7.

Médiane et quartiles

6 Pour déterminer la médiane et les quartiles, on doit commencer par trier les valeurs dans l'ordre croissant et déterminer l'effectif pour chaque valeur ainsi que l'effectif cumulé croissant.

Valeurs	Effectifs	Effectifs Cumulés Croissants
1	2	2
2	2	4
3	1	5
4	2	7
5	3	10
6	2	12
7	2	14
8	2	16
9	1	17
12	5	22
15	4	26
16	1	27
17	3	30
18	3	33
19	2	35
20	2	37

Il y a 37 valeurs, donc la médiane est la 19e valeur. Donc $M = 12$.

$0{,}25 \times 37 = 9{,}25$, donc Q_1 est la 10e valeur. Donc $Q_1 = 5$.

$0{,}75 \times 37 = 27{,}75$, donc Q_3 est la 28e valeur. Donc $Q_3 = 17$.

L'écart interquartile est $Q_3 - Q_1 = 17 - 5 = 12$.

La représentation par un diagramme en boîte est :

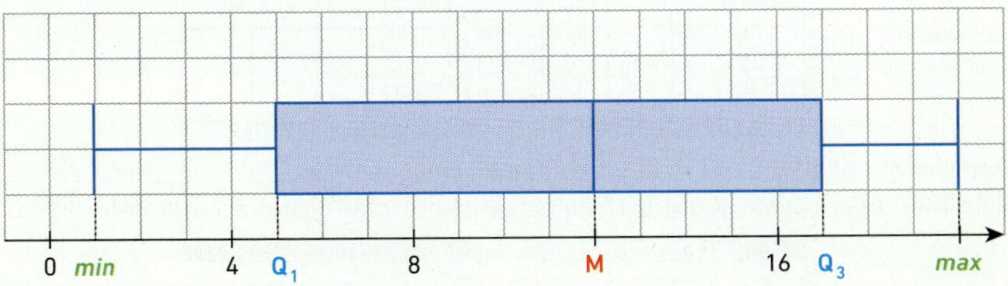

Sur la calculatrice, il suffit, en mode « statistiques » de rentrer sur une seule colonne les 37 valeurs, puis de demander les résultats pour les statistiques à une variable.

• Sur une calculatrice de la marque TI (TI-83 ici) :

Appuyer sur la touche **STAT**, puis **EDIT**. Entrer ensuite les valeurs une à une dans la liste 1.

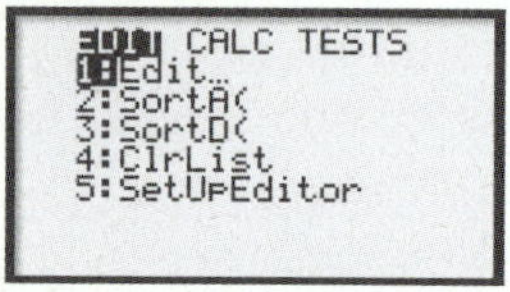

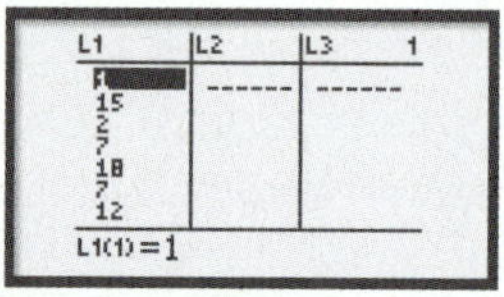

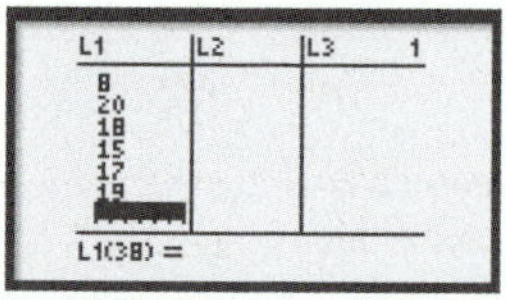

Appuyer sur **QUIT** puis à nouveau sur **STAT** suivi de **CALC** et **1-Var Stats**, puis enter et L1 (la touche « L_1 » est au-dessus de la touche « 1 »).

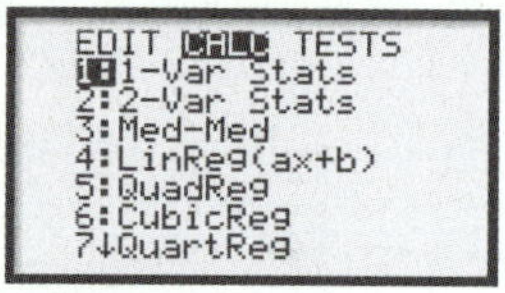

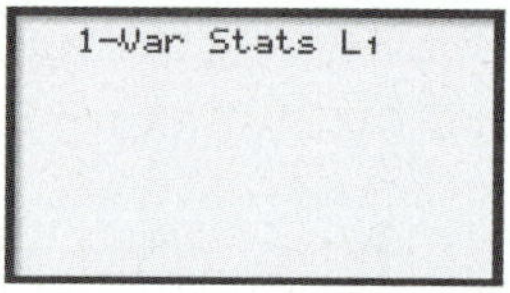

On obtient les résultats suivants :

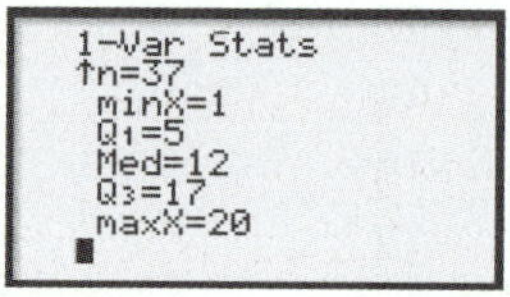

On retrouve les résultats qui nous intéressent : Q_1, M et Q_3, plus d'autres résultats comme la moyenne $\overline{x}$ ainsi que des indicateurs qui seront étudiés en Première.

• Sur une calculatrice de marque Casio, la démarche est très proche :

Appuyer sur la touche **MENU**, puis choisir le menu **STAT**. Entrer ensuite les valeurs une à une dans la **liste 1**.

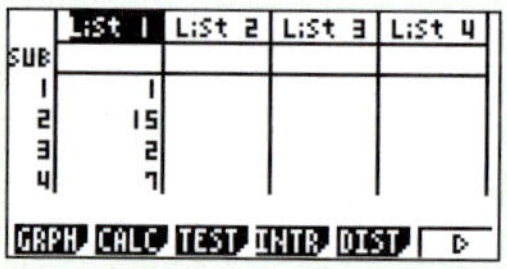

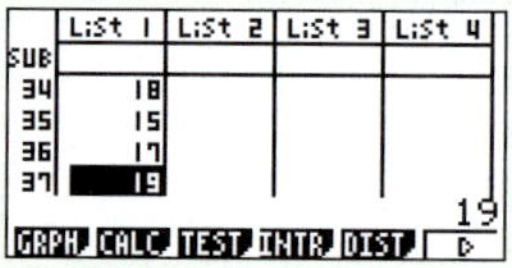

Appuyer sur F2 (CALC) puis sur F6 (SET) pour indiquer que la liste des valeurs est la liste 1 (première ligne) et que les fréquences sont toutes égales à 1 (deuxième ligne).

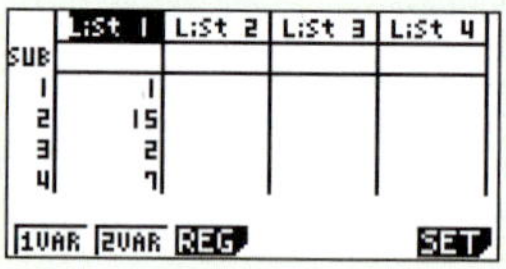

Appuyer sur EXIT (ou EXE) pour revenir à l'écran précédent et appuyer sur F1 (1VAR).

```
1-Variable
x̄     =10.8648648
Σx    =402
Σx²   =5742
xσn   =6.09457961
xσn-1 =6.17864675
n     =37          ↓
```

```
1-Variable
n     =37          ↑
minX  =1
Q1    =5
Med   =12
Q3    =17
maxX  =20          ↓
```

On retrouve les résultats qui nous intéressent : Q_1, M et Q_3, plus d'autres résultats comme la moyenne $\overline{x}$ ainsi que des indicateurs que vous étudierez en Première.

7 **1.**

Salaires	Effectifs	Effectifs Cumulés Croissants	Fréquences Cumulées Croissantes
[1 000 ; 1 200[	100	100	11 %
[1 200 ; 1 600[	180	280	32 %
[1 600 ; 2 000[	220	500	57 %
[2 000 ; 2 400[	160	660	76 %
[2 400 ; 2 800[	120	780	90 %
[2 800 ; 3 600[	60	840	97 %
[3 600 ; 4 800[	30	870	100 %

REMARQUE

Par exemple, 76 % des valeurs sont inférieures à 2 400.

2. a. D'après la colonne des fréquences cumulées croissantes, M appartient à la classe [1 600 ; 2 000[. En effet, M est située à 50 % des valeurs.

b. De même, Q_1 correspond à 25 % et appartient la classe [1 200 ; 1 600[et Q_3 correspond à 75 % et appartient la classe à la classe [2 000 ; 2 400[.

3. a. Pour trouver une approximation de M, on suppose que la répartition dans la classe [1 600 ; 2 000[est uniforme, donc peut être modélisée par une fonction affine.

D'après la colonne des fréquences cumulées, 32 % des valeurs sont inférieures à 1 600 et 57 % sont inférieures à 2 000.

Donc $f(1\ 600) = 32$ et $f(2\ 000) = 57$.

b. f est une fonction affine, donc elle est de la forme :

$$f(x) = mx + p.$$

Le coefficient m vérifie la relation :

$$m = \frac{f(2\ 000) - f(1\ 600)}{2\ 000 - 1\ 600} = \frac{57-32}{400} = 0{,}0625\ .$$

De plus, $f(1\ 600) = 32$, donc $f(x) = 0{,}0625(x - 1\ 600) + 32$, donc $f(x) = 0{,}0625x - 68$.

RAPPEL

Si f est une fonction affine définie par $f(x) = mx + p$, alors pour tous réels distincts a et b, $m = \dfrac{f(b) - f(a)}{b-a}$.

À RETENIR

Si f est une fonction affine de coefficient directeur m et telle que $f(x_0) = y_0$, alors $f(x) = m(x - x_0) + y_0$.

c. $f(x) = 50 \Leftrightarrow 0{,}0625x - 68 = 50 \Leftrightarrow 0{,}0625x = 118 \Leftrightarrow x = \dfrac{118}{0{,}0625} \Leftrightarrow x = 1\,888.$

d. Donc, une approximation de la médiane est 1 888 euros.

4. De la même manière, pour déterminer Q_1, on considère la fonction affine g telle que $g(1\,200) = 11$ et $g(1\,600) = 32$.

$m = \dfrac{32-11}{1600-1200} = 0{,}0525$ et $g(x) = 0{,}0525(x - 1\,200) + 11$, donc : $g(x) = 0{,}0525x - 52$.

$g(x) = 25 \Leftrightarrow 0{,}0525x - 52 = 25 \Leftrightarrow 0{,}0525x = 77 \Leftrightarrow x = \dfrac{77}{0{,}0525}$.

Donc Q_1 est environ égal à 1 467 euros.

Pour déterminer Q_3, on considère la fonction affine h telle que $h(2\,000) = 57$ et $h(2\,400) = 76$.

$m = \dfrac{76-57}{2400-2000} = 0{,}0475$ et $h(x) = 0{,}0475(x - 2\,000) + 57$, donc $h(x) = 0{,}0475x - 38$.

$h(x) = 75 \Leftrightarrow 0{,}0475x - 38 = 75 \Leftrightarrow 0{,}0475x = 113 \Leftrightarrow x = \dfrac{113}{0{,}0475}$.

Donc Q_3 est environ égal à 2 379 euros.

5. Dans cette entreprise, environ 25 % des salariés ont un salaire inférieur à 1 467 euros, environ 50 % ont un salaire inférieur à 1888 euros et environ 75 % ont un salaire inférieur à 2 379 euros.

8 **a.**

Tailles	[155 ; 165[	[165 ; 175[	[175 ; 185[	[185 ; 195[	[195 ; 205[	Total
Effectifs	10	22	28	16	4	80
Fréquences	12,5 %	27,5 %	35 %	20 %	5 %	100 %
Fréquences cumulées croissantes	12,5 %	40 %	75 %	95 %	100 %	

b. Voir le graphique ci-après.

REMARQUE

On pouvait trouver directement Q_3 d'après la lecture du tableau. Mais 185 cm reste une approximation. En effet, on sait que 16 personnes sont dans [185 ; 195[, mais on n'est pas certain qu'une d'entre elles mesure exactement 185 cm.

c. Pour déterminer graphiquement la médiane, on trace la droite parallèle à l'axe des abscisses correspondant à 50 % et on cherche le point d'intersection avec la courbe des fréquences cumulées croissantes.

L'abscisse de ce point est une approximation de la médiane.

Ainsi, d'après le graphique, M est à peu près égale à 178 cm.

Pour Q_1 on fait de même à 25 % et pour Q_3 à 75 %.

Ainsi : Q_1 est environ 169 cm et Q_3 est environ 185 cm.

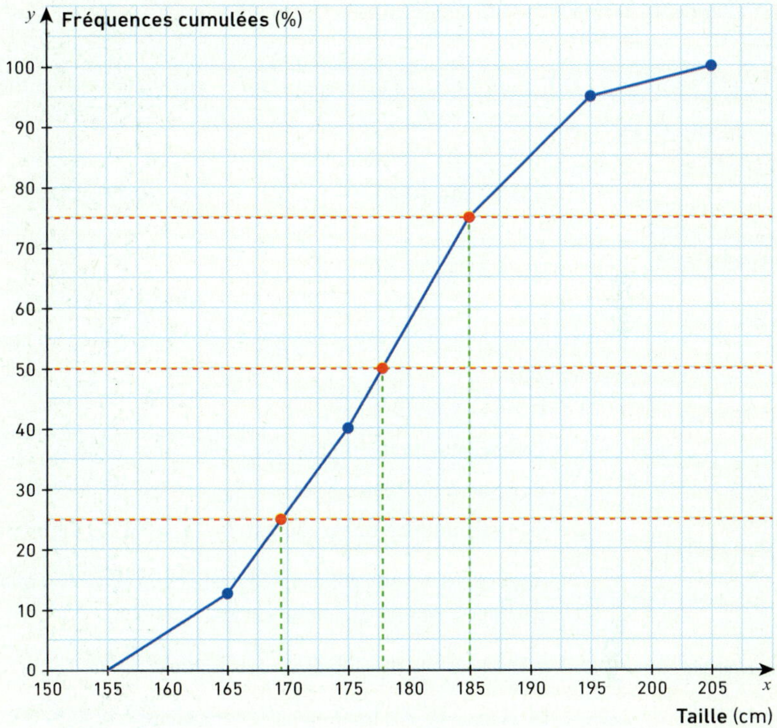

d.

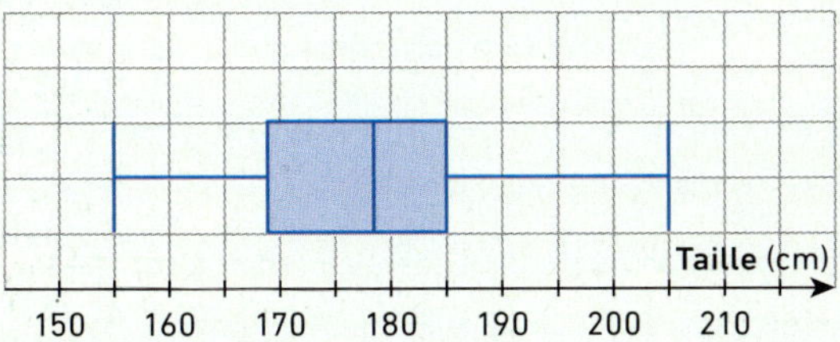

Intervalles de fluctuations – Prise de décision

9 **a.** D'après le paragraphe 4.C, l'intervalle de fluctuation est $\left[p-\frac{1}{\sqrt{n}}\ ;\ p+\frac{1}{\sqrt{n}}\right]$.

Donc, si $n=250$ et $p=0,7$, alors $\left[p-\frac{1}{\sqrt{n}}\ ;\ p+\frac{1}{\sqrt{n}}\right]=\left[0,7-\frac{1}{\sqrt{250}}\ ;\ 0,7+\frac{1}{\sqrt{250}}\right]$,

donc environ [0,63 ; 0,77].

REMARQUE

Plus la taille n de l'échantillon est grande, plus l'intervalle de fluctuation est petit.

b. De même : $\left[0,28-\frac{1}{\sqrt{40}}\ ;\ 0,28+\frac{1}{\sqrt{40}}\right]=[0,12\ ;\ 0,44]$.

c. De même : $\left[0,42-\frac{1}{\sqrt{4500}}\ ;\ 0,42+\frac{1}{\sqrt{4500}}\right]=[0,40\ ;\ 0,44]$.

10 **a.** Calculons l'intervalle de fluctuation correspondant à cet échantillon en considérant que le dé est équilibré.

À RETENIR

Quand $0,2\leqslant p\leqslant 0,8$ et $n\geqslant 25$ l'intervalle de fluctuation est :

$\left[p-\frac{1}{\sqrt{n}}\ ;\ p+\frac{1}{\sqrt{n}}\right]$.

Dans ce cas $n=40$ et $p=0,5$.

L'intervalle de fluctuation est $\left[0,5-\frac{1}{\sqrt{40}}\ ;\ 0,5+\frac{1}{\sqrt{40}}\right]$,

donc environ [0,34 ; 0,66].

Or la fréquence observée est $f=\frac{15}{40}=0,375$. Ce nombre appartient à l'intervalle de fluctuation. Donc, il n'y a pas de raison de penser que le dé est déséquilibré.

REMARQUE

Dans les exercices 10 à 12, on utilise l'intervalle de fluctuation pour prendre une décision, accepter ou rejeter une hypothèse.

b. Dans ce cas $n=500$ et $p=0,5$. L'intervalle de fluctuation est $\left[0,5-\frac{1}{\sqrt{500}}\ ;\ 0,5+\frac{1}{\sqrt{500}}\right]$, donc environ [0,455 ; 0,545].

Or la fréquence observée est $f=\frac{221}{500}=0,442$.

Ce nombre n'appartient pas à l'intervalle de fluctuation.

Donc, au risque d'erreur de 5 %, on peut rejeter l'hypothèse que le dé est équilibré et donc Paul a tort avec 5 % de risque d'erreur.

11 Calculons l'intervalle de fluctuation correspondant à cet échantillon.

Dans ce cas $n=250$ et $p=0,22$. L'intervalle de fluctuation est :

$\left[p-\frac{1}{\sqrt{n}}\ ;\ p+\frac{1}{\sqrt{n}}\right]=\left[0,22-\frac{1}{\sqrt{250}}\ ;\ 0,22+\frac{1}{\sqrt{250}}\right]$, donc environ [0,156 ; 0,284].

Or la fréquence observée est $f=\dfrac{64}{250}=0{,}256$. Ce nombre appartient à l'intervalle de fluctuation, donc on peut penser que le nombre d'appareils présentant un léger défaut n'est pas anormalement élevé avec un risque d'erreur de 5 %.

12 **a.** Calculons l'intervalle de fluctuation correspondant à cet échantillon.

Dans ce cas $n=2055$ et $p=0{,}456$. L'intervalle de fluctuation est :

$\left[p-\dfrac{1}{\sqrt{n}}\ ;\ p+\dfrac{1}{\sqrt{n}}\right]=\left[0{,}456-\dfrac{1}{\sqrt{2055}}\ ;\ 0{,}456+\dfrac{1}{\sqrt{2055}}\right]$, donc environ [0,433 ; 0,479].

b. La fréquence observée est $f=\dfrac{1048}{2055}\simeq 0{,}510$.

Ce nombre n'appartient à l'intervalle de fluctuation. Donc, au risque d'erreur de 5 %, on peut rejeter l'hypothèse que les marins bretons ont le même groupe sanguin que le reste de la population. On peut penser qu'un facteur extérieur (origines, conditions climatiques, etc.) influence spécifiquement les marins bretons.

Remarque : On peut multiplier les bornes de l'intervalle par la taille de l'échantillon, 2055. On obtient environ l'intervalle [892 ; 982]. La valeur observée, 1 048, n'appartient pas à cet intervalle.

Estimation d'une proportion

13 Dans ce cas, la fréquence f correspondant au nombre de fusées fonctionnant parfaitement est connue et on veut estimer à quel intervalle appartient la proportion p de fusées fonctionnant parfaitement au seuil de 95 %, c'est-à-dire avec un risque d'erreur de 5 %.

On doit calculer un intervalle de confiance.

Ici $f=\dfrac{31}{40}=0{,}775$ et $n=40$.

Donc $\left[f-\dfrac{1}{\sqrt{n}}\ ;\ f+\dfrac{1}{\sqrt{n}}\right]=\left[0{,}775-\dfrac{1}{\sqrt{40}}\ ;\ 0{,}775+\dfrac{1}{\sqrt{40}}\right]$,

soit environ [0,616 ; 0,934].

Donc, on peut estimer que la proportion de feux fonctionnant parfaitement appartient à l'intervalle [0,616 ; 0,934], donc entre 61,6 % et 93,4 %.

REMARQUE

Dans les exercices 13 à 15, on utilise l'intervalle de confiance pour estimer une proportion inconnue dans un échantillon. Plus l'échantillon est grand, plus l'estimation sera précise. Cependant, ces estimations peuvent être fausses. On sait que dans plus de 95 % des cas, elles seront vérifiées, mais pas toujours.

14 **1. a.** Calculons l'intervalle de confiance dans ce cas.

Pour le candidat A, $f_A = 0{,}55$ et $n = 300$.

Donc $\left[f_A - \frac{1}{\sqrt{n}} \,;\, f_A + \frac{1}{\sqrt{n}}\right] = \left[0{,}55 - \frac{1}{\sqrt{300}} \,;\, 0{,}55 + \frac{1}{\sqrt{300}}\right]$ soit environ [0,492 ; 0,608].

b. Pour le candidat B, $f_B = 0{,}45$ et $n = 300$ et l'intervalle est [0,392 ; 0,508].

c. On remarque que les deux intervalles ne sont pas disjoints, et contiennent tous les deux la proportion 0,5 correspondant à la majorité. On ne peut donc pas conclure que le candidat A sera élu plutôt que le candidat B.

2. Dans ce cas, $n = 2500$.

$f_A = 0{,}522$ et l'intervalle de confiance est [0,502 ; 0,542] pour le candidat A.

$f_B = 0{,}478$ et l'intervalle de confiance est [0,458 ; 0,498] pour le candidat B.

REMARQUE

Plus l'échantillon est grand, plus le sondage permettra de faire une prévision précise.

Les deux intervalles sont disjoints, et seul l'intervalle du candidat A est au-dessus de la proportion 0,5 correspondant à la majorité. Donc, avec un risque d'erreur de 5 %, on peut affirmer que le candidat A sera élu.

Problème

15 **a.** Calculons l'intervalle de confiance. La fréquence d'apparition de la face 1 observée est $f = \frac{213}{400} = 0{,}5325$ et la taille de l'échantillon est $n = 400$.

Donc $\left[f - \frac{1}{\sqrt{n}} \,;\, f + \frac{1}{\sqrt{n}}\right] = \left[0{,}5325 - \frac{1}{\sqrt{400}} \,;\, 0{,}5325 + \frac{1}{\sqrt{400}}\right]$, soit environ [0,48 ; 0,59].

Donc, la probabilité d'apparition de la face 1 est comprise entre 0,48 et 0,59, au seuil de 95 %.

b. Les probabilités d'apparition des faces 2, 3, 4 ou 5 sont égales. Notons p_2 cette probabilité. La probabilité d'apparition de la face 1 sera notée p_1, et on a montré que $0{,}48 \leqslant p_1 \leqslant 0{,}59$.

De plus, la somme des probabilités est égale à 1, donc $p_1 + 4p_2 = 1$, ainsi $4p_2 = 1 - p_1$, finalement : $p_2 = \frac{1}{4}(1 - p_1)$. Or $0{,}48 \leqslant p_1 \leqslant 0{,}59$, donc $-0{,}48 \geqslant -p_1 \geqslant -0{,}59$.

Donc $0{,}52 \geqslant 1 - p_1 \geqslant 0{,}41$, donc $\frac{0{,}52}{4} \geqslant \frac{1}{4}(1 - p_1) \geqslant \frac{0{,}41}{4}$.

Donc $0{,}13 \geqslant p_2 \geqslant 0{,}1025$. Donc p_2 est comprise environ entre 0,1025 et 0,13.

Probabilités

POUR DÉMARRER

- On pourra lire le chapitre **Statistiques** de cet ouvrage : les fréquences et les probabilités sont des notions liées.
- Revoir (ou lire) la partie concernant les **réunion** et **intersection** d'intervalles dans le chapitre 6 : ces notions sont analogues pour les événements.
- Le mot « hasard » vient probablement du mot arabe « *yasara* » qui signifie « jouer aux dés ».
- Le mot « aléatoire » vient du mot latin « *alea* » qui désigne également le jeu de dé.
- Quant au mot « chance », il vient de l'ancien français « *chéance* » et se rattache à la manière dont les dés tombaient dans les jeux.

1 Univers et événements

A. Expérience aléatoire

Définition

Une **expérience aléatoire** est une expérience dans laquelle le hasard intervient, c'est-à-dire dont on ne peut prévoir l'issue.

B. Univers

Définition

L'**univers** d'une expérience aléatoire est l'ensemble de toutes les issues possibles de cette expérience. On utilise souvent la lettre Ω (oméga) pour le désigner.

C. Événements

Définitions

- Un **événement** est une partie (un sous-ensemble) de l'univers.
- L'univers Ω est appelé « **événement certain** ».
- L'ensemble vide $\emptyset$ est appelé « **événement impossible** ».

• Un événement qui ne contient qu'un seul élément est appelé « **événement élémentaire** ».

• Si l'issue obtenue au cours d'une expérience aléatoire appartient à un événement donné, on dit que cet événement est **réalisé**.

Exemple

On considère l'expérience aléatoire suivante : lancer un dé à 6 faces et noter la valeur de sa face supérieure.

Dans ce cas, l'univers est $\Omega = \{1 ; 2 ; 3 ; 4 ; 5 ; 6\}$. Il contient 6 éléments.

L'événement A : « obtenir un diviseur de 6 » est $A = \{1 ; 2 ; 3 ; 6\}$.

L'événement B : « obtenir un nombre impair » est $B = \{1 ; 3 ; 5\}$.

L'événement C : « obtenir un nombre entier » est :

$$C = \{1 ; 2 ; 3 ; 4 ; 5 ; 6\}.$$

C'est l'événement certain Ω.

L'événement D : « obtenir un nombre supérieur à 7 » est $D = \emptyset$. C'est l'événement impossible.

L'événement E : « obtenir 4 » est un événement élémentaire. $E = \{4\}$.

Si on lance le dé et que l'on obtient 2, alors on peut dire que l'événement A est réalisé ($2 \in A$), mais pas l'événement B ni l'événement E ($2 \notin B$ et $2 \notin E$).

L'événement certain est toujours réalisé et l'événement impossible n'est jamais réalisé.

2 Intersection, réunion, événements contraires

A. Intersection

Définitions

• L'**intersection** de deux événements A et B est l'ensemble des éléments qui appartiennent à la fois à l'évènement A **et** à l'évènement B.

On la note $A \cap B$.
$A \cap B$ est l'ensemble qui contient les éléments communs à A et B.

- Lorsque $A \cap B = \emptyset$, on dit que les événements A et B sont **disjoints** ou **incompatibles**. Il n'ont aucun élément en commun.

B. Réunion

Définition
La **réunion** de deux événements A et B est l'ensemble des éléments qui appartiennent à l'évènement A **ou** à l'évènement B.
On la note $A \cup B$.

REMARQUE

Le « ou » en mathématique correspond au « et/ou » dans le langage courant.

Un élément appartient à A ou B signifie que cet élément appartient soit uniquement à A, soit uniquement à B, soit aux deux en même temps.

C. Événements contraires

Définition
Deux événements A et B d'un même univers Ω sont des **événements contraires** lorsqu'ils vérifient les deux conditions suivantes :

$$A \cap B = \emptyset$$
$$\text{et} \quad A \cup B = \Omega.$$

On note $B = \bar{A}$.
L'ensemble $\bar{A}$ est l'événement contraire de A.

À RETENIR

$\bar{A}$ contient tous les éléments de Ω qui n'appartiennent pas à A et uniquement ceux-là.

> ***Exemple***
> On reprend l'expérience aléatoire de l'exemple précédent.
>
> $A = \{1 ; 2 ; 3 ; 6\}$ et $B = \{1 ; 3 ; 5\}$,
> donc $A \cap B = \{1 ; 3\}$ et $A \cup B + \{1 ; 2 ; 3 ; 5 ; 6\}$.
>
> $A \cap B$ est l'événement : « obtenir un diviseur de 6 et un nombre impair ».
>
> $A \cup B$ est l'événement : « obtenir un diviseur de 6 ou un nombre impair ».
>
> A et B ne sont pas des événements contraires.
>
> L'événement contraire de A est $\bar{A} = \{4 ; 5\}$ et l'événement contraire de B est $\bar{B} = \{2 ; 4 ; 6\}$.

ATTENTION

Dans la réunion, les éléments communs n'apparaissent qu'une seule fois.

3 Probabilités sur un ensemble fini

A. Loi de probabilité

Définition

Soit $\Omega = \{x_1 ; x_2 ; \ldots ; x_n\}$ l'univers d'une expérience aléatoire.

- Une **loi de probabilité** sur Ω associe, à chaque élément x_i de Ω, un nombre p_i positif ou nul tel que : $p_1 + p_2 + \ldots + p_n = 1$.

REMARQUE

On représente souvent une loi de probabilité sous la forme d'un tableau.

- Le nombre p_i est la **probabilité** de l'événement élémentaire $\{x_i\}$.
- Tous les p_i sont des réels compris entre 0 et 1.

Exemple

On lance deux pièces et on compte le nombre de piles obtenu. On admet que l'on obtient la loi de probabilité suivante :

Événements x_i	2	1	0
Probabilités p_i	$\frac{1}{4}$	$\frac{1}{2}$	$\frac{1}{4}$

On vérifie que la somme $\frac{1}{4}+\frac{1}{2}+\frac{1}{4}$ est égale à 1.

C'est bien une loi de probabilité.

B. Probabilité d'un événement

Définition

Soit A un événement d'un univers Ω.

- La probabilité de l'événement A est le nombre noté $p(\text{A})$ égal à la somme des probabilités des événements élémentaires qui le constituent.

À RETENIR

Une probabilité est toujours comprise entre 0 et 1.

- Le nombre $p(\text{A})$ est un réel compris entre 0 et 1.
- De plus, $p(\varnothing) = 0$ et $p(\Omega) = 1$.

C. Équiprobabilité

Définition

On dit qu'il y a **équiprobabilité** lorsque tous les événements élémentaires ont la même probabilité.

Propriétés

- Dans une situation d'équiprobabilité, si l'univers contient n éléments, alors la probabilité de chaque événement élémentaire est égale à $\frac{1}{n}$.
- Dans une situation d'équiprobabilité, si A est un événement d'un univers Ω, alors :

$$p(\mathrm{A}) = \frac{\text{nombre d'éléments de A}}{\text{nombre d'éléments de }\Omega}.$$

D. Intersection, réunion, événements contraires

Propriétés

- Soit deux événements A et B d'un même univers Ω. Dans ce cas :

$$p(\mathrm{A} \cup \mathrm{B}) = p(\mathrm{A}) + p(\mathrm{B}) - p(\mathrm{A} \cap \mathrm{B}).$$

- Si A et B sont **incompatibles** (ou disjoints), alors :

$$p(\mathrm{A} \cup \mathrm{B}) = p(\mathrm{A}) + p(\mathrm{B}).$$

- Si A et $\bar{\mathrm{A}}$ sont deux **événements contraires**, alors :

$$p(\bar{\mathrm{A}}) = 1 - p(\mathrm{A}).$$

- On peut représenter la première égalité par le **diagramme de Venn** ci-dessous.

> **RAPPEL**
>
> Les événements A et B sont disjoints ou incompatibles lorsque $\mathrm{A} \cap \mathrm{B} = \varnothing$, donc lorsque $p(\mathrm{A} \cap \mathrm{B}) = 0$.

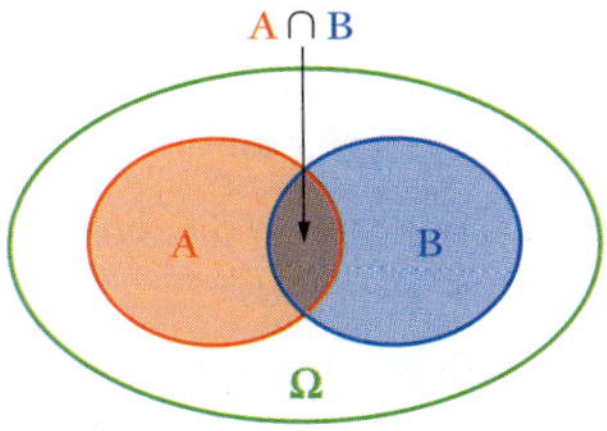

L'intersection $A \cap B$ est la partie coloriée à la fois en rouge et en bleu.

La réunion $A \cup B$ est la partie coloriée en rouge ou en bleu ou dans les deux couleurs.

Si on additionne $p(A) + p(B)$, on compte deux fois les probabilités des éléments contenus dans l'intersection. Il faut donc soustraire $p(A \cap B)$ à cette somme pour obtenir la probabilité de la réunion.

On trouve bien :

$$p(A \cup B) = p(A) + p(B) - p(A \cap B).$$

Exemple

On reprend l'exemple du paragraphe 1 en supposant que le dé est bien équilibré.

On est donc dans une situation d'équiprobabilité.

$p(A) = \dfrac{4}{6}$ et $p(B) = \dfrac{3}{6}$.

Or, $p(A \cap B) = \dfrac{2}{6}$ et $p(A \cup B) = \dfrac{5}{6}$.

On vérifie que $p(A) + p(B) - p(A \cap B) = p(A \cup B)$.

PIÈGES À ÉVITER

- Dans une loi de probabilité, toujours s'assurer que la somme des probabilités des événements élémentaires est bien égale à 1.
- Avant d'utiliser la relation du paragraphe 3.C, on doit s'assurer qu'on est bien dans une situation d'équiprobabilité.
- La relation $p(A \cup B) = p(A) + p(B)$ est vraie uniquement lorsque les événements sont incompatibles.

1 Déterminer et utiliser une loi de probabilité

CONSEILS

- Toujours s'assurer que la somme des probabilités des événements élémentaires est bien égale à 1.
- Les intersections ou réunions d'événements peuvent toujours s'exprimer en utilisant le « et » et le « ou » à l'intérieur de phrases. Prenez le temps de bien formuler chacune des phrases décrivant ces évènements.

Exercice

On lance une fois un dé à six faces truqué de manière à ce que la probabilité d'obtenir un nombre pair soit le double de celle d'obtenir un nombre impair.

1 Déterminer la loi de probabilité de cette expérience aléatoire.

2 Soit A l'événement : « obtenir un nombre supérieur ou égal à 4 » et B : « obtenir un multiple de 3 ».
Déterminer $p(A)$ et $p(B)$.

3 Exprimer $A \cap B$ et $A \cup B$ par une phrase, puis déterminer $p(A \cap B)$ et $p(A \cup B)$.

4 Exprimer $\bar{A}$ et $\bar{B}$ par une phrase, puis déterminer $p(\bar{A})$ et $p(\bar{B})$.

POINT MÉTHODE

✓ *On doit trouver un système d'équations permettant de déterminer les probabilités de chaque événement élémentaire.*

✓ *Dans le cas où, comme ici, il n'y a pas équiprobabilité, on doit utiliser la définition du paragraphe 3.B.*

Comment répondre ?

1 Notons p_i la probabilité d'obtenir la face i. On peut écrire les relations suivantes :

$$p_1 = p_3 = p_5,\ p_2 = p_4 = p_6 \text{ et } p_2 = 2p_1.$$

On remarque que l'on peut simplifier ce système et qu'il n'y a en fait que deux inconnues p_1 et p_2. Pour pouvoir répondre à la question, on a besoin d'une dernière équation.

La somme des probabilités des événements élémentaires est égale à 1, donc $3p_1 + 3p_2 = 1$.

Or $p_2 = 2p_1$, donc $3p_1 + 6p_1 = 1$.

Ainsi $9p_1 = 1$ et par conséquent $p_1 = \frac{1}{9}$. On a donc le tableau suivant :

ATTENTION

Un dé n'est pas toujours équilibré ! Ici, il y a une chance sur neuf d'obtenir la face 1 et pas une chance sur six.

x_i	1	2	3	4	5	6
p_i	$\frac{1}{9}$	$\frac{2}{9}$	$\frac{1}{9}$	$\frac{2}{9}$	$\frac{1}{9}$	$\frac{2}{9}$

2 A = {4 ; 5 ; 6} et B = {3 ; 6}.

Donc : $p(A) = p_4 + p_5 + p_6 = \frac{2}{9} + \frac{1}{9} + \frac{2}{9} = \frac{5}{9}$ et $p(B) = p_3 + p_6 = \frac{1}{9} + \frac{2}{9} = \frac{3}{9}$.

3 $A \cap B$: « obtenir un nombre supérieur ou égal à 4 **et** multiple de 3 ».

$A \cup B$: « obtenir un nombre supérieur ou égal à 4 **ou** multiple de 3 ».

$A \cap B = \{6\}$ et $A \cup B = \{3 ; 4 ; 5 ; 6\}$.

Donc $p(A \cap B) = \frac{2}{9}$ et $p(A \cup B) = \frac{1}{9} + \frac{2}{9} + \frac{1}{9} + \frac{2}{9} = \frac{6}{9}$.

Un diagramme de Venn permet de mieux visualiser les différents événements et leur intersection :

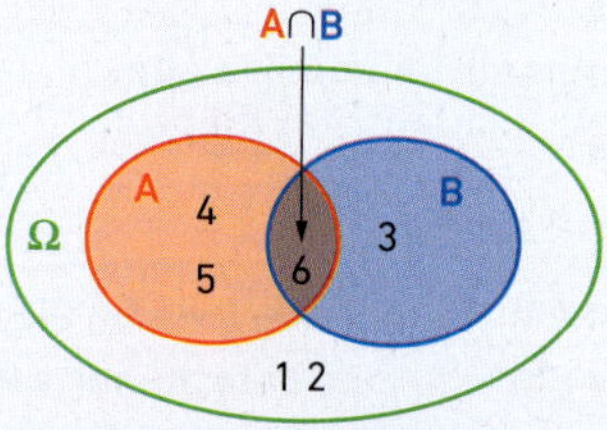

4 $\bar{A}$: « ne pas obtenir un nombre supérieur ou égal à 4 », que l'on peut aussi écrire : « obtenir un nombre inférieur ou égal à 3 ».

À RETENIR

A et $\bar{A}$ sont deux événements contraires et $p(\bar{A}) = 1 - p(A)$.

$\bar{B}$: « ne pas obtenir un multiple de 3 ».

$p(\bar{A}) = 1 - p(A) = 1 - \frac{5}{9} = \frac{4}{9}$ et $p(\bar{B}) = 1 - p(B) = 1 - \frac{3}{9} = \frac{6}{9}$.

2 Utiliser un tableau ou un arbre de probabilité

CONSEILS

- On doit toujours chercher au brouillon la modélisation qui convient le mieux avant de rédiger la solution au propre.
- Plusieurs représentations peuvent convenir. C'est à vous de déterminer laquelle est la plus adaptée.

Exercice

Une urne contient une boule rouge, une verte et une bleue, indiscernables au toucher. On tire une première boule, on note sa couleur et on la remet dans l'urne, puis on en tire une deuxième. On compte le nombre de boules rouges obtenues au cours des deux tirages.

1 Représenter cette situation par un tableau à double entrée. En déduire la loi de probabilité de cette expérience aléatoire.

2 Représenter cette situation par un arbre de probabilité. En déduire la loi de probabilité de cette expérience aléatoire.

3 On tire successivement, avec remise, trois boules dans l'urne.
Sans déterminer la loi de probabilité, indiquer laquelle des deux méthodes précédentes conviendrait, en justifiant.

POINT MÉTHODE

✓ *Un tableau à double entrée permet de modéliser une expérience aléatoire qui peut se décomposer en deux étapes. On choisit une des étapes en ligne et l'autre en colonne.*

✓ *Un arbre permet de modéliser une expérience aléatoire qui peut se décomposer en plusieurs étapes successives.*

Comment répondre ?

1 On modélise cette expérience par le tableau suivant :

Deuxième boule \ Première boule	Rouge	Verte	Bleue
Rouge	2	1	1
Verte	1	0	0
Bleue	1	0	0

Les boules sont indiscernables au toucher. On est donc dans une situation d'équiprobabilité en ce qui concerne chacun des 9 tirages. Donc chaque tirage a une probabilité de $\frac{1}{9}$ · On peut obtenir deux boules rouges d'une seule manière, une boule rouge de quatre manières et zéro boule rouge de quatre manières.

Donc, on a la loi de probabilité suivante :

x_i	2	1	0
p_i	$\frac{1}{9}$	$\frac{4}{9}$	$\frac{4}{9}$

ASTUCE
Quand il y a plusieurs étapes successives, on utilise un indice pour numéroter les événements intermédiaires.

2 On modélise l'expérience par l'arbre suivant.

On a noté R_1 : « obtenir une boule rouge au premier tirage » et R_2 : « obtenir une boule rouge au deuxième tirage », et de manière analogue pour les autres boules.

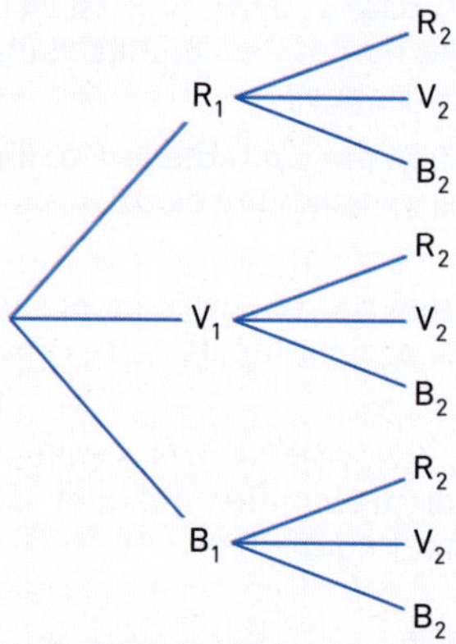

Il y a 9 chemins en tout, tous équiprobables.
Comme précédemment, on constate qu'il y a un seul chemin qui permet d'obtenir deux boules rouges, quatre chemins qui permettent d'obtenir une seule boule rouge et quatre chemins zéro boules rouges.
On a donc la même loi de probabilité que précédemment.

3 Si on a trois tirages successifs avec remise, il est possible de construire un arbre. Il comportera 27 chemins, tous équiprobables.
Mais il est impossible de construire un tableau à trois entrées. C'est donc l'arbre de probabilité qui nous donne la méthode la mieux adaptée.

TESTEZ VOS CONNAISSANCES

CORRIGÉ p. 56

1. L'univers d'une expérience aléatoire se note habituellement :

a. Σ. **b.** Ω. **c.** $\varnothing$.

2. Un événement x_i appartient à $A \cap B$ lorsqu'il appartient :

a. à A et à B. **b.** à A ou à B. **c.** ni à A, ni à B.

3. $A = \{1 ; 2 ; 4 ; 8\}$ et $B = \{1 ; 2 ; 6\}$. Alors $A \cup B =$

a. $\{1 ; 2 ; 4 ; 6 ; 8\}$. **b.** $\{1 ; 2\}$. **c.** $\{1 ; 2 ; 4 ; 8 ; 1 ; 2 ; 6\}$.

4. Un événement qui contient un seul élément s'appelle :

a. un événementaire. **b.** un élément. **c.** un événement élémentaire.

5. Deux événements tels que $A \cap B = \varnothing$ sont :

a. impossibles. **b.** incompatibles. **c.** contraires.

6. Si $A \cup B = \Omega$, alors :

a. A et B sont des événements contraires.

b. A et B sont des événements disjoints.

c. A et B peuvent être disjoints ou non.

7. Dans la loi de probabilité ci-contre :

a. $p_3 = 0{,}45$. **b.** $p_3 = 0{,}35$. **c.** $p_3 = 0{,}25$.

x_i	Noir	Rouge	Jaune
p_i	0,35	0,4	p_3

8. Dans une situation d'équiprobabilité ayant au moins deux issues :

a. la probabilité d'un événement est proportionnelle au nombre d'éléments de cet événement.

b. aucun événement n'a une probabilité égale à 1.

c. tous les événements ont la même probabilité.

9. $p(A) = 0{,}4$, $p(B) = 0{,}5$ et $p(A \cup B) = 0{,}9$, donc :

a. A et B sont incompatibles.

b. A et B sont contraires l'un de l'autre.

c. On ne peut pas savoir s'ils sont incompatibles.

10. Si $p(A) + p(B) = 1{,}2$ alors :

a. $p(A \cap B) \geqslant 0{,}2$. **b.** $p(A \cap B) \leqslant 0{,}2$. **c.** $p(A \cap B) = 0{,}2$.

11. $p(B) = 0{,}6$, $p(A \cap B) = 0{,}4$ et $p(A \cup B) = 0{,}9$, donc $p(\overline{A}) =$

a. 0,3. **b.** 0,7. **c.** 0,5.

ENTRAÎNEZ-VOUS

CORRIGÉ p. 57

Utiliser le vocabulaire des probabilités

1 Une urne contient 3 boules vertes et 2 boules rouges. ●○○ 15 min

Les boules vertes sont numérotées de 1 à 3 et les vertes de 1 à 2.

Déterminer l'univers de chacune des expériences aléatoires suivantes.

a. On tire une boule et on note sa couleur.

b. On tire une boule et on note son numéro.

c. On tire deux boules simultanément et on note la somme des numéros.

d. On tire deux boules successivement sans remise et on note le couple $(b_1 ; b_2)$, où b_1 est le numéro de la première boule et b_2 celui de la seconde.

e. On tire deux boules successivement sans remise et on note la différence entre les numéros de la première et la deuxième boule.

2 On lance simultanément deux dés à six faces. ●○○ 15 min

On note l'écart (positif) entre les valeurs des deux dés.

a. Quel est l'univers de cette expérience aléatoire ?

b. Soit A l'événement : « obtenir un résultat pair ».
Exprimer A sous la forme d'un ensemble.

c. Soit B l'événement : « obtenir un résultat multiple de 3 ».
Exprimer B sous la forme d'un ensemble.

d. Exprimer $A \cap B$ et $A \cup B$ par une phrase, puis sous la forme d'ensembles.

e. Exprimer $\overline{A}$ et $\overline{B}$ par une phrase, puis sous la forme d'ensembles.

Déterminer et utiliser une loi de probabilité

3 On lance une fois un dé à six faces truqué de manière à ce que la probabilité d'obtenir un nombre soit proportionnelle à la valeur de la face. ●●○ 20 min

a. Justifier que la probabilité d'obtenir le 1 est égale à $\frac{1}{21}$.
En déduire la loi de probabilité de cette expérience aléatoire.

b. Soit A l'événement : « obtenir un nombre inférieur ou égal à 3 » et B : « obtenir un diviseur de 20 ».
Déterminer $p(A)$ et $p(B)$.

c. Exprimer $A \cap B$ et $A \cup B$ par une phrase, puis déterminer $p(A \cap B)$ et $p(A \cup B)$.

d. Exprimer $\overline{A} \cap \overline{B}$ et $\overline{A \cup B}$ par une phrase, puis déterminer $p(\overline{A} \cap \overline{B})$ et $p(\overline{A \cup B})$.
Que remarque-t-on ?

4 Une urne contient une boule rouge, deux boules bleues, trois boules vertes et quatre boules jaunes, indiscernables au toucher. On tire une boule dans l'urne. ●○○ 15 min

a. Recopier et compléter le tableau donnant la loi de probabilité :

Couleurs	Rouge	Bleue	Verte	Jaune
p_i				

b. Calculer la probabilité de l'événement A : « obtenir le bleu ou le jaune ».

c. Calculer la probabilité de l'événement C : « obtenir le vert ou le bleu ».

d. Calculer la probabilité de l'événement D, contraire de l'événement A.

e. Calculer la probabilité de $D \cap C$.

f. Calculer la probabilité de $D \cup C$.

Utiliser un tableau ou un arbre de probabilité

5 On lance successivement deux dés tétraédriques équilibrés dont les faces sont numérotées de 1 à 4. Le numéro obtenu est celui indiqué par la face qui repose sur la table après le lancer. ●○○ 20 min

1. Représenter cette situation dans un tableau à double entrée.

2. On note le produit des valeurs des deux dés.

a. Modifier le tableau précédent pour représenter cette situation.

b. En déduire la loi de probabilité de cette expérience aléatoire.

3. a. Quelle est la probabilité de l'événement A : « obtenir un multiple de 3 » ?

b. Quelle est la probabilité de l'événement B : « obtenir un nombre impair » ?

c. Déterminer la probabilité de l'événement $A \cup B$.

6 Un couple souhaite avoir trois enfants. On suppose que la probabilité d'avoir une fille est égale à celle d'avoir un garçon. ●○○ 20 min

1. Représenter cette expérience aléatoire par un arbre de probabilités.

2. Soit A l'événement : « le couple aura trois filles » et B l'événement : « le couple aura trois garçons ».

a. Déterminer $p(A \cup B)$.

b. Déterminer la probabilité de l'événement C : « le couple aura au moins une fille ».

c. Déterminer la probabilité de l'événement E : « le couple aura au moins une fille et au moins un garçon ».

7 Une étude médicale portant sur l'efficacité d'un vaccin est effectuée sur une population de 1 200 personnes. ●●○ 30 min

Parmi ces 1 200 personnes, 32 % ont été vaccinées contre une certaine maladie saisonnière et 12 % ont contracté la maladie au cours de la période de l'étude.
Parmi les personnes malades, 12,5 % avaient été vaccinées.

1. Recopier et compléter le tableau suivant :

	Personnes malades	Personnes non malades	Total
Personnes vaccinées			
Personnes non vaccinées			
Total			1 200

2. On choisit une personne au hasard dans la population.

a. Calculer la probabilité de l'événement M : « La personne a contracté la maladie au cours de la période de l'étude ».

b. Calculer la probabilité de l'événement V : « La personne est vaccinée ».

c. Exprimer $V \cap M$ par une phrase et calculer sa probabilité.

d. Exprimer $V \cup M$ par une phrase et calculer sa probabilité.

e. Exprimer $\overline{V} \cap \overline{M}$ par une phrase et calculer sa probabilité.

3.a. Dans cette question, on choisit au hasard une personne parmi celles qui ont été vaccinées.
Quelle est la probabilité p_1 qu'elle ait contracté la maladie au cours de la période de l'étude ? Arrondir au millième.

b. Dans cette question, on choisit au hasard une personne parmi celles qui n'ont pas été vaccinées. Arrondir au millième.
Quelle est la probabilité p_2 qu'elle ait contracté la maladie au cours de la période de l'étude ?

c. Que peut-on en déduire concernant l'efficacité du vaccin ?

8 On considère le jeu suivant : on lance une pièce de monnaie. ●○○ 15 min

Si on obtient pile, on lance un dé bien équilibré à 6 faces portant les numéros de 1 jusqu'à 6.
Sinon, on lance un dé bien équilibré à 6 faces dont deux faces portent le numéro 2, deux faces le numéro 4 et deux faces le numéro 6.

a. Représenter cette expérience aléatoire par un arbre de probabilité.

b. Un joueur gagne lorsqu'il obtient le numéro 6 à la fin du jeu.
Quelle est la probabilité de gagner ?

9 Une urne contient deux boules rouges, une boule verte et une boule bleue, indiscernables au toucher. 15 min

On tire une première boule dans l'urne puis, sans la remettre, on en tire une deuxième.

a. Représenter cette expérience aléatoire par un arbre de probabilité.

b. Quelle est la probabilité de tirer deux boules de même couleur ?

c. Quelle est la probabilité de tirer deux boules de couleurs différentes ?

d. Quelle est la probabilité de tirer une boule rouge au deuxième tirage uniquement ?

Problèmes

10 On dispose de trois urnes. 45 min

La première contient une boule portant le numéro 0 et une boule portant le numéro 1.
La deuxième contient une boule portant le numéro 0 et une boule portant le numéro 3.
La troisième contient une boule portant le numéro 1 et une boule portant le numéro 2.
On tire successivement au hasard une boule dans chaque urne et on effectue la somme des résultats.

A. Algorithmique et simulation

Afin de déterminer la loi de probabilité de cette expérience aléatoire, on se propose de la simuler par ordinateur.

1. On considère l'algorithme ci-contre, écrit avec le logiciel AlgoBox.
La fonction random() utilisée dans cet algorithme renvoie un nombre aléatoire appartenant à l'intervalle [0 ; 1[.

a. À quoi sert la variable S ?
Pourquoi la fixe-t-on à zéro à la ligne 4 ?

b. Expliquer pourquoi les lignes 5 à 8 permettent de simuler le tirage dans la première urne.

c. Quelles sont les lignes qui permettent de simuler le tirage dans la deuxième urne ? Justifier.

```
1  VARIABLES
2  S EST_DU_TYPE NOMBRE
3  DEBUT_ALGORITHME
4  S PREND_LA_VALEUR 0
5  SI (random()>0.5) ALORS
6  DEBUT_SI
7  S PREND_LA_VALEUR S+1
8  FIN_SI
9  SI (random()>0.5) ALORS
10 DEBUT_SI
11 S PREND_LA_VALEUR S+3
12 FIN_SI
13 SI (random()>0.5) ALORS
14 DEBUT_SI
15 S PREND_LA_VALEUR S+1
16 FIN_SI
17 SINON
18 DEBUT_SINON
19 S PREND_LA_VALEUR S+2
20 FIN_SINON
21 AFFICHER S
22 FIN_ALGORITHME
```

d. Quelles sont les lignes qui permettent de simuler le tirage dans la troisième urne ? Justifier.

e. Déterminer tous les résultats possibles à l'issue des trois tirages.

f. Programmer cet algorithme sur AlgoBox ou sur une calculatrice et l'exécuter 20 fois en notant le résultat à chaque fois.
Quelles conjectures peut-on faire en ce qui concerne les probabilités de chaque résultat ?

2. On modifie l'algorithme afin de pouvoir réaliser 50 000 simulations de cette expérience aléatoire. *On ne demande pas de programmer cet algorithme.*
On obtient les résultats suivants :

x_i	1	2	3	4	5	6
n_i	6 315	12 434	6 255	6 272	12 412	6 312

a. Calculer la fréquence correspondant à chaque issue.

b. Quelles conjectures peut-on faire en ce qui concerne les probabilités de chaque résultat ?
Ces conjectures sont-elles les mêmes que celles émises à la question **1. f.** ?

B. Modélisation

a. Représenter cette expérience aléatoire par un arbre de probabilité.

b. En déduire la loi de probabilité de cette expérience aléatoire.
Cette loi est-elle cohérente avec la conjecture émise à la fin de la partie A ?

11 On considère le jeu suivant. On place un pion sur un axe gradué à la position 0. **40 min**
On lance une pièce.
Si le résultat est pile, on se déplace d'une unité vers la droite (l'abscisse augmente de 1), sinon on se déplace d'une unité vers la gauche (l'abscisse diminue de 1).

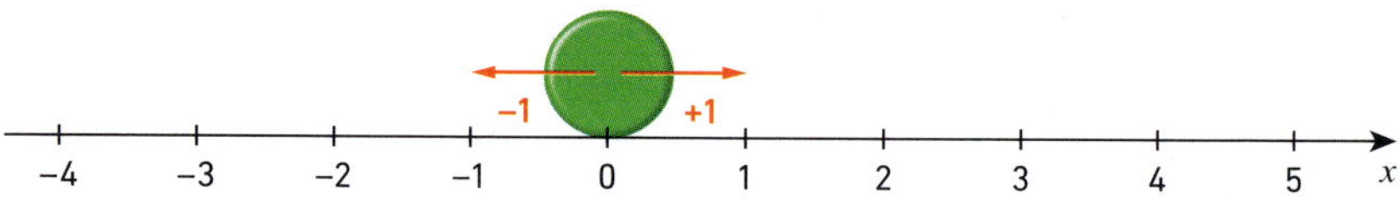

On effectue quatre lancers successifs de la pièce, donc quatre déplacements aléatoires successifs.

1. a. Le pion peut-il revenir à sa position initiale après les quatre déplacements ? Justifier.

b. Le pion peut-il être à l'abscisse +1 après les quatre déplacements ? Justifier.

2. On considère l'algorithme suivant, écrit avec le logiciel AlgoBox :

```
VARIABLES
P EST_DU_TYPE NOMBRE
DEBUT_ALGORITHME
P PREND_LA_VALEUR 0
SI (random()>0.5) ALORS
DEBUT_SI
P PREND_LA_VALEUR P+1
FIN_SI
SINON
DEBUT_SINON
P PREND_LA_VALEUR P-1
FIN_SINON
AFFICHER P
FIN_ALGORITHME
```

La fonction random() utilisée dans cet algorithme renvoie un nombre aléatoire appartenant à l'intervalle $[0;1[$.

a. Modifier cet algorithme pour pouvoir simuler les quatre lancers successifs et afficher la position finale.

b. Programmer cet algorithme sur AlgoBox ou sur une calculatrice et l'exécuter plusieurs fois.

Quelles semblent être les positions finales possibles ?

Quelle semble être la plus probable ; la moins probable ?

3. a. Représenter cette expérience aléatoire à l'aide d'un arbre de probabilité.

b. Établir la loi de probabilité de cette expérience aléatoire sous la forme d'un tableau.

c. On imagine le jeu suivant : un joueur gagne si, au bout des quatre déplacements le pion est à la position 4 ou à la position -4.

Quelle est la probabilité de gagner ?

Corrigés de *TESTEZ VOS CONNAISSANCES*

1. Réponse **b.** La lettre utilisée habituellement pour désigner l'univers est Ω (oméga).

2. Réponse **a.** Voir le paragraphe 2.A.

3. Réponse **a.** Quand on écrit la réunion de deux ensembles, on note une seule fois les éléments en commun. Voir le paragraphe 2.B. ainsi que l'exemple du cours.

> **RAPPEL**
> *Un événement élémentaire contient un seul élément. Ce sont les probabilités des événements élémentaires qui permettent de calculer les probabilités de tous les événements.*

4. Réponse **c.** Voir le paragraphe 1.C.

5. Réponse **b.** On dit aussi que ce sont des événements disjoints.

6. Réponse **c.** A et B sont disjoints lorsque $A \cap B = \varnothing$. Ils sont contraires lorsque $A \cap B = \varnothing$ et $A \cup B = \Omega$. Dans ce cas, il nous manque une information concernant l'intersection des deux ensembles.

7. Réponse **c.** Dans une loi de probabilité, la somme des probabilités des événements élémentaires est égale à 1.

Donc $p_3 = 1 - 0{,}35 - 0{,}4 = 0{,}25$.

> **À RETENIR**
> *Dans une situation d'équiprobabilité, si A est un événement d'un univers Ω, alors :*
> $p(A) = \dfrac{\text{nombre d'éléments de A}}{\text{nombre d'éléments de } \Omega}$.

8. Réponse **a.** Dans une situation d'équiprobabilité, chaque **événement élémentaire** a la même probabilité égale à :

$$\frac{1}{\text{nombre d'éléments de l'univers}}.$$

L'événement certain a toujours une probabilité égale à 1. Voir le paragraphe 3.

> **À RETENIR**
> *A et B sont incompatibles (ou disjoints) lorsque $A \cap B = \varnothing$.*

9. Réponse **a.** $p(A \cup B) = p(A) + p(B) - p(A \cap B)$,
donc $0{,}9 = 0{,}4 + 0{,}5 - p(A \cap B)$, donc $p(A \cap B) = 0$
et par conséquent $A \cap B = \varnothing$.

> **RAPPEL**
> *Si $x \leqslant y$, alors $-x \geqslant -y$.*

10. Réponse **a.** $p(A \cup B) = p(A) + p(B) - p(A \cap B)$,
donc $p(A \cup B) = 1{,}2 - p(A \cap B)$, donc $p(A \cap B) = 1{,}2 - p(A \cup B)$.
Or, $p(A \cup B) \leqslant 1$, donc $-p(A \cup B) \geqslant -1$,
donc $1{,}2 - p(A \cup B) \geqslant 0{,}2$; par conséquent, $p(A \cap B) \geqslant 0{,}2$.

> **À RETENIR**
> *$p(\bar{A}) = 1 - p(A)$.*

11. Réponse **a.** $p(A \cup B) = p(A) + p(B) - p(A \cap B)$,
donc $0{,}9 = p(A) + 0{,}6 - 0{,}4$, donc $0{,}9 - 0{,}6 + 0{,}4 = p(A)$,
donc $p(A) = 0{,}7$.
Finalement : $p(\bar{A}) = 1 - p(A) = 0{,}3$.

Corrigés de *ENTRAÎNEZ-VOUS*

Utiliser le vocabulaire des probabilités

1 **a.** Il y a deux couleurs possibles si on tire une boule. Donc $\Omega = \{\text{Verte} ; \text{Rouge}\}$.

b. Il y a trois numéros possibles si on tire une boule. Donc $\Omega = \{1 ; 2 ; 3\}$.

c. Si on tire deux boules simultanément, les sommes possibles sont 2, 3, 4, et 5.
Donc l'univers est $\Omega = \{2 ; 3 ; 4 ; 5\}$.

d. Le tirage est sans remise, donc on ne peut pas tirer deux fois la même boule.
L'univers est $\Omega = \{(1 ; 1) ; (1 ; 2) ; (1 ; 3) ; (2 ; 1) ; (2 ; 2) ; (2 ; 3) ; (3 ; 1) ; (3 ; 2)\}$.

e. En utilisant l'univers de la question précédente :

$$\Omega = \{-2 ; -1 ; 0 ; 1 ; 2\}.$$

Par exemple, si on tire une boule portant le numéro 1 suivie de la boule portant le numéro 3, alors la différence est $1 - 3 = -2$.

> **REMARQUE**
> *Dans cet exercice, on ne cherche pas encore à calculer des probabilités. On détermine l'ensemble des issues possibles à chaque expérience aléatoire.*

2 **a.** Les écarts possibles sont compris entre 0 et 5.
Donc $\Omega = \{0 ; 1 ; 2 ; 3 ; 4 ; 5\}$.
Par exemple si les numéros obtenus sont 2 et 6, l'écart entre les deux est 4.

> **À RETENIR**
> *Un événement est une partie (un sous-ensemble) de l'univers.*

b. $A = \{0 ; 2 ; 4\}$.

c. $B = \{0 ; 3\}$.

d. $A \cap B$: « obtenir un résultat pair et multiple de 3 ». $A \cap B = \{0\}$.
$A \cup B$: « obtenir un résultat pair ou multiple de 3 ».
$A \cup B = \{0 ; 2 ; 3 ; 4\}$.

> **REMARQUE**
> *0 est un multiple de 3. En effet, $0 \times 3 = 0$.*

e. $\overline{A}$: « obtenir un résultat impair ». $\overline{A} = \{1 ; 3 ; 5\}$.
$\overline{B}$: « obtenir un résultat non multiple de 3 ». $\overline{B} = \{1 ; 2 ; 4 ; 5\}$.

Déterminer et utiliser une loi de probabilité

3 **a.** La loi de probabilité est de la forme :

x_i	1	2	3	4	5	6
p_i	p_1	p_2	p_3	p_4	p_5	p_6

Chaque probabilité est proportionnelle à la valeur de la face.
Donc $p_2 = 2p_1$, $p_3 = 3p_1$, etc.

À RETENIR

La somme des probabilités des événements élémentaires est égale à 1.

De plus, la somme des probabilités des événements élémentaires est égale à 1.

Donc : $p_1 + p_2 + p_3 + p_4 + p_5 + p_6 = 1$.

Donc : $p_1 + 2p_1 + 3p_1 + 4p_1 + 5p_1 + 6p_1 = 1$.

Donc $21p_1 = 1$ et finalement $p_1 = \frac{1}{21}$.

On obtient donc la loi de probabilité suivante :

x_i	1	2	3	4	5	6
p_i	$\frac{1}{21}$	$\frac{2}{21}$	$\frac{3}{21}$	$\frac{4}{21}$	$\frac{5}{21}$	$\frac{6}{21}$

b. A = {1 ; 2 ; 3}. Donc : $p(\text{A}) = p_1 + p_2 + p_3 = \frac{1}{21} + \frac{2}{21} + \frac{3}{21}$. Par conséquent $p(\text{A}) = \frac{6}{21}$.

B = {1 ; 2 ; 4 ; 5}. Donc : $p(\text{B}) = p_1 + p_2 + p_4 + p_5 = \frac{1}{21} + \frac{2}{21} + \frac{4}{21} + \frac{5}{21}$.

Par conséquent $p(\text{B}) = \frac{12}{21}$.

c. $\text{A} \cap \text{B}$: « obtenir un nombre inférieur ou égal à 3 **et** un diviseur de 20 ».

À RETENIR

$A \cap B$: A et B.

$A \cup B$: A ou B.

$\text{A} \cap \text{B} = \{1 ; 2\}$.

$\text{A} \cup \text{B}$: « obtenir un nombre inférieur **ou** égal à 3 ou un diviseur de 20 ».

$\text{A} \cup \text{B} = \{1 ; 2 ; 3 ; 4 ; 5\}$.

$p(\text{A} \cap \text{B}) = p_1 + p_2 = \frac{1}{21} + \frac{2}{21}$, donc $p(\text{A} \cap \text{B}) = \frac{3}{21}$.

$p(\text{A} \cup \text{B}) = p_1 + p_2 + p_3 + p_4 + p_5$

$= \frac{1}{21} + \frac{2}{21} + \frac{3}{21} + \frac{4}{21} + \frac{5}{21}$, donc $p(\text{A} \cup \text{B}) = \frac{15}{21}$.

d. $\overline{\text{A}} \cap \overline{\text{B}}$: « obtenir un nombre supérieur ou égal à 4 et obtenir un nombre non diviseur de 20 ».

Or, $\overline{\text{A}} = \{4 ; 5 ; 6\}$ et $\overline{\text{B}} = \{3 ; 6\}$. Donc $\overline{\text{A}} \cap \overline{\text{B}} = \{6\}$. Donc $p(\overline{\text{A}} \cap \overline{\text{B}}) = p_6 = \frac{6}{21}$.

$\overline{\text{A} \cup \text{B}}$ est l'événement contraire de $\text{A} \cup \text{B}$, donc : « ne pas obtenir un nombre inférieur ou égal à 3 ou un diviseur de 20 ».

Or $\text{A} \cup \text{B} = \{1 ; 2 ; 3 ; 4 ; 5\}$, donc $\overline{\text{A} \cup \text{B}} = \{6\}$. Donc $p(\overline{\text{A} \cup \text{B}}) = p_6 = \frac{6}{21}$.

On remarque que $\overline{\text{A}} \cap \overline{\text{B}}$ et $\overline{\text{A} \cup \text{B}}$ sont le même événement.

$\overline{\text{A} \cup \text{B}}$ peut s'écrire : « n'obtenir ni un nombre inférieur ou égal à 3, ni un diviseur de 20 », c'est-à-dire le même événement que $\overline{\text{A}} \cap \overline{\text{B}}$.

4 **a.** Il y a 10 boules en tout et chaque boule a la même probabilité d'être tirée qu'une autre.

Couleurs	Rouge	Bleue	Verte	Jaune
p_i	$\frac{1}{10}$	$\frac{2}{10}$	$\frac{3}{10}$	$\frac{4}{10}$

b. A = {Bleue ; Jaune}. Donc $p(\text{A}) = \frac{2}{10}+\frac{4}{10}=\frac{6}{10}$.

c. C = {Verte; Bleue}. Donc $p(\text{C}) = \frac{3}{10}+\frac{2}{10}=\frac{5}{10}$.

d. $p(\text{D}) = p(\overline{\text{A}}) = 1 - p(\text{A}) = 1 - \frac{6}{10}$, donc $p(\text{D}) = \frac{4}{10}$.

e. D = {Rouge ; Verte} et C = {Verte ; Bleue}, donc $\text{D} \cap \text{C}$ = {Verte}. Donc $p(\text{D} \cap \text{C}) = \frac{3}{10}$.

f. $\text{D} \cup \text{C}$ = {Rouge ; Bleue ; Verte}, donc : $p(\text{D} \cup \text{C}) = \frac{1}{10}+\frac{2}{10}+\frac{3}{10}$, donc $p(\text{D} \cup \text{C}) = \frac{6}{10}$.

On aurait pu calculer cette probabilité en utilisant la relation suivante : $p(\text{D} \cup \text{C}) = p(\text{D}) + p(\text{C}) - p(\text{D} \cap \text{C})$.

Donc $p(\text{D} \cup \text{C}) = \frac{4}{10}+\frac{5}{10}-\frac{3}{10}=\frac{6}{10}$.

À RETENIR

$p(A \cup B) = p(A) + p(B) - p(A \cap B)$

Utiliser un tableau ou un arbre de probabilité

5 **1.**

1er dé \ 2e dé	1	2	3	4
1	(1 ; 1)	(1 ; 2)	(1 ; 3)	(1 ; 4)
2	(2 ; 1)	(2 ; 2)	(2 ; 3)	(2 ; 4)
3	(3 ; 1)	(3 ; 2)	(3 ; 3)	(3 ; 4)
4	(4 ; 1)	(4 ; 2)	(4 ; 3)	(4 ; 4)

2. a.

1er dé \ 2e dé	1	2	3	4
1	1	2	3	4
2	2	4	6	8
3	3	6	9	12
4	4	8	12	16

b. Les dés sont équilibrés, donc chacun des 16 tirages sont équiprobables.

On obtient donc la loi de probabilité suivante :

REMARQUE

Toujours vérifier que la somme des probabilités des événements élémentaires est égale à 1.

x_i	1	2	3	4	6	8	9	12	16
p_i	$\frac{1}{16}$	$\frac{2}{16}$	$\frac{2}{16}$	$\frac{3}{16}$	$\frac{2}{16}$	$\frac{2}{16}$	$\frac{1}{16}$	$\frac{2}{16}$	$\frac{1}{16}$

3. a. $A = \{3 ; 6 ; 9 ; 12\}$, donc $p(A) = \frac{2}{16}+\frac{2}{16}+\frac{1}{16}+\frac{2}{16}=\frac{7}{16}$.

b. $B = \{1 ; 3 ; 9\}$, donc $p(B) = \frac{1}{16}+\frac{2}{16}+\frac{1}{16}=\frac{4}{16}=\frac{1}{4}$.

c. $A \cup B = \{1 ; 3 ; 6 ; 9 ; 12\}$, donc $p(A \cup B) = \frac{1}{16}+\frac{2}{16}+\frac{2}{16}+\frac{1}{16}+\frac{2}{16}=\frac{8}{16}=\frac{1}{2}$.

6 **1.** Pour modéliser cette expérience aléatoire par un arbre, on note F_i l'événement : « le $i^{\text{ème}}$ enfant est une fille » et G_i l'événement : « le $i^{\text{ème}}$ enfant est un garçon ».

On obtient l'arbre suivant :

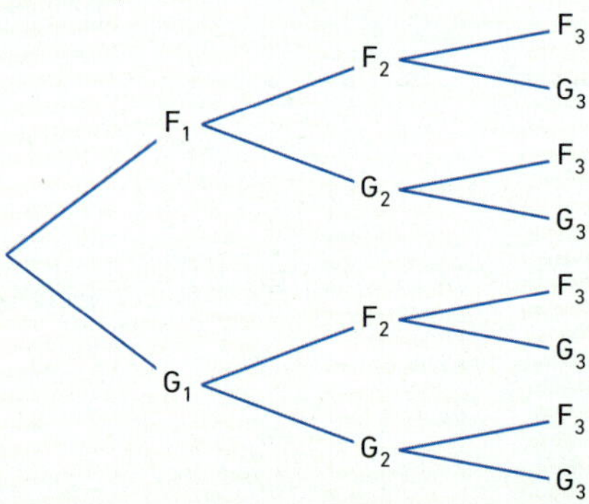

2. a. L'arbre a 8 chemins équiprobables puisque l'on suppose que la probabilité d'avoir une fille est égale à celle d'avoir un garçon.

Donc, le couple a une chance sur huit d'avoir trois filles.

Remarque : Dans la réalité, la probabilité d'avoir un garçon est légèrement plus élevée que celle d'avoir une fille. Mais dans une expérience aléatoire simple comme celle-ci, on peut supposer qu'il y a équiprobabilité.

Il a aussi une chance sur huit d'avoir trois garçons.

Donc $p(A) = \frac{1}{8}$ et $p(B) = \frac{1}{8}$.

Ces deux événements sont incompatibles.

Donc $p(A \cup B) = p(A) + p(B) = \frac{1}{8} + \frac{1}{8}$.

Donc $p(A \cup B) = \frac{1}{4}$.

À RETENIR

A et B sont incompatibles (ou disjoints) lorsque $A \cap B = \varnothing$. Dans ce cas, $P(A \cup B) = p(A) + p(B)$.

b. L'événement C est : « le couple aura au moins une fille ».

Donc l'événement contraire est $\overline{C}$: « le couple aura trois garçons ».

Or $\overline{C}$ est l'événement B, donc : $p(C) = 1 - p(B) = 1 - \frac{1}{8} = \frac{7}{8}$.

c. L'événement E est : « le couple aura au moins une fille et au moins un garçon ». Donc l'événement contraire est $\overline{E}$: « le couple aura trois garçons ou le couple aura trois filles ».

$\overline{E}$ est l'événement $A \cup B$.

Donc $p(E) = 1 - p(A \cup B) = 1 - \frac{1}{4} = \frac{3}{4}$.

REMARQUE

Quand un événement contient une expression de la forme « au moins un » ou « au moins une », il est souvent utile de déterminer l'événement contraire qui est plus simple à étudier.

7 **1.** 32 % de 1 200 se calcule ainsi : $0{,}32 \times 1\,200 = 384$.

Donc 384 personnes ont été vaccinées.

$0{,}12 \times 1\,200 = 144$, donc 144 personnes ont contracté la maladie.

$0{,}125 \times 144 = 18$, donc 18 personnes ont été vaccinées et on contracté la maladie au cours de la période d'étude.

On complète donc le tableau à partir de ces valeurs.

	Personnes malades	Personnes non malades	Total
Personnes vaccinées	18	366	384
Personnes non vaccinées	126	690	816
Total	144	1 056	1 200

2. a. La personne est choisie au hasard. Il y a donc équiprobabilité dans le choix de la personne.

Donc $p(M) = \frac{144}{1\,200} = 0{,}12$. On retrouve la proportion de 12 % de l'énoncé.

b. De même $p(V) = \frac{384}{1\,200} = 0{,}32$. On retrouve la proportion de 32 % de l'énoncé.

c. $V \cap M$: « La personne est vaccinée et a contracté la maladie au cours de la période d'étude ».

$p(V \cap M) = \frac{18}{1\,200} = 0{,}015$.

Ce résultat ne figurait pas dans l'énoncé. En effet, on connaissait la proportion de personnes vaccinée **parmi celles** qui avaient contracté la maladie.

d. $V \cup M$: « La personne est vaccinée **ou** a contracté la maladie au cours de la période d'étude ».

$p(V \cup M) = p(V) + p(M) - p(V \cap M)$, donc $p(V \cup M) = 0{,}12 + 0{,}32 - 0{,}015$.

Donc $p(V \cup M) = 0{,}425$.

REMARQUE

$V \cup M$ et $\overline{V} \cap \overline{M}$ sont deux événements contraires.

e. $\overline{V} \cap \overline{M}$: « La personne n'est pas vaccinée **et** n'a pas contracté la maladie au cours de la période d'étude ».

$$p(\overline{V} \cap \overline{M}) = \frac{690}{1\,200} = 0{,}575.$$

3. a. Dans cette question, l'univers n'est plus le même que dans la question 2. Le choix se fait désormais uniquement parmi les personnes qui ont été vaccinées.

Il y a encore équiprobabilité, donc $p_1 = \dfrac{18}{384} \simeq 0{,}047$.

b. De même, $p_2 = \dfrac{126}{816} \simeq 0{,}154$.

c. On remarque que p_2 est plus de trois fois supérieure à p_1. Donc, la probabilité de contracter la maladie si on n'a pas été vacciné est plus de trois fois plus élevée que la probabilité de contracter la maladie si on a été vacciné. On peut donc en déduire que le vaccin est efficace, mais ne protège pas totalement de la maladie.

8 **a.** On note P l'événement : « obtenir Pile » et F : « obtenir Face », puis on note chaque issue du dé par sa valeur.

On a ainsi l'arbre ci-contre.

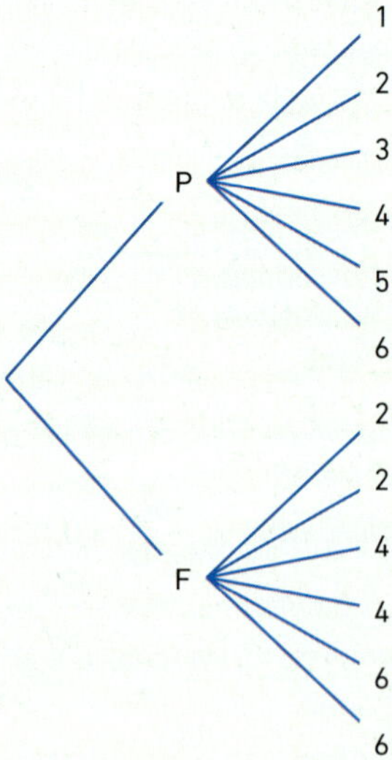

À RETENIR

Dans une situation d'équiprobabilité, si A est un événement d'un univers Ω, alors : $p(A) = \dfrac{\text{nombre d'éléments de A}}{\text{nombre d'éléments de } \Omega}$.

b. On a donc, en tout, 12 chemins équiprobables.

Parmi ceux-ci, trois permettent d'obtenir le nombre 6 à la fin du jeu.

Donc, la probabilité de gagner est $\dfrac{3}{12}$ soit 0,25.

9 **a.** On note R_i l'événement « obtenir une boule rouge au $i^{\text{ème}}$ tirage ».
On définit de même V_i et B_i. On a donc l'arbre suivant :

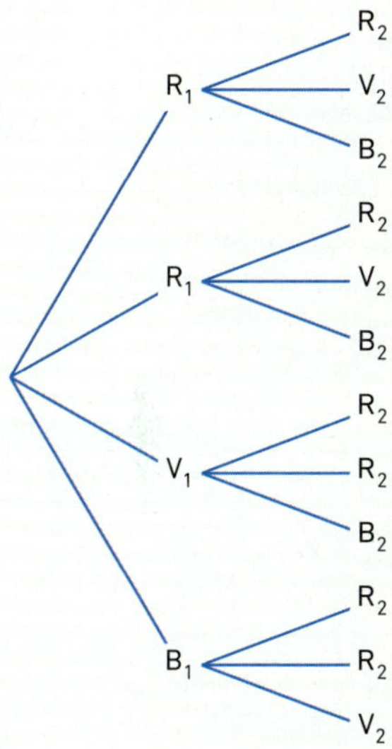

b. Il y a 12 chemins équiprobables. Parmi ceux-ci, deux seulement permettent d'obtenir deux boules de même couleur (forcément rouge). Donc la probabilité de tirer deux boules de la même couleur est $\frac{2}{12}$, donc $\frac{1}{6}$.

c. L'événement : « tirer deux boules de couleurs différentes » est l'événement contraire du précédent : « tirer deux boules de la même couleur ».
Donc sa probabilité est $1 - \frac{1}{6}$, donc vaut $\frac{5}{6}$.

d. Il y a 4 chemins sur les 12 qui permettent de tirer une boule rouge uniquement au deuxième tirage.
Donc la probabilité est $\frac{4}{12}$, c'est-à-dire $\frac{1}{3}$.

Problèmes

10 **A. Algorithmique et simulation**

1. a. La variable S est la somme des numéros des trois boules à la fin de l'algorithme. Au départ, avant de tirer la première boule, cette somme est forcément nulle.

b. La fonction random() renvoie un nombre aléatoire appartenant à [0 ; 1[.

On a donc une chance sur deux que ce nombre soit supérieur à 0,5.

Si random() $>$ 0,5, alors S augmente de 1 (ligne 7). Cela simule le tirage de la boule 1 dans la première urne. Dans l'autre cas, S reste égal à 0, comme si l'on avait tiré la boule 0 dans la première urne.

c. De même, les lignes 9 à 12 permettent de simuler le tirage dans la deuxième urne. En effet, on a une chance sur deux de tirer la boule portant le numéro 3 et donc que S augmente de 3 (ligne 11). Dans l'autre cas, S reste égal à sa valeur précédente.

d. Les lignes 13 à 20 permettent de simuler le tirage dans la troisième urne.

Dans ce cas, il y a une instruction « sinon » en plus.

On a une chance sur deux de tirer le 1, donc que S augmente de 1 (ligne 15) et une chance sur deux de tirer le 2, donc que S augmente de 2 (ligne 19).

e. À l'issue des trois tirages, on peut obtenir les résultats entiers entre 1 et 6.

REMARQUE

Vous obtiendrez certainement un résultat différent de celui-ci.

ATTENTION

Votre conjecture sera certainement différente de celle-ci. Elle dépend de vos propres résultats.

f. En programmant l'algorithme et en le faisant exécuter 20 fois, on a obtenu le tableau suivant :

x_i	1	2	3	4	5	6
n_i	1	6	6	1	5	1

On ne peut pas faire réellement de conjecture.

Le nombre de répétitions de l'expérience aléatoire est trop petit.

Il semblerait cependant que les 2, 3 et 5 apparaissent bien plus souvent que les autres valeurs.

2. a. En divisant les effectifs par le nombre total de simulations (50 000), on obtient les fréquences suivantes :

x_i	1	2	3	4	5	6
n_i	0,1263	0,24868	0,1251	0,12544	0,24824	0,12624

b. Il semblerait que les fréquences d'apparition des valeurs 1, 3, 4 et 6 soient proches de 0,125 et celle de 2 et 5 proches de 0,25. Donc que le 2 et le 5 apparaissent plus souvent que les autres.

Ce n'est pas la même conjecture que dans le **1. f**.

B. Modélisation

1. On peut modéliser cette expérience aléatoire par l'arbre suivant :

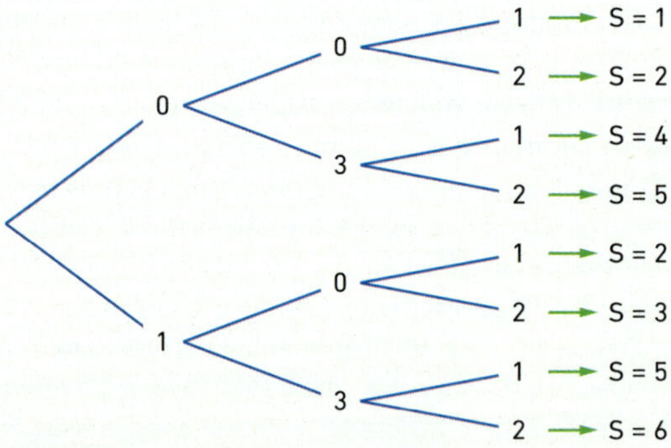

b. Les 8 chemins sont équiprobables. On constate que deux chemins permettent d'obtenir 2 et deux chemins d'obtenir 5.

Les autres valeurs ne s'obtiennent que par un seul chemin.

On a donc la loi suivante :

x_i	1	2	3	4	5	6
p_i	$\frac{1}{8}$	$\frac{2}{8}$	$\frac{1}{8}$	$\frac{1}{8}$	$\frac{2}{8}$	$\frac{1}{8}$

On constate que les fréquences expérimentales obtenues après 50 000 simulations sont très proches des probabilités théoriques.

La conjecture de la question 2b de la partie A était donc juste.

11 **1. a.** Oui, le pion peut revenir à sa position initiale après 4 déplacements. Il peut, par exemple, se déplacer de 2 unités vers la droite, puis de 2 unités vers la gauche.

b. Non, le pion ne peut pas être à la position +1. En effet au bout d'un déplacement il est forcément sur une position impaire (–1 ou +1), au bout de 2 sur une position paire (–2, 0 ou +2), au bout de 3 à nouveau sur une position impaire et au bout de 4 sur une position paire.

2. a. Pour simuler 4 déplacements successifs, on peut utiliser une boucle « Pour... de... à... » ainsi :

```
VARIABLES
P EST_DU_TYPE NOMBRE
k EST_DU_TYPE NOMBRE
DEBUT_ALGORITHME
P PREND_LA_VALEUR 0
POUR k ALLANT_DE 1 A 4
DEBUT_POUR
SI (random()>0.5) ALORS
DEBUT_SI
P PREND_LA_VALEUR P+1
FIN_SI
SINON
DEBUT_SINON
P PREND_LA_VALEUR P-1
FIN_SINON
FIN_POUR
AFFICHER P
FIN_ALGORITHME
```

b. En exécutant plusieurs fois l'algorithme, on constate que les valeurs possibles sont –4, –2, 0, 2 et 4.

0 semble apparaître le plus souvent et 4 et –4 le moins souvent.

3. a. On obtient l'arbre suivant :

> **REMARQUE**
> *Il y a 4 déplacements successifs et deux choix à chaque déplacement. Le nombre de chemins dans l'arbre est donc égal à 2^4, donc à 16.*

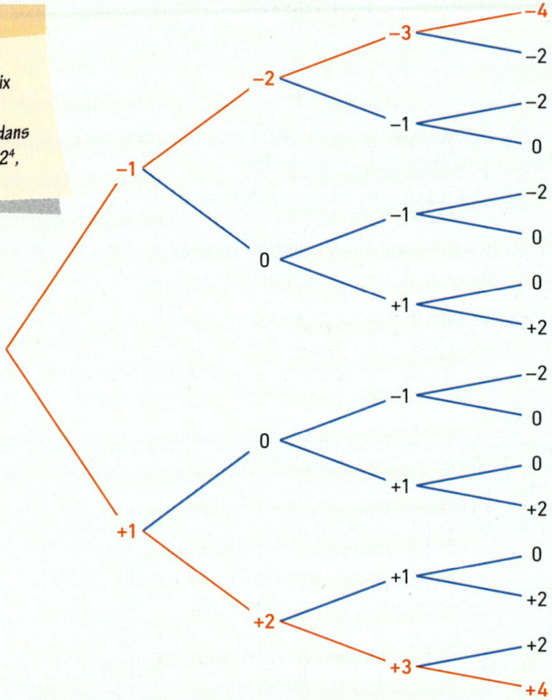

b. Les 16 chemins sont équiprobables. On constate qu'un seul chemin permet d'obtenir −4 et un seul +4, que quatre chemins permettent d'obtenir −2 et quatre +2, et que six chemins permettent d'obtenir 0.

On a donc la loi suivante :

x_i	−4	−2	0	2	4
p_i	$\frac{1}{16}$	$\frac{4}{16}$	$\frac{6}{16}$	$\frac{4}{16}$	$\frac{1}{16}$

c. Le joueur a une probabilité de $\frac{1}{16}$ d'obtenir −4 et de $\frac{1}{16}$ d'obtenir +4.

Donc, il a une probabilité de $\frac{2}{16}$, soit $\frac{1}{8}$, de gagner.

Repères

POUR DÉMARRER

- Revoir les théorèmes de **Thalès** et de **Pythagore**.
- Connaître les droites **remarquables du triangle** et leurs points d'intersection.

– Une **médiane** relie un sommet au milieu du côté opposé.
Leur point d'intersection G, appelé le centre de gravité du triangle, est situé aux deux tiers de chaque médiane en partant du sommet (fig. 1).

– Une **médiatrice** coupe chaque côté en son milieu et perpendiculairement.
Leur point d'intersection est le centre du cercle circonscrit O situé à égale distance des trois sommets du triangle (fig. 2).

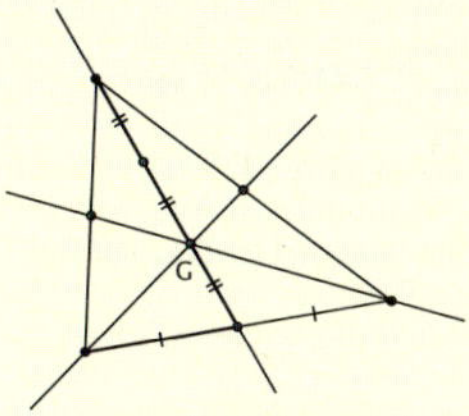

Fig. 1

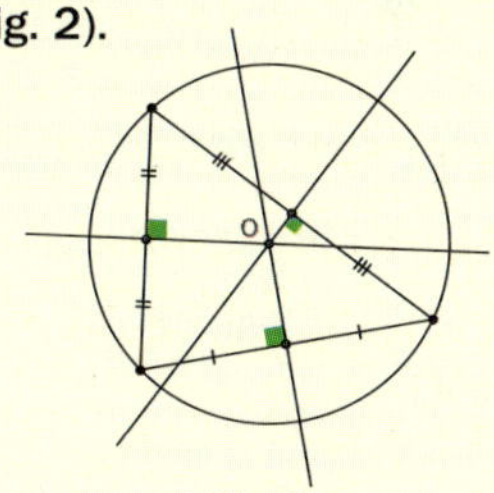

Fig. 2

– Une **hauteur** est une droite passant par un sommet et qui coupe perpendiculairement la droite portant le côté opposé. Leur point d'intersection H est l'orthocentre du triangle.
L'aire d'un triangle est $\frac{C \times h}{2}$, où C est la longueur d'un côté et h la hauteur associée à ce côté (fig. 3).

– Une **bissectrice** coupe un angle en deux angles de même mesure.
Leur point d'intersection est le centre du cercle inscrit dans le triangle.
Les côtés du triangle sont tangents au cercle inscrit (fig. 4).

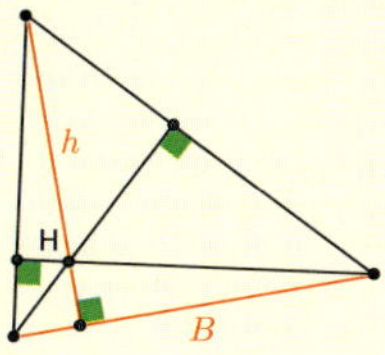

Fig. 3

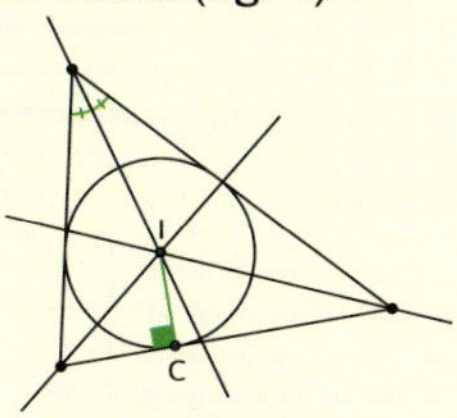

Fig. 4

1 Le triangle rectangle

Dans toute cette partie, ABC est un triangle rectangle en A.

A. Hauteurs et aire

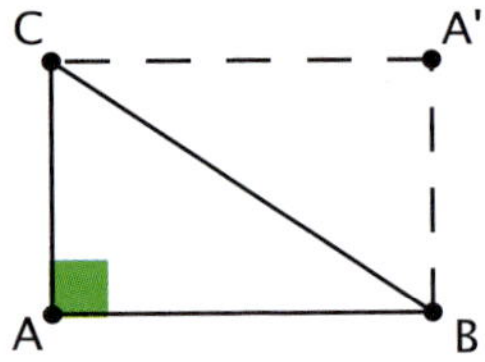

[AB] et [AC] sont les « côtés de l'angle droit ».

Ce sont des hauteurs du triangle.

L'aire du triangle rectangle ABC est la moitié de l'aire du rectangle ABA'C.

L'aire du triangle ABC est donc :

$$\text{aire}(\text{ABC}) = \frac{\text{aire(ABA'C)}}{2} = \frac{\text{AB} \times \text{AC}}{2}.$$

B. Médiatrices et centre du cercle circonscrit

Le centre du cercle circonscrit est le milieu de l'hypoténuse [BC].

[OA], [OB] et [OC] sont des rayons du cercle de diamètre [AB] : OA = OB = OC.

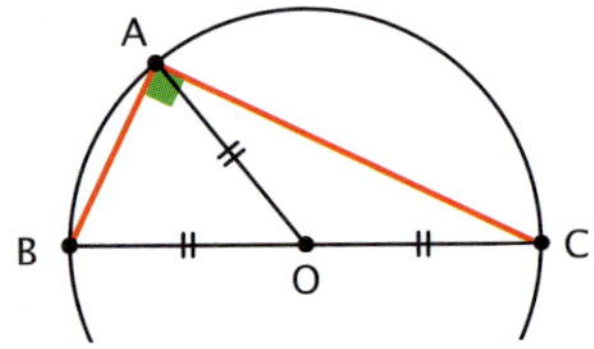

C. Trigonométrie

- $\cos\left(\widehat{\text{ABC}}\right) = \frac{\text{AB}}{\text{BC}}$
- $\sin\left(\widehat{\text{ABC}}\right) = \frac{\text{AC}}{\text{BC}}$
- $\tan\left(\widehat{\text{ABC}}\right) = \frac{\text{AC}}{\text{AB}}$

D. Théorème de Pythagore

ABC est rectangle en A si, et seulement si, $\text{AB}^2 + \text{AC}^2 = \text{BC}^2$.

On en déduit que $\frac{\text{AB}^2}{\text{BC}^2} + \frac{\text{AC}^2}{\text{BC}^2} = \frac{\text{BC}^2}{\text{BC}^2}$, autrement dit que :

$$\cos^2\left(\widehat{\text{ABC}}\right) + \sin^2\left(\widehat{\text{ABC}}\right) = 1.$$

2 Repérage

A. Sur une droite

Définition
Sur un axe gradué (O ; I), tout point M peut être repéré par un unique nombre x, appelé l'**abscisse de M**.

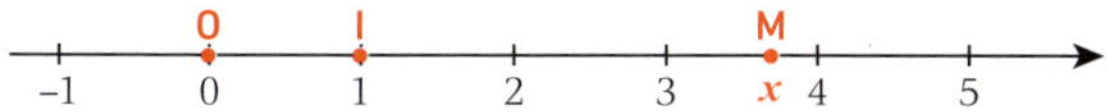

Le point O a pour abscisse 0 et le point I a pour abscisse 1.

B. Dans un plan

Définition
Soient O, I et J trois points non alignés et M un point du plan.
En traçant les parallèles aux droites (OI) et (OJ) passant par M on peut associer à M un unique couple de nombres $(x ; y)$.
On dit que (O ; I, J) est un repère du plan, et que les nombres x et y sont les **coordonnées de M**.

x est l'abscisse du point M ;
y est l'ordonnée du point M.

REMARQUE
Dans un repère (O ; I, J) du plan, on a toujours O(0 ; 0), I(1 ; 0) et J(0 ; 1).

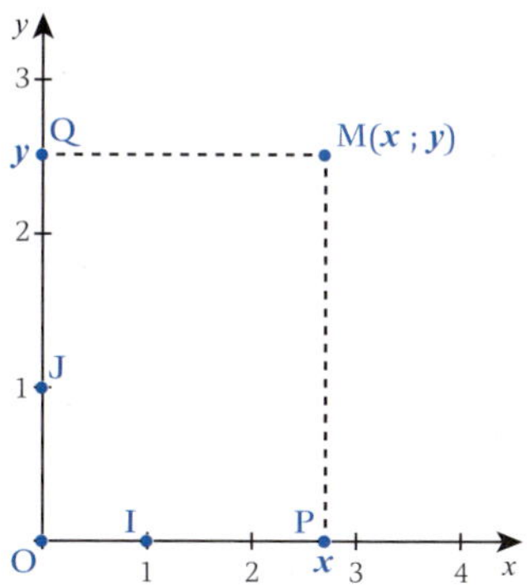

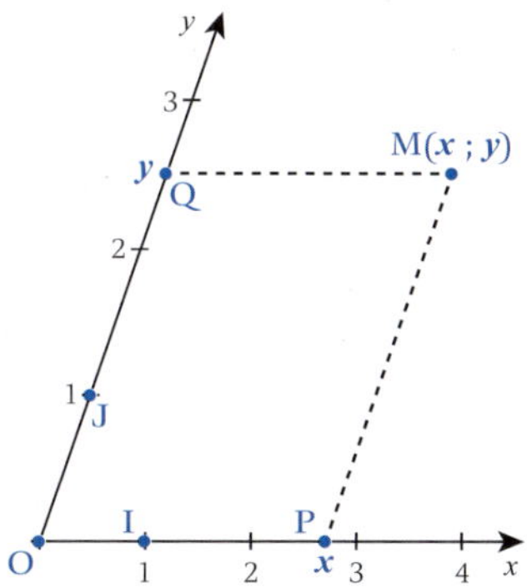

C. Repère orthogonal, repère orthonormé

Définition

Le repère (O ; I, J) est dit :

- orthogonal si (OI) ⊥ (OJ).
- orthonormé (ou encore orthonormal) si $\begin{cases} (OI) \perp (OJ) \\ OI = OJ \end{cases}$

REMARQUE

Si (O ; I, J) est orthonormé, alors le triangle OIJ est isocèle rectangle en O.

3 Milieu et distance

A. Milieu

Propriété

Si $A(x_A\,;\,y_A)$ et $B(x_B\,;\,y_B)$, alors le point K, milieu de [AB], a pour coordonnées $\left(\dfrac{x_A + x_B}{2}\,;\,\dfrac{y_A + y_B}{2}\right)$.

B. Distance

Propriété

Si $A(x_A\,;\,y_A)$ et $B(x_B\,;\,y_B)$ dans un repère orthonormé, alors la longueur du segment [AB] est :

$$AB = \sqrt{(x_B - x_A)^2 + (y_B - y_A)^2}.$$

PIÈGES À ÉVITER

- Si le repère n'est pas orthogonal il faut faire attention à bien tracer les parallèles aux axes pour lire les coordonnées. S'il n'est pas orthonormal, alors la formule de calcul de la distance n'est pas valable.
- $AB = BA = \sqrt{(x_A - x_B)^2 + (y_A - y_B)^2}$, mais il vaut mieux apprendre cette formule telle qu'elle est écrite dans le paragraphe 3.B, cela vous simplifiera la tâche dans le chapitre 4.

1 Choisir le bon théorème de géométrie

CONSEIL

Il faut toujours faire une figure, en y indiquant toutes les hypothèses de l'énoncé, en particulier les égalités de longueur, les angles droits…

Exercice

ABC est un triangle équilatéral de côté 4 et H est le pied de la hauteur issue de A.

1 Déterminer la valeur de l'angle $\widehat{BAH}$.

2 Montrer que $AH = 2\sqrt{3}$.

3 En déduire l'aire du triangle ABC.

POINT MÉTHODE

✓ Des droites parallèles peuvent faire penser au théorème de Thalès, alors que des droites perpendiculaires peuvent orienter nos recherches plutôt vers le théorème de Pythagore ou vers la trigonométrie.

Comment répondre ?

1 Dans un triangle équilatéral, tous les angles sont égaux à 60°.
De plus, toutes les droites remarquables d'un triangle équilatéral sont confondues.
La hauteur [AH] issue de A est donc aussi la bissectrice de l'angle $\widehat{BAC}$.

Ainsi : $\widehat{BAH} = \dfrac{\widehat{BAC}}{2} = 30°$.

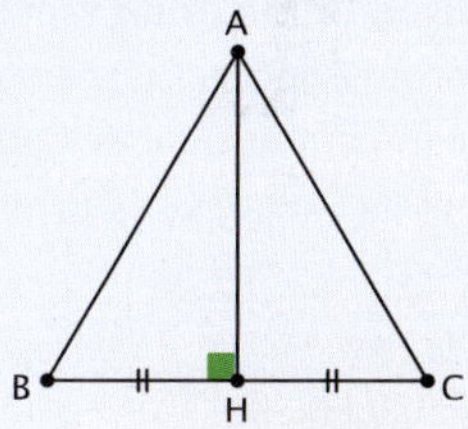

2 H est le milieu de [BC], car dans un triangle équilatéral les hauteurs sont aussi des médianes.

Donc $BH = \dfrac{BC}{2} = \dfrac{4}{2} = 2$.

ABH est un triangle rectangle en H.

Donc, d'après le théorème de Pythagore :

$AB^2 = AH^2 + HB^2$.

$4^2 = AH^2 + 2^2$, donc $AH^2 = 4^2 - 2^2 = 16 - 4 = 12$.

Ainsi : $AH = \sqrt{12} = \sqrt{4 \times 3} = \sqrt{4} \times \sqrt{3} = 2\sqrt{3}$.

ASTUCE

Si a et b sont deux réels positifs, alors $\sqrt{a \times b} = \sqrt{a} \times \sqrt{b}$.

3 L'aire du triangle ABC est $\dfrac{BC \times AH}{2} = \dfrac{4 \times 2\sqrt{3}}{2} = 4\sqrt{3}$.

2 Utiliser la formule des milieux

CONSEIL

Il faut comprendre le milieu d'un segment comme une « moyenne » des points aux extrémités du segment : les coordonnées du point moyen sont les moyennes des coordonnées des extrémités.

Exercice

1 Placer les points A(–3 ; 4), B(5 ; 1), C(7 ; –5) et D(–1;–2) dans un repère du plan. Que peut-on conjecturer ?

2 Déterminer les coordonnées du milieu M de [AC].

3 Démontrer que le quadrilatère ABCD est un parallélogramme.

POINT MÉTHODE

✓ Un quadrilatère est un parallélogramme si, et seulement si, ses diagonales se coupent en leur milieu.

Comment répondre ?

1 En observant le graphique on peut conjecturer que le quadrilatère ABCD est un parallélogramme, mais tant que nous n'aurons pas prouvé ceci par un raisonnement ou un calcul, il est impossible de l'affirmer avec certitude.

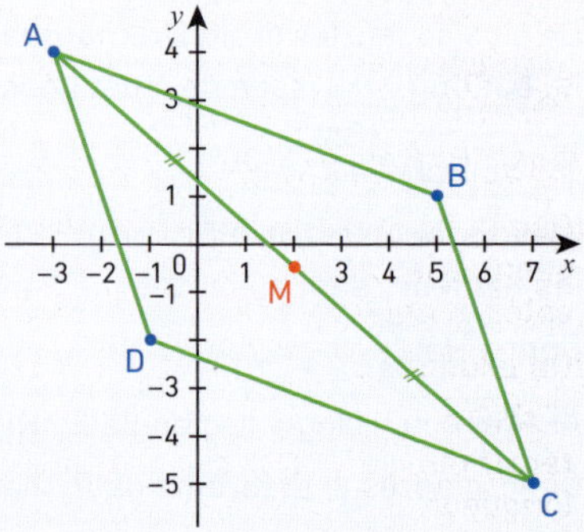

2 Le milieu M de [AC] a pour coordonnées $\left(\dfrac{x_A + x_C}{2} ; \dfrac{y_A + y_C}{2}\right)$.

Ainsi $M\left(\dfrac{-3+7}{2} ; \dfrac{4+(-5)}{2}\right)$ et donc M a pour coordonnées (2 ; –0,5).

3 Déterminons les coordonnées du milieu N de [BD].

$N\left(\dfrac{x_B + x_D}{2} ; \dfrac{y_B + y_D}{2}\right)$, donc $N\left(\dfrac{5+(-1)}{2} ; \dfrac{1+(-2)}{2}\right)$. N a donc pour coordonnées (2 ; –0,5).

Les points M et N ont les mêmes coordonnées, ils sont donc confondus, autrement dit les diagonales [AC] et [BD] du quadrilatère ABCD se coupent en leur milieu : ABCD est donc un parallélogramme.

3 Utiliser la formule des distances

CONSEIL

La formule du paragraphe 3.B n'est valable que dans un repère orthonormé. Ce sera en général le cas dans vos exercices, mais si vous obtenez un résultat étrange en appliquant cette formule, vérifiez que le repère est bien orthonormé !

Exercice

Dans un repère orthonormé (O ; I,J) on considère les points A(1;–2), B(5;2) et C(–1;0).

1 Faire une figure et conjecturer la nature du triangle ABC.

2 Calculer les longueurs des segments [AB], [BC] et [AC].

3 En déduire la nature du triangle ABC.

4 Tracer le cercle circonscrit au triangle ABC et déterminer son rayon.

POINT MÉTHODE

✓ *Il faut faire très attention à la place des signes + et –, des parenthèses, des carrés...*

Comment répondre ?

1 Voir page suivante.

Que la figure soit faite à la main ou avec un logiciel de géométrie, on peut obtenir des valeurs approchées des côtés et des angles.

On peut alors conjecturer que :

– ABC n'est pas isocèle (et encore moins équilatéral) puisqu'aucun des trois côtés n'a la même longueur.

– ABC est rectangle en A : en effet, avec les mesures données par GeoGebra par exemple, on a :

$2{,}83^2 + 5{,}66^2 \simeq 6{,}32^2$.

Il semble donc que le triangle ABC soit rectangle et non isocèle.

REMARQUE

Un triangle dont les trois côtés sont de longueur différente est dit « scalène ».

ATTENTION

Les mesures sur un graphique ne prouvent rien, elles sont par contre très utiles pour faire des conjectures, c'est-à-dire des intuitions qu'il restera à prouver (ou à infirmer !).

2 Le repère est orthonormé, on peut donc appliquer la formule du paragraphe 3.B.

$$AB = \sqrt{(x_B - x_A)^2 + (y_B - y_A)^2} = \sqrt{(5-1)^2 + (2-(-2))^2} = \sqrt{4^2 + 4^2} = \sqrt{32}.$$

De même :

$BC = \sqrt{(x_C - x_B)^2 + (y_C - y_B)^2} = \sqrt{(-1-5)^2 + (0-2)^2}$, donc $BC = \sqrt{36+4} = \sqrt{40}$

et $AC = \sqrt{(-1-1)^2 + (0-(-2))^2} = \sqrt{8}$.

3 On remarque que toutes ces longueurs sont bien toutes différentes, le triangle ABC n'est donc ni équilatéral ni isocèle.

REMARQUE

Des valeurs approchées des racines carrées obtenues à la question 2 ne servent pas plus que les mesures obtenues sur le graphique pour pouvoir appliquer le théorème de Pythagore : il faut absolument travailler avec les valeurs exactes !

Par contre on remarque que :

$AB^2 + AC^2 = (\sqrt{32})^2 + (\sqrt{8})^2 = 40$

et $BC^2 = (\sqrt{40})^2 = 40$.

Donc $AB^2 + AC^2 = BC^2$ et, d'après la réciproque du théorème de Pythagore, le triangle ABC est rectangle en A.

4 Le triangle ABC étant rectangle en A, le centre M de son cercle circonscrit est le milieu de l'hypoténuse [BC] et le rayon *R* est la moitié de la longueur de l'hypoténuse (voir le cours paragraphe 1.B.).

Ainsi : $R = \dfrac{BC}{2} = \dfrac{\sqrt{40}}{2} = \dfrac{\sqrt{4} \times \sqrt{10}}{2} = \dfrac{2 \times \sqrt{10}}{2} = \sqrt{10}$.

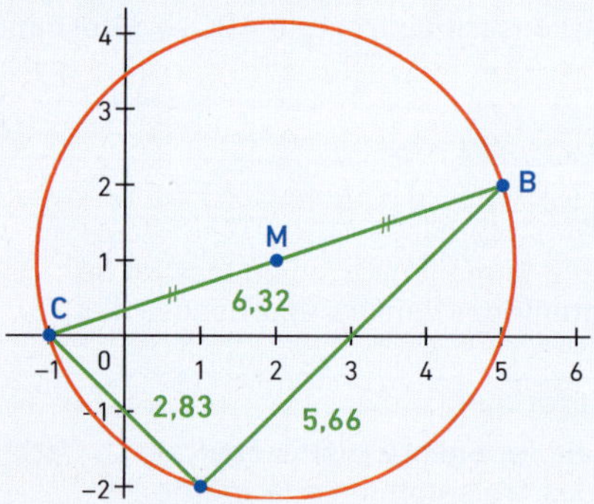

TESTEZ VOS CONNAISSANCES

CORRIGÉ p. 81

1. Le point d'intersection des médiatrices d'un triangle est :

a. L'orthocentre.

b. Le centre de gravité.

c. Le centre du cercle circonscrit.

2. Dans un triangle, une médiane :

a. Coupe perpendiculairement un côté du triangle.

b. Passe par le milieu d'un côté du triangle.

c. Passe par le centre du cercle inscrit au triangle.

3. Un carré est un losange :

a. Jamais. **b.** Parfois. **c.** Toujours.

4. Peut-on calculer BC en utilisant les informations de la figure ?

a. Oui, $BC = \sqrt{194}$.

b. Oui, une autre valeur.

c. Non, il n'y a pas assez d'informations.

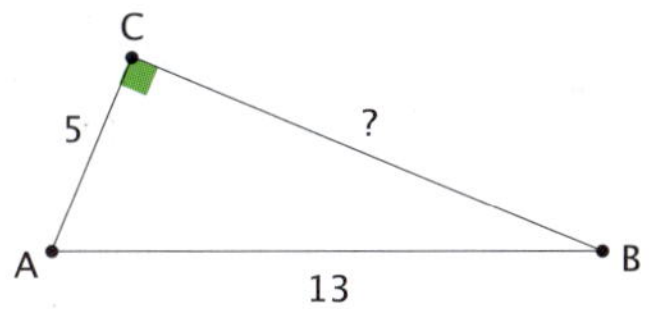

5. Peut-on calculer HI en utilisant les informations de la figure ?

a. Oui, $HI = 3$.

b. Oui, une autre valeur.

c. Non, il n'y a pas assez d'informations.

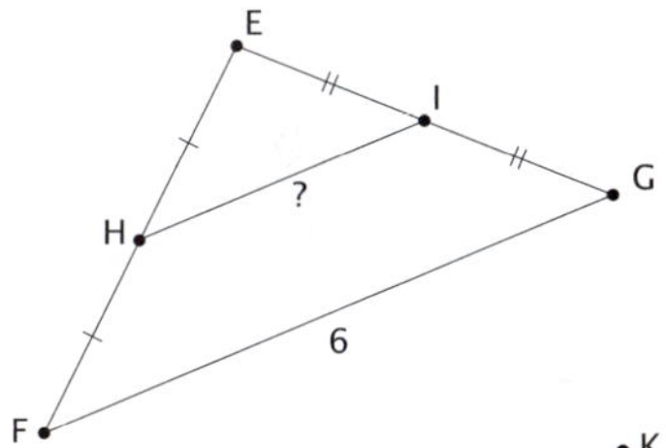

6. Peut-on calculer LM en utilisant les informations de la figure ?

a. Oui, $LM = \dfrac{32}{3}$.

b. Oui, une autre valeur.

c. Non, il n'y a pas assez d'informations.

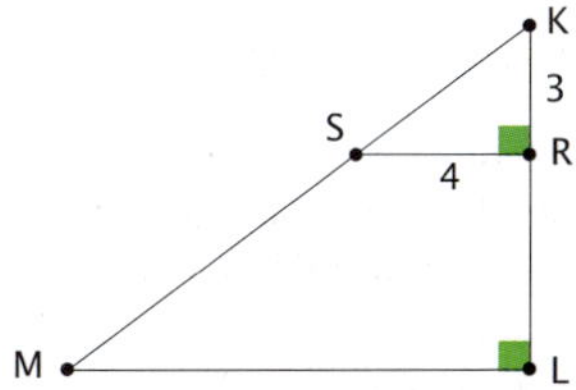

7. ABC est un triangle rectangle en A tel que $\widehat{ABC} = 30°$. Alors le cosinus de l'angle $\widehat{ABC}$ vaut :

a. 0,866 à 0,001 près. **b.** 0,154 à 0,001 près. **c.** exactement 0,5.

8. ABC est un triangle rectangle en A tel que $\cos\left(\widehat{ABC}\right) = 0{,}6$.
Alors $\sin\left(\widehat{ABC}\right)$ est égal à :

a. 0,8. **b.** 0,4. **c.** $\dfrac{1}{0{,}6}$.

9. Si $A(x_A ; y_A)$ et $B(x_B ; y_B)$ dans un repère du plan, alors le milieu de [AB] a pour coordonnées :

a. $\left(\dfrac{x_A + x_B}{2} ; \dfrac{y_A + y_B}{2}\right)$. **b.** $\left(\dfrac{x_A - x_B}{2} ; \dfrac{y_A - y_B}{2}\right)$. **c.** $\left((x_A - x_B)^2 ; (y_A - y_B)^2\right)$.

10. Dans un repère orthonormé, la distance entre les points $A(x_A ; y_A)$ et $B(x_B ; y_B)$ est :

a. $AB = \sqrt{(x_B + x_A)^2 - (y_B + y_A)^2}$.

b. $AB = \sqrt{(x_B - x_A)^2 + (y_B - y_A)^2}$.

c. $AB = (x_B - x_A) + (y_B - y_A)$.

ENTRAÎNEZ-VOUS

CORRIGÉ p. 82

Géométrie sans repère

1 ABC est un triangle équilatéral de côté 4 et H est le pied de la hauteur issue de A. ●○○ 15 min

a. Sachant que $\sin(60°) = \dfrac{\sqrt{3}}{2}$, calculer la longueur AH.
En déduire l'aire du triangle ABC.

b. Léa a trouvé une formule donnant l'aire S d'un triangle en fonction de ses trois côtés a, b et c : $S = \sqrt{p(p-a)(p-b)(p-c)}$ où p est le demi-périmètre du triangle : $p = \dfrac{a+b+c}{2}$.
Calculer l'aire du triangle équilatéral de côté 4 avec cette formule.

2 Sur un cercle $\mathscr{C}$ de centre O et de rayon 10, on place deux points A et M tels que $\widehat{AOM} = 35°$. ●○○ 10 min
H est le projeté orthogonal de M sur (OA), c'est-à-dire le point de (OA) tel que (MH) ⊥ (OA).

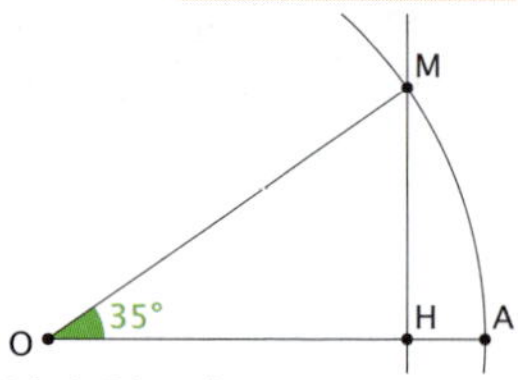

a. Quelle est la nature du triangle OMH ?

b. Déterminer la valeur exacte de OM, OH et MH, puis la valeur exacte de l'aire du triangle OMH.

c. Calculer une valeur approchée de l'aire du triangle OMH à 0,01 près.

Coordonnées

3 On considère le repère (O ; I, J) non-orthogonal ci-dessous : ●○○ 10 min

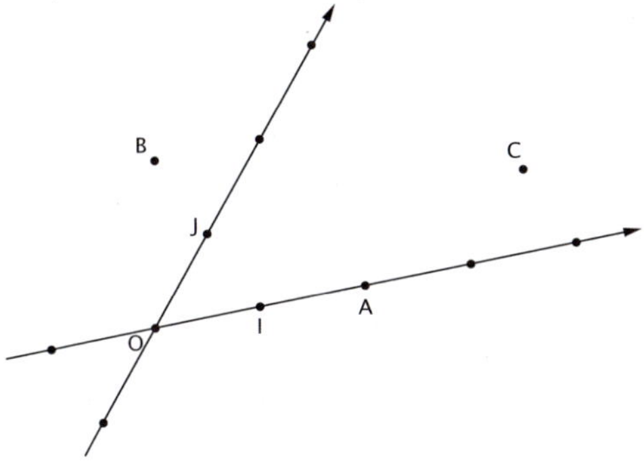

a. Lire les coordonnées des points O, I, J, A, B et C dans ce repère.

b. Placer les points D(0 ;3), E(1;3) et F(3;-1).

4 **a.** Dans le repère ci-dessous, lire les coordonnées des points A et B, et placer les points C(3;–1) et D(–3;2). ●○○ 15min

b. Que peut-on dire des coordonnées de tous les points de la droite (*d*) parallèle à l'axe des abscisses ?

c. Quel est l'ensemble des points dont l'abscisse x est égale à –3 ?

d. Que peut-on dire des coordonnées des points situés dans la zone rouge ?

e. Hachurer la partie du plan contenant l'ensemble des points dont les coordonnées vérifient $-3 \leqslant y \leqslant -1$.

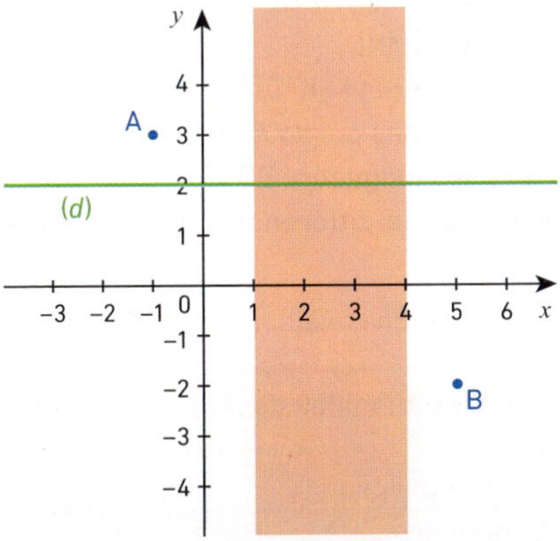

Milieux et distances

5 **1.** ABCD est un rectangle tel que AB = 4 et AD = 3. ●○○ 15 min

a. Le repère (A ; B, D) est-il orthogonal ? Orthonormé ?

b. Quelles sont les coordonnées des points B et D ?

2. EFGH est un carré de côté 5.

a. Le repère (E ; F, H) est-il orthogonal ? Orthonormé ?

b. Quelles sont les coordonnées des points E et G ?

3. IJK est un triangle équilatéral de côté 2.

a. Le repère (I ; J, K) est-il orthogonal ? Orthonormé ?

b. Quelles sont les coordonnées des points U et V, milieux respectifs des segments [IJ] et [IK] ?

4. LMN est un triangle isocèle rectangle en L tel que LM = 3.

a. Le repère (L ; M, N) est-il orthogonal ? Orthonormé ?

b. Quelles sont les coordonnées du point W, milieu de [MN] ?

6 Dans un repère, on considère les points A(–1 ; 1), B(–7 ; –1), C(–3 ; –8). ●○○ 15 min

1. Déterminer les coordonnées du milieu I de [AC].

2. D est le point tel que le quadrilatère ABCD soit un parallélogramme.

a. Quel est le milieu de [BD] ?

b. Déterminer les coordonnées du point D.

7 ABCD est un carré de côté 4 cm. ●○○ 20 min
M et N sont les milieux respectifs de [AB] et de [AD].

1. a. Calculer la longueur du segment [BD].

b. En déduire celle du segment [MN].

2. a. Quelle est la nature du repère (A ; B, D) ?

b. Déterminer les coordonnées des points A, B, D, M et N dans ce repère.

c. Calculer, dans ce repère, les longueurs BD et MN.

3. Comment peut-on expliquer la différence entre les résultats obtenus dans les questions 1 et 2 ?

8 Dans un repère orthonormé, on considère les points A(7 ; 4), B(2 ; 3), C(1 ; –2) et D(6 ; –1). ●●○ 20 min

a. Déterminer les coordonnées du milieu de [AC] et celles du milieu de [BD].
Que peut-on en déduire ?

b. Le quadrilatère ABCD est-il un losange ?

c. Le quadrilatère ABCD est-il un carré ?

9 a. Placer les points A(3 ; 0), B(4 ; 3), M(–1 ; 3) et N(5 ; 1) dans un repère orthonormé du plan. ●○○ 10 min

b. Calculer MA, MB, NA et NB.

c. Que peut-on déduire des égalités MA = MB et NA = NB ?

10 ABC est un triangle isocèle rectangle en A. ●●○ 25 min

I est le milieu du segment [BC].

Le plan est muni du repère (A; B, C).

a. Justifier que ce repère est orthonormé et donner les coordonnées des points A, B, C et I dans ce repère.

b. Soit G le point de coordonnées $\left(\frac{1}{3};\frac{1}{3}\right)$.

Montrer que $AG=\frac{\sqrt{2}}{3}$, $GI=\frac{\sqrt{2}}{6}$ et $AI=\frac{\sqrt{2}}{2}$.

c. Montrer que AG + GI = AI.

Que peut-on en déduire concernant les points A, G et I ?

d. Montrer que $\frac{2}{3}AI = AG$.

Que peut-on en déduire concernant le point G ?

e. On note J le milieu de [AB].

Montrer que les points C, G et J sont alignés.

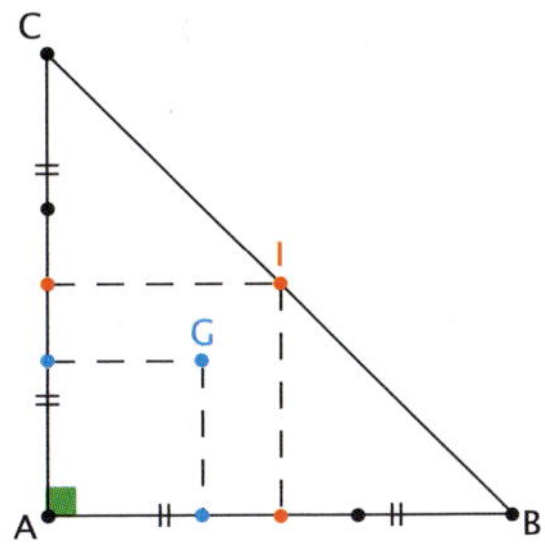

Problèmes

11 Dans le repère orthonormé ci-dessous, ABCD est un carré de côté 8, E appartient à la droite (AD), F appartient à la droite (AB), DE = 5 et BF = 13. ●●○ 15 min

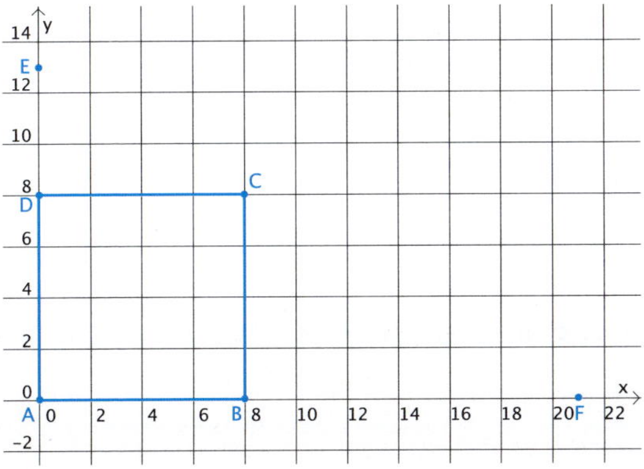

a. Déterminer les coordonnées de points C, E et F.

b. Calculer les longueurs EC, CF et EF.

c. C appartient-il au segment [EF] ?

12 Dans un repère orthonormé (O ; I, J), on considère les points A(1 ;3) et B(-2 ;1). ●●● 30 min

Le but de cet exercice est de déterminer s'il existe un, ou plusieurs, point(s) C sur l'axe des abscisses tel(s) que ABC soit un triangle isocèle en A.

1. Calculer AB^2.

2. On note c l'abscisse du point C.

a. Que vaut l'ordonnée du point C ?

b. Montrer que $AC^2 = (c - 1)^2 + 9$.

3. Pour quelle(s) valeur(s) de c le triangle ABC est-il isocèle en A ?

13 Dans un repère orthonormé, on considère les points A(–1 ; 2), B(4 ; –3) et C(5 ; 4). ●●● 30 min

1. a. Déterminer les coordonnées du milieu I de [AC].

b. Calculer la longueur AB.

c. Montrer que le triangle ABI est rectangle en I.

2. D est le point tel que ABCD soit un parallélogramme.

a. Quel est le milieu de [BD] ?

b. En déduire les coordonnées de D.

c. Quelle est la nature du quadrilatère ABCD ?

14 Dans un repère orthonormé, on considère les points A(–1 ; 1), B(1 ; 2) et C(3 ; –2). ●●● 40 min

1. a. Calculer les longueurs des segments [AB], [AC] et [BC].

b. En déduire la nature du triangle ABC.

2. On appelle $\mathscr{C}$ le cercle circonscrit au triangle ABC et Ω le centre de $\mathscr{C}$.

a. Montrer que Ω a pour coordonnées $\left(1 ; -\frac{1}{2}\right)$.

b. Déterminer le rayon R de $\mathscr{C}$.

3. a. Soit E(3 ; 1). Le point E appartient-il au cercle $\mathscr{C}$?

b. Soit $F\left(-\frac{3}{2} ; 0\right)$. Le point F appartient-il au cercle $\mathscr{C}$?

Corrigés de *TESTEZ VOS CONNAISSANCES*

1. Réponse **c.** Voir les rappels en début de chapitre.

2. Réponse **b.** Une médiane passe aussi par un sommet du triangle.

3. Réponse **c.** Un carré a ses quatre côtés de même longueur, c'est donc toujours un losange.

> **REMARQUE**
> *Un carré est un quadrilatère qui est à la fois un rectangle (avec 4 angles droits) et un losange (avec quatre côtés égaux).*

4. Réponse **b.** D'après le théorème de Pythagore appliqué au triangle ABC rectangle en C : $AC^2 + CB^2 = AB^2$.
Donc $5^2 + CB^2 = 13^2$ et $CB^2 = 13^2 - 5^2 = 144$.
Ainsi $CB = \sqrt{144} = 12$.

> **REMARQUE**
> *On peut se souvenir que si [AB] est l'hypoténuse du triangle ABC, alors $BC^2 = AB^2 - AC^2$.*

5. Réponse **a.** La droite (HI) est une droite des milieux dans le triangle EFG.
D'après le théorème des milieux,

$$HI = \frac{FG}{2} = \frac{6}{2} = 3.$$

> **REMARQUE**
> *Le « théorème des milieux » est un cas particulier du théorème de Thalès. Un segment reliant deux milieux de côtés est parallèle au 3e côté et sa longueur est la moitié de celle de ce côté.*

6. Réponse **c.** Les distances KL ou KM n'étant pas connues, il n'est pas possible de déterminer la longueur de LM en utilisant le théorème de Thalès, même si on a bien le parallélisme entre (RS) et (LM).

7. Réponse **a.** Si vous avez répondu 0,154, c'est que votre calculatrice est configurée en radians, qui est une autre unité d'angle que le degré. Si vous avez répondu 0,5, c'est sans doute que vous avez calculé le sinus de cet angle.

> **À RETENIR**
> *La valeur exacte de cos(30°) est $\frac{\sqrt{3}}{2}$.*

8. Réponse **a.** On peut utiliser la calculatrice pour obtenir une valeur approchée de l'angle $\widehat{ABC}$: selon les calculatrices, on écrit $\cos^{-1}(0{,}6)$ ou $\text{Arccos}(0{,}6)$ et on obtient la valeur 53,13° à 0,01° près. On calcule ensuite le sinus de cet angle et on obtient 0,8 (environ).
On peut aussi utiliser la relation $\cos^2\left(\widehat{ABC}\right) + \sin^2\left(\widehat{ABC}\right) = 1$.
$0{,}6^2 + \sin^2\left(\widehat{ABC}\right) = 1$, donc $\sin^2\left(\widehat{ABC}\right) = 1 - 0{,}36 = 0{,}64$.
Comme le sinus d'un angle dans un triangle rectangle est positif, on en déduit que : $\sin\left(\widehat{ABC}\right) = \sqrt{0{,}64} = 0{,}8$.

> **RAPPEL**
> *Il y a deux nombres dont le carré vaut 0,64 : 0,8 et –0,8.*

9. Réponse **a.** Voir le paragraphe 3.A.

10. Réponse **b.** Voir le paragraphe 3.B.

Corrigés de *ENTRAÎNEZ-VOUS*

Géométrie sans repère

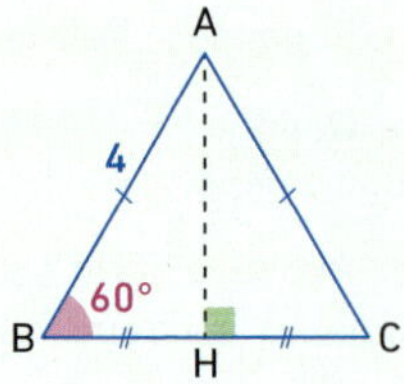

1 **a.** Dans le triangle ABH rectangle en H, $\sin(\widehat{ABH}) = \dfrac{AH}{AB}$.

Donc $\sin(60°) = \dfrac{AH}{4}$ et $AH = 4 \times \sin(60°) = 4 \times \dfrac{\sqrt{3}}{2} = 2\sqrt{3}$.

L'aire du triangle ABC est donc : $\dfrac{BC \times AH}{2} = \dfrac{4 \times 2\sqrt{3}}{2} = 4\sqrt{3}$.

b. Les trois côtés du triangle ABC ont la même longueur : $a = b = c = 4$.

> **REMARQUE**
>
> *Comme dans l'exercice résolu 1, on retrouve de deux manières différentes l'aire du triangle équilatéral de côté 4. La formule $S = \sqrt{p(p-a)(p-b)(p-c)}$ est due au mathématicien grec Héron d'Alexandrie.*

Donc le demi-périmètre vaut $p = \dfrac{a+b+c}{2} = 6$.

Alors avec la formule donnée dans l'énoncé on obtient :

$S = \sqrt{6 \times (6-4) \times (6-4) \times (6-4)} = \sqrt{6 \times 2 \times 2 \times 2} = \sqrt{48}$.

Ainsi $S = \sqrt{16 \times 3} = \sqrt{16} \times \sqrt{3} = 4\sqrt{3}$.

2 **a.** Le triangle OMH est rectangle en H puisque les droites (MH) et (OA) sont perpendiculaires.

b. OM = 10 car M appartient au cercle de centre O et de rayon 10.

Dans le triangle OMH, rectangle en H, $\cos\left(\widehat{HOM}\right) = \dfrac{OH}{OM} = \dfrac{OH}{10}$.

> **À RETENIR**
>
> *Si vous avez du mal à retenir les formules de trigonométrie, essayez SOHCAHTOA : $\sin = \dfrac{\text{opp}}{\text{hyp}}$, $\cos = \dfrac{\text{adj}}{\text{hyp}}$ et $\tan = \dfrac{\text{opp}}{\text{adj}}$ où adj correspond au côté adjacent à l'angle, opp au côté opposé, et hyp à l'hypoténuse.*
>
> 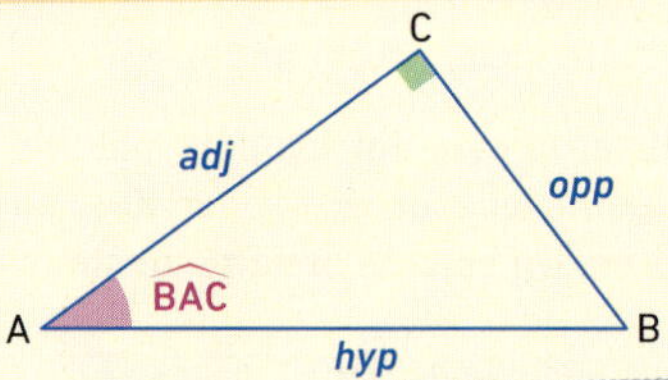
>

Ainsi : $OH = 10\cos\left(\widehat{HOM}\right) = 10\cos(35°)$.

De même, $\sin\left(\widehat{HOM}\right) = \dfrac{HM}{OM} = \dfrac{HM}{10}$, donc $HM = 10\sin\left(\widehat{HOM}\right) = 10\sin(35°)$.

L'aire du triangle OMH est $\mathscr{A} = \dfrac{OH \times HM}{2}$, donc $\mathscr{A} = \dfrac{10\cos(35°) \times 10\sin(35°)}{2}$.

Ainsi : $\mathscr{A} = 50 \times \cos(35°) \times \sin(35°)$.

c. On obtient à la calculatrice la valeur approchée $\mathscr{A} \approx 23{,}49$ à 0,01 près.

REMARQUE

Il faut calculer une valeur approchée de l'aire ! à l'aide de sa valeur exacte, et non pas en partant de valeurs approchées de OH et HM, sinon les erreurs d'arrondi s'accumulent.

Coordonnées

3 a. Dans un repère (O ; I, J) on a toujours O(0 ;0), I(1 ;0) et J(0 ;1).

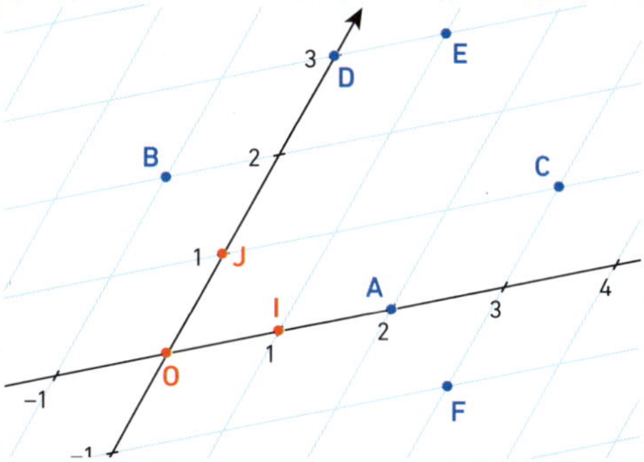

À RETENIR

La lecture des coordonnées se fait en traçant des parallèles aux axes.

En traçant les parallèles aux axes passant par ces points, on obtient les coordonnées de A, B et C : A(2 ; 0), B(–1 ; 2) et C(3 ; 1).

b. Voir la figure ci-dessus.

4 a. A a pour coordonnées (–1 ; 3) et B a pour coordonnées (5 ; –2).

Voir le graphique ci-dessous pour les points C et D.

b. Comme le point D, tous les points de la droite (*d*) ont une ordonnée égale à 2.

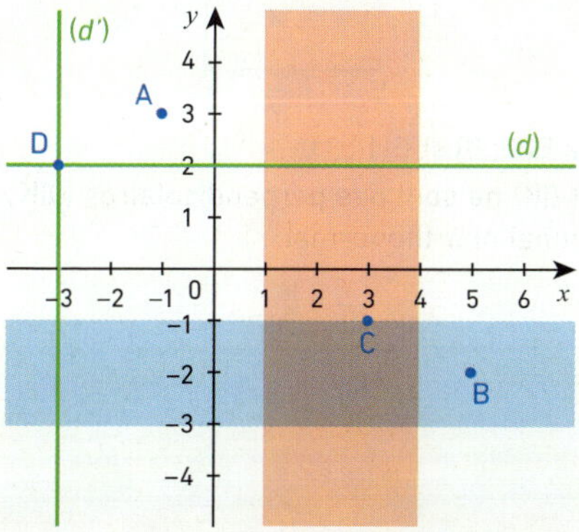

REMARQUE

Un point de coordonnées (x ; y) appartient à (d) si, et seulement si, y = 2. On dit que la droite (d) a pour équation y = 2 (voir le chapitre 5). De même on dit que la droite (d′) a pour équation x = −3.

c. Tous les points de la droite (d') parallèle à l'axe des ordonnées et passant par le point D ont une abscisse x égale à -3.

d. Tous les points de la zone rouge ont une abscisse x comprise entre 1 et 4.

e. Les points qui sont dans la zone coloriée en bleu ont tous une ordonnée comprise entre -3 et -1, comme B et C par exemple.

Milieux et distances

5 **1. a.** Le repère (A ; B, D) est orthogonal car (AB) $\perp$ (AD).
Par contre il n'est pas orthonormé car AB $\neq$ AD.

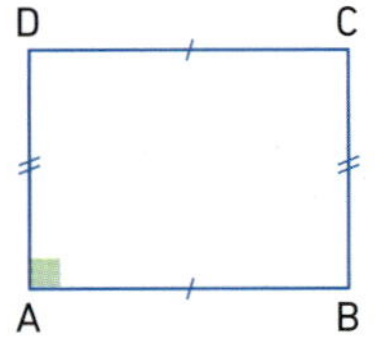

b. Par définition du repère (A ; B, D), B a pour coordonnées (1 ; 0) et D a pour coordonnées (0 ; 1).

2. a. Cette fois-ci (E; F, G) est bien orthonormé car (EF) $\perp$ (EH) et EF = EH.

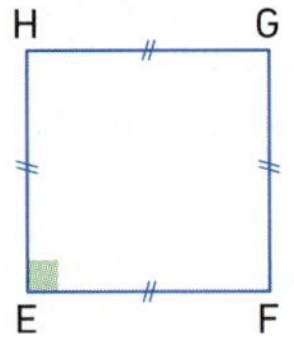

b. Dans ce repère, on a E(0 ; 0) et G(1 ; 1).

3. a. Les droites (IJ) et (IK) ne sont pas perpendiculaires ($\widehat{JIK} = 60°$). Le repère (I ; J, K) n'est donc ni orthogonal ni orthonormal.

REMARQUE

Néanmoins IJ = IK, donc on dit que ce repère est normé.

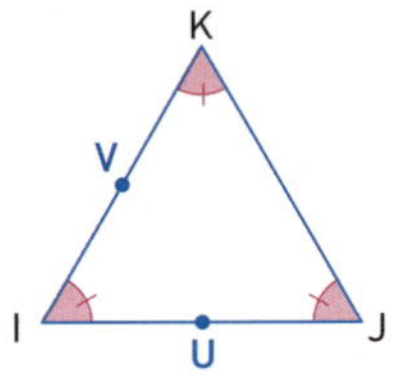

b. I(0 ; 0), J(1 ; 0) et K(0 ; 1) dans ce repère.

U est le milieu de [IJ], donc $U\left(\dfrac{x_I + x_J}{2} ; \dfrac{y_I + y_J}{2}\right)$.

Ainsi $U\left(\dfrac{0+1}{2} ; \dfrac{0+0}{2}\right)$ et U a pour coordonnées $\left(\dfrac{1}{2} ; 0\right)$.

De même, on montre que V a pour coordonnées $\left(0 ; \dfrac{1}{2}\right)$.

> **À RETENIR**
>
> *Le milieu de [AB] a pour coordonnées :*
> $\left(\dfrac{x_A + x_B}{2} ; \dfrac{y_A + y_B}{2}\right)$.

4. a. (L ; M ,N) est orthonormé car (LM) ⊥ (LN) et LM = LN.

b. W est le milieu de [MN], donc $W\left(\dfrac{x_M + x_N}{2} ; \dfrac{y_M + y_N}{2}\right)$.

Ainsi $W\left(\dfrac{1+0}{2} ; \dfrac{0+1}{2}\right)$ et W a pour coordonnées $\left(\dfrac{1}{2} ; \dfrac{1}{2}\right)$.

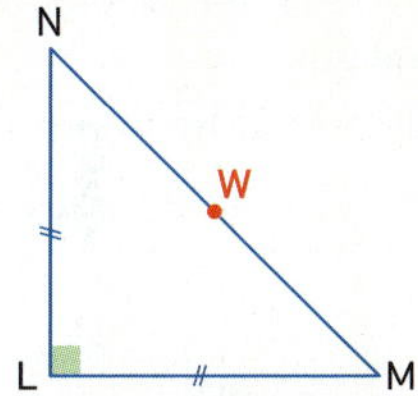

6 **1.** I est le milieu de [AC], donc I a pour coordonnées :

$$\left(\dfrac{x_A + x_C}{2} ; \dfrac{y_A + y_C}{2}\right).$$

$I\left(\dfrac{-1+(-3)}{2} ; \dfrac{1+(-8)}{2}\right)$, soit I(–2 ; –3,5).

> **REMARQUE**
>
> *Il faut vérifier à plusieurs reprises qu'il n'y a pas eu d'erreur en reportant les coordonnées des différents points. Ce n'est pas du temps perdu !*

2. a. [BD] est une diagonale du parallélogramme ABCD.

Or les diagonales d'un parallélogramme se coupent en leur milieu.

Donc I est aussi le milieu de [BD].

b. On en déduit que $\dfrac{x_B + x_D}{2} = x_I$ et que $\dfrac{y_B + y_D}{2} = y_I$.

Ainsi $\dfrac{-7 + x_D}{2} = -2$, donc $-7 + x_D = -2 \times 2 = -4$ et $x_D = -4 + 7 = 3$.

De même $\dfrac{-1 + y_D}{2} = -3{,}5$,

donc $-1 + y_D = -3{,}5 \times 2 = -7$ et $y_D = -7 + 1 = -6$.

D a donc pour coordonnées (3 ; –6).

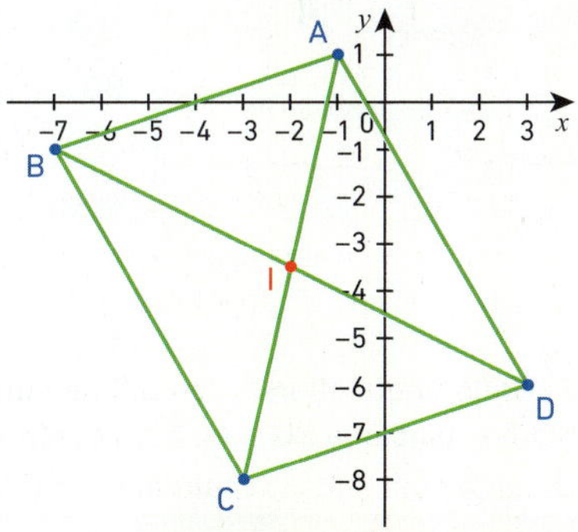

> **RAPPEL**
>
> *Il ne faut pas oublier de contrôler son résultat graphiquement.*

REMARQUE

Si a et b sont deux réels positifs,
$\sqrt{a \times b} = \sqrt{a} \times \sqrt{b}$
et $\sqrt{\frac{a}{b}} = \frac{\sqrt{a}}{\sqrt{b}}$ *si* $b \neq 0$.

7 **1. a.** D'après le théorème de Pythagore, appliqué au triangle ABD rectangle en A :
$BD^2 = AB^2 + AD^2 = 4^2 + 4^2 = 32$.
Donc $BD = \sqrt{32} = \sqrt{16 \times 2} = 4\sqrt{2}$.

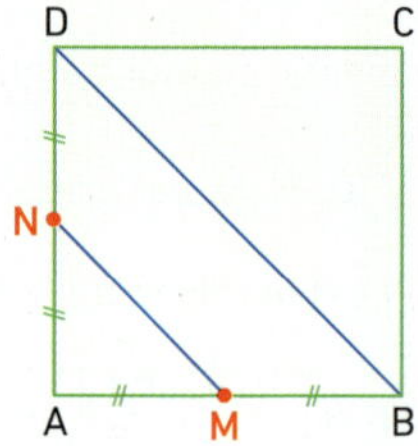

b. Dans le triangle ABD, la droite (MN) est une droite des milieux.
D'après le théorème de la droite des milieux,

$$MN = \frac{BD}{2} = \frac{4\sqrt{2}}{2} = 2\sqrt{2}.$$

À RETENIR

Dans le repère (A ; B, D) on a toujours A(0 ;0), B(1;0) et D(0;1).

2. a. Le repère (A ; B, D) est orthonormé car (AB) ⊥ (AD) et AB = AD.

b. Par définition, dans le repère (A ; B, D) on a :

A(0 ; 0), B(1 ; 0) et D(0 ; 1).

M est le milieu de [AB], donc $M\left(\frac{x_A + x_B}{2} ; \frac{y_A + y_B}{2}\right)$, soit $M\left(\frac{1}{2} ; 0\right)$.

N est le milieu de [AD], donc $N\left(\frac{x_A + x_D}{2} ; \frac{y_A + y_D}{2}\right)$, soit $N\left(0 ; \frac{1}{2}\right)$.

RAPPEL

Si $A(x_A ; y_A)$ *et* $B(x_B ; y_B)$ *dans un repère orthonormé, alors*
$AB = \sqrt{(x_B - x_A)^2 + (y_B - y_A)^2}$.

c. Dans le repère orthonormé (A ; B, D), on a :

$$BD = \sqrt{(x_D - x_B)^2 + (y_D - y_B)^2} = \sqrt{(0-1)^2 + (1-0)^2}$$
$$= \sqrt{1+1} = \sqrt{2}$$
et $MN = \sqrt{(x_N - x_M)^2 + (y_N - y_M)^2} = \sqrt{\left(0 - \frac{1}{2}\right)^2 + \left(\frac{1}{2} - 0\right)^2}$
$$= \sqrt{\frac{1}{4} + \frac{1}{4}} = \sqrt{\frac{2}{4}}, \text{ donc } MN = \frac{\sqrt{2}}{\sqrt{4}} = \frac{\sqrt{2}}{2}.$$

3. Dans la question **1.**, on utilise l'unité de l'énoncé, c'est-à-dire le centimètre. On trouve donc que $BD = 4\sqrt{2}$ cm et $MN = 2\sqrt{2}$ cm.

Dans la question **2.**, on utilise l'unité du repère, dans lequel AB = AD = 1.

On trouve alors que $BD = \sqrt{2}$ et $MN = \frac{\sqrt{2}}{2}$.

Une unité du repère étant égale à 4 cm, ces deux résultats sont tout à fait cohérents : chaque longueur mesurée en cm sera 4 fois plus grande que la même longueur mesurée en unités du repère.

8 **a.** Le milieu I de [AC] a pour coordonnées $\left(\dfrac{x_A + x_C}{2} ; \dfrac{y_A + y_C}{2}\right)$.

$\dfrac{x_A + x_C}{2} = \dfrac{7+1}{2} = 4$ et $\dfrac{y_A + y_C}{2} = \dfrac{4+(-2)}{2} = 1$. Donc I(4 ; –1).

Le milieu de [BD] a pour coordonnées $\left(\dfrac{x_B + x_D}{2} ; \dfrac{y_B + y_D}{2}\right)$.

$\dfrac{x_B + x_D}{2} = \dfrac{2+6}{2} = 4$ et $\dfrac{y_B + y_D}{2} = \dfrac{3+(-1)}{2} = 1$. Donc le milieu de [BD] est aussi le point I(4 ; –1).

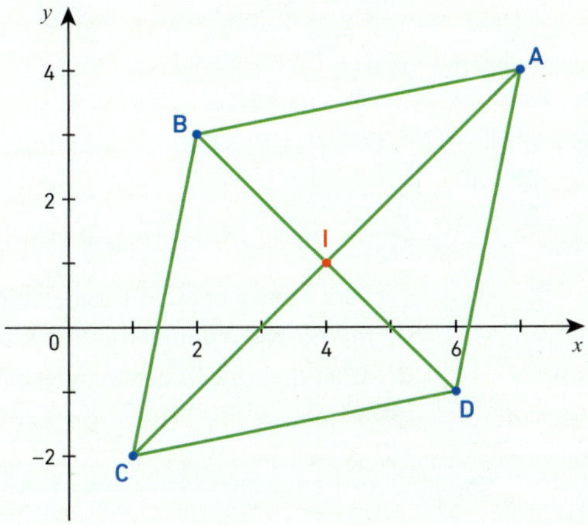

Les diagonales du quadrilatère ABCD se coupent en leur milieu, donc ABCD est un parallélogramme.

b. Calculons les longueurs de deux côtés consécutifs du quadrilatère ABCD dans le repère orthonormé (O ; I, J).

$AB^2 = (x_B - x_A)^2 + (y_B - y_A)^2 = (2 - 7)^2 + (3 - 4)^2 = 25 + 1 = 26$

et $BC^2 = (x_C - x_B)^2 + (y_C - y_B)^2 = (1 - 2)^2 + (-2 - 3)^2 = 1 + 25 = 26$.

ABCD est un parallélogramme qui a deux côtés consécutifs de même longueur : c'est donc un losange.

ASTUCE

Plutôt que de calculer les longueurs AB et BC, on peut calculer AB^2 et BC^2, ce qui nous évite d'avoir à écrire des racines carrées et permet quand même de répondre à la question.

c. Un losange est un carré si, et seulement si, ses diagonales ont même longueur.

Les diagonales de ABCD sont [AC] et [BD].

$AC^2 = (x_C - x_A)^2 + (y_C - y_A)^2 = (1 - 7)^2 + (-2 - 4)^2 = 36 + 36 = 72$;

$BD^2 = (x_D - x_B)^2 + (y_D - y_B)^2 = (6 - 2)^2 + (-1 - 3)^2 = 16 + 16 = 32$.

Ainsi AC ≠ BD, donc ABCD n'est pas un carré.

9 a. Voir la figure ci-dessous.

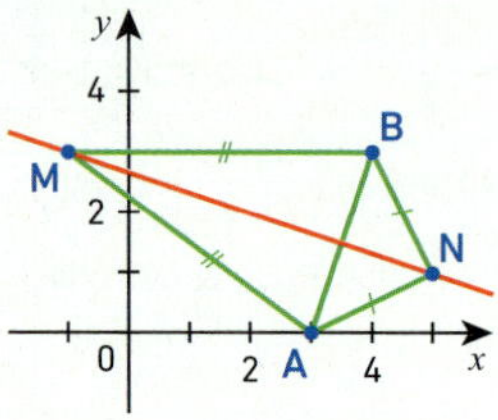

b. Dans un repère orthonormé, on a :
$MA^2 = (x_A - x_M)^2 + (y_A - y_M)^2 = (3 - (-1))^2 + (0 - 3)^2 = 16 + 9 = 25.$
De même : $MB^2 = (4 - (-1))^2 + (3 - 3)^2 = 25 + 0 = 25$;
$NA^2 = (3 - 5)^2 + (0 - 1)^2 = 4 + 1 = 5$;
$NB^2 = (4 - 5)^2 + (3 - 1)^2 = 1 + 4 = 5.$
Ainsi $MA = MB = \sqrt{25} = 5$ et $NA = NB = \sqrt{5}$.

À RETENIR

La médiatrice d'un segment est l'ensemble de tous les points équidistants des sommets de ce segment.

c. M est donc à égale distance de A et de B.
De même, N est équidistant de A et de B.
On en déduit que la droite (MN) est la médiatrice de [AB].

10 a. Le repère (A ; B, C) est orthonormé puisque (AB) ⊥ (AC) et AB = AC.
On a A(0 ; 0), B(1 ; 0) et C(0 ; 1).
I est le milieu de [BC], donc $I\left(\frac{x_B + x_C}{2} ; \frac{y_B + y_C}{2}\right)$, soit $I\left(\frac{1}{2} ; \frac{1}{2}\right)$.

b. Dans le repère orthonormé (A ; B, C), on a :
$AG^2 = (x_G - x_A)^2 + (y_G - y_A)^2 = \left(\frac{1}{3} - 0\right)^2 + \left(\frac{1}{3} - 0\right)^2 = \frac{1}{9} + \frac{1}{9} = \frac{2}{9}.$

De même : $AI^2 = \left(\frac{1}{2} - 0\right)^2 + \left(\frac{1}{2} - 0\right)^2 = \frac{1}{4} + \frac{1}{4} = \frac{1}{2}$;

$GI^2 = \left(\frac{1}{2} - \frac{1}{3}\right)^2 + \left(\frac{1}{2} - \frac{1}{3}\right)^2 = \left(\frac{3}{6} - \frac{2}{6}\right)^2 + \left(\frac{3}{6} - \frac{2}{6}\right)^2 = \frac{1}{36} + \frac{1}{36} = \frac{2}{36} = \frac{1}{18}.$

Ainsi $AG = \sqrt{\frac{2}{9}} = \frac{\sqrt{2}}{3}$, $AI = \sqrt{\frac{1}{2}} = \frac{1}{\sqrt{2}} = \frac{1 \times \sqrt{2}}{\sqrt{2} \times \sqrt{2}} = \frac{\sqrt{2}}{2}$

et $GI = \sqrt{\frac{1}{18}} = \frac{1}{\sqrt{18}} = \frac{1}{3\sqrt{2}} = \frac{1 \times \sqrt{2}}{3\sqrt{2} \times \sqrt{2}} = \frac{\sqrt{2}}{3 \times 2} = \frac{\sqrt{2}}{6}.$

c. Alors $AG + GI = \frac{\sqrt{2}}{3} + \frac{\sqrt{2}}{6} = \frac{2\sqrt{2}}{6} + \frac{\sqrt{2}}{6} = \frac{3\sqrt{2}}{6} = \frac{\sqrt{2}}{2} = AI.$
On en déduit que le point G appartient au segment [AI].

Remarque : il ne faut pas confondre l'égalité $\overrightarrow{AB} + \overrightarrow{BC} = \overrightarrow{AC}$, qui est toujours vraie, avec l'égalité $AB^2 + BC^2 = AC^2$ qui n'est vraie que si ABC est un triangle rectangle en B, et l'égalité $AB + BC = AC$ qui n'est vraie que si $B \in [AC]$.

d. $\frac{2}{3} \times AI = \frac{2}{3} \times \frac{\sqrt{2}}{2} = \frac{\sqrt{2}}{3} = AG$.

Le point G, qui appartient à la médiane [AI] du triangle ABC, est aux deux-tiers de cette médiane en partant du sommet A. G est donc le centre de gravité du triangle ABC.

À RETENIR

Le centre de gravité d'un triangle est aux deux-tiers de chaque médiane, en allant d'un sommet vers le milieu du côté opposé.

e. Si J est le milieu de [AB], alors (CJ) est une autre médiane du triangle ABC.

Comme G est le centre de gravité du triangle ABC, G appartient aussi à cette médiane.

Les points C, G et J sont donc alignés.

Problèmes

11 **a.** F appartient à l'axe des abscisses, E appartient à l'axe des ordonnées, et ABCD est un carré de côté 8. Avec les autres informations de l'énoncé on obtient les coordonnées suivantes : C(8 ; 8), E(0 ; 13) et F(21 ; 0).

b. $EC^2 = (x_C - x_E)^2 + (y_C - y_E)^2 = 8^2 + 5^2 = 89$, donc $EC = \sqrt{89}$.

De même, $CF^2 = 13^2 + 8^2 = 233$, donc $CF = \sqrt{233}$ et $EF^2 = 21^2 + 13^2 = 610$ donc $EF = \sqrt{610}$.

c. C appartient à [EF] si, et seulement si, $EC + CF = EF$.

$EC + CF = EF \Leftrightarrow \sqrt{89} + \sqrt{233} = \sqrt{610}$.

Pour déterminer si ces deux nombres sont égaux, on peut comparer leurs carrés, puisque deux nombres positifs sont égaux si, et seulement si, leurs carrés sont égaux.

$$\left(\sqrt{89} + \sqrt{233}\right)^2 = \sqrt{89}^2 + 2 \times \sqrt{89} \times \sqrt{233} + \sqrt{233}^2$$
$$= 89 + 2\sqrt{20\,737} + 233.$$

RAPPEL

$(a+b)^2 = a^2 + 2ab + b^2$.

Donc $\left(\sqrt{89} + \sqrt{233}\right)^2 = 322 + 2\sqrt{20\,737}$.

Ainsi $\left(\sqrt{89} + \sqrt{233}\right)^2 = \left(\sqrt{610}\right)^2 \Leftrightarrow 322 + 2\sqrt{20\,737} = 610$

$$\Leftrightarrow 2\sqrt{20\,737} = 610 - 322 = 88.$$

On a donc montré que C appartient à [EF] si, et seulement si, $\sqrt{20\,737} = 144$.

Or $144^2 = 20\,736$, donc $\sqrt{20\,737} \neq 144$.

C n'appartient donc pas au segment [EF].

REMARQUE

La calculatrice nous dit que $\sqrt{89} + \sqrt{233} - \sqrt{610} \approx 1{,}4 \times 10^{-4}$. On peut donc conjecturer que $\sqrt{89} + \sqrt{233} \neq \sqrt{610}$, mais l'éventuelle imprécision de la calculatrice rend nécessaire la démonstration précédente à l'aide de valeurs exactes.

12 **1.** Dans le repère orthonormé (O ; I, J), $AB^2 = (-2-1)^2 + (1-3)^2 = 9 + 4 = 13$.

2. a. L'ordonnée du point C vaut 0 puisque ce point appartient à l'axe des abscisses.

b. Ainsi $AC^2 = (x_C - x_A)^2 + (y_C - y_A)^2 = (c-1)^2 + (0-3)^2 = (c-1)^2 + 9$.

3. ABC est un triangle isocèle en A si, et seulement si, AC = AB.

AC et AB sont égaux si, et seulement si, leurs carrés sont égaux car ce sont des nombres positifs.

RAPPEL

Si a est un nombre positif, alors $x^2 = a \Leftrightarrow x = \sqrt{a}$ *ou* $x = -\sqrt{a}$.

$AC = AB \Leftrightarrow (c-1)^2 + 9 = 13 \Leftrightarrow (c-1)^2 = 4$

$\Leftrightarrow c - 1 = 2$ ou $c - 1 = -2$.

Ainsi, $AC = AB \Leftrightarrow c = 3$ ou $c = -1$.

Autrement dit, ABC est isocèle en A si, et seulement si, le point C appartenant à l'axe des abscisses a pour coordonnées (–1 ; 0) ou (3 ; 0).

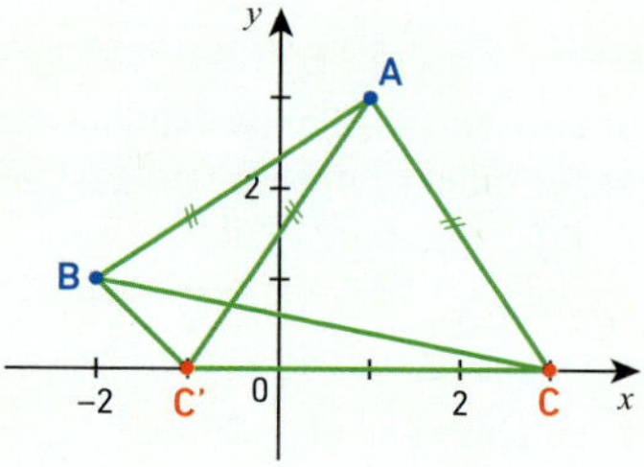

13 **1. a.** I est le milieu de [AC] donc : $I\left(\dfrac{x_A + x_C}{2} ; \dfrac{y_A + y_C}{2}\right)$,

soit $I\left(\dfrac{-1+5}{2} ; \dfrac{2+4}{2}\right)$.

Ainsi I(2 ; 3).

b. Dans le repère orthonormé,

$AB^2 = (x_B - x_A)^2 + (y_B - y_A)^2$

$= (4-(-1))^2 + (-3-2)^2 = 25 + 25 = 50$.

Donc $AB = \sqrt{50}$.

c. De même :

$AI^2 = (2-(-1))^2 + (3-2)^2 = 9 + 1 = 10$

et $BI^2 = (2-4)^2 + (3-(-3))^2 = 4 + 36 = 40$.

On remarque donc que $AI^2 + BI^2 = 50 = AB^2$, autrement dit que le triangle ABI est rectangle en I, d'après le théorème de Pythagore.

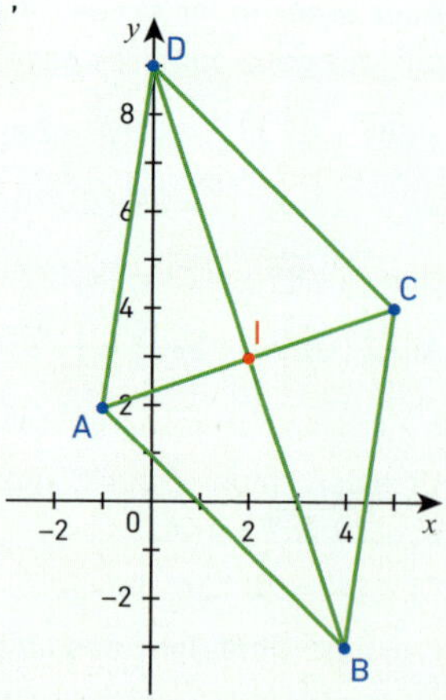

2. a. [BD] est une diagonale du parallélogramme ABCD.

Or les diagonales d'un parallélogramme se coupent en leur milieu.

Donc I, milieu de [AC], est aussi le milieu de [BD].

b. On en déduit que $\dfrac{x_B + x_D}{2} = x_I$ et que $\dfrac{y_B + y_D}{2} = y_I$.

Ainsi $\dfrac{4 + x_D}{2} = 2$, donc $4 + x_D = 2 \times 2 = 4$ et $x_D = 4 - 4 = 0$.

De même $\dfrac{-3 + y_D}{2} = 3$, donc $-3 + y_D = 3 \times 2 = 6$ et $y_D = 6 + 3 = 9$.

D a donc pour coordonnées (0 ; 9).

c. ABCD est un parallélogramme dont les diagonales [AC] et [BD] sont perpendiculaires d'après la question **2. c.** C'est donc un losange.

> **REMARQUE**
> *L'abscisse de D est nulle, on vérifie graphiquement que D appartient bien à l'axe des ordonnées.*

> **REMARQUE**
> *La question 2. c. nous dit aussi que les demi-diagonales [AI] et [BI] n'ont pas même longueur, donc que ABCD n'est pas un carré.*

14 **1. a.** Dans le repère orthonormé, on trouve :

$AB^2 = 2^2 + 1^2 = 5$, donc $AB = \sqrt{5}$;

$BC^2 = 2^2 + (-4)^2 = 20$, donc $BC = 2\sqrt{5}$;

$AC^2 = 4^2 + (-3)^2 = 25$, donc $AC = 5$.

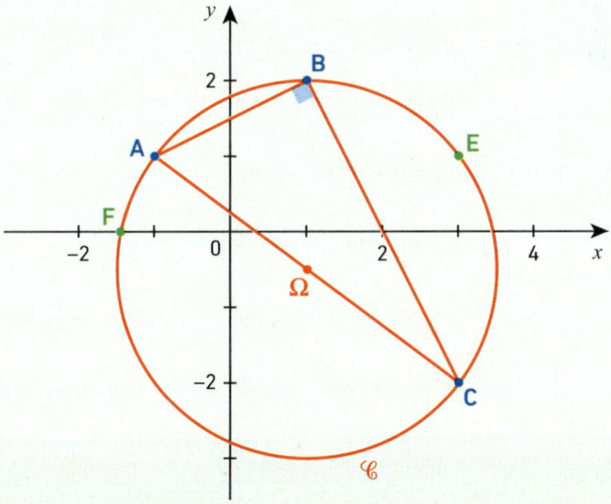

b. On remarque que $AC^2 = AB^2 + BC^2$, donc, d'après la réciproque du théorème de Pythagore, le triangle ABC est rectangle en B.

2. a. Le centre du cercle circonscrit à un triangle rectangle est le milieu de l'hypoténuse. Ω est donc le milieu de [AC].

Ainsi $\Omega\left(\frac{x_A + x_C}{2} ; \frac{y_A + y_C}{2}\right)$, soit $\Omega\left(\frac{-1+3}{2} ; \frac{1+(-2)}{2}\right)$. On a donc bien $\Omega\left(1 ; -\frac{1}{2}\right)$.

À RETENIR

Le centre du cercle circonscrit à un triangle rectangle est le milieu de l'hypoténuse, et son rayon est la moitié de la longueur de l'hypoténuse.

b. De plus, le rayon de ce cercle circonscrit est :

$$R = \Omega A = \Omega B = \Omega C = \frac{AC}{2} = \frac{5}{2}.$$

3. a. E appartient au cercle $\mathscr{C}$ si, et seulement si, $\Omega E = R$.

$$\Omega E^2 = (3-1)^2 + \left(1-\left(-\frac{1}{2}\right)\right)^2 = 2^2 + \left(\frac{3}{2}\right)^2 = 4 + \frac{9}{4} = \frac{16}{4} + \frac{9}{4} = \frac{25}{4}.$$

Donc $\Omega E = \sqrt{\frac{25}{4}} = \frac{\sqrt{25}}{\sqrt{4}} = \frac{5}{2} = R$. Le point E appartient donc au cercle $\mathscr{C}$.

b. De même, F appartient au cercle $\mathscr{C}$ si, et seulement si, $\Omega F = R$.

$$\Omega F^2 = \left(-\frac{3}{2}-1\right)^2 + \left(0-\left(-\frac{1}{2}\right)\right)^2$$

$$= \left(-\frac{5}{2}\right)^2 + \left(\frac{1}{2}\right)^2 = \frac{25}{4} + \frac{1}{4} = \frac{26}{4}.$$

Donc $\Omega F = \sqrt{\frac{26}{4}} = \frac{\sqrt{26}}{2}$.

$\Omega F \neq \frac{5}{2}$, donc $\Omega F \neq R$ et F n'appartient pas au cercle $\mathscr{C}$.

Vecteurs

POUR DÉMARRER

- Le **symétrique de A par rapport à O** est le point A' tel que O soit le milieu de [AA'].
- Le **symétrique de A par rapport à la droite (*d*)** est le point A" tel que (*d*) soit la médiatrice de [AA"].

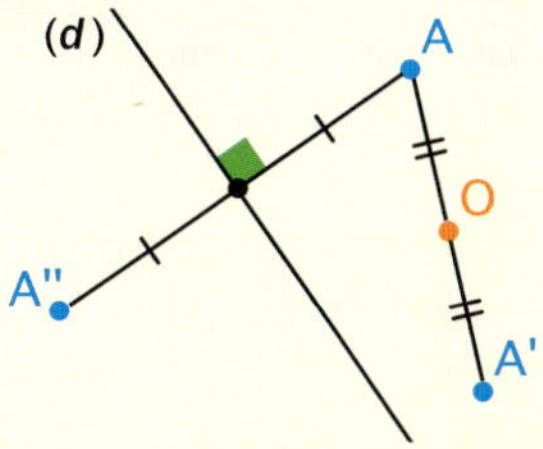

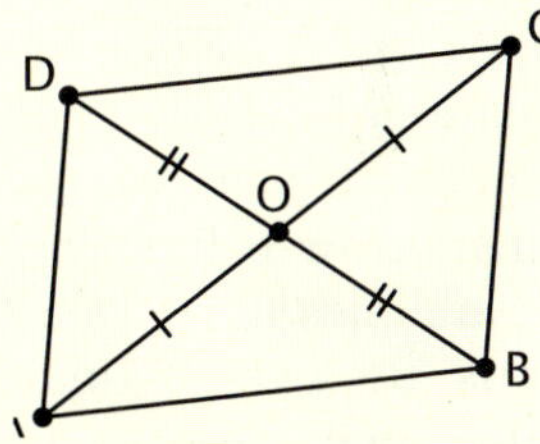

- Un **quadrilatère** ABCD est un **parallélogramme** si, et seulement si, ses diagonales [AC] et [BD] se coupent en leur milieu.
Ses côtés opposés sont parallèles et de même longueur.

Dans tout le chapitre, les points A et B seront supposés distincts.

1 Translation et vecteur associé

A. Translation

A et B sont deux points du plan.

Définition

On dit qu'un point M' est l'image d'un point M par la **translation qui transforme A en B** lorsque ABM'M est un parallélogramme, c'est-à-dire lorsque les segments [AM'] et [BM] ont même milieu.

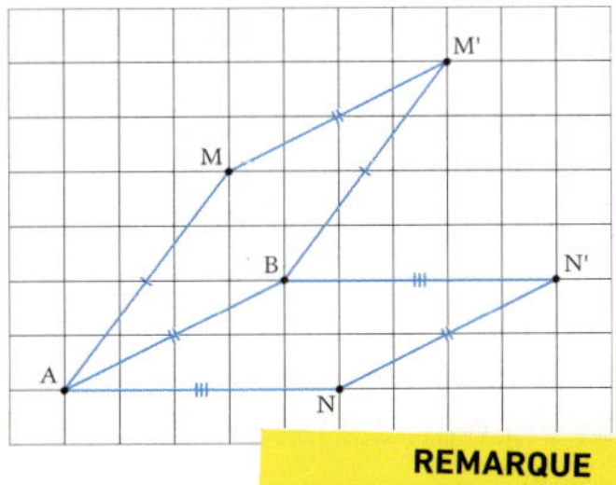

REMARQUE

Lorsque M est sur (AB), alors ABM'M est un parallélogramme aplati.

Exemple

Sur la figure page précédente, M' est l'image de M et N' est l'image de N par la translation qui transforme A en B.

B. Vecteur associé

Définition

La translation qui transforme A en B est appelée la **translation de vecteur $\overrightarrow{AB}$**.

Propriété

La translation de vecteur $\overrightarrow{AB}$ permet de **déplacer des points** et des objets (segments, cercles...) selon :

- une **direction**, celle de la droite (AB) et de toutes les droites qui lui sont parallèles ;
- un **sens** : de A vers B, indiqué par la flèche ;
- une **distance** : c'est la longueur du segment [AB].
  On appelle cette distance la « norme » du vecteur $\overrightarrow{AB}$.

Exemple

Sur la figure ci-contre, le point D est l'image de C par la translation de vecteur $\overrightarrow{AB}$.

De même chacun des points du «bateau rouge» peut être translaté selon le vecteur $\overrightarrow{AB}$, pour obtenir un nouveau « bateau vert », image du premier par la translation de vecteur $\overrightarrow{AB}$.

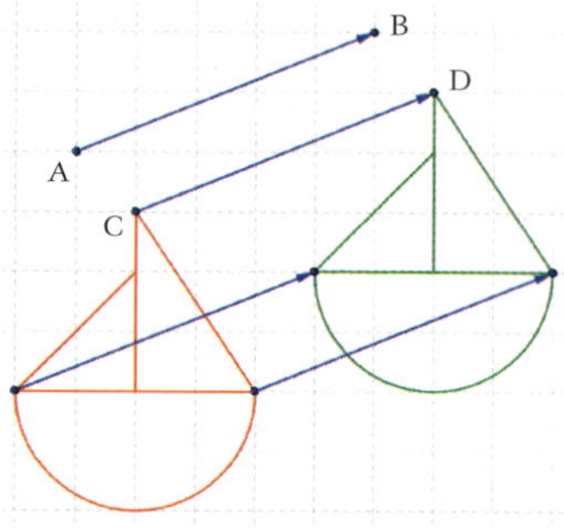

C. Translation et égalité de vecteurs

Propriété

Si la translation de vecteur $\overrightarrow{AB}$ transforme C en D alors la translation de vecteur $\overrightarrow{CD}$ transforme A en B et le quadrilatère ABDC est un parallélogramme. On dit que les vecteurs $\overrightarrow{AB}$ et $\overrightarrow{CD}$ sont **égaux**. $\overrightarrow{AB}$ et $\overrightarrow{CD}$ sont les **représentants** d'un même vecteur, que l'on peut noter $\vec{u}$, correspondant au déplacement de A vers B, ou de C vers D, etc.

2 Coordonnées de vecteurs

A. Points et vecteurs

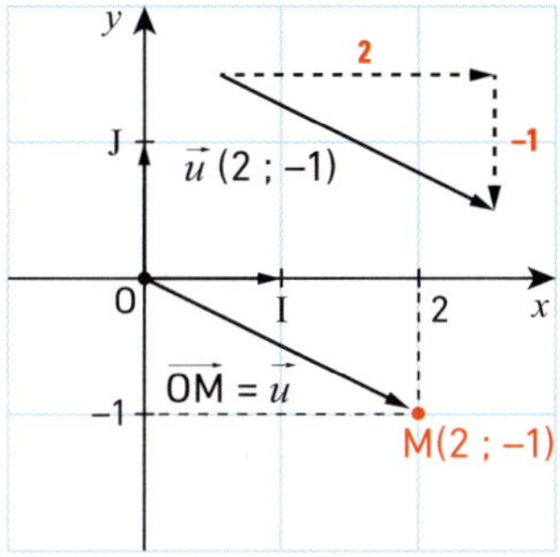

Définitions

Soit $\vec{u}$ un vecteur dans un repère (O ; I, J).
Il existe un point M tel que $\vec{u} = \overrightarrow{OM}$.
Si M a pour coordonnées $(x\,;\,y)$ dans le repère (O ; I, J), alors on dit que $\vec{u}$ a pour coordonnées $(x\,;\,y)$ et on écrit $\vec{u}(x\,;\,y)$ en $\vec{u}\begin{pmatrix} x \\ y \end{pmatrix}$.

Le vecteur de coordonnées (0 ; 0) est appelé le *vecteur nul* et est noté $\vec{0}$.

B. Coordonnées de vecteurs égaux

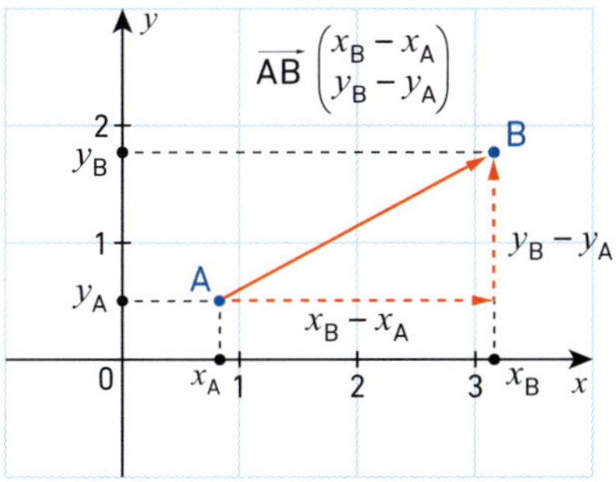

Propriétés

- Deux vecteurs $\vec{u}(x\,;\,y)$ et $\vec{v}(x'\,;\,y')$ sont **égaux** si, et seulement si, leurs coordonnées sont égales :

$$x = x' \quad \text{et} \quad y = y'.$$

- Si A et B sont deux points de coordonnées $(x_A\,;\,y_A)$ et $(x_B\,;\,y_B)$, alors le vecteur $\overrightarrow{AB}$ a pour coordonnées $(x_B - x_A\,;\,y_B - y_A)$.

C. Produit d'un vecteur par un réel

Définition

Si $k \in \mathbb{R}$ et $\vec{u}(x\,;\,y)$, alors le **vecteur $k\vec{u}$** est le vecteur de coordonnées $(kx\,;\,ky)$.

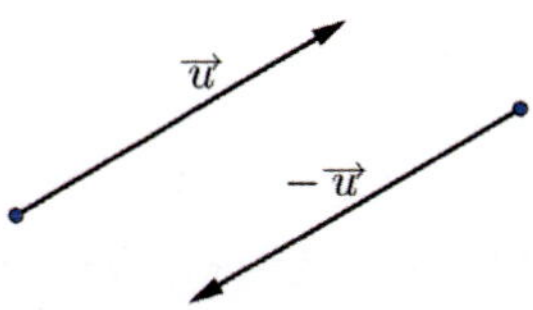

REMARQUE

Les vecteurs $\vec{u}$ et $k\vec{u}$ sont de même sens si k est positif et de sens contraire si k est négatif.
*Si $k = -1$ alors $\vec{u}$ et $-\vec{u}$ sont deux **vecteurs opposés**.*
En particulier $-\overrightarrow{AB} = \overrightarrow{BA}$.

3 Addition de vecteurs

A. Somme de deux vecteurs

Définition

Si $\vec{u}(x\ ;\ y)$ et $\vec{v}(x'\ ;\ y')$ alors le **vecteur** $\vec{u}+\vec{v}$ est le vecteur de coordonnées $(x+x'\ ;\ y+y')$.

REMARQUE

Graphiquement on obtient le vecteur $\vec{u}+\vec{v}$ en mettant les vecteurs $\vec{u}$ et $\vec{v}$ « bout à bout ».

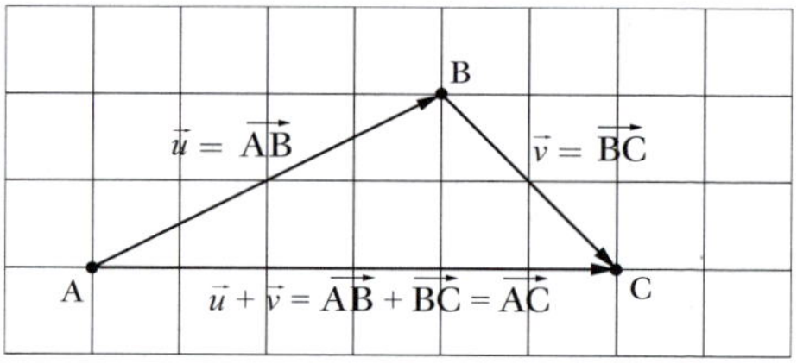

B. Relation de Chasles

Quels que soient les points A, B, C :

$$\overrightarrow{AB} + \overrightarrow{BC} = \overrightarrow{AC}.$$

C. Construction géométrique

Propriété

Si A, B et C sont trois points du plan, alors le vecteur $\overrightarrow{AB} + \overrightarrow{AC}$ est égal au vecteur $\overrightarrow{AD}$, où D est le **quatrième sommet** du parallélogramme ABDC.

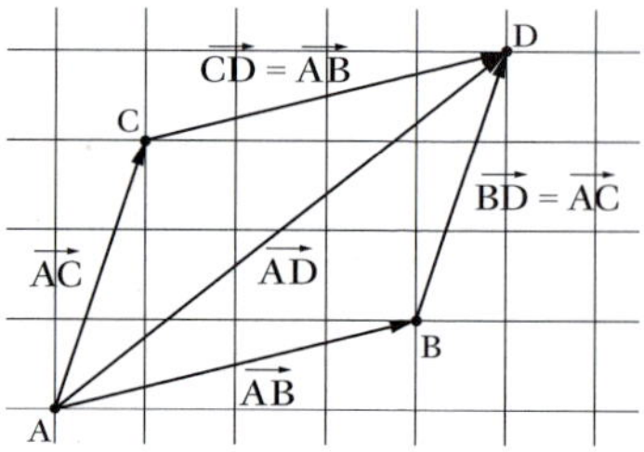

$$\overrightarrow{AB} + \overrightarrow{AC} = \overrightarrow{AB} + \overrightarrow{BD} = \overrightarrow{AC} + \overrightarrow{CD} = \overrightarrow{AD}.$$

D. Propriétés algébriques

Soient k et k' deux réels et $\vec{u}$ et $\vec{v}$ deux vecteurs :

- $k(k'\vec{u}) = (kk')\vec{u}$
- $k(\vec{u}+\vec{v}) = k\vec{u} + k\vec{v}$
- $(k+k')\vec{u} = k\vec{u} + k'\vec{u}$

4 Colinéarité

A. Vecteurs colinéaires

Définition

- Les vecteurs non nuls $\vec{u}$ et $\vec{v}$ sont dits **colinéaires** s'il existe un réel k tel que $\vec{u} = k\vec{v}$, c'est-à-dire si les coordonnées de ces vecteurs sont proportionnelles.
- Le vecteur nul $\vec{0}$ est colinéaire à tous les vecteurs du plan.
- Deux vecteurs sont colinéaires si et seulement si ils ont la même direction.
- Ils ont le même sens si $k > 0$, et ils sont de sens contraires si $k < 0$.

B. Critère de colinéarité

Théorème

Les vecteurs $\vec{u}(x\ ;\ y)$ et $\vec{v}(x'\ ;\ y')$ sont colinéaires si, et seulement si, $xy' - yx' = 0$.

C. Interprétation géométrique

Propriétés

- Les vecteurs $\overrightarrow{AB}$ et $\overrightarrow{CD}$ sont **colinéaires** si, et seulement si, les droites (AB) et (CD) sont **parallèles**.
- Les vecteurs $\overrightarrow{AB}$ et $\overrightarrow{AC}$ sont **colinéaires** si, et seulement si, les points A, B et C sont **alignés**.

PIÈGES À ÉVITER

- Attention aux signes « – » dans les calculs de coordonnées du vecteur $\overrightarrow{AB}$.
- On rencontre plus rarement deux vecteurs égaux (ayant des coordonnées égales) que deux vecteurs colinéaires (ayant des coordonnées proportionnelles).

1 Utiliser les translations et les coordonnées d'un vecteur

CONSEIL

- **Il faut penser aux vecteurs comme à des déplacements : ce qui importe est le trajet (direction, sens et distance).**

POINT MÉTHODE

✓ *Il faut bien suivre les axes en faisant attention à l'échelle pour lire les coordonnées d'un vecteur dans un repère.*

Exercice

Dans le repère ci-dessous :

1 construire l'image C' du point C par la translation de vecteur $\overrightarrow{AB}$;

2 tracer un autre représentant du vecteur $\overrightarrow{DE}$;

3 lire les coordonnées du vecteur $\overrightarrow{FG}$;

4 tracer deux représentants du vecteur $\vec{u}$ de coordonnées (1 ; –1).

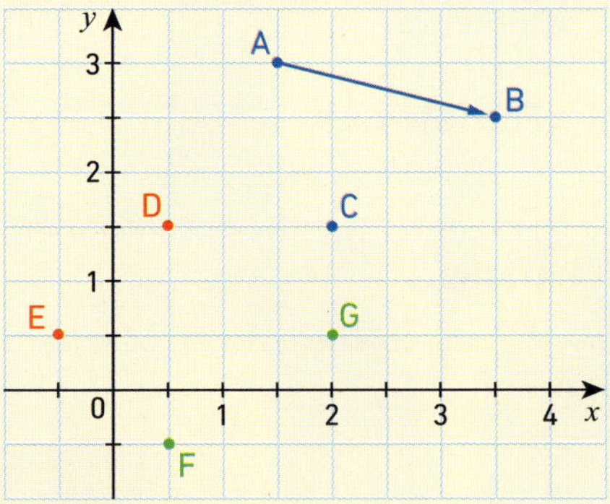

Comment répondre ?

1 C' est l'image du point C par la translation de vecteur $\overrightarrow{AB}$, donc le quadrilatère ABC'C est un parallélogramme. Pour placer le point C', on trace un représentant du vecteur $\overrightarrow{AB}$ partant de C (voir page suivante).

On a alors l'égalité : $\overrightarrow{CC'} = \overrightarrow{AB}$.

2 Sur la figure, les vecteurs $\overrightarrow{DE}$ et $\overrightarrow{D'E'}$ sont égaux.

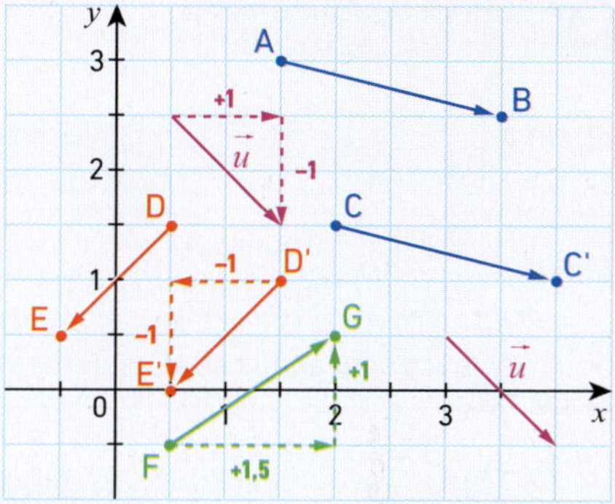

3 Pour aller du point F au point G, on se déplace de 1,5 « vers la droite » (+1,5 parallèlement à l'axe des abscisses) et de 1 « vers le haut » (+1 parallèlement à l'axe des ordonnées). Le vecteur $\overrightarrow{FG}$ a donc pour coordonnées (1,5 ; 1).

4 Pour tracer un représentant du vecteur $\vec{u}(1\ ;\ -1)$ il faut partir d'un point du plan, par exemple, de coordonnées (0,5 ; 2,5), puis se déplacer de 1 « vers la droite » (+1 parallèlement à l'axe des abscisses) et de 1 « vers le bas » (–1 parallèlement à l'axe des ordonnées). En répétant ces opérations à partir d'un autre point de départ on trace un autre représentant de $\vec{u}$.

2 Déterminer les coordonnées de points et de vecteurs

CONSEIL

- Pour éviter les confusions, on peut écrire les coordonnées des vecteurs en colonne et garder la notation des coordonnées en ligne pour les points (par exemple écrire $\vec{u}\begin{pmatrix} 3 \\ -1 \end{pmatrix}$ pour le vecteur $\vec{u}$, et A(–2 ; 5) pour le point A).

Exercice

Dans un repère (O ; I, J) on considère les points A(3 ; 2), B(–1 ; 4) et C(–3 ; 1).

1 Déterminer les coordonnées du point D tel que $\overrightarrow{AD} = 3\overrightarrow{BC}$.

2 Déterminer les coordonnées du point E de l'axe des ordonnées tel que les vecteurs $\overrightarrow{AB}$ et $\overrightarrow{CE}$ soient colinéaires.

POINT MÉTHODE

✓ *Pour des égalités de vecteurs il faut appliquer le théorème **2.B.** en faisant bien attention à l'ordre des points et aux signes.*

✓ *Pour les vecteurs colinéaires, il faut utiliser la définition ou le théorème du paragraphe 4.*

Comment répondre ?

1 On a $\begin{pmatrix} x_D - x_A \\ y_D - y_A \end{pmatrix} = 3\begin{pmatrix} x_C - x_B \\ y_C - y_B \end{pmatrix}$ puisque $\overrightarrow{AD} = 3\overrightarrow{BC}$.

Ainsi $\begin{pmatrix} x_D - x_A \\ y_D - y_A \end{pmatrix} = \begin{pmatrix} 3(x_C - x_B) \\ 3(y_C - y_B) \end{pmatrix}$.

Deux vecteurs sont égaux si, et seulement si, leurs coordonnées sont égales (théorème 2.B).

Donc : $x_D - 3 = 3 \times (-3 - (-1))$ et $y_D - 2 = 3 \times (1 - 4)$.

On en déduit que : $x_D - 3 = 3 \times (-2)$ soit : $x_D = -6 + 3 = -3$

et que : $y_D - 2 = 3 \times (-3)$ soit : $y_D = -9 + 2 = -7$.

Le point D a donc pour coordonnées (–3 ; –7).

2 Le point E appartient à l'axe des ordonnées par conséquent son abscisse est nulle. Le point E a donc pour coordonnées (0 ; y).

$\overrightarrow{AB}\begin{pmatrix} x_B - x_A \\ y_B - y_A \end{pmatrix}$ donc : $\overrightarrow{AB}\begin{pmatrix} -1-3 \\ 4-2 \end{pmatrix}$ et $\overrightarrow{AB}\begin{pmatrix} -4 \\ 2 \end{pmatrix}$.

$\overrightarrow{CE}\begin{pmatrix} x_E - x_C \\ y_E - y_C \end{pmatrix}$ donc : $\overrightarrow{CE}\begin{pmatrix} 0-(-3) \\ y-1 \end{pmatrix}$ et $\overrightarrow{CE}\begin{pmatrix} 3 \\ y-1 \end{pmatrix}$.

Ainsi, d'après le paragraphe 4 du cours, $\overrightarrow{AB}$ et $\overrightarrow{CE}$ sont colinéaires si, et seulement si :

$$-4 \times (y - 1) = 2 \times 3$$

$$-4 \times (y-1) = 2 \times 3 \Leftrightarrow -4y + 4 = 6$$
$$\Leftrightarrow -4y = 6 - 4 \Leftrightarrow -4y = 2$$
$$\Leftrightarrow y = \frac{2}{-4} = -0{,}5.$$

Les vecteurs $\overrightarrow{AB}$ et $\overrightarrow{CE}$ sont donc colinéaires si, et seulement si, E a pour coordonnées (0 ; –0,5).

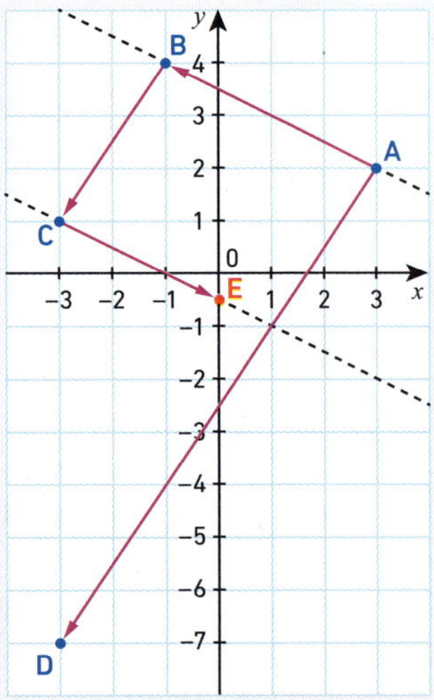

ASTUCE

$\overrightarrow{AB}$ et $\overrightarrow{CE}$ sont colinéaires si les droites (AB) et (CE) sont parallèles. En plaçant les points A, B, C et E dans un repère, on peut espérer détecter une erreur de calcul si ces droites n'ont vraiment pas l'air parallèles.

3 Multiplier un vecteur par un réel et additionner deux vecteurs

CONSEILS

- En mathématiques il ne faut pas confondre *direction* et *sens*. La direction est celle d'un axe, par exemple « Est-Ouest », alors que le sens serait « de l'Ouest vers l'Est ».
- Multiplier un vecteur par un nombre négatif c'est changer son sens, pas sa direction.

Exercice

POINT MÉTHODE

✓ *Il faut penser à mettre les vecteurs « bout à bout » pour pouvoir les ajouter. Comme pour les nombres, soustraire un vecteur c'est lui ajouter son opposé :*

$$\vec{u} - \vec{v} = \vec{u} + (-\vec{v}).$$

1 Tracer un vecteur $\overrightarrow{AB}$ et placer les points C et D tels que : $\overrightarrow{AC} = 2\overrightarrow{AB}$; $\overrightarrow{AD} = -\overrightarrow{AB}$.

2 Sur la même figure, construire deux représentants du vecteur $-\frac{1}{2}\overrightarrow{AB}$.

3 Sur la figure ci-dessous, construire :
- le point M tel que $\overrightarrow{AM} = \vec{u} + \vec{v}$;
- le point N tel que $\overrightarrow{AN} = \vec{u} - \vec{v}$.

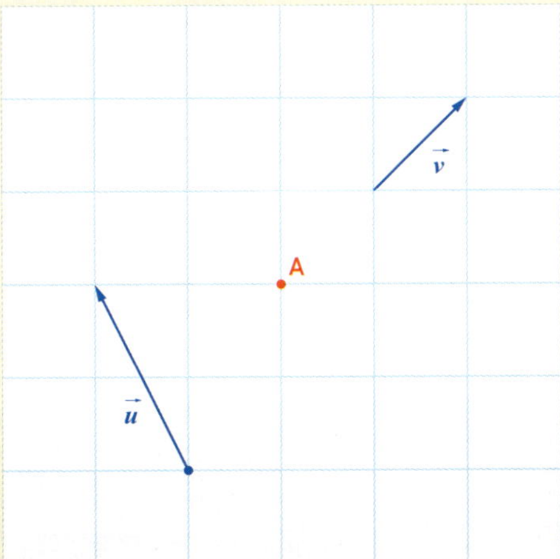

Comment répondre ?

1 Construction du point C tel que $\overrightarrow{AC} = 2\overrightarrow{AB}$.

Les vecteurs $\overrightarrow{AB}$ et $\overrightarrow{AC}$ ont la même direction (ils sont colinéaires).

Les vecteurs $\overrightarrow{AB}$ et $\overrightarrow{AC}$ ont le même sens (car 2 est positif).

Les vecteurs $\overrightarrow{AB}$ et $\overrightarrow{AC}$ n'ont pas la même norme : le vecteur $\overrightarrow{AC}$ est deux fois plus long.

Construction du point D tel que $\overrightarrow{AD} = -\overrightarrow{AB}$.

Les vecteurs $\overrightarrow{AB}$ et $\overrightarrow{AD}$ sont colinéaires. On peut écrire :

$$\overrightarrow{AD} = -1\,\overrightarrow{AB}.$$

Les vecteurs $\overrightarrow{AB}$ et $\overrightarrow{AD}$ sont de sens contraire (car −1 est négatif).

Les vecteurs $\overrightarrow{AB}$ et $\overrightarrow{AD}$ ont la même norme : on a l'égalité de longueurs AB = AD.

REMARQUE

Si A est le milieu de [BD], alors $\overrightarrow{AD} = -\overrightarrow{AB}$ donc $\overrightarrow{AD}$ et $\overrightarrow{AB}$ sont opposés.

2 Il s'agit de tracer deux vecteurs colinéaires à $\overrightarrow{AB}$, de sens contraire, et deux fois moins long.

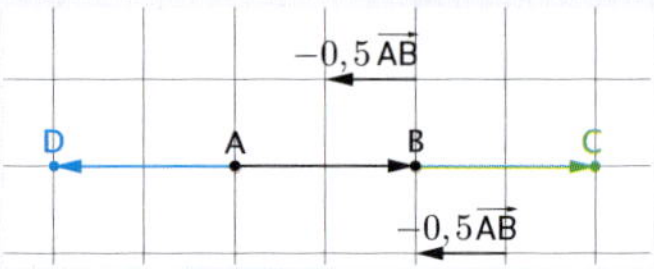

3 Pour placer le point M, on doit tracer un représentant du vecteur $\vec{u}$ qui parte du point A et un représentant du vecteur $\vec{v}$ qui parte de l'extrémité du vecteur $\vec{u}$.

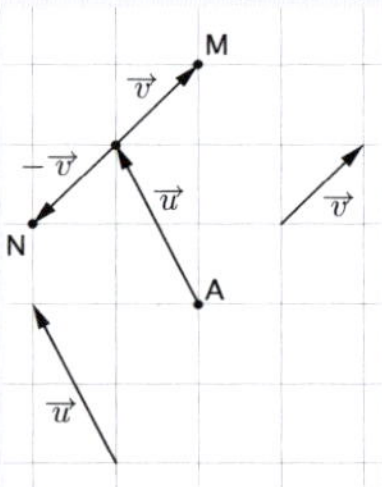

C'est le même principe pour placer le point N, mais il faut tracer un représentant du vecteur $-\vec{v}$ puisque :

$$\vec{u} - \vec{v} = \vec{u} + (-\vec{v}).$$

TESTEZ VOS CONNAISSANCES

CORRIGÉ p. 107

1. A et B sont deux points distincts du plan. Le vecteur $\overrightarrow{AA}$:

a. n'existe pas. **b.** est égal au vecteur nul ($\vec{0}$). **c.** est égal au vecteur $\overrightarrow{AB}$.

2. Si ABC est un triangle équilatéral, alors les vecteurs $\overrightarrow{AB}$ et $\overrightarrow{AC}$ ont :

a. même direction. **b.** même sens. **c.** même norme.

3. $\vec{u}$ est un vecteur non nul. Les vecteurs $2\vec{u}$ et $-3\vec{u}$ ont :

a. même direction. **b.** même sens. **c.** même norme.

Dans les questions 4 à 6, ABCDEF est un hexagone régulier et plusieurs réponses sont possibles.

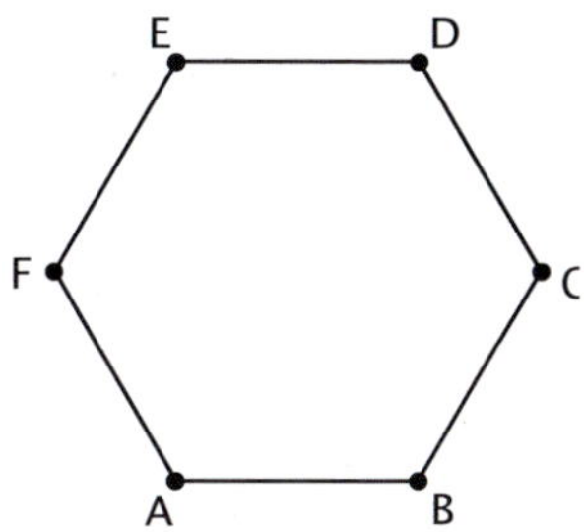

4. a. $\overrightarrow{AB} = \overrightarrow{BC}$. **b.** AB = BC. **c.** [AB] = [BC].

5. $\overrightarrow{AB} =$

a. $\overrightarrow{ED}$. **b.** $\overrightarrow{FC}$. **c.** $\overrightarrow{BA}$.

6. a. $\overrightarrow{AB} + \overrightarrow{AE} = \overrightarrow{AD}$.

b. $\overrightarrow{AB} + \overrightarrow{BC} = \overrightarrow{AC}$.

c. $\overrightarrow{AF} + \overrightarrow{DC} = \vec{0}$.

7. $\overrightarrow{AB} - \overrightarrow{AD} - \overrightarrow{CB} - \overrightarrow{DC} + \overrightarrow{BC} =$

a. $\overrightarrow{AC}$. **b.** $\overrightarrow{BC}$. **c.** $\vec{0}$.

8. I est le milieu de [AB] si, et seulement si :

a. $\overrightarrow{AI} = \overrightarrow{BI}$. **b.** $\overrightarrow{AI} + \overrightarrow{IB} = \overrightarrow{AB}$. **c.** $\overrightarrow{IA} + \overrightarrow{IB} = \vec{0}$.

9. Si A(–2 ; 3) et B(6 ; 5), alors $\overrightarrow{AB}$ a pour coordonnées :

a. (2 ; 4). **b.** (8 ; 2). **c.** (–8 ; –2).

10. Les vecteurs $\vec{u}(3\,;\sqrt{3})$ et $\vec{v}(\sqrt{3}\,;1)$ sont :

a. égaux. **b.** colinéaires. **c.** ni l'un ni l'autre.

11. A et B sont deux points distincts du plan. Le point C tel que $\overrightarrow{AC} + \overrightarrow{CB} = \vec{0}$:

a. n'existe pas.

b. appartient à la droite (AB).

c. est le milieu du segment [AB].

ENTRAÎNEZ-VOUS

CORRIGÉ p. 109

Vecteurs et coordonnées

1 Dans le repère ci-dessous, on a tracé un cercle $\mathscr{C}$ de centre A, un vecteur $\vec{u}$ et deux points E et F. ●○○ 15 min

a. Tracer l'image du point A par la translation de vecteur $\vec{u}$, puis celle du cercle $\mathscr{C}$ par cette translation.

b. Lire les coordonnées du vecteur $\overrightarrow{EF}$.

c. Tracer un représentant du vecteur $\vec{v}$ de coordonnées $(-1\ ;-2)$.

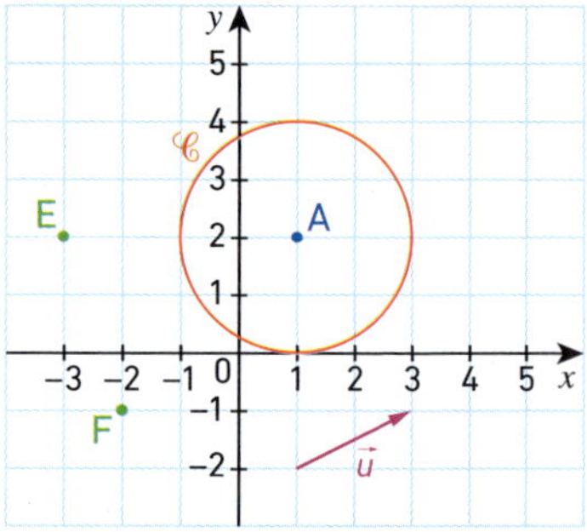

2 En utilisant la relation de Chasles, compléter les égalités suivantes : ●○○ 5 min

a. $\overrightarrow{AB} = \overrightarrow{AC} + \overrightarrow{C...}$

b. $\overrightarrow{AB} = \overrightarrow{...E} + \overrightarrow{E...}$

c. $\overrightarrow{AB} = \overrightarrow{...M} + \overrightarrow{...N} + \overrightarrow{...\ ...}$

d. $\overrightarrow{AB} + \overrightarrow{CD} + \overrightarrow{BC} = \overrightarrow{...\ ...}$

3 Dans un repère (O ; I, J) on considère les points $A(-1\ ;\ 3)$, $B(2\ ;-4)$ et $C(4\ ;\ 5)$ ainsi que le vecteur $\vec{u}(-3\ ;-2)$. ●●○ 25 min

a. Calculer les coordonnées des vecteurs $\overrightarrow{AB}$, $2\overrightarrow{AB}$ et $\vec{u} - 4\overrightarrow{AB}$.

b. Déterminer les coordonnées du point A', image du point A par la translation de vecteur $\vec{u}$.

c. Déterminer les coordonnées du point D, quatrième sommet du parallélogramme ABCD.

d. Déterminer les coordonnées du point E tel que : $\overrightarrow{EA} - \overrightarrow{BC} + 2\overrightarrow{BE} = \vec{0}$.

4 A, B et C sont trois points non alignés du plan. ●●○ 20 min

a. E est le translaté de B selon le vecteur $\overrightarrow{AC}$.
Quelle est la nature du quadrilatère ABEC ?

b. F est le point tel que : $\overrightarrow{BF} = \overrightarrow{BA} + \overrightarrow{BC}$.
Quelle est la nature du quadrilatère ABCF ?

c. D est le symétrique de A par rapport à B.
Montrer que $\overrightarrow{AD} = \overrightarrow{FE}$ et en déduire la nature du quadrilatère ADEF.

5 ABCD est un parallélogramme de centre O. ●○○ 10 min

a. Montrer que : $\overrightarrow{OA} + \overrightarrow{OB} + \overrightarrow{OC} + \overrightarrow{OD} = \vec{0}$.

b. En déduire que, pour tout point M du plan : $\overrightarrow{MA} + \overrightarrow{MB} + \overrightarrow{MC} + \overrightarrow{MD} = 4\overrightarrow{MO}$.

6 Dans un triangle ABC, le point G est l'intersection des médianes. ●○○ 10 min

1. Rappeler la définition d'une médiane d'un triangle et le nom du point d'intersection des médianes.

2. G est situé aux deux tiers de chaque médiane en partant du sommet.

Si I est le milieu de [AB], déterminer une relation entre les vecteurs suivants :

a. $\overrightarrow{AG}$ et $\overrightarrow{AI}$. **b.** $\overrightarrow{GI}$ et $\overrightarrow{AI}$. **c.** $\overrightarrow{GA}$ et $\overrightarrow{GI}$.

7 Dans un repère, on considère les points A(5 ; 3) et B(1 ; –5). ●●○ 20 min

1. Placer dans un repère le point I tel que : $\overrightarrow{AI} + \overrightarrow{BI} = \vec{0}$.

2. Le point J est tel que : $\overrightarrow{AJ} + 3\overrightarrow{BJ} = \vec{0}$.

a. Montrer que : $\overrightarrow{AJ} + 3\overrightarrow{BJ} = \vec{0}$ si, et seulement si, $\overrightarrow{AJ} = \frac{3}{4}\overrightarrow{AB}$.

b. Placer le point J dans le repère précédent.

Vecteurs colinéaires

8 Dans chacun des cas suivants, déterminer si les vecteurs $\vec{u}$ et $\vec{v}$ sont colinéaires. ●○○ 15 min

a. $\vec{u}(-1 ; -2)$ et $\vec{v}(-2 ; -4)$

b. $\vec{u}(2 ; 3)$ et $\vec{v}(2 ; 4)$

c. $\vec{u}(-3 ; 17)$ et $\vec{v}(0 ; 0)$

d. $\vec{u}(0 ; 1)$ et $\vec{v}(1 ; 0)$

e. $\vec{u}(1{,}7 ; -2{,}3)$ et $\vec{v}(-4{,}5 ; 7{,}3)$

f. $\vec{u}(2+\sqrt{3} ; 1)$ et $\vec{v}(1 ; 2-\sqrt{3})$

9 Dans le repère ci-après, ABCD est un carré de côté 8, ●○○ 15 min
E appartient à la droite (AD),
F appartient à la droite (AB),
DE = 5 et BF = 13.

a. Déterminer les coordonnées des points C, E et F.

b. Ces points sont-ils alignés ?

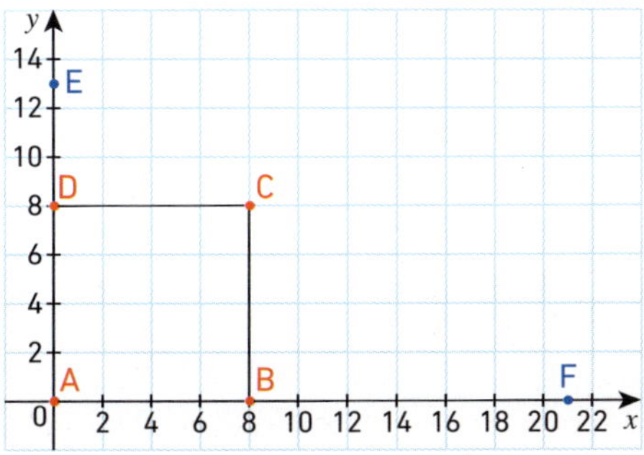

10 Dans un repère, on considère les points A(–4,5 ; 1), B(–2 ; 3), C(–2 ; –1) et D(3 ; 3). ●●○ 20 min

a. Les droites (AB) et (CD) sont-elles parallèles ?

b. Le point E(17 ; 14) appartient-il à la droite (CD) ?

c. Déterminer les coordonnées du point F appartenant à l'axe des abscisses tel que les droites (AC) et (DF) soient parallèles.

11 On considère les points B(–4 ; 3), C(–2 ; –1) et D(4 ; 2). ●●● 25 min
À tout réel a on associe le point A de coordonnées (a ; $3a$).

a. Montrer que si $a = -1$ alors les points A, B et C sont alignés.

b. Déterminer la valeur de a pour laquelle les points A, B et D sont alignés.

c. Déterminer la valeur de a pour laquelle le quadrilatère ABCD est un parallélogramme.

d. Existe-t-il une valeur de a pour laquelle le quadrilatère ABDC est un parallélogramme ?

Problèmes

12 Dans un repère, on considère les points A(–1 ; –3), I(3 ; –2), P(x ; y) où x et y sont deux réels. ●●● 30 min

a. Soit M le point de coordonnées ($2x$; $2y$). Existe-t-il un couple de réels (x ; y) tels que le quadrilatère PAIM soit un parallélogramme ?

b. Soit N le point de coordonnées ($2y$; $2x$). Existe-t-il un couple de réels (x ; y) tels que le quadrilatère PAIN soit un parallélogramme ?

13 Dans un repère, on considère les points A(–2 ; 1), B(6 ; 3) et C(4 ; –2). ●●● 40 min

On cherche les coordonnées (x ; y) du point G vérifiant la relation : $\overrightarrow{GA} + \overrightarrow{GB} + \overrightarrow{GC} = \vec{0}$.

a. Exprimer les coordonnées des vecteurs $\overrightarrow{GA}$, $\overrightarrow{GB}$ et $\overrightarrow{GC}$ en fonction de x et de y.

b. En déduire les coordonnées de $\overrightarrow{GA} + \overrightarrow{GB} + \overrightarrow{GC}$, puis la valeur de x et de y.

c. Déterminer les coordonnées du point I, milieu de [AB].

d. Vérifier que $\overrightarrow{CG} = \frac{2}{3}\overrightarrow{CI}$ et en déduire la nature du point G.

Corrigés de *TESTEZ VOS CONNAISSANCES*

1. Réponse b. $\overrightarrow{AA} = \vec{0}$. Le déplacement de A vers A, est nul.

2. Réponse c. Les points A, B et C ne sont pas alignés, donc les vecteurs $\overrightarrow{AB}$ et $\overrightarrow{AC}$ ne sont pas colinéaires. Ces vecteurs n'ont pas même direction. Ils ne peuvent pas avoir même sens.

REMARQUE

Deux vecteurs non nuls sont colinéaires s'ils ont même direction. Si, en plus, ils ont même sens et même norme, alors ils sont égaux.

En revanche, AB = AC, donc les vecteurs $\overrightarrow{AB}$ et $\overrightarrow{AC}$ ont même norme.

3. Réponse a. Si $\vec{v} = 2\vec{u}$ et $\vec{w} = -3\vec{u}$,

alors : $\vec{v}$ et $\vec{w}$ ont la même direction que $\vec{u}$, donc $\vec{v}$ et $\vec{w}$ ont la même direction.

$\vec{w} = -\frac{3}{2}\vec{v}$ donc les vecteurs $\vec{v}$ et $\vec{w}$ sont colinéaires, mais sont de sens opposé car : $\vec{v}$ a le même sens que $\vec{u}$ mais pas $\vec{w}$.

REMARQUE

De manière générale, si $\vec{u}$ est colinéaire à $\vec{v}$ et que $\vec{v}$ est colinéaire à $\vec{w}$, alors $\vec{u}$ et $\vec{w}$ sont aussi colinéaires.

4. Réponse b. ABCDEF est un hexagone régulier, ses côtés ont donc même longueur : AB = BC. Cependant, les vecteurs $\overrightarrow{AB}$ et $\overrightarrow{BC}$ n'ont pas même direction, ils ne peuvent donc pas être égaux. Enfin, les segments [AB] et [BC] sont deux objets géométriques distincts, par conséquent ils ne sont pas égaux.

5. Réponse a. Les vecteurs $\overrightarrow{AB}$ et $\overrightarrow{ED}$ ont :
- même direction, puisque les droites (AB) et (ED) sont parallèles ;
- même sens, de la gauche vers la droite ;
- même norme, la longueur des côtés de l'hexagone.

Ces deux vecteurs sont donc égaux.

6. Réponse a, b et c.

$\overrightarrow{AB} + \overrightarrow{AE} = \overrightarrow{AD}$ car ABDE est un parallélogramme (un rectangle), donc on peut appliquer le théorème **3.C**.

$\overrightarrow{AB} + \overrightarrow{BC} = \overrightarrow{AC}$: c'est la relation de Chasles, qui est valable quels que soient les points A, B et C.

$\overrightarrow{AF} + \overrightarrow{DC} = \vec{0}$; en effet $\overrightarrow{DC} = -\overrightarrow{AF}$ puisque les vecteurs $\overrightarrow{DC}$ et $\overrightarrow{AF}$ ont même direction, sens contraire, et même norme.

ATTENTION

Remarquez bien la position des lettres dans les deux théorèmes du paragraphe 3, il ne faut pas confondre $\overrightarrow{AB} + \overrightarrow{AC}$ avec $\overrightarrow{AB} + \overrightarrow{BC}$.

7. Réponse b. On note $\vec{u} = \overrightarrow{AB} - \overrightarrow{AD} - \overrightarrow{CB} - \overrightarrow{DC} + \overrightarrow{BC}$.

On a : $\vec{u} = \overrightarrow{AB} + \overrightarrow{DA} + \overrightarrow{BC} + \overrightarrow{CD} + \overrightarrow{BC}$.

À RETENIR

$-\overrightarrow{AD} = \overrightarrow{DA}$.

En réarrangeant les vecteurs on peut écrire :

$$\vec{u} = \overrightarrow{AB} + \overrightarrow{BC} + \overrightarrow{CD} + \overrightarrow{DA} + \overrightarrow{BC}.$$

Or : $\overrightarrow{AB} + \overrightarrow{BC} + \overrightarrow{CD} + \overrightarrow{DA} = \overrightarrow{AA} = \vec{0}$ d'après la relation de Chasles. Ainsi $\vec{u} = \vec{0} + \overrightarrow{BC} = \overrightarrow{BC}$.

À RETENIR

Si I est le milieu de [AB], alors $\overrightarrow{IA} = -\overrightarrow{IB}$ et $\overrightarrow{IA} + \overrightarrow{IB} = \vec{0}$.

8. Réponse c. $\overrightarrow{IA} = -\overrightarrow{IB}$ car ces vecteurs ont même direction, sens contraire, et même norme, I étant le milieu de [AB].

Donc : $\overrightarrow{IA} + \overrightarrow{IB} = \vec{0}$.

REMARQUE

La réponse b. de la question 8 est fausse puisque $\overrightarrow{AI} + \overrightarrow{IB} = \overrightarrow{AB}$ pour tout point du plan, pas seulement le milieu de [AB], d'après la relation de Chasles.

RAPPEL

On écrit souvent les coordonnées des vecteurs en colonne, mais on peut aussi les écrire en ligne.

9. Réponse b.

$\overrightarrow{AB}\begin{pmatrix} x_B - x_A \\ y_B - y_A \end{pmatrix}$, donc $\overrightarrow{AB}\begin{pmatrix} 6-(-2) \\ 5-3 \end{pmatrix}$ et $\overrightarrow{AB}\begin{pmatrix} 8 \\ 2 \end{pmatrix}$.

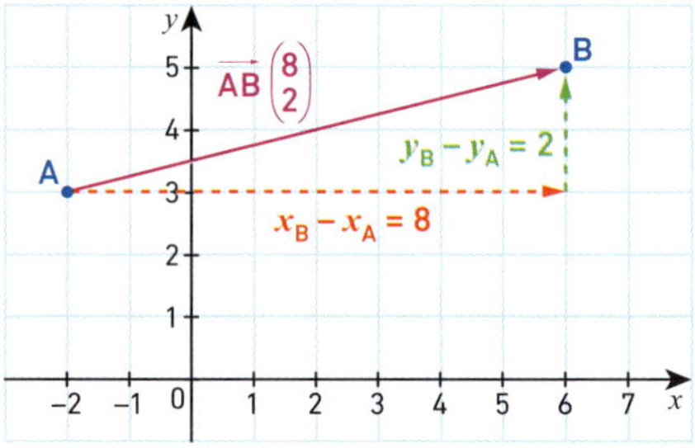

10. Réponse b. En écrivant $\vec{u}\begin{pmatrix} 3 \\ \sqrt{3} \end{pmatrix}$ et $\vec{v}\begin{pmatrix} \sqrt{3} \\ 1 \end{pmatrix}$ on peut voir le théorème **4.B** comme un « produit en croix » : si les produits « en diagonale » 3×1 et $\sqrt{3} \times \sqrt{3}$ sont égaux, alors les vecteurs sont colinéaires.

C'est bien le cas ici puisque $3 \times 1 = \sqrt{3} \times \sqrt{3} = 3$.

$\vec{u}$ et $\vec{v}$ sont bien colinéaires.

11. Réponse a. $\overrightarrow{AC} + \overrightarrow{CB} = \overrightarrow{AB}$ d'après la relation de Chasles.

Donc $\overrightarrow{AC} + \overrightarrow{CB} = \vec{0}$ si, et seulement si, $\overrightarrow{AB} = \vec{0}$, autrement dit A = B.

Or A et B sont deux points distincts, donc ceci est faux, donc le point C ne peut pas exister.

Corrigés de *ENTRAÎNEZ-VOUS*

Vecteurs et coordonnées

1 **a.** On trace un représentant du vecteur $\vec{u}$ partant de A pour obtenir le point A'.
L'image du cercle $\mathscr{C}$ par la translation de vecteur $\vec{u}$ est le cercle $\mathscr{C}'$ de centre A' et de même rayon que $\mathscr{C}$.

> **REMARQUE**
> *On dit que $\mathscr{C}'$ est le translaté de $\mathscr{C}$ par la translation de vecteur $\overrightarrow{AB}$.*

b. Pour aller du point E au point F, on se déplace de 1 « vers la droite » (+1 parallèlement à l'axe des abscisses) et de 3 « vers le bas » (–3 parallèlement à l'axe des ordonnées). Le vecteur $\overrightarrow{EF}$ a donc pour coordonnées (1 ; –3).

c. Pour tracer un représentant du vecteur $\vec{v}(-1\,;-2)$ il faut partir d'un point du plan qui sera l'origine du vecteur, puis se déplacer de 1 « vers la gauche » (–1 parallèlement à l'axe des abscisses) et de 2 « vers le bas » (–2 parallèlement à l'axe des ordonnées) pour placer l'extrémité du vecteur.

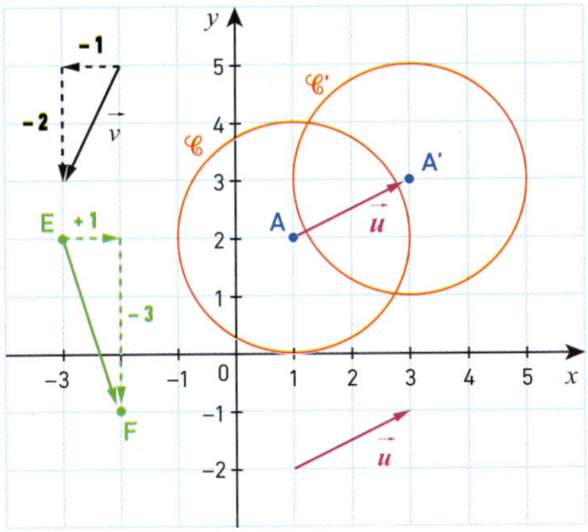

2 **a.** $\overrightarrow{AB} = \overrightarrow{AC} + \overrightarrow{CB}$

b. $\overrightarrow{AB} = \overrightarrow{AE} + \overrightarrow{EB}$

c. $\overrightarrow{AB} = \overrightarrow{AM} + \overrightarrow{MN} + \overrightarrow{NB}$

d. $\overrightarrow{AB} + \overrightarrow{CD} + \overrightarrow{BC} = \overrightarrow{AB} + \overrightarrow{BC} + \overrightarrow{CD} = \overrightarrow{AD}$

3 **a.** $\overrightarrow{AB}\begin{pmatrix} x_B - x_A \\ y_B - y_A \end{pmatrix}$ donc : $\overrightarrow{AB}\begin{pmatrix} 2-(-1) \\ -4-3 \end{pmatrix}$, ainsi $\overrightarrow{AB}\begin{pmatrix} 3 \\ -7 \end{pmatrix}$.

Alors : $2\overrightarrow{AB}\begin{pmatrix} 2\times 3 \\ 2\times(-7) \end{pmatrix}$ soit : $2\overrightarrow{AB}\begin{pmatrix} 6 \\ -14 \end{pmatrix}$.

De plus : $\vec{u}\begin{pmatrix} -3 \\ -2 \end{pmatrix}$ donc : $\vec{u} - 4\overrightarrow{AB}\begin{pmatrix} -3-4\times 3 \\ -2-4\times(-7) \end{pmatrix}$. On trouve : $\vec{u} - 4\overrightarrow{AB}\begin{pmatrix} -15 \\ 26 \end{pmatrix}$.

b. Si A' est l'image du point A par la translation de vecteur $\vec{u}$ alors : $\overrightarrow{AA'} = \vec{u}$.

Ainsi : $\overrightarrow{AA'}\begin{pmatrix} -3 \\ -2 \end{pmatrix}$. Si on note $(x\,;y)$ les coordonnées du point A' alors le vecteur $\overrightarrow{AA'}$ a pour coordonnées : $\begin{pmatrix} x - x_A \\ y - y_A \end{pmatrix}$, soit : $\begin{pmatrix} x-(-1) \\ y-3 \end{pmatrix}$.

Il s'agit donc de résoudre les équations $x+1=-3$ et $y-3=-2$.
On trouve $x=-3-1=-4$ et $y=-2+3=1$.
Le point A' a pour coordonnées $(-4\,;1)$.

c. ABCD est un parallélogramme si, et seulement si, $\overrightarrow{AB} = \overrightarrow{DC}$.

> **À RETENIR**
>
> *Attention à l'ordre des lettres. $\overrightarrow{AB}=\overrightarrow{CD}$ si, et seulement si, ABDC est un parallélogramme.*

Si on note $(x\,;y)$ les coordonnées du point D, alors le vecteur $\overrightarrow{DC}$ a pour coordonnées : $\begin{pmatrix} x_C - x \\ y_C - y \end{pmatrix}$, soit : $\begin{pmatrix} 4-x \\ 5-y \end{pmatrix}$.

Il s'agit donc de résoudre les équations $4-x=3$ et $5-y=-7$.
On obtient : $4-3=x$ et $5+7=y$, donc le point D a pour coordonnées $(1\,;12)$.

d. $\overrightarrow{EA} - \overrightarrow{BC} + 2\overrightarrow{BE} = \vec{0}$ donc : $\begin{pmatrix} x_A - x_E \\ y_A - y_E \end{pmatrix} - \begin{pmatrix} x_C - x_B \\ y_C - y_B \end{pmatrix} + 2\begin{pmatrix} x_E - x_B \\ y_E - y_B \end{pmatrix} = \begin{pmatrix} 0 \\ 0 \end{pmatrix}$.

Donc : $(-1-x_E)-(4-2)+2(x_E-2)=0$.

On simplifie : $-1-x_E-2+2x_E-4=0$.

Ainsi : $x_E-7=0$ donc : $x_E=7$.

De même : $(3-y_E)-(5-(-4))+2(y_E-(-4))=0$, ce qui nous donne après simplification, $y_E+2=0$, donc $y_E=-2$.

Le point E a donc pour coordonnées $(7\,;-2)$.

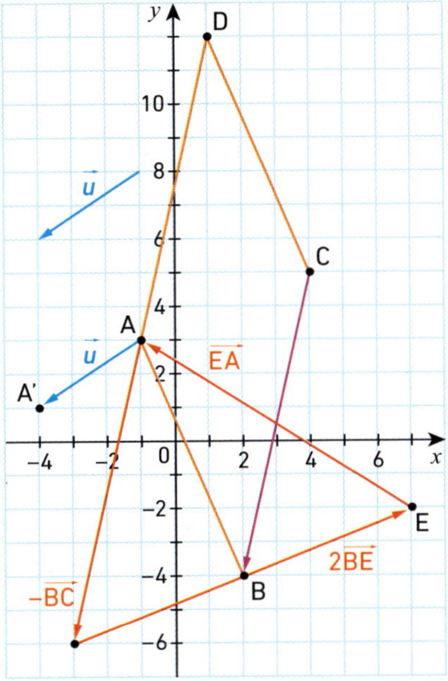

REMARQUE

En traçant les vecteurs $\overrightarrow{EA}$, $-\overrightarrow{BC}$ et $2\overrightarrow{BE}$ « bout à bout », on remarque que l'on revient au point de départ. Dire que la somme de ces trois vecteurs est égale au vecteur nul, c'est dire la même chose.

4 **a.** E est le translaté de B selon le vecteur $\overrightarrow{AC}$ donc : $\overrightarrow{BE} = \overrightarrow{AC}$ et ABEC est un parallélogramme.

b. $\overrightarrow{BF} = \overrightarrow{BA} + \overrightarrow{BC}$, donc ABCF est un parallélogramme (voir le théorème **3.C**).

c. $\overrightarrow{AD} = 2\overrightarrow{AB}$ puisque D est le symétrique de A par rapport à B (et donc B est le milieu de [AD]). Par ailleurs, $\overrightarrow{FC} = \overrightarrow{AB}$ puisque ABCF est un parallélogramme et $\overrightarrow{CE} = \overrightarrow{AB}$ puisque ABEC est un parallélogramme.

Comme $\overrightarrow{FE} = \overrightarrow{FC} + \overrightarrow{CE}$ d'après la relation de Chasles, on a : $\overrightarrow{FE} = 2\overrightarrow{AB}$.

On en déduit que : $\overrightarrow{AD} = \overrightarrow{FE}$, et donc que ADEF est un parallélogramme.

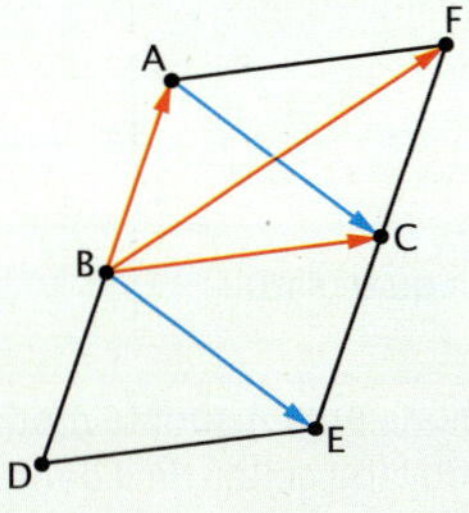

ASTUCE

Comme souvent en géométrie, il ne faut pas hésiter à dessiner une figure.

5 **a.** O est le milieu des diagonales [AC] et [BD] du parallélogramme ABCD.

Donc : $\overrightarrow{OA} + \overrightarrow{OC} = \vec{0}$ et $\overrightarrow{OB} + \overrightarrow{OD} = \vec{0}$.

Ainsi : $\overrightarrow{OA} + \overrightarrow{OB} + \overrightarrow{OC} + \overrightarrow{OD} = (\overrightarrow{OA} + \overrightarrow{OC}) + (\overrightarrow{OB} + \overrightarrow{OD}) = \vec{0} + \vec{0} = \vec{0}$.

> **ASTUCE**
>
> *On peut utiliser la relation de Chasles pour « découper » un vecteur en une somme de deux vecteurs, en « insérant » un point au milieu.*

b. Pour tout point M du plan, $\overrightarrow{MA} = \overrightarrow{MO} + \overrightarrow{OA}$.

De même : $\overrightarrow{MB} = \overrightarrow{MO} + \overrightarrow{OB}$.

En appliquant quatre fois cette méthode on obtient :

$$\overrightarrow{MA} + \overrightarrow{MB} + \overrightarrow{MC} + \overrightarrow{MD} = 4\overrightarrow{MO} + \overrightarrow{OA} + \overrightarrow{OB} + \overrightarrow{OC} + \overrightarrow{OD}$$
$$= 4\overrightarrow{MO} + \vec{0} = 4\overrightarrow{MO}.$$

6 **1.** Dans un triangle, une médiane est une droite reliant un sommet au milieu du côté opposé.
Les trois médianes sont concourantes, et le point d'intersection est appelé le centre de gravité du triangle.

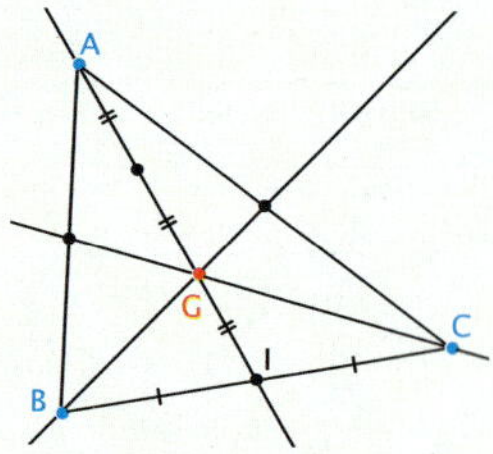

2. a. D'après l'énoncé, $\overrightarrow{AG} = \frac{2}{3}\overrightarrow{AI}$.

> **À RETENIR**
>
> *Le centre de gravité d'un triangle est situé aux deux tiers de chaque médiane en partant du sommet.*

b. Les vecteurs $\overrightarrow{GI}$ et $\overrightarrow{AI}$ ont même sens.

$\overrightarrow{GI} = \frac{1}{3}\overrightarrow{AI}$.

c. Les vecteurs $\overrightarrow{GA}$ et $\overrightarrow{GI}$ ont sens contraire. $\overrightarrow{GA} = -2\overrightarrow{GI}$.

7 **1.** $\overrightarrow{AI} + \overrightarrow{BI} = \vec{0}$ donc I est le milieu de [AB].

On peut placer le point I à la règle et au compas, ou utiliser la formule du chapitre 3 :

$$x_I = \frac{x_A + x_B}{2} \quad \text{et} \quad y_I = \frac{y_A + y_B}{2}.$$

On trouve que I a pour coordonnées (3 ; –1).

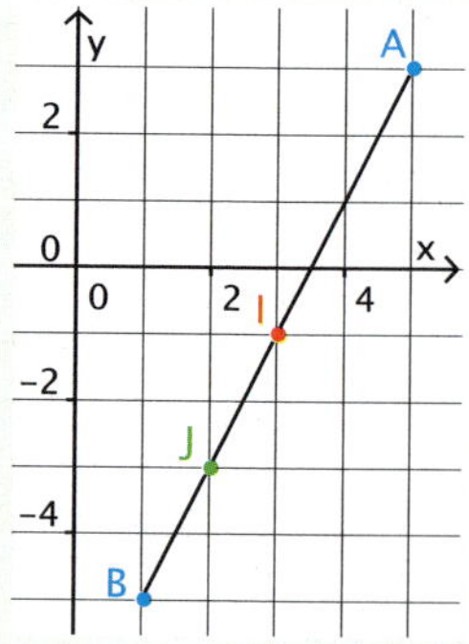

2. a. D'après la relation de Chasles : $\overrightarrow{BJ} = \overrightarrow{BA} + \overrightarrow{AJ}$

donc l'égalité $\overrightarrow{AJ} + 3\overrightarrow{BJ} = \vec{0}$ peut s'écrire :

$$\overrightarrow{AJ} + 3(\overrightarrow{BA} + \overrightarrow{AJ}) = \vec{0}.$$

Ainsi : $\overrightarrow{AJ} + 3\overrightarrow{BA} + 3\overrightarrow{AJ} = \vec{0}$ donc : $4\overrightarrow{AJ} = -3\overrightarrow{BA}$.

Or : $-\overrightarrow{BA} = \overrightarrow{AB}$ donc : $4\overrightarrow{AJ} = 3\overrightarrow{AB}$,

et l'on a bien finalement $\overrightarrow{AJ} = \frac{3}{4}\overrightarrow{AB}$.

b. Sur le graphique, on place le point J aux trois quarts du segment [AB] en partant de A.

Remarque : on peut aussi répondre à ces questions en utilisant la méthode de l'exercice corrigé 2, en posant $(x ; y)$ les coordonnées de I (ou celles de J dans la question 2).

Vecteurs colinéaires

8 **a.** $\vec{u}(-1\ ;-2)$ et $\vec{v}(-2\ ;-4)$.

On remarque que $\vec{v} = 2\vec{u}$ donc $\vec{u}$ et $\vec{v}$ sont colinéaires.

b. $\vec{u}(2\ ;3)$ et $\vec{v}(2\ ;4)$.

S'il existait un réel k tel que $\vec{v} = k\vec{u}$, alors on aurait : $2 = 2k$ et $4 = 3k$. Ces deux égalités ne peuvent pas être vraies en même temps, donc les vecteurs $\vec{u}$ et $\vec{v}$ ne sont pas colinéaires.

c. $\vec{u}(-3\ ;17)$ et $\vec{v}(0\ ;0)$.

$\vec{v}$ est le vecteur nul, il est colinéaire à tous les vecteurs.

d. $\vec{u}(0\ ;1)$ et $\vec{v}(1\ ;0)$.

On peut utiliser la méthode de la question **b.**, ou remarquer que : $0 \times 0 \neq 1 \times 1$.

Donc les vecteurs $\vec{u}$ et $\vec{v}$ ne sont pas colinéaires.

e. $\vec{u}(1{,}7\ ;-2{,}3)$ et $\vec{v}(-4{,}5\ ;7{,}3)$.

$1{,}7 \times 7{,}3 - (-2{,}3) \times (-4{,}5) = 2{,}06$.

$2{,}06 \neq 0$ donc $\vec{u}$ et $\vec{v}$ ne sont pas colinéaires.

f. $\vec{u}(2+\sqrt{3}\ ;1)$ et $\vec{v}(1\ ;2-\sqrt{3})$.

D'une part : $(2+\sqrt{3}) \times (2-\sqrt{3}) = 2^2 - \sqrt{3}^2 = 4 - 3 = 1$.

D'autre part : $1 \times 1 = 1$.

Donc on a bien :

$$(2+\sqrt{3}) \times (2-\sqrt{3}) = 1 \times 1$$

et donc les vecteurs $\vec{u}$ et $\vec{v}$ sont colinéaires.

RAPPEL

Deux vecteurs non nuls $\vec{u}$ et $\vec{v}$ sont colinéaires s'il existe un réel k tel que $\vec{v} = k\vec{u}$.

À RETENIR

$\vec{u}(x\ ;y)$ et $\vec{v}(x'\ ;y')$ sont colinéaires si, et seulement si, $xy' = yx'$.

ASTUCE

Pour démontrer que $xy' = yx'$ on peut vérifier que $xy' - yx' = 0$ ou encore calculer séparément xy' et yx' et vérifier que l'on trouve le même résultat.

RAPPEL

$(a+b)(a-b) = a^2 - b^2$

9 **a.** D'après les données de l'énoncé, on a C(8 ; 8), E(0 ; 13) et F(21 ; 0).

b. Pour savoir si ces points sont alignés, on détermine les coordonnées des vecteurs $\overrightarrow{EC}$ et $\overrightarrow{EF}$ pour savoir s'ils sont colinéaires.

$\overrightarrow{EC}\begin{pmatrix} x_C - x_E \\ y_C - y_E \end{pmatrix}$, donc : $\overrightarrow{EC}\begin{pmatrix} 8-0 \\ 8-13 \end{pmatrix}$ et $\overrightarrow{EC}\begin{pmatrix} 8 \\ -5 \end{pmatrix}$.

$\overrightarrow{EF}\begin{pmatrix} x_F - x_E \\ y_F - y_E \end{pmatrix}$, donc : $\overrightarrow{EF}\begin{pmatrix} 21-0 \\ 0-13 \end{pmatrix}$ et $\overrightarrow{EF}\begin{pmatrix} 21 \\ -13 \end{pmatrix}$.

$8 \times (-13) - (-5) \times (21) = -104 + 105 = 1$.

$1 \neq 0$ donc les vecteurs $\overrightarrow{EC}$ et $\overrightarrow{EF}$ ne sont pas colinéaires et les points E, C et F ne sont pas alignés.

ASTUCE

Ce résultat a déjà été démontré dans le chapitre 3 sur les repères, à l'aide d'un calcul de distances.
On peut remarquer que la méthode avec les vecteurs ne nécessite pas de travailler dans un repère orthonormé.

10 **a.** Pour savoir si les droites (AB) et (CD) sont parallèles, déterminons les coordonnées des vecteurs $\overrightarrow{AB}$ et $\overrightarrow{CD}$ pour savoir s'ils sont colinéaires.

$\overrightarrow{AB}\begin{pmatrix} x_B - x_A \\ y_B - y_A \end{pmatrix}$, donc : $\overrightarrow{AB}\begin{pmatrix} -2-(-4{,}5) \\ 3-1 \end{pmatrix}$ et $\overrightarrow{AB}\begin{pmatrix} 2{,}5 \\ 2 \end{pmatrix}$.

$\overrightarrow{CD}\begin{pmatrix} x_D - x_C \\ y_D - y_C \end{pmatrix}$, donc : $\overrightarrow{CD}\begin{pmatrix} 3-(-2) \\ 3-(-1) \end{pmatrix}$ et $\overrightarrow{CD}\begin{pmatrix} 5 \\ 4 \end{pmatrix}$.

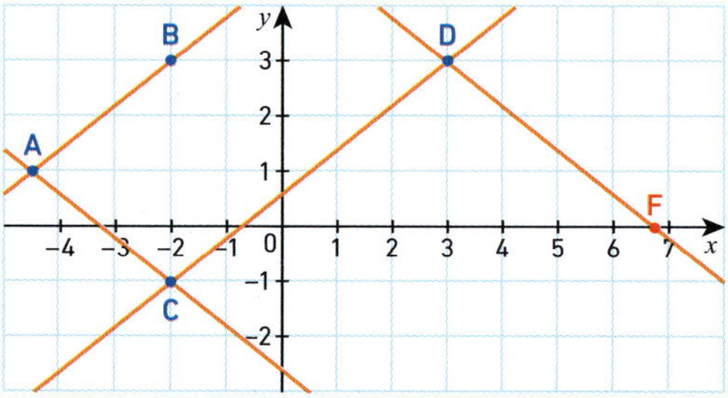

À RETENIR

Les droites (AB) et (CD) sont parallèles si, et seulement si, les vecteurs $\overrightarrow{AB}$ et $\overrightarrow{CD}$ sont colinéaires.

À RETENIR

Les points A, B et C sont alignés si, et seulement si, les vecteurs $\overrightarrow{AB}$ et $\overrightarrow{AC}$ sont colinéaires.

On peut remarquer que $\overrightarrow{CD} = 2\overrightarrow{AB}$, donc les vecteurs $\overrightarrow{AB}$ et $\overrightarrow{CD}$ sont colinéaires.
On en déduit que les droites (AB) et (CD) sont parallèles.

b. E(17 ; 14) appartient à la droite (CD) si, et seulement si, les points C, D et E sont alignés, autrement dit si, et seulement si, les vecteurs $\overrightarrow{CD}$ et $\overrightarrow{DE}$ sont colinéaires.

$\overrightarrow{CD}\begin{pmatrix} 5 \\ 4 \end{pmatrix}$ et $\overrightarrow{DE}\begin{pmatrix} 17-3 \\ 14-3 \end{pmatrix}$ donc : $\overrightarrow{DE}\begin{pmatrix} 14 \\ 11 \end{pmatrix}$.

$5 \times 11 = 55$ alors que : $4 \times 14 = 56$.
$55 \neq 56$ donc les vecteurs $\overrightarrow{CD}$ et $\overrightarrow{DE}$ ne sont pas colinéaires.
Les points C, D et E ne sont pas alignés, et donc le point E n'appartient pas à la droite (CD).

c. On note $(x\,;\,0)$ les coordonnées du point F recherché.
Les droites (AC) et (DF) sont parallèles si, et seulement si, les vecteurs $\overrightarrow{AC}$ et $\overrightarrow{DF}$ sont colinéaires.

RAPPEL

Tous les points de l'axe des abscisses ont une ordonnée nulle.

$\overrightarrow{AC}\begin{pmatrix} x_C - x_A \\ y_C - y_A \end{pmatrix}$ et $\overrightarrow{DF}\begin{pmatrix} x - x_D \\ 0 - y_D \end{pmatrix}$,

donc : $\overrightarrow{AC}\begin{pmatrix} 2{,}5 \\ -2 \end{pmatrix}$ et $\overrightarrow{DF}\begin{pmatrix} x-3 \\ -3 \end{pmatrix}$.

Ainsi $\overrightarrow{AC}$ et $\overrightarrow{DF}$ sont colinéaires si, et seulement si :

$$2{,}5 \times (-3) - (-2) \times (x - 3) = 0.$$

$$\begin{aligned} 2{,}5 \times (-3) - (-2) \times (x - 3) = 0 &\Leftrightarrow -7{,}5 + 2(x - 3) = 0 \\ &\Leftrightarrow -7{,}5 + 2x - 6 = 0 \\ &\Leftrightarrow 2x - 13{,}5 = 0 \\ &\Leftrightarrow 2x = 13{,}5 \Leftrightarrow x = \frac{13{,}5}{2} = 6{,}75. \end{aligned}$$

Par conséquent, si F a pour coordonnées (6,75 ; 0) alors les droites (AC) et (DF) sont parallèles.

REMARQUE

*Il est conseillé de faire un dessin en plaçant les points dans un repère, même si pour cet exercice, dans la question **b**, il est difficile de conjecturer graphiquement l'alignement des points puisqu'ils sont assez éloignés.*

11 **a.** Si $a = -1$, alors A a pour coordonnées (–1 ; –3).

Pour savoir si les points A, B et C sont alignés, déterminons les coordonnées des vecteurs $\overrightarrow{AB}$ et $\overrightarrow{AC}$ et vérifions si ces vecteurs sont colinéaires.

$\overrightarrow{AB}\begin{pmatrix} x_B - x_A \\ y_B - y_A \end{pmatrix}$, donc : $\overrightarrow{AB}\begin{pmatrix} -4-(-1) \\ 3-(-3) \end{pmatrix}$ et $\overrightarrow{AB}\begin{pmatrix} -3 \\ 6 \end{pmatrix}$. De même on trouve : $\overrightarrow{AC}\begin{pmatrix} -1 \\ 2 \end{pmatrix}$.

$(-3) \times 2 - 6 \times (-1) = -6 + 6 = 0$. Les vecteurs $\overrightarrow{AB}$ et $\overrightarrow{AC}$ sont donc colinéaires, et les points A, B et C sont bien alignés.

b. Pour savoir pour quelle valeur de a les points A, B et D sont alignés, cherchons la valeur de a pour laquelle les vecteurs $\overrightarrow{AB}$ et $\overrightarrow{BD}$ sont colinéaires.

$\overrightarrow{AB}\begin{pmatrix} x_B - x_A \\ y_B - y_A \end{pmatrix}$, donc : $\overrightarrow{AB}\begin{pmatrix} -4-a \\ 3-3a \end{pmatrix}$

et $\overrightarrow{BD}\begin{pmatrix} 4-(-4) \\ 2-3 \end{pmatrix}$, donc : $\overrightarrow{BD}\begin{pmatrix} 8 \\ -1 \end{pmatrix}$.

ASTUCE

En considérant les vecteurs $\overrightarrow{AB}$ et $\overrightarrow{BD}$ au lieu des vecteurs $\overrightarrow{AB}$ et $\overrightarrow{AD}$ par exemple on peut simplifier les calculs, en limitant le nombre de fois où l'inconnue a intervient.

$\overrightarrow{AB}$ et $\overrightarrow{BD}$ sont colinéaires si, et seulement si :

$$(-4 - a) \times (-1) - (3 - 3a) \times 8 = 0.$$

Il s'agit donc de résoudre l'équation :

$$4 + a - 24 + 24a = 0.$$

$$\begin{aligned} 4 + a - 24 + 24a = 0 &\Leftrightarrow 25a - 20 = 0 \\ &\Leftrightarrow 25a = 20 \\ &\Leftrightarrow a = \frac{20}{25} = \frac{4}{5}. \end{aligned}$$

Ainsi, si $a = \frac{4}{5} = 0{,}8$, alors les vecteurs $\overrightarrow{AB}$ et $\overrightarrow{BD}$ sont colinéaires, et les points A(0,8 ; 2,4), B et D sont bien alignés.

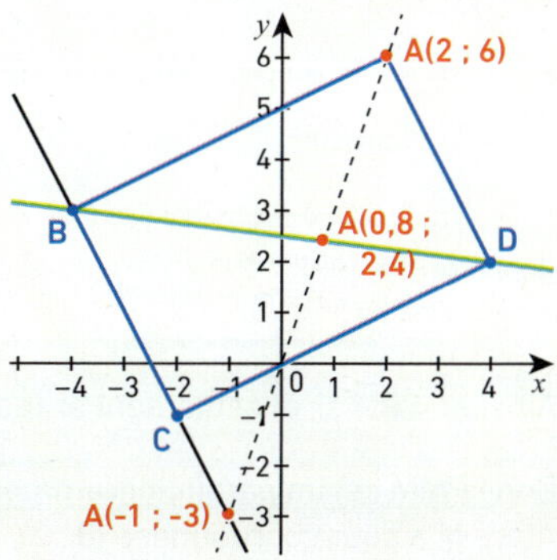

c. ABCD est un parallélogramme si, et seulement si, $\overrightarrow{AB} = \overrightarrow{DC}$.

$\overrightarrow{AB}\begin{pmatrix} -4-a \\ 3-3a \end{pmatrix}$ et $\overrightarrow{DC}\begin{pmatrix} -2-4 \\ -1-2 \end{pmatrix}$, donc : $\overrightarrow{DC}\begin{pmatrix} -6 \\ -3 \end{pmatrix}$.

Ainsi : $\overrightarrow{AB} = \overrightarrow{DC}$ si, et seulement si, $-4-a=-6$ et $3-3a=-3$.

$-4-a=-6 \Leftrightarrow -a=-6+4 \Leftrightarrow -a=-2 \Leftrightarrow a=2$.

$3-3a=-3 \Leftrightarrow -3a=-3-3 \Leftrightarrow -3a=-6 \Leftrightarrow a=\dfrac{-6}{-3}=2$.

Par conséquent, ABCD est un parallélogramme si, et seulement si, $a=2$, c'est-à-dire si A a pour coordonnées (2 ; 6).

REMARQUE

On peut remarquer que les coordonnées du point A vérifient $y_A = 3x_A$. Si vous avez déjà traité le chapitre 5 sur les équations de droites, vous pourrez reconnaître l'équation $y = 3x$, correspondant à une droite passant par l'origine du repère (représentée en pointillés sur la figure ci-avant).

d. De même que dans la question précédente, ABDC est un parallélogramme si, et seulement si, $\overrightarrow{AB} = \overrightarrow{CD}$.

$\overrightarrow{AB}\begin{pmatrix} -4-a \\ 3-3a \end{pmatrix}$ et $\overrightarrow{CD}\begin{pmatrix} 6 \\ 3 \end{pmatrix}$.

Ainsi $\overrightarrow{AB} = \overrightarrow{CD}$ si, et seulement si, $-4-a=6$ et $3-3a=3$.

$-4-a=6 \Leftrightarrow -a=6+4$

$\Leftrightarrow -a=10 \Leftrightarrow a=-10$.

$3-3a=3 \Leftrightarrow -3a=3-3$

$\Leftrightarrow -3a=0 \Leftrightarrow a=\dfrac{0}{-3}=0$.

a ne peut pas à la fois être égal à -10 et à 0, donc le quadrilatère ABDC ne peut jamais être un parallélogramme, quelle que soit la position du point A de coordonnées $(a\,;3a)$.

Problèmes

12 **a.** PAIM est un parallélogramme si, et seulement si, $\overrightarrow{AI} = \overrightarrow{PM}$.

ASTUCE

Un parallélogramme nous donne plusieurs égalités vectorielles. Il est parfois possible d'en choisir une de façon à simplifier les calculs.

$\overrightarrow{AI}\begin{pmatrix} 3-(-1) \\ -2-(-3) \end{pmatrix}$ donc : $\overrightarrow{AI}\begin{pmatrix} 4 \\ 1 \end{pmatrix}$

et $\overrightarrow{PM}\begin{pmatrix} 2x-x \\ 2y-y \end{pmatrix}$ donc : $\overrightarrow{PM}\begin{pmatrix} x \\ y \end{pmatrix}$.

Ainsi $\overrightarrow{AI} = \overrightarrow{PM}$ si, et seulement si, les réels x et y vérifient le système suivant : $\begin{cases} x=4 \\ y=1 \end{cases}$

Donc PAIM est un parallélogramme si, et seulement si, P a pour coordonnées (4 ; 1). Alors M a pour coordonnées (8 ; 2).

b. PAIN est un parallélogramme si, et seulement si, $\overrightarrow{AP} = \overrightarrow{IN}$.

$\overrightarrow{AP}\begin{pmatrix} x-(-1) \\ y-(-3) \end{pmatrix}$ et $\overrightarrow{IN}\begin{pmatrix} 2y-3 \\ 2x-(-2) \end{pmatrix}$.

Ainsi $\overrightarrow{AP} = \overrightarrow{IN}$ si, et seulement si, les réels x et y vérifient le système suivant :

$$\begin{cases} x+1=2y-3 \\ y+3=2x+2 \end{cases}$$

ASTUCE

Voir le chapitre 5 pour retrouver les méthodes de résolution des systèmes linéaires.

$$\begin{cases} x+1=2y-3 \\ y+3=2x+2 \end{cases} \Leftrightarrow \begin{cases} x=2y-3-1 \\ y=2x+2-3 \end{cases} \Leftrightarrow \begin{cases} x=2y-4 \\ y=2x-1 \end{cases}$$

En remplaçant x par $2y-4$ dans la deuxième équation, on obtient l'équation :
$y=2\times(2y-4)-1$, soit : $y=4y-9$.

$$y=4y-9 \Leftrightarrow 9=4y-y \Leftrightarrow 9=3y \Leftrightarrow 3y=9 \Leftrightarrow y=\frac{9}{3}=3.$$

Il s'agit donc de résoudre le système $\begin{cases} x=2y-4 \\ y=3 \end{cases}$, ce qui donne $\begin{cases} x=2\times3-4=2 \\ y=3 \end{cases}$.

PAIN est donc un parallélogramme si, et seulement si, $x=2$ et $y=3$, c'est-à-dire si P a pour coordonnées (2 ; 3) et N a pour coordonnées (6 ; 4).

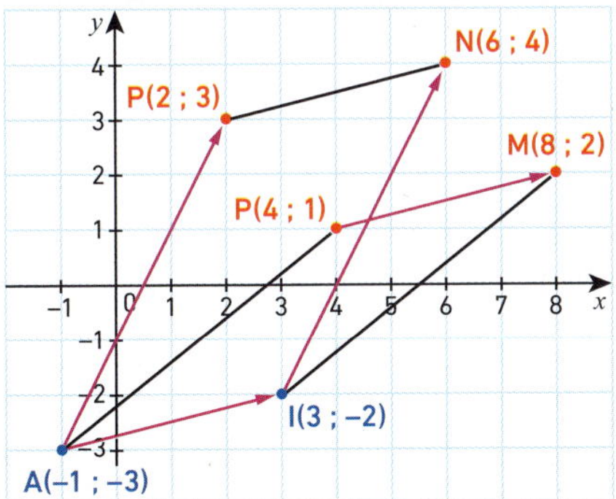

13 **a.** A(–2 ; 1) et G(x; y), donc : $\overrightarrow{GA}\begin{pmatrix} -2-x \\ 1-y \end{pmatrix}$. De même : $\overrightarrow{GB}\begin{pmatrix} 6-x \\ 3-y \end{pmatrix}$ et $\overrightarrow{GC}\begin{pmatrix} 4-x \\ -2-y \end{pmatrix}$.

b. Ainsi le vecteur $\overrightarrow{GA}+\overrightarrow{GB}+\overrightarrow{GC}$ a pour coordonnées $\begin{pmatrix} -2-x+6-x+4-x \\ 1-y+3-y+(-2-y) \end{pmatrix}$,

soit : $\begin{pmatrix} 8-3x \\ 2-3y \end{pmatrix}$.

Donc $\overrightarrow{GA}+\overrightarrow{GB}+\overrightarrow{GC}=\vec{0}$ si, et seulement si, les réels x et y vérifient le système suivant :
$\begin{cases} 8-3x=0 \\ 2-3y=0. \end{cases}$

$\begin{cases} 8-3x=0 \\ 2-3y=0 \end{cases} \Leftrightarrow \begin{cases} 3x=8 \\ 3y=2 \end{cases} \Leftrightarrow \begin{cases} x=\dfrac{8}{3} \\ y=\dfrac{2}{3} \end{cases}$. G a donc pour coordonnées $\left(\dfrac{8}{3}\ ;\ \dfrac{2}{3}\right)$.

c. I est le milieu de [AB], d'où : $x_I=\dfrac{x_A+x_B}{2}$ et $y_I=\dfrac{y_A+y_B}{2}$.

$x_I=\dfrac{-2+6}{2}=2$ et $y_I=\dfrac{1+3}{2}=2$.

I a alors pour coordonnées (2 ; 2).

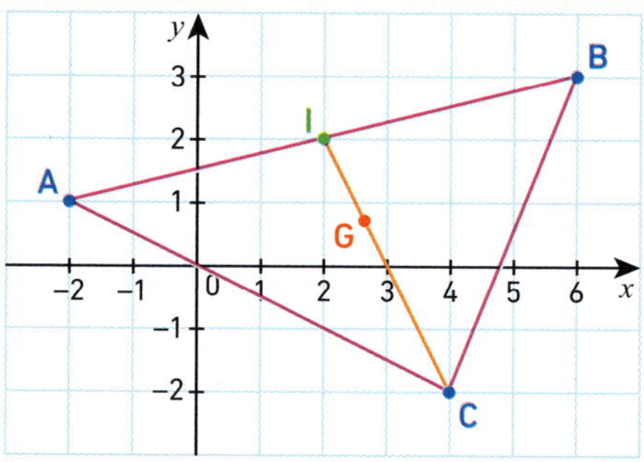

d. C(4 ; −2), G$\left(\dfrac{8}{3}\ ;\ \dfrac{2}{3}\right)$ et I(2 ; 2).

Donc : $\overrightarrow{CI}\begin{pmatrix} 2-4 \\ 2-(-2) \end{pmatrix}$, soit $\overrightarrow{CI}\begin{pmatrix} -2 \\ 4 \end{pmatrix}$. Ainsi $\dfrac{2}{3}\overrightarrow{CI}\begin{pmatrix} -2\times\dfrac{2}{3} \\ 4\times\dfrac{2}{3} \end{pmatrix}$, soit $\dfrac{2}{3}\overrightarrow{CI}\begin{pmatrix} -\dfrac{4}{3} \\ \dfrac{8}{3} \end{pmatrix}$.

Par ailleurs $\overrightarrow{CG}\begin{pmatrix} \dfrac{8}{3}-4 \\ \dfrac{2}{3}-(-2) \end{pmatrix}$, soit $\overrightarrow{CG}\begin{pmatrix} -\dfrac{4}{3} \\ \dfrac{8}{3} \end{pmatrix}$. On a donc bien : $\overrightarrow{CG}=\dfrac{2}{3}\overrightarrow{CI}$.

RAPPEL

Le centre de gravité d'un triangle est le point de concours des médianes.

Cette relation est caractéristique du centre de gravité d'un triangle (voir l'exercice 6). Le point G est donc le centre de gravité du triangle ABC, et il est situé aux deux tiers de la médiane [CI] en partant de C.

Droites et systèmes

POUR DÉMARRER

Revoir les fonctions affines.

- **Une fonction affine est définie sur $\mathbb{R}$ par $f(x) = ax + b$, où a et b sont deux réels fixés.**
- **La courbe représentative d'une fonction affine dans un repère est une droite.**

Dans ce chapitre, le plan est rapporté à un repère orthogonal (O ; I , J).

1 Équation réduite d'une droite

A. Deux types de droites

Propriétés

- Soient m et p deux réels. L'ensemble des points du plan dont les coordonnées $(x ; y)$ vérifient la relation $y = mx + p$ est une droite non parallèle à l'axe (Oy) des ordonnées.
- Soit k un réel. L'ensemble des points du plan dont les coordonnées $(x ; y)$ vérifient la relation $x = k$ est une droite parallèle à l'axe (Oy) des ordonnées.

B. Notions fondamentales

Définitions

- La relation $y = mx + p$ est **l'équation réduite** d'une droite non parallèle à l'axe des ordonnées.
- Le coefficient m est le **coefficient directeur** de cette droite. Le coefficient p est **l'ordonnée à l'origine** de cette droite.
- La relation $x = k$ est **l'équation réduite** d'une droite parallèle à l'axe des ordonnées.

À RETENIR

L'ordonnée à l'origine p permet de déterminer les coordonnées du point d'intersection de la droite avec l'axe des ordonnées : (0 ; p).

Le coefficient directeur donne la pente de la droite dans un repère orthonormé. Plus il est grand, plus la croissance est rapide.

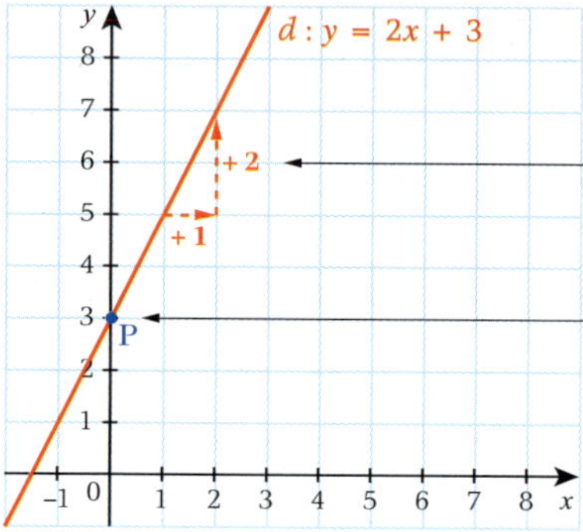

Le coefficient directeur est égal à 2. Il correspond à la pente de la droite.

L'ordonnée à l'origine est égale à 3. La droite passe par le point P(0 ; 3).

C. Droites parallèles à l'axe des abscisses

Propriété

La droite d'équation $y = mx + p$ est parallèle à l'axe (Ox) des abscisses si, et seulement si, le coefficient directeur m est nul.
Dans ce cas, l'équation réduite de la droite est de la forme $y = p$.

Exemples

Sur la figure ci-contre sont représentées les droites suivantes :

$d_1 : y = 1{,}5x - 3$,
$d_2 : y = -0{,}4x + 4$,
$d_3 : y = -2$, parallèle à l'axe (Ox),
$d_4 : x = 3$, parallèle à l'axe (Oy).

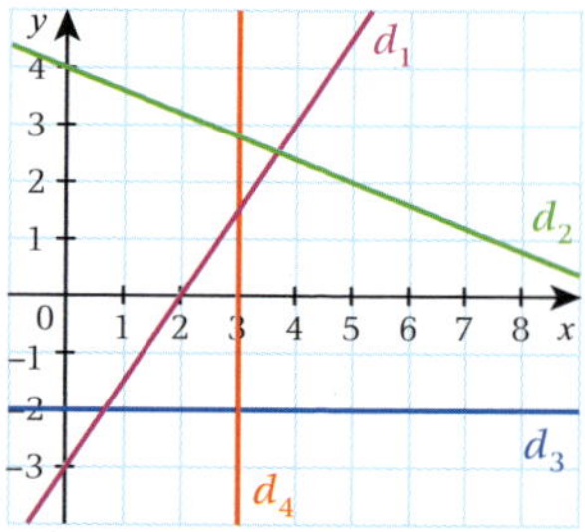

2 Déterminer une équation de droite

A. À partir du coefficient directeur

Propriétés

REMARQUE
Si $x_A = y_A$ alors la droite (AB) a pour équation $x = x_A$.

Soit A $(x_A ; y_A)$ et B $(x_B ; y_B)$ deux points distincts.
Si $x_A = x_B$, alors la droite (AB) a pour équation $x = x_A$.
Si $x_A \neq x_B$, alors le coefficient directeur de la droite (AB) est égal à : $\dfrac{y_B - y_A}{x_B - x_A}$.

Exemple

Soit A (2 ; 3) et B (6 ; 5) deux points.

A et B ont des abscisses distinctes, donc le coefficient directeur de (AB) est : $m = \frac{5-3}{6-2} = \frac{2}{4} = \frac{1}{2}$.

Donc l'équation réduite de (AB) est de la forme : $y = \frac{1}{2}x + p$.

Le point A (2 ; 3) appartient à (AB), donc ses coordonnées vérifient l'équation $3 = \frac{1}{2} \times 2 + p$, donc $p = 2$.

Donc (AB) a pour équation : $y = \frac{1}{2}x + 2$.

REMARQUE

Si A $(x_A ; y_A)$ appartient à la droite d d'équation $y = mx + p$, alors $p = y_A - mx_A$.

B. Expression directe d'une équation

Propriété

Soit A $(x_A ; y_A)$ et B $(x_B ; y_B)$ deux points distincts.

Si $x_A \neq x_B$, alors l'équation réduite de la droite (AB) est :

$$y = \frac{y_B - y_A}{x_B - x_A}(x - x_A) + y_A .$$

Exemple

Si l'on reprend l'exemple précédent, l'équation de (AB) est :

$$y = \frac{5-3}{6-2}(x-2) + 3 \Leftrightarrow y = \frac{1}{2}(x-2) + 3$$

$$\Leftrightarrow y = \frac{1}{2}x - 1 + 3 \Leftrightarrow y = \frac{1}{2}x + 2 .$$

On retrouve bien le résultat précédent.

REMARQUE

On pourra choisir l'une ou l'autre manière d'obtenir une équation de droite.

3 Droites parallèles

Propriété

Soit deux droites d et Δ d'équations respectives $y = mx + p$ et $y = m'x + p'$.

Les droites d et Δ sont parallèles si, et seulement si, $m = m'$.

4 Systèmes linéaires

A. Résoudre un système

Résoudre un système linéaire de deux équations à deux inconnues revient à chercher les coordonnés du point d'intersection de deux droites. En effet, chacune des équations est équivalente à l'équation réduite d'une droite.

B. Critère d'unicité de la solution

On considère le système linéaire suivant : $\begin{cases} ax + by = c \\ a'x + b'y = c' \end{cases}$ dans lequel $(a\,;\,b) \neq (0\,;\,0)$ et $(a'\,;\,b') \neq (0\,;\,0)$.

Ce système admet un unique couple solution $(x\,;\,y)$ si, et seulement si, $ab' - a'b \neq 0$. Dans ce cas, les deux droites sont sécantes.

C. Nombre de solutions d'un système

Propriétés

Un système linéaire de deux équations à deux inconnues possède une infinité, une ou zéro solutions, suivant que les droites sont confondues, sécantes ou strictement parallèles.

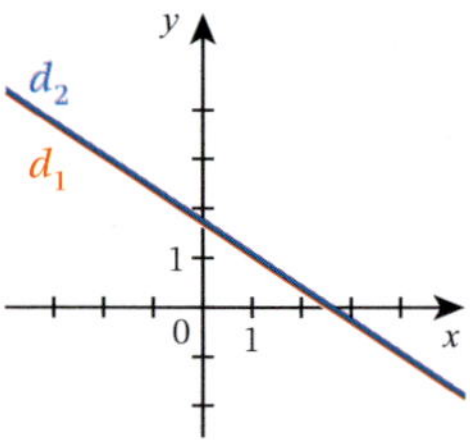

d_1 et d_2 confondues : une infinité de solutions.

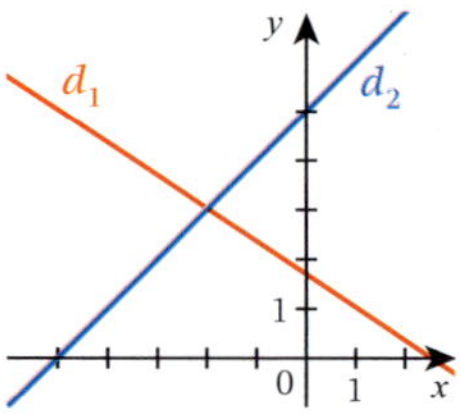

d_1 et d_2 sécantes : une solution.

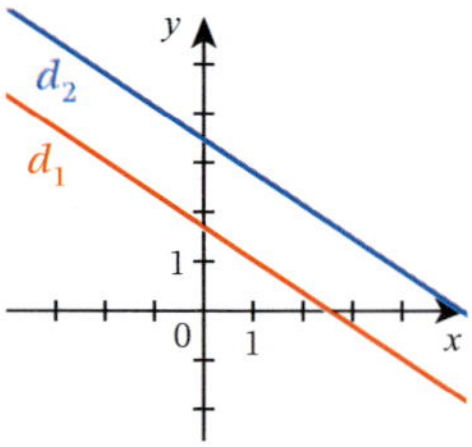

d_1 et d_2 strictement parallèles : 0 solution.

PIÈGES À ÉVITER

- Avant de calculer un coefficient directeur, on doit toujours vérifier que les points n'ont pas la même abscisse.
- Avant de chercher les solutions d'un système, il faut savoir si le système admet une solution unique ou pas.

1 Tracer des droites sans calcul à partir d'une équation

CONSEIL

- Il faut bien identifier le type de droite (parallèle ou non à l'axe des ordonnées) ainsi que les différents coefficients.
- Le tracé doit être le plus précis possible.

Exercice

Tracer chacune des droites suivantes sans effectuer de calculs.

1 d_1 a pour équation $x = -3{,}5$.

2 d_2 a pour équation $y = -\frac{2}{5}x + 4$.

3 d_3 passe par le point A (2 ; –3) et est parallèle à d_2.

POINT MÉTHODE

✓ *Si la droite a une équation de la forme $x = k$, elle est parallèle à l'axe (Oy).*

✓ *Si la droite a une équation de la forme $y = mx + p$, on détermine deux points de la droite (ou bien on détermine un seul point), puis on utilise le coefficient directeur pour trouver un autre point par la méthode « des escaliers » décrite ci-dessous.*

Comment répondre ?

1 La droite d_1 a une équation de la forme $x = k$, donc elle est parallèle à l'axe des ordonnées. Elle passe par tous les points d'abscisse –3,5.

2 La droite d_2 a une équation de la forme $y = mx + p$.

Le nombre p est l'ordonnée à l'origine, c'est-à-dire que d_2 passe par le point P de coordonnées (0 ; p), donc P (0 ; 4).

Le coefficient directeur m permet de déterminer d'autres points.

Ici $m = -\frac{2}{5}$. On effectue à partir de P un déplacement de 5 unités vers la droite (+5 parallèlement à l'axe des abscisses) et de 2 unités vers le bas (–2 parallèlement à l'axe des ordonnées) et on place un nouveau point. Le quotient $\frac{-2}{5}$ est bien égal à m. À partir de ce point, on peut reproduire ce déplacement autant que nécessaire pour obtenir les points les plus éloignés possible sur la figure. On construit une sorte d'escalier.

On peut aussi effectuer un déplacement de 5 unités vers la gauche (–5 parallèlement à l'axe des abscisses) et de 2 unités vers le haut (+2 parallèlement à l'axe des ordonnées).

Le quotient $\frac{2}{-5}$ est aussi égal à m.

3 La droite d_3 est parallèle à d_2. Elle a donc le même coefficient directeur égal à $-\frac{2}{5}$. On peut donc appliquer la méthode des escaliers à partir du point A (2 ; –3). Les indications précédentes figurent sur la figure.

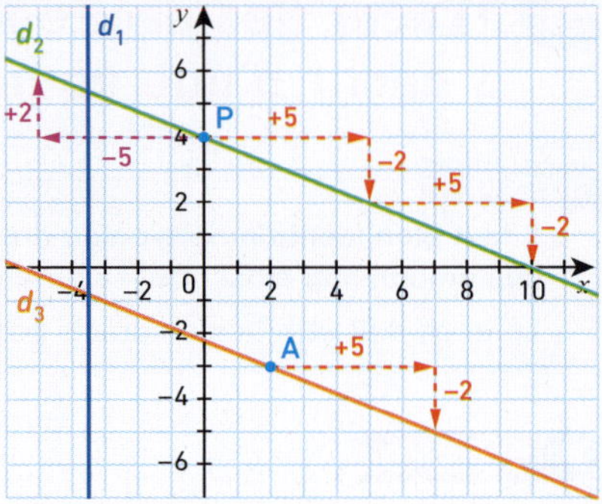

2 Déterminer des équations de droites

CONSEILS

- **Toujours réaliser une figure lorsque cela est possible.**
- **Bien vérifier la cohérence de vos résultats avec la figure.**

Exercice

Soit trois points A (–2 ; 3), B (–2 ; 7) et C (4; 3).

1 **Déterminer l'équation réduite de la droite (AB).**

2 **Déterminer l'équation réduite de la droite (BC).**

3 **Déterminer l'équation réduite de la droite *d* passant par A et parallèle à (BC).**

4 **Déterminer le point d'intersection de *d* avec l'axe des abscisses.**

POINT MÉTHODE

✓ *Si les deux points ont la même abscisse, alors la droite passant par ces deux points est parallèle à l'axe (Oy) et a une équation de la forme $x = k$.*

Sinon la droite a une équation de la forme $y = mx + p$.

On détermine le coefficient directeur m en utilisant la propriété 2.A.

On détermine ensuite le coefficient p en résolvant une équation.

Comment répondre ?

1 A (–2 ; 3), B (–2 ; 7) ont la même abscisse –2. Donc (AB) a pour équation $x = -2$.

2 B (–2 ; 7) et C (4 ; 3) ont des abscisses distinctes, donc (BC) a une équation de la forme $y = mx + p$.

Calculons m : $m = \dfrac{y_C - y_B}{x_C - x_B} = \dfrac{3-7}{4-(-2)} = -\dfrac{2}{3}$.

Pour déterminer p, on remarque que l'équation du (BC) est $y = -\dfrac{2}{3}x + p$ et que le point B (–2 ; 7) appartient à (BC). En remplaçant les coordonnées de B dans l'équation, on obtient :

$7 = -\dfrac{2}{3} \times (-2) + p$, donc $p = 7 - \dfrac{4}{3} = \dfrac{17}{3}$.

> **ASTUCE**
>
> *On peut mémoriser le calcul du coefficient directeur ainsi : $m = \dfrac{\Delta y}{\Delta x}$ dans lequel Δy et Δx représentent respectivement les différences des ordonnées et des abscisses de chacun des points.*

Donc, l'équation réduite de (BC) est : $y = -\dfrac{2}{3}x + \dfrac{17}{3}$.

On peut vérifier sur la figure ci-contre les valeurs trouvées. Le coefficient p est l'ordonnée à l'origine. (BC) passe bien par le point de coordonnées $\left(0 ; \dfrac{17}{3}\right)$.

Le coefficient directeur peut se lire graphiquement en utilisant la méthode « des escaliers » vue dans l'exercice précédent : $m = \dfrac{\Delta y}{\Delta x} = \dfrac{-2}{3}$.

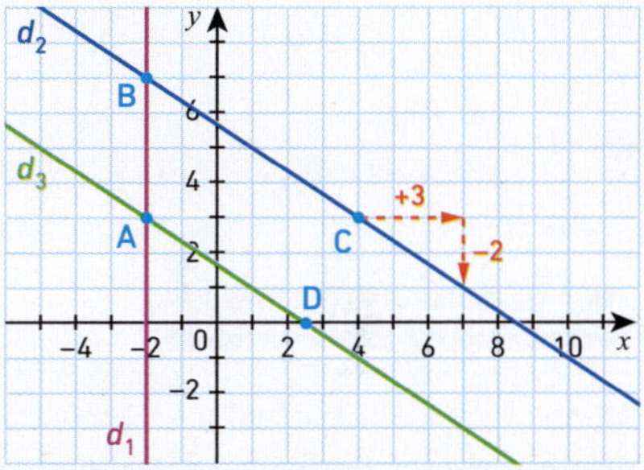

3 La droite d est parallèle à (BC). Donc son coefficient directeur est égal à celui de (BC) (propriété 3). Son équation est donc de la forme $y = -\dfrac{2}{3}x + p'$.

Le point A (–2 ; 3) appartient à d. En remplaçant les coordonnées de A dans l'équation, on obtient : $-\dfrac{2}{3} \times (-2) + p' = 3$, donc $p' = 3 - \dfrac{4}{3} = \dfrac{5}{3}$.

Donc, d : $y = -\dfrac{2}{3}x + \dfrac{5}{3}$.

On vérifie graphiquement que la droite d passe par le point de coordonnées $\left(0 ; \dfrac{5}{3}\right)$.

4 La droite d coupe l'axe des abscisses lorsque $y = 0$. On doit donc résoudre l'équation $-\dfrac{2}{3}x + \dfrac{5}{3} = 0 \Leftrightarrow -\dfrac{2}{3}x = -\dfrac{5}{3} \Leftrightarrow x = -\dfrac{5}{3} \times \left(-\dfrac{3}{2}\right) = \dfrac{5}{2}$. Donc $D\left(\dfrac{5}{2} ; 0\right)$.

On vérifie ce résultat graphiquement.

3 Résoudre un système linéaire

CONSEILS

- **Pour résoudre un système, il faut tout d'abord déterminer si ce système a un unique couple-solution. Il peut avoir 0 ou 1 ou une infinité de solutions.**
- **Résoudre un système linéaire revient à chercher les coordonnées du point d'intersection de deux droites.**

Exercice

Résoudre chacun des systèmes suivants.

1 $(S_1)\begin{cases}6x-4y=12\\-9x+6y=9\end{cases}$

2 $(S_2)\begin{cases}x-3y=-1\\2x+3y=16\end{cases}$

POINT MÉTHODE

✓ *On commence par calculer la différence ab' – a'b afin de déterminer si le système a une unique solution (propriété 4.B).*

✓ *Si ab' – a'b ≠ 0, on utilise les méthodes habituelles (substitution ou combinaison) afin de déterminer la solution.*

✓ *Si ab' – a'b = 0, on doit déterminer si les droites sont strictement parallèles (aucune solution) ou confondues (une droite-solution).*

Comment répondre ?

1 $ab'-a'b=6\times 6-(-4)\times(-9)=0$. Donc le système a soit zéro solution, soit une droite-solution. Écrivons l'équation réduite de chacune des droites :

$$\begin{cases}6x-4y=12\\-9x+6y=9\end{cases}\Leftrightarrow\begin{cases}-4y=-6x+12\\6y=9x+9\end{cases}\Leftrightarrow\begin{cases}y=\dfrac{-6}{-4}x+\dfrac{12}{-4}\\y=\dfrac{9}{6}x+\dfrac{9}{6}\end{cases}\Leftrightarrow\begin{cases}y=\dfrac{3}{2}x-3\\y=\dfrac{3}{2}x+\dfrac{3}{2}\end{cases}$$

On vérifie que les deux droites ont le même coefficient directeur mais des ordonnées à l'origine distinctes. Donc elles sont strictement parallèles. Ainsi : $S=\varnothing$.

2 $ab'-a'b=1\times 3-(-3)\times 2=9\neq 0$. Donc le système a une unique solution.

$$\begin{cases}x-3y=-1\\2x+3y=16\end{cases}\Leftrightarrow\begin{cases}x=3y-1\\2(3y-1)+3y=16\end{cases}\Leftrightarrow\begin{cases}x=5\\y=2\end{cases}$$

Donc $S=\{(5\ ;\ 2)\}$.

REMARQUE

On exprime x en fonction de y dans la première équation et on substitue cette expression dans la deuxième équation. On dit qu'on résout « par substitution ».

TESTEZ VOS CONNAISSANCES

CORRIGÉ p. 132

1. Parmi ces fonctions, lesquelles sont affines ?

a. $x \mapsto 3x$. **b.** $x \mapsto \dfrac{2+x}{3}$. **c.** $x \mapsto \dfrac{2}{x}+3$.

2. La droite Δ d'équation $y=3$:

a. est parallèle à l'axe (Ox). **b.** est parallèle à l'axe (Oy).

c. coupe les deux axes (Ox) et (Oy).

3. Le coefficient directeur de la droite Δ d'équation $y=3$:

a. est égal à 3. **b.** est égal à 0. **c.** n'existe pas.

4. Le coefficient directeur de la droite *d* d'équation $x=2$:

a. est égal à 2. **b.** est égal à 0. **c.** n'existe pas.

5. À laquelle de ces droites le point A(2 ; 5) appartient-il ?

a. d_1 : $y=2x+5$. **b.** d_2 : $y=5x+2$. **c.** d_3 : $y=-x+7$.

6. Lequel de ces points appartient à la droite d'équation $y=-\dfrac{1}{2}x+3$?

a. $A\left(-\dfrac{1}{2} ; 3\right)$. **b.** $B\left(-\dfrac{1}{2} ; \dfrac{13}{4}\right)$. **c.** $C\left(-\dfrac{1}{2} ; \dfrac{11}{4}\right)$.

7. La droite Δ passe par les points A(8 ; 6) et B(3 ; –4).
Son coefficient directeur est égal à :

a. 2. **b.** –2. **c.** $\dfrac{1}{2}$.

8. La droite Δ est parallèle à la droite *d* d'équation $y=-0{,}75x+1{,}5$ et passe par le point A(4 ; 3).
Son équation réduite est :

a. $y=-0{,}75x+4$. **b.** $y=x-1$. **c.** $y=-\dfrac{3}{4}x+6$.

9. Le système $\begin{cases} 2x+3y=1 \\ -2x+3y=5 \end{cases}$ admet :

a. une unique solution. **b.** deux solutions : –1 et 1. **c.** zéro solution.

10. Le système $\begin{cases} 2x+y=1 \\ 3x+1{,}5y=1{,}5 \end{cases}$ admet :

a. une unique solution. **b.** une infinité de solutions. **c.** zéro solution.

ENTRAÎNEZ-VOUS

CORRIGÉ p. 133

Utiliser des équations de droites

1 Soit d_1 et d_2 deux droites d'équations réduites respectives $y=-\frac{1}{4}x+2$ et $y=3x+15$. ●○○ 10 min

Parmi les points suivants lesquels appartiennent à d_1, à d_2 ou à aucune des deux ? Justifier clairement la réponse.

A(2 ; 0), B(–12 ; 5), C(–4 ; 3), D(–6 ; –3), E(8 ; 0), F(0 ; 15).

2 Dans un repère orthonormal d'unité 1 cm, tracer chacune des droites suivantes sans effectuer de calculs. ●○○ 10 min

a. d_1 a pour équation $y=-3$.

b. d_2 a pour équation $y=\frac{4}{3}x+5$.

c. d_3 a pour équation $y=-\frac{5}{4}x$.

3 Dans un repère orthonormal d'unité 1 cm, tracer chacune des droites suivantes en déterminant des points de coordonnées entières les plus éloignés possibles. ●○○ 10 min

On pourra s'aider d'une calculatrice graphique.

a. d_1 a pour équation $y=\frac{2}{3}x+\frac{7}{3}$.

b. d_2 a pour équation $y=-\frac{6}{7}x+\frac{31}{7}$.

Déterminer des équations de droites

4 Soit trois points A(4 ; 7), B(–6 ; 3) et C(5 ; 3). ●○○ 20 min

a. Déterminer l'équation réduite de la droite (AB).

b. Déterminer l'équation réduite de la droite (BC).

c. Déterminer l'équation réduite de la droite (AC).

d. Déterminer l'abscisse du point d'intersection de (AC) avec l'axe des abscisses.

5 Déterminer graphiquement l'équation réduite de chacune des droites représentées ci-dessous. ●○○ 10 min

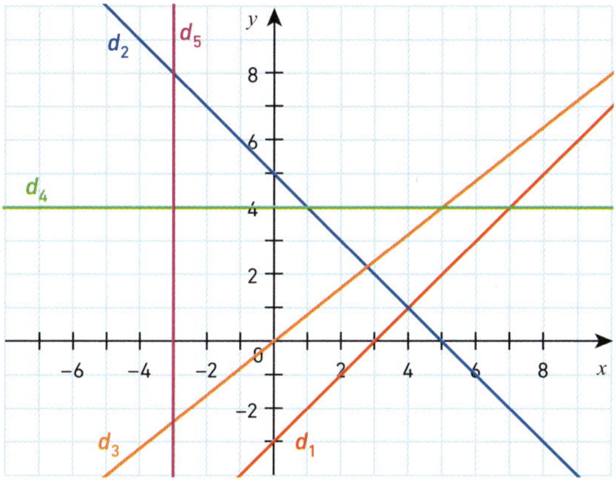

Résoudre des systèmes linéaires

6 Résoudre chacun des systèmes suivants. ●○○ 15 min

a. $(S_1)\begin{cases}1{,}6x-2{,}4y=4\\4x-6y=10\end{cases}$

b. $(S_2)\begin{cases}2x+3y=1\\5x+6y=10\end{cases}$

7 **1.** On considère le système $(S_1)\begin{cases}3x+8y=64\\-x+4y=12\end{cases}$ ●○○ 15 min

Soit d_1 et d_2 les droites d'équations respectives $3x+8y=64$ et $-x+4y=12$.

a. Écrire l'équation réduite de chacune des droites d_1 et d_2.

b. Les droites sont-elles sécantes ou parallèles ?

c. Représenter ces deux droites dans un repère orthonormal d'unité 1 cm.

d. Déterminer graphiquement la solution du système (S_1).

2. On considère le système suivant :

$(S_2)\begin{cases}-0{,}6x+y=3\\3x-5y=-20\end{cases}$

Reprendre les questions précédentes pour le système (S_2).

8 Claire et Naïma pratiquent le tennis. ●○○ 15 min
Durant le trimestre Claire a pris 30 heures de cours et effectué 4 stages.
Sur la même période, Naïma a pris 25 heures de cours et effectué 6 stages.
Claire a dépensé 500 euros et Naïma 510 euros.
Quel est le prix d'une heure de cours et le prix d'un stage ?

9 Un distributeur de billets a distribué durant une journée 149 billets de 10 et de 20 euros pour une somme totale de 2 400 euros. ●○○ 15 min
Combien a-t-il distribué de billets de chaque sorte ?

10 On veut démontrer la propriété **4.B**. ●○○ 30 min

On considère le système suivant :

$\begin{cases} ax+by=c \\ a'x+b'y=c' \end{cases}$ où a, b, c, a', b' et c' sont fixés avec $(a\,;\,b)\neq(0\,;\,0)$ et $(a'\,;\,b')\neq(0\,;\,0)$.

On veut montrer que ce système a une unique solution si, et seulement si, $ab'-a'b\neq 0$.

Soit d_1 et d_2 les droites d'équations respectives $ax+by=c$ et $a'x+b'y=c'$.

1. Premier cas : supposons que la droite d_1 est parallèle à l'axe des ordonnées.

a. Montrer que dans ce cas, $b=0$ et $a\neq 0$.

b. Montrer que si d_1 et d_2 sont parallèles, alors $ab'-a'b=0$.

c. Montrer que si $ab'-a'b=0$, alors d_1 et d_2 sont parallèles.

d. En déduire que d_1 et d_2 sont sécantes si, et seulement si, $ab'-a'b\neq 0$.
On admettra que l'on peut démontrer le même résultat lorsque l'on suppose que la droite d_2 est parallèle à l'axe des ordonnées.

2. Deuxième cas : supposons que ni d_1 ni d_2 ne sont parallèles à l'axe des ordonnées.
On admet que dans ce cas-là $b\neq 0$ et $b'\neq 0$.

a. Écrire l'équation réduite de chacune des droites d_1 et d_2.

b. Montrer que d_1 et d_2 sont parallèles si, et seulement si, $ab'-a'b=0$.

c. Que peut-on conclure dans ce cas ?

3. Conclure la démonstration.

Problèmes

11 Dans un repère orthonormal d'unité 0,5 cm, placer les points suivants : A(–5 ; 2), B(7 ; 13), C(1 ; –3) et D(12 ; 7). ●●○ 20 min

On veut répondre à la question suivante : les droites (AB) et (CD) sont-elles parallèles ?
Répondre à cette question de deux manières :

1. En utilisant les équations de droites.

2. En utilisant les propriétés sur les vecteurs.

12 Dans un repère orthonormal d'unité 0,5 cm, placer les points suivants : A(2 ; 1), B(7 ; 11), C(12 ; 6) et tracer le triangle ABC. ●●○ 30 min

1. Calculer les coordonnées du milieu A' de [BC], puis déterminer l'équation réduite de la médiane (AA') de ABC.

2. Déterminer de même l'équation réduite de la médiane (BB') de ABC.

3. Déterminer les coordonnées du point d'intersection G de (AA') et (BB').

4. Déterminer les équations réduites respectives de (CG) et de (AB).

5. a. Déterminer les coordonnées du point d'intersection D de (CG) et (AB).

b. Que peut-on dire de la droite (CG) dans le triangle (ABC) ? Justifier.

13 Dans un repère orthonormal d'unité 0,5 cm, placer les points suivants : A(5 ; 2), B(–3 ; 4), C(1 ; 7). ●●○ 30 min

1. Déterminer les équations réduites respectives des droites (AB) et (BC).

2. Soit D le symétrique de A par rapport à C.
Déterminer l'équation réduite de la droite Δ passant par D et parallèle à (AB).

3. Déterminer les coordonnées du point d'intersection E de (BC) et Δ.

4. a. Montrer que (BD) et (AE) sont parallèles.

b. En déduire la nature du quadrilatère ABDE.

c. Le quadrilatère ABCD est-il un rectangle ? Un losange ?

Corrigés de *TESTEZ VOS CONNAISSANCES*

1. Réponse **a.** et **b.** On reconnaît deux fonctions de la forme $x \mapsto ax + b$.

RAPPEL

Une fonction affine est définie sur $\mathbb{R}$ par $f(x) = ax + b$, où a et b sont deux réels fixés.

Dans le cas **a.**, $x \mapsto 3x + 0$, donc $a = 3$ et $b = 0$.

Dans le cas **b.**, $\dfrac{2+x}{3} = \dfrac{2}{3} + \dfrac{x}{3} = \dfrac{2}{3} + \dfrac{1}{3}x$.

Donc la fonction est : $x \mapsto \dfrac{1}{3}x + \dfrac{2}{3}$ et $a = \dfrac{1}{3}$ et $b = \dfrac{2}{3}$.

La fonction $x \mapsto \dfrac{2}{x} + 3$ n'est pas affine. En effet, cette fonction n'est pas définie en 0, alors que les fonctions affines sont définies sur $\mathbb{R}$.

2. Réponse **a.** (voir le paragraphe 1.C).

3. Réponse **b.** (voir le paragraphe 1.C).

4. Réponse **c.** La droite d d'équation $x = 2$ est parallèle à l'axe (Oy) des ordonnées. Le coefficient directeur n'existe pas (voir le paragraphe 1).

5. Réponse **c.** Si on remplace x et y par les coordonnées du point A dans chacune des équations, il n'y a que dans le cas de d_3 que l'on obtient une égalité vraie : $-2 + 7 = 5$.

6. Réponse **b.** Si on remplace x par $-\dfrac{1}{2}$ dans l'équation de droite, on obtient :

$y = -\dfrac{1}{2} \times \left(-\dfrac{1}{2}\right) + 3 = \dfrac{1}{4} + 3 = \dfrac{13}{4}$. Donc $B\left(-\dfrac{1}{2}\,;\,\dfrac{13}{4}\right)$ appartient à cette droite.

À RETENIR

Si $x_A \neq x_B$, alors le coefficient directeur de la droite (AB) est égal à $\dfrac{y_B - y_A}{x_B - x_A}$.

7. Réponse **a.** (voir le paragraphe 2.A.).

Le coefficient directeur est :

$$m = \frac{y_B - y_A}{x_B - x_A} = \frac{-4-6}{3-8} = \frac{-10}{-5} = 2.$$

À RETENIR

Les droites $d : y = mx + p$ et $\Delta : y = m'x + p'$ sont parallèles si, et seulement si, $m = m'$.

8. Réponse **c.** (voir le paragraphe 3). La droite Δ a le même coefficient directeur que la droite d, c'est-à-dire $-0{,}75$, soit $-\dfrac{3}{4}$. Donc le cas **b.** ne convient pas.

Si on remplace x et y par les coordonnées du point A dans l'équation **a.**, l'égalité est fausse et elle est vraie dans le cas **c.**

À RETENIR

Le système $\begin{cases} ax + by = c \\ a'x + b'y = c \end{cases}$ admet un unique couple solution $(x ; y)$ si, et seulement si, $ab' - a'b \neq 0$.

9. Réponse **a.** $ab' - a'b = 2 \times 3 - (-2) \times 3 = 12 \neq 0$, donc, d'après le paragraphe 4.B, le système admet une unique solution.

On peut vérifier que le couple (–1 ; 1) est solution en remplaçant x par –1 et y par 1 dans chacune des deux équations du système.

ATTENTION
Une solution est un couple de nombres.

10. Réponse **b.** (voir le paragraphe 4.B). $ab' - a'b = 2 \times 1{,}5 - 1 \times 3 = 0$. Donc il n'y a pas une unique solution. Cela signifie que les deux droites sont confondues ou strictement parallèles.

Écrivons l'équation réduite de chaque droite :

$$\begin{cases} 2x + y = 1 \\ 3x + 1{,}5y = 1{,}5 \end{cases} \Leftrightarrow \begin{cases} y = -2x + 1 \\ 1{,}5y = -3x + 1{,}5 \end{cases} \Leftrightarrow \begin{cases} y = -2x + 1 \\ y = \dfrac{-3}{1{,}5}x + \dfrac{1{,}5}{1{,}5} \end{cases} \Leftrightarrow \begin{cases} y = -2x + 1 \\ y = -2x + 1 \end{cases}$$

Donc, il y a une unique droite. Les coordonnées de chaque point de cette droite sont solutions. On dit qu'il y a une droite-solution.

Corrigés de *ENTRAÎNEZ-VOUS*

Utiliser des équations de droites

1 L'équation de d_1 est $y = -\frac{1}{4}x + 2$ et celle de d_2 est $y = 3x + 15$.

Remplaçons x par les abscisses respectives de chacun des points de l'énoncé.

Si $x = 2$, alors $y = -\frac{1}{4} \times 2 + 2 = \frac{3}{2}$, donc A(2 ; 0) n'appartient pas à d_1.

Si $x = -12$, alors $y = -\frac{1}{4} \times (-12) + 2 = 5$, donc B(–12 ; 5) appartient à d_1.

Si $x = -4$, alors $y = -\frac{1}{4} \times (-4) + 2 = 3$, donc C(–4 ; 3) appartient à d_1.

Si $x = -6$, alors $y = -\frac{1}{4} \times (-6) + 2 = \frac{7}{2}$, donc D(–6 ; –3) n'appartient pas à d_1.

Si $x = 8$, alors $y = -\frac{1}{4} \times 8 + 2 = 0$, donc E(8 ; 0) appartient à d_1.

Si $x = 0$, alors $y = -\frac{1}{4} \times 0 + 2 = 2$, donc F(0 ; 15) n'appartient pas à d_1.

On montre de même que A, B et E n'appartiennent pas à d_2, alors que C, D et F appartiennent à d_2.

On peut représenter ces résultats sur un graphique.

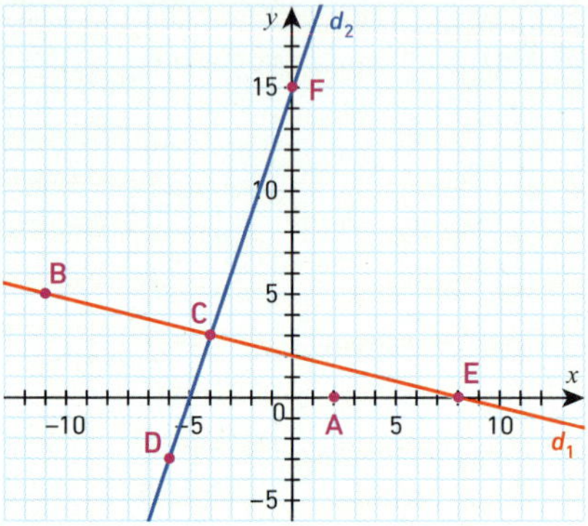

2 La droite d_1 est parallèle à l'axe (Ox) (voir le paragraphe 1.C).

Pour tracer d_2 et d_3, on utilise la « méthode des escaliers » décrite dans la méthode 1.

On obtient les tracés suivants.

ASTUCE

Pour obtenir un tracé précis, il faut que les points utilisés pour représenter la droite soient le plus éloignés possible.

REMARQUE

L'ordonnée à l'origine de d_3 est égale à 0. Donc d_3 passe par l'origine.

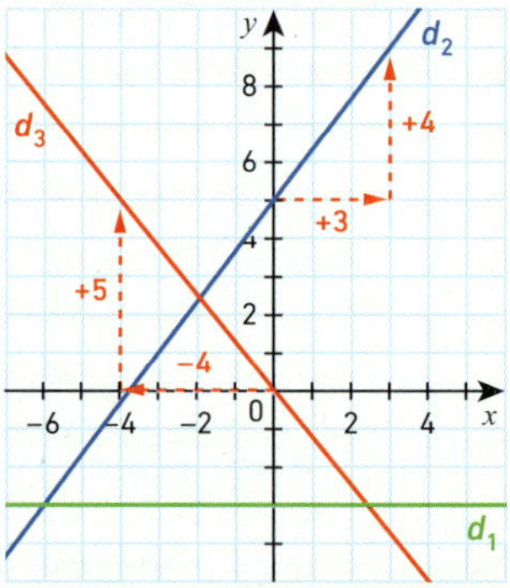

3 **a.** Pour tracer d_1, on peut construire un tableau de valeurs à l'aide d'une calculatrice.

En entrant l'équation correspondante dans le menu « Y= » et en demandant « Table », on obtient les résultats suivants (modèle utilisé : TI-82) :

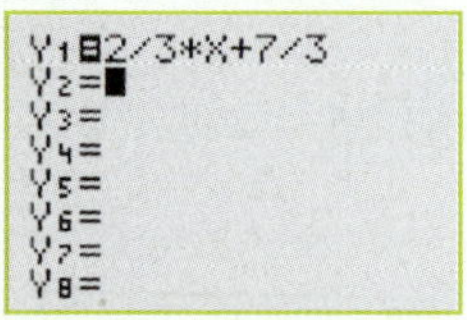

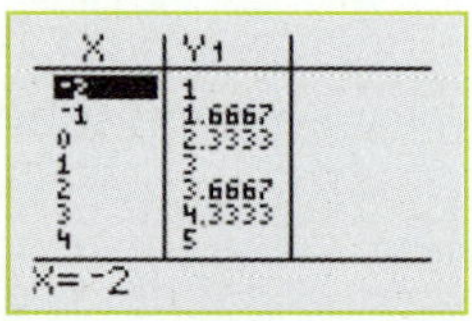

On remarque que certains points ont des coordonnées entières. Ils seront plus faciles à placer sur un graphique. On peut ainsi choisir par exemple (–2 ; 1) et (4 ; 5).

Cependant, on peut remarquer que d'autres points plus éloignés peuvent éventuellement convenir. Pour les trouver, on modifie le réglage du tableau dans le menu « Tblset ». On remarque que les points de coordonnées entières sont espacés de 3 en 3. On modifie donc le tableau ainsi :

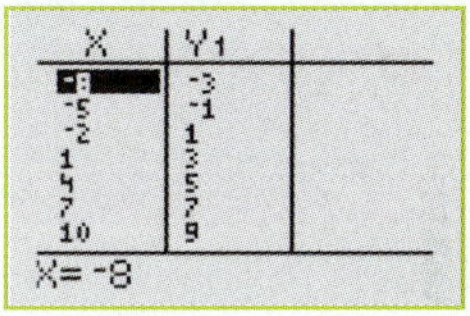

On peut ainsi placer les points A(–8 ; –3) et B(7 ; 7).

Les autres points permettent de vérifier que l'on n'a pas fait d'erreur de construction.

b. De la même manière, on obtient le tableau suivant, en remarquant que les points de coordonnées entières sont espacés de 7 :

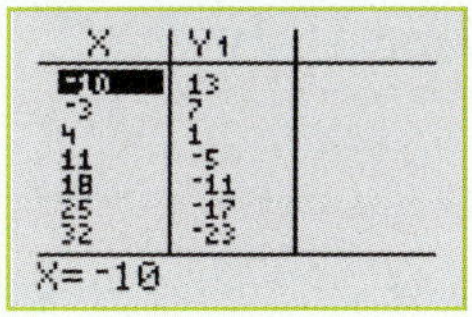

On peut ainsi placer les points C(–3 ; 7) et D(11 ; –5).

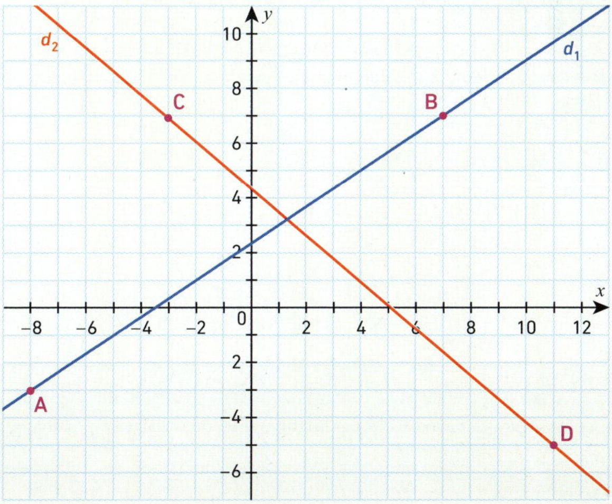

Déterminer des équations de droites

4 Commençons par placer les points dans un repère et tracer les droites.

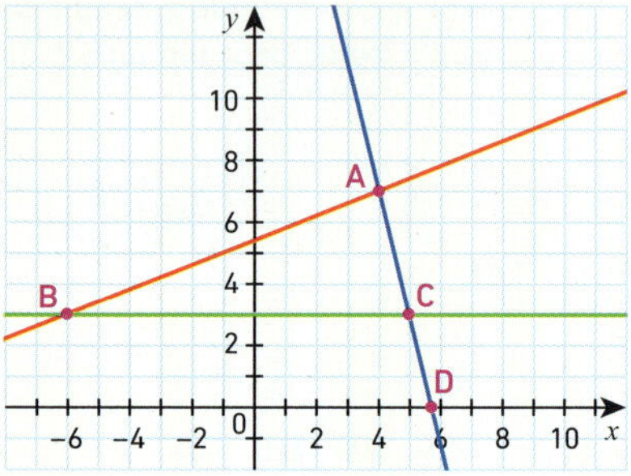

> **ASTUCE**
> *Si le point $A(x_A\,;y_A)$ appartient à la droite d'équation $y = mx + p$, alors $p = y_A - mx_A$.*
> *On retiendra ce résultat qui permet de trouver facilement le nombre p.*

a. Les points A et B n'ont pas la même abscisse, donc l'équation de (AB) est de la forme $y = mx + p$.

Calculons m : $m = \dfrac{y_B - y_A}{x_B - x_A} = \dfrac{3-7}{-6-4} = \dfrac{-4}{-10} = \dfrac{2}{5}$.

De plus, le point A(4 ; 7) appartient à (AB), donc $y_A = mx_A + p$, donc $y_A - mx_A = p$, donc $p = y_A - mx_A$.

Donc $p = 7 - \dfrac{2}{5} \times 4 = 7 - \dfrac{8}{5} = \dfrac{27}{5}$. Donc (AB) : $y = \dfrac{2}{5}x + \dfrac{27}{5}$.

> **ASTUCE**
> *Une droite est parallèle à l'axe des abscisses si, et seulement si, elle admet une équation de la forme $y = p$.*

b. De la même manière, $m = \dfrac{y_C - y_B}{x_C - x_B} = \dfrac{3-3}{5-(-6)} = 0$.

Le coefficient directeur de (BC) est égal à 0.

La droite (BC) est parallèle à l'axe des abscisses. L'ordonnée commune à B et C est 3, donc l'équation de (BC) est $y = 3$.

c. Calculons m : $m = \dfrac{y_C - y_A}{x_C - x_A} = \dfrac{3-7}{5-4} = -4$ et $p = y_A - mx_A = 7 - (-4) \times 4 = 23$.

Donc (AC) : $y = -4x + 23$.

> **ASTUCE**
> *Pour trouver l'abscisse du point d'intersection de la droite d'équation $y = mx + p$ avec l'axe des abscisses, on résout l'équation $mx + p = 0$.*

d. Pour déterminer l'abscisse du point D d'intersection de (AC) avec l'axe des abscisses, on résout :

$-4x + 23 = 0 \Leftrightarrow -4x = -23 \Leftrightarrow x = \dfrac{23}{4}$.

Donc (AC) coupe l'axe (Ox) en $D\left(\dfrac{23}{4}\,;0\right)$.

5 • Pour déterminer graphiquement une équation de droite, il faut déterminer si elle est du type $x = k$ (droite parallèle à l'axe des ordonnées) ou du type $y = mx + p$ (autres cas).

• Dans le cas où la droite n'est pas parallèle à l'axe des ordonnées, le coefficient directeur m peut se lire graphiquement à partir de deux points choisis sur la droite.
On les choisira de préférence de coordonnées entières et on calculera le quotient $m = \dfrac{\text{Écart des } y}{\text{Écart des } x}$.

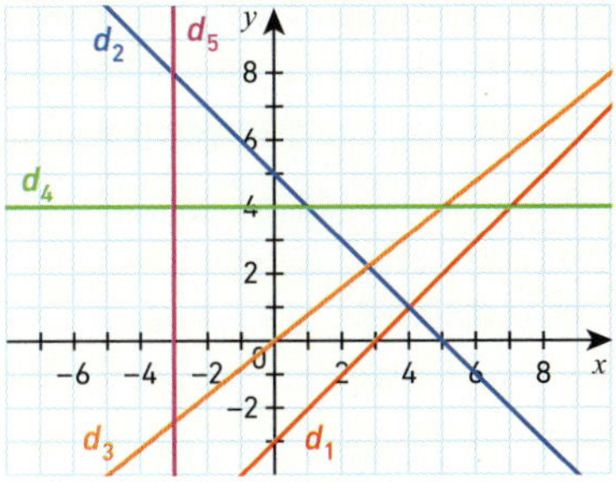

Ainsi, la droite d_1 passe par les points de coordonnées (4 ; 1) et (6 ; 3), donc $m = \dfrac{3-1}{6-4} = 1$.
L'ordonnée à l'origine p est l'ordonnée du point d'intersection de la droite avec l'axe des ordonnées. Ainsi, la droite d_1 coupe l'axe des abscisses en (0 ; −3), donc $p = -3$.
Donc d_1 : $y = x - 3$. De même d_2 : $y = -x + 5$.
d_3 : $y = \dfrac{4}{5}x$. La droite d_3 passe par l'origine, donc $p = 0$.
La droite d_4 est parallèle à l'axe des abscisses, donc $m = 0$ (voir le paragraphe 1.C).
Elle passe par les points d'ordonnée 4, donc son équation est $y = 4$.
La droite d_5 est parallèle à l'axe des ordonnées et passe par les points d'abscisse −3 donc son équation est $x = -3$.

Résoudre des systèmes linéaires

> **ASTUCE**
> *Résoudre un système linéaire est équivalent à chercher les coordonnées du ou des points d'intersection de deux droites, s'il y en a.*

6 **a.** $(S_1)\begin{cases}1{,}6x - 2{,}4y = 4\\ 4x - 6y = 10\end{cases}$

$ab' - a'b = 1{,}6 \times (-6) - (-2{,}4) \times 4 = 0$.
Donc, il y a soit une infinité de solutions, soit zéro solution.
Écrivons l'équation réduite de chacune des droites :

$$\begin{cases}1{,}6x - 2{,}4y = 4\\ 4x - 6y = 10\end{cases} \Leftrightarrow \begin{cases}-2{,}4y = -1{,}6x + 4\\ -6y = -4x + 10\end{cases} \Leftrightarrow \begin{cases}y = \dfrac{-1{,}6}{-2{,}4}x + \dfrac{4}{-2{,}4}\\ y = \dfrac{-4}{-6}x + \dfrac{10}{-6}\end{cases}$$

$$\Leftrightarrow \begin{cases}y = \dfrac{2}{3}x - \dfrac{5}{3}\\ y = \dfrac{2}{3}x - \dfrac{5}{3}\end{cases}$$

On constate que les deux équations réduites sont identiques. Donc les deux droites sont confondues. Il y a une infinité de solutions. Ce sont les coordonnées de tous les points de la droite d'équation $y=\frac{2}{3}x-\frac{5}{3}$. On dit qu'il y a une droite-solution.

On note l'ensemble des solutions ainsi : $S=\left\{(x\ ;\ y)\ /\ y=\frac{2}{3}x-\frac{5}{3}\right\}$.

À RETENIR

Le système $\begin{cases} ax+by=c \\ a'x+b'y=c' \end{cases}$ *admet un unique couple solution* $(x\ ;y)$ *si, et seulement si,* $ab'-a'b\neq 0$.

b. $(S_2)\begin{cases} 2x+3y=1 \\ 5x+6y=10 \end{cases}$

$ab'-a'b=2\times 6-3\times 5=-3\neq 0$. Donc il y a une unique solution.

Résolvons ce système par combinaison linéaire.

$\begin{cases} 2x+3y=1 \\ 5x+6y=10 \end{cases} \Leftrightarrow \begin{cases} -4x-6y=-2 \\ 5x+6y=10 \end{cases}$ en multipliant la première ligne par (–2).

$\begin{cases} -4x-6y=-2 \\ 5x+6y=10 \end{cases} \Leftrightarrow \begin{cases} x=8 \\ 5x+6y=10 \end{cases}$ en remplaçant la première ligne par la somme des lignes.

$\begin{cases} x=8 \\ 5x+6y=10 \end{cases} \Leftrightarrow \begin{cases} x=8 \\ 6y=10-5\times 8 \end{cases} \Leftrightarrow \begin{cases} x=8 \\ 6y=-30 \end{cases} \Leftrightarrow \begin{cases} x=8 \\ y=-5 \end{cases}$

Donc $S=\{(8\ ;-5)\}$.

Il y a une seule solution. On dit qu'il y a un unique couple-solution.

REMARQUE

Pour le système (S_1), $ab'-a'b=3\times 4-8\times(-1)=20\neq 0$.

Donc, le système admet une unique solution.

7 **1. a.** $3x+8y=64 \Leftrightarrow 8y=-3x+64 \Leftrightarrow y=-\frac{3}{8}x+8$.

$-x+4y=12 \Leftrightarrow 4y=x+12 \Leftrightarrow y=\frac{1}{4}x+3$.

b. Les coefficients directeurs des droites d_1 et d_2 sont différents, donc elles sont sécantes.

c. Voir le graphique ci-dessous.

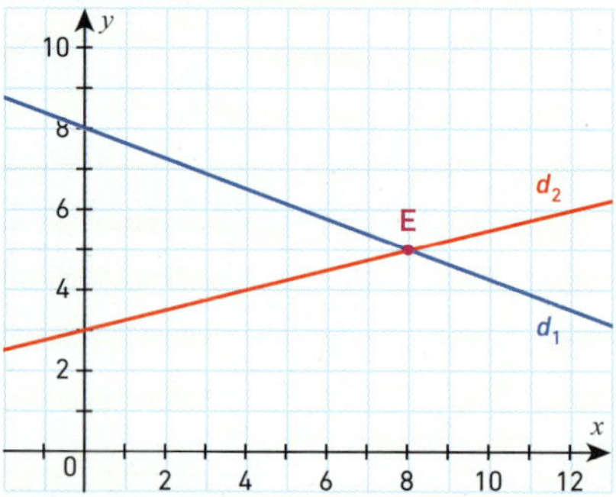

d. Graphiquement, le couple de coordonnées du point d'intersection des deux droites est (8 ; 5).

Donc, la solution graphique du système (S_1) est (8 ; 5). On note : $S = \{(8\,;5)\}$.

2. a. $\begin{cases}-0{,}6x+y=3\\3x-5y=-20\end{cases} \Leftrightarrow \begin{cases}y=0{,}6x+3\\-5y=-3x-20\end{cases} \Leftrightarrow \begin{cases}y=0{,}6x+3\\y=\dfrac{-3}{-5}x-\dfrac{20}{-5}\end{cases} \Leftrightarrow \begin{cases}y=0{,}6x+3\\y=0{,}6x+4\end{cases}$

b. Les coefficients directeurs des droites d_1 et d_2 sont égaux, donc elles sont parallèles. Les ordonnées à l'origine sont différentes, donc elles sont strictement parallèles.

c. Voir le graphique ci-dessous.

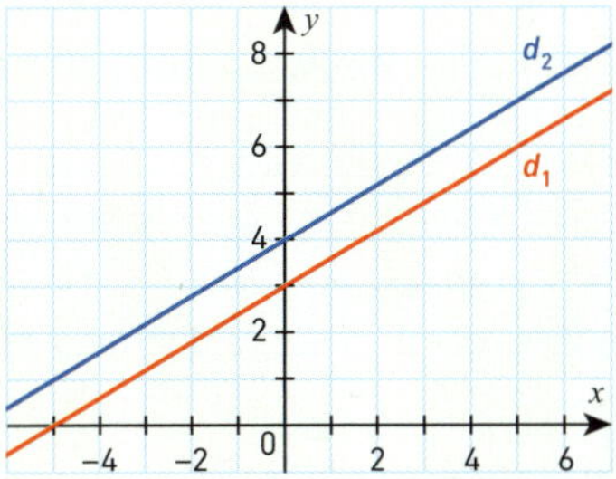

> **REMARQUE**
> *Pour le système (S_2),*
> *$ab'-a'b=$*
> *$-0{,}6\times(-5)-1\times3=0$.*
> *Donc, le système admet une infinité de solutions ou aucune. Pour déterminer dans quel cas on se trouve, on doit écrire l'équation réduite de chacune des droites.*

d. Les deux droites n'ont aucun point commun, donc le système n'a aucune solution.

On note : $S = \varnothing$.

8 Appelons x le prix, en euros, d'une heure de cours et y le prix, en euros, d'un stage.

> **ASTUCE**
> *Il faut définir avec soin les inconnues utilisées dans le système.*

Dans le cas de Claire : $30x+4y=500$.

Dans le cas de Naïma : $25x+6y=510$.

On doit donc résoudre le système : $\begin{cases}30x+4y=500\\25x+6y=510\end{cases}$

$ab'-a'b = 30\times6-4\times25 = 80 \neq 0$. Donc le système admet une unique solution.

Résolvons ce système par combinaison linéaire :

$\begin{cases}30x+4y=500\\25x+6y=510\end{cases} \Leftrightarrow \begin{cases}90x+12y=1500\\-50x-12y=-1\,020\end{cases}$

> **ASTUCE**
> *On a multiplié la première ligne par 3 et la deuxième par (−2) afin de pouvoir éliminer y en additionnant les deux lignes.*

En additionnant les deux lignes : $40x = 480 \Leftrightarrow x = 12$.

En reportant la valeur de x dans la première équation :

$$30\times12+4y=500 \Leftrightarrow 4y=140 \Leftrightarrow y=35.$$

Donc $S = \{(12\,;35)\}$.

Donc une heure de cours coûte 12 euros et un stage coûte 35 euros.

9 Appelons x le nombre de billets de 10 euros et y le nombre de billets de 20 euros.
Le nombre total de billets nous donne l'équation $x + y = 149$.
La somme totale nous donne l'équation $10x + 20y = 2\,400$.

On doit donc résoudre le système : $\begin{cases} x + y = 149 \\ 10x + 20y = 2\,400 \end{cases}$

ASTUCE

Lorsqu'une inconnue s'exprime très simplement en fonction de l'autre, comme ici, la méthode par substitution permet d'arriver rapidement au résultat.

$ab' - a'b = 1 \times 20 - 1 \times 10 = 10 \neq 0$. Donc le système admet une unique solution.

Résolvons ce système par substitution :

$$\begin{cases} x + y = 149 \\ 10x + 20y = 2\,400 \end{cases} \Leftrightarrow \begin{cases} y = 149 - x \\ 10x + 20y = 2\,400 \end{cases}$$

Reportons l'expression de y en fonction de x dans la deuxième équation :
$10x + 20(149 - x) = 2\,400 \Leftrightarrow 10x + 2\,980 - 20x = 2\,400 \Leftrightarrow -10x = -580 \Leftrightarrow x = 58$.
En reportant la valeur de x dans la première équation : $y = 149 - 58 = 91$.
Donc $S = \{(58\,;\,91)\}$. Donc le distributeur de billets a distribué 58 billets de 10 euros et 91 billets de 20 euros.

10 **1. a.** L'équation de d_1 est de la forme $ax + by = c$.

REMARQUE

On a réalisé une démonstration par l'absurde.

Pour montrer que $b = 0$, on suppose au contraire que $b \neq 0$ afin d'arriver à une contradiction.

Supposons $b \neq 0$.

Dans ce cas $ax + by = c \Leftrightarrow by = -ax + c \Leftrightarrow y = -\dfrac{a}{b}x + \dfrac{c}{b}$.

Donc dans ce cas, la droite d_1 admettrait une équation de la forme $y = mx + p$ avec $m = -\dfrac{a}{b}$ et $p = \dfrac{c}{b}$.

Donc d_1 ne serait pas parallèle à l'axe des ordonnées.

Donc, nécessairement $b = 0$.

Puisque $(a\,;\,b) \neq (0\,;\,0)$, on en déduit que $a \neq 0$.

b. Si d_1 et d_2 sont parallèles, alors d_2 est parallèle à l'axe des ordonnées, donc on montre de la même manière que $b' = 0$ et $a' \neq 0$.

REMARQUE

Dans le b., on a démontré que si d_1 et d_2 sont parallèles, alors $ab' - a'b = 0$ et dans le c., on a démontré la réciproque : si $ab' - a'b = 0$, alors d_1 et d_2 sont parallèles.

On a donc démontré une équivalence.

On peut donc écrire d_1 et d_2 sont parallèles si, et seulement si, $ab' - a'b = 0$.

Donc $ab' - a'b = a \times 0 - a' \times 0 = 0$.

Donc si d_1 et d_2 sont parallèles, alors $ab' - a'b = 0$.

c. Si $ab' - a'b = 0$, alors $ab' = 0$, car $b = 0$.

Or $a \neq 0$, donc $b' = \dfrac{0}{a} = 0$.

Donc l'équation de d_2 est $a'x = c' \Leftrightarrow x = \dfrac{c'}{a'}$ car $a' \neq 0$.

Donc d_2 est parallèle à l'axe des ordonnées, donc parallèle à d_1.

Donc si $ab' - a'b = 0$, alors d_1 et d_2 sont parallèles.

d. On vient de démontrer que d_1 et d_2 sont parallèles si, et seulement si, $ab' - a'b = 0$.
Donc d_1 et d_2 sont sécantes si, et seulement si, $ab' - a'b \neq 0$.

2. a. $ax + by = c \Leftrightarrow by = -ax + c \Leftrightarrow y = -\frac{a}{b}x + \frac{c}{b}$ car $b \neq 0$.

Donc l'équation réduite de d_1 est $y = -\frac{a}{b}x + \frac{c}{b}$.

De même, l'équation réduite de d_2 est $y = -\frac{a'}{b'}x + \frac{c'}{b'}$.

b. Les droites d_1 et d_2 sont parallèles si, et seulement si, leurs coefficients directeurs sont égaux.
Donc d_1 et d_2 sont parallèles si, et seulement si, $-\frac{a}{b} = -\frac{a'}{b'}$.
Or $-\frac{a}{b} = -\frac{a'}{b'} \Leftrightarrow -ab' = -a'b \Leftrightarrow 0 = ab' - a'b \Leftrightarrow ab' - a'b = 0$.
Donc d_1 et d_2 sont parallèles si, et seulement si, $ab' - a'b = 0$.

À RETENIR

Les droites $d: y = mx + p$ et $\Delta: y = m'x + p'$ sont parallèles si, et seulement si, $m = m'$.

c. Donc d_1 et d_2 sont sécantes si, et seulement si, $ab' - a'b \neq 0$.

3. Dans tous les cas, les droites d_1 et d_2 sont sécantes si, et seulement si, $ab' - a'b \neq 0$.
Donc, le système $\begin{cases} ax + by = c \\ a'x + b'y = c' \end{cases}$ admet une unique solution si, et seulement si, $ab' - a'b \neq 0$.

Problèmes

11 **1.** Déterminons les coefficients directeurs respectifs des droites (AB) et (CD).
Les points A et B n'ont pas la même abscisse, donc l'équation de (AB) est de la forme $y = mx + p$. Calculons m :

$$m = \frac{y_B - y_A}{x_B - x_A} = \frac{13-2}{7-(-5)} = \frac{11}{12}.$$

De même, le coefficient directeur de (CD) est :

$$m' = \frac{y_D - y_C}{x_D - x_C} = \frac{7-(-3)}{12-1} = \frac{10}{11}.$$

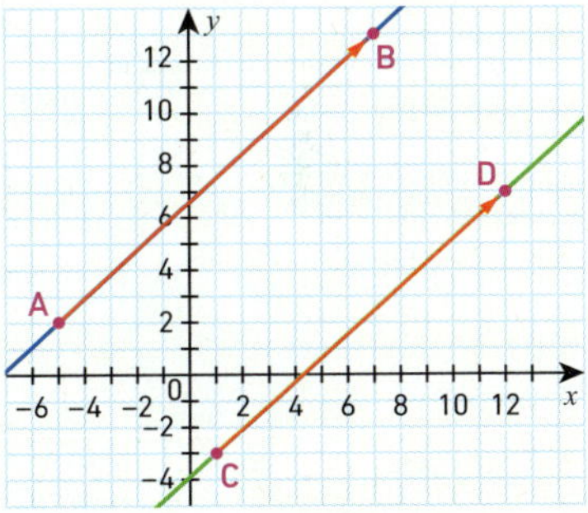

(AB) et (CD) n'ont pas le même coefficient directeur, donc (AB) et (CD) ne sont pas parallèles.

2. Déterminons les coordonnées des vecteurs $\overrightarrow{AB}$ et $\overrightarrow{CD}$.
$\overrightarrow{AB}$ a pour coordonnées $\begin{pmatrix} x_B - x_A \\ y_B - y_A \end{pmatrix}$, donc $\begin{pmatrix} 7-(-5) \\ 13-2 \end{pmatrix}$, donc $\overrightarrow{AB}\begin{pmatrix} 12 \\ 11 \end{pmatrix}$. De même $\overrightarrow{CD}\begin{pmatrix} 11 \\ 10 \end{pmatrix}$.

RAPPEL

Deux vecteurs $\vec{u}\begin{pmatrix} x \\ y \end{pmatrix}$ et $\vec{v}\begin{pmatrix} x' \\ y' \end{pmatrix}$ sont colinéaires si, et seulement si, $xy' - yx' = 0$.

Or $12 \times 10 - 11 \times 11 = -1 \neq 0$.
Donc les vecteurs $\overrightarrow{AB}$ et $\overrightarrow{CD}$ ne sont pas colinéaires. Donc (AB) et (CD) ne sont pas parallèles.

12 **1.**

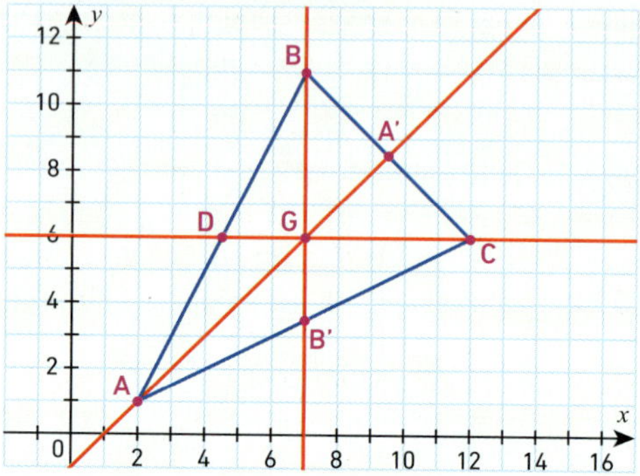

Le milieu A' de [BC] a pour coordonnées $\left(\frac{x_B + x_C}{2} ; \frac{y_B + y_C}{2}\right)$, donc $\left(\frac{19}{2} ; \frac{17}{2}\right)$.

Les points A et A' n'ont pas la même abscisse, donc l'équation de (AA') est de la forme $y = mx + p$.

Calculons m : $m = \frac{y_{A'} - y_A}{x_{A'} - x_A} = \frac{\frac{17}{2} - 1}{\frac{19}{2} - 2} = \frac{\frac{15}{2}}{\frac{15}{2}} = 1$.

De plus, $p = y_A - mx_A = 1 - 1 \times 2 = -1$. Donc (AA') : $y = x - 1$.

À RETENIR

L'équation réduite d'une droite parallèle à l'axe (Oy) est de la forme $x = k$, où k est un réel fixé.

2. De même, B' a pour coordonnées $\left(7 ; \frac{7}{2}\right)$.

B et B' ont la même abscisse égale à 7, donc (BB') a pour équation $x = 7$.

3. Pour déterminer le point d'intersection G de (AA') et (BB'), on doit résoudre le système : $\begin{cases} x = 7 \\ y = x - 1 \end{cases}$. Ce système équivaut à $\begin{cases} x = 7 \\ y = 6 \end{cases}$

Donc G(7 ; 6).

À RETENIR

L'équation réduite d'une droite parallèle à l'axe (Ox) est de la forme $y = b$, où b est un réel fixé.

4. C et G ont la même ordonnée égale à 6, donc (CG) est parallèle à l'axe des abscisses et son équation est : $y = 6$.

Les points A et B n'ont pas la même abscisse, donc l'équation de (AB) est de la forme $y = m'x + p'$.

Calculons m' :

$$m' = \frac{y_B - y_A}{x_B - x_A} = \frac{11 - 1}{7 - 2} = 2.$$

De plus, $p' = y_A - m'x_A = 1 - 2 \times 2 = -3$.

Donc (AB) : $y = 2x - 3$.

5. a. Pour déterminer les coordonnées du point d'intersection D de (CG) et (AB), on doit résoudre le système :

$$\begin{cases} y=6 \\ y=2x-3 \end{cases} \Leftrightarrow \begin{cases} y=6 \\ 6=2x-3 \end{cases} \Leftrightarrow \begin{cases} y=6 \\ 2x=9 \end{cases} \Leftrightarrow \begin{cases} y=6 \\ x=\dfrac{9}{2} \end{cases}$$

Donc $D\left(\dfrac{9}{2}\,;6\right)$.

b. On remarque que $\dfrac{x_A+x_B}{2}=\dfrac{9}{2}$ et $\dfrac{y_A+y_B}{2}=6$. Donc D est le milieu de [AB].

> **REMARQUE**
>
> *Le point G, point de concours des trois médianes, est le centre de gravité du triangle ABC.*
>
> *Il est situé aux deux tiers de chaque médiane en partant du sommet.*

Donc (CG) est la troisième médiane de ABC.
On peut aussi faire le raisonnement suivant : G est le point d'intersection des deux médianes (AA') et (BB').
G est donc le centre de gravité du triangle ABC. La droite (CG) est donc la troisième médiane du triangle.

13 **1.**

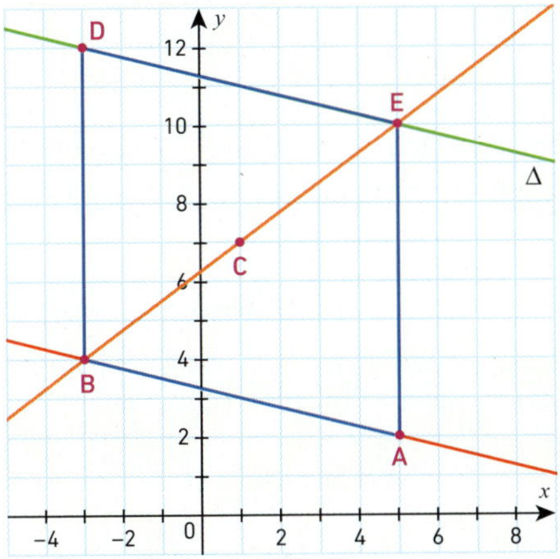

Les points A et B n'ont pas la même abscisse, donc l'équation de (AB) est de la forme $y=mx+p$.

Calculons m : $m=\dfrac{y_B-y_A}{x_B-x_A}=\dfrac{4-2}{-3-5}=-\dfrac{1}{4}$.

De plus, $p=y_A-mx_A=2-\left(-\dfrac{1}{4}\right)\times 5=\dfrac{13}{4}$. Donc (AB) : $y=-\dfrac{1}{4}x+\dfrac{13}{4}$.

De même, on trouve l'équation réduite de (BC) : $y=\dfrac{3}{4}x+\dfrac{25}{4}$.

RAPPEL

Les coordonnées du milieu de [AD] sont $\left(\frac{x_A+x_D}{2}\,;\,\frac{y_A+y_D}{2}\right)$.

2. D est le symétrique de A par rapport à C. Donc C est le milieu de [AD].

Donc $\frac{x_A+x_D}{2}=x_C$, donc $x_A+x_D=2x_C$, donc $x_D=2x_C-x_A$.

Finalement $x_D=2\times1-5=-3$.

De même, $y_D=2y_C-y_A=2\times7-2=12$. Donc D(−3 ; 12).

La droite Δ est parallèle à (AB), donc son coefficient directeur est le même que celui de (AB). D(−3 ; 12) appartient à Δ, donc l'ordonnée à l'origine de Δ est :

$$p'=y_D-mx_D=12-\left(-\frac{1}{4}\right)\times(-3)=\frac{45}{4}.$$

Donc Δ: $y=-\frac{1}{4}x+\frac{45}{4}$.

3. Pour déterminer les coordonnées du point d'intersection E de (BC) et Δ, on doit résoudre le système : $\begin{cases} y=\frac{3}{4}x+\frac{25}{4} \\ y=-\frac{1}{4}x+\frac{45}{4} \end{cases}$.

$$\frac{3}{4}x+\frac{25}{4}=-\frac{1}{4}x+\frac{45}{4} \Leftrightarrow \frac{3}{4}x+\frac{1}{4}x=\frac{45}{4}-\frac{25}{4} \Leftrightarrow x=5.$$

En reportant dans l'équation de Δ: $y=-\frac{1}{4}\times5+\frac{45}{4}=10$. Donc E(5 ; 10).

REMARQUE

- *On aurait pu utiliser les vecteurs pour démontrer ce résultat.*
  ABDE est un parallélogramme si, et seulement si, $\overrightarrow{AB}=\overrightarrow{ED}$.
- *On aurait pu aussi montrer que le point C, milieu de [AD] est aussi le milieu de [BE], donc que les diagonales de ABDE se coupent en leur milieu.*

4. a. Les points B et D ont la même abscisse égale à −3, donc (BD) : $x=-3$.

De même, (AE) : $x=5$. Donc (BD) et (AE) sont deux droites parallèles à l'axe (Oy). Donc (BD) est parallèle à (AE).

b. (BD) et (AE) sont parallèles, de même que (AB) et (DE). Donc, ABDE est un quadrilatère dont les côtés opposés sont parallèles, donc ABDE est un parallélogramme.

c. Les droites (BD) et (AE) sont parallèles à l'axe des ordonnées.

Si ABDE était un rectangle, alors les droites (AB) et (DE) seraient parallèles à l'axe des abscisses.

Or ces droites ont un coefficient directeur non nul, donc elles ne sont pas parallèles à l'axe des abscisses. Ainsi ABDE n'est pas un rectangle.

Calculons les distances AB et AE :

$AB=\sqrt{(x_B-x_A)^2+(y_B-y_A)^2}=\sqrt{(-3-5)^2+(4-2)^2}=\sqrt{64+4}=\sqrt{68}$.

$AE=\sqrt{(x_E-x_A)^2+(y_E-y_A)^2}=\sqrt{(5-5)^2+(10-2)^2}=\sqrt{64}=8$.

Ainsi AB ≠ AE, donc ABDE n'est pas un losange.

Généralités sur les fonctions

POUR DÉMARRER

- Revoir les propriétés des **puissances** : a est un réel, m et n sont des entiers positifs
  - $a^n \times a^m = a^{n+m}$ • $\dfrac{a^n}{a^m} = a^{n-m}$ ($a \neq 0$) • $(a^n)^m = a^{n \times m}$ • $(a \times b)^n = a^n \times b^n$
  - $\left(\dfrac{a}{b}\right)^n = \dfrac{a^n}{b^n}$ ($b \neq 0$) • $a^0 = 1$ ($a \neq 0$) • $a^1 = a$
- Revoir les **identités remarquables** :
  $(a+b) \times (a+b) = (a+b)^2 = a^2 + 2ab + b^2$
  $(a-b) \times (a-b) = (a-b)^2 = a^2 - 2ab + b^2$
  $(a+b) \times (a-b) = a^2 - b^2$
- Revoir les propriétés des **racines**. Si a et b sont deux nombres positifs :
  - $\sqrt{a \times b} = \sqrt{a} \times \sqrt{b}$ • $\sqrt{\dfrac{a}{b}} = \dfrac{\sqrt{a}}{\sqrt{b}}$ ($b \neq 0$) • $\sqrt{a^2} = (\sqrt{a})^2 = a$

1 Vocabulaire des ensembles

A. Ensembles de nombres

Définitions

- $\mathbb{N} = \{0 ; 1 ; 2 ; 3 ; ...\}$ est l'ensemble des **entiers naturels**.
- $\mathbb{Z} = \{... ; -3 ; -2 ; -1 ; 0 ; 1 ; 2 ; 3 ; ...\}$ est l'ensemble des **entiers relatifs**.
- $\mathbb{D}$ est l'ensemble des **nombres décimaux** : ce sont les nombres qui n'ont qu'un nombre fini de chiffres non nuls après la virgule.
- $\mathbb{Q}$ est l'ensemble des **nombres rationnels** : ce sont les nombres qui peuvent s'écrire sous la forme $\dfrac{a}{b}$, où a et b sont deux entiers relatifs et b est différent de 0.
- $\mathbb{R}$ est l'ensemble des **nombres réels**. Tous les nombres que vous connaissez sont des réels.

REMARQUE

On écrit $\mathbb{N}^*$ l'ensemble des entiers naturels différents de 0. Plus généralement, ajouter une étoile à côté d'un ensemble, c'est le priver de 0.

B. Relations entre ensembles

Définitions

• Si a est un élément d'un ensemble A, alors on dit que ***a* appartient à A** et on écrit $a \in A$.

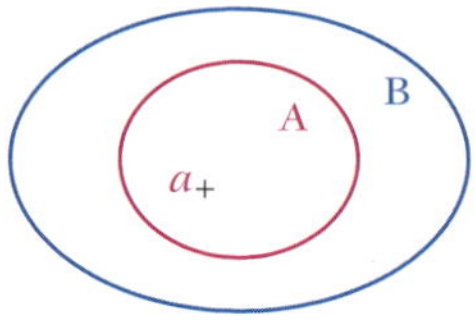

• Si tous les éléments de A appartiennent à un ensemble B, on dit que **A est inclus dans B**, que A est un sous-ensemble de B, ou encore que B contient A. On écrit $A \subset B$.

> *Exemple*
> $-3 \in \mathbb{Z}$ mais $-3 \notin \mathbb{N}$, et $\mathbb{Z} \subset \mathbb{Q}$.

C. Union et intersection

Définitions

• **L'intersection** de A et de B est l'ensemble des éléments qui appartiennent à A **et** à B.

On note cet ensemble $A \cap B$ que l'on lit : « A inter B » (fig. 1).

• **La réunion** de A et de B est l'ensemble des éléments qui appartiennent à A **ou** à B.

On note cet ensemble $A \cup B$ que l'on lit : « A union B » (fig. 2).

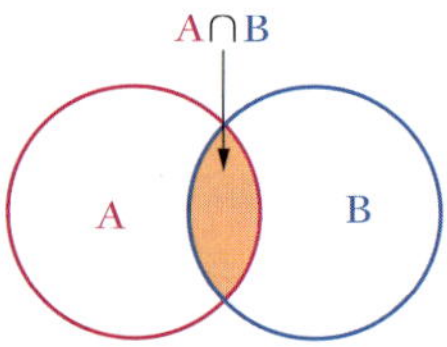

Fig. 1

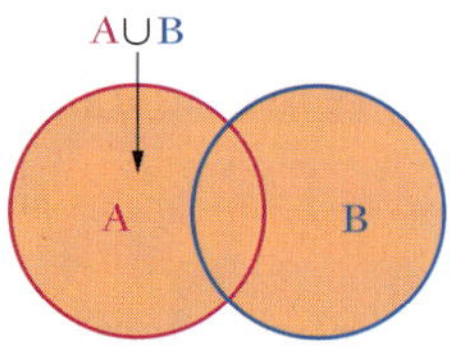

Fig. 2

ATTENTION

Le ou mathématique correspond au et/ou du langage courant.

• Si A et B n'ont aucun point en commun, alors $A \cap B$ est l'ensemble vide : $A \cap B = \emptyset$.

D. Intervalles

Définitions

• On appelle **intervalle fermé** de borne inférieure a et de borne supérieure b l'ensemble des réels compris entre a et b.
On note $x \in [a ; b]$ lorsque $a \leqslant x \leqslant b$.

• On appelle **intervalle ouvert** de borne inférieure a et de borne supérieure b l'ensemble des réels strictement compris entre a et b.

On note $x \in]a\,;\,b[$ lorsque $a < x < b$.

REMARQUE

Il est possible d'ouvrir ou de fermer chacune des bornes de façon à les exclure ou à les inclure.

• L'ensemble des réels supérieurs ou égaux à un réel a est noté $[a\,;+\infty[$.

• L'ensemble des réels inférieurs ou égaux à un réel a est noté $]-\infty\,;a]$.

2 Vocabulaire des fonctions

Définitions

• Définir une fonction f sur un ensemble de réels $\mathcal{D}$, c'est associer à chaque réel x de $\mathcal{D}$ un **unique** réel y, noté $f(x)$.

• On dit que x est une **variable** et que y est l'**image** de x par la fonction f.

• Si $f(x) = y$, alors x est un **antécédent** de y par f.

NOTATION

On écrit $f : x \longmapsto f(x)$ pour dire que f transforme x en $f(x)$.

• $\mathcal{D}$ est l'ensemble (ou domaine) de définition de f, c'est-à-dire l'ensemble des valeurs que peut prendre la variable.

3 Exemples de fonctions

On peut trouver et utiliser des fonctions dans beaucoup de domaines des mathématiques, sous des formes très diverses. En voici quelques-unes.

A. Une expression algébrique

Lorsque l'on peut écrire une formule donnant y en fonction de x, on dit que l'on a une expression algébrique de f.

> ***Exemple***
>
> Pour tout réel x positif, si y est l'aire du carré de côté x, alors $y = f(x) = x^2$.
>
> 9 est l'image de 3 par f car $f(3) = 3^2 = 9$.

B. Un tableau de valeurs

Sur la première ligne d'un tableau de valeurs on trouve différentes valeurs de la variable et sur la deuxième ligne on écrit les images de chacune de ces valeurs.

Exemple

Tous les 4 ans entre 1986 et 2010 on a noté le nombre moyen de buts en coupe du monde football :

Date	1986	1990	1994	1998	2002	2006	2010
Nombre moyen de buts	2,52	2,21	2,71	2,67	2,52	2,30	2,28

On peut associer une fonction f à ce tableau de valeurs.
2001 n'a pas d'image par f : 2001 n'appartient donc pas à l'ensemble de définition de f.
2,52 a deux antécédents par f (1986 et 2002), 2,21 n'en a qu'un (1990), et 2,35 n'en a aucun.

C. Un programme de calcul

Un programme de calcul est une suite d'opérations élémentaires à réaliser successivement.

Exemple

Choisir un réel ; lui rajouter 3 ; puis mettre au carré ; puis soustraire 4. Si on part de 2 alors on obtient 5, puis 25, puis 21.
21 est donc l'image de 2 par la fonction f associée à ce programme de calcul.
De plus, $\mathcal{D}_f = \mathbb{R}$ car tous les réels ont une image par f.

D. Un graphique

Dans un repère du plan, on place sur l'axe des abscisses les valeurs de la variable et sur l'axe des ordonnées les images de ces valeurs.

Exemple

La vitesse v (en $m \cdot s^{-1}$) d'un véhicule en fonction du temps t (en s) est donnée par la courbe ci-dessous.

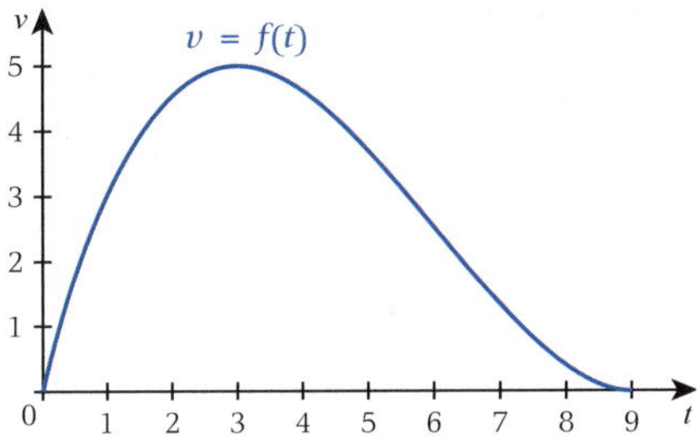

4 Lectures graphiques

A. Courbe représentative

Définition

- Dans un repère du plan, l'ensemble des points de coordonnées $(x\,;f(x))$, où $x \in \mathcal{D}_f$, est appelé la **courbe représentative** de la fonction f.
- L'équation $y = f(x)$ est appelée **l'équation cartésienne** de cette courbe.

B. Image et antécédents

La courbe $\mathcal{C}$ est la courbe représentative d'une fonction f.

- Pour **lire l'image** d'un réel a par f, on trace la parallèle à l'axe des ordonnées passant par le point d'abscisse a sur l'axe des abscisses. Cette droite coupe la courbe $\mathcal{C}$ en un point dont on détermine l'ordonnée en traçant une parallèle à l'axe des abscisses.
- Pour **chercher les éventuels antécédents** d'un réel b par f, on trace la parallèle à l'axe des abscisses passant par le point d'ordonnée b sur l'axe des ordonnées. Cette droite peut ne pas couper la courbe $\mathcal{C}$ ou la couper en un ou plusieurs points dont on détermine les abscisses en traçant des parallèles à l'axe des ordonnées.

Exemples

- l'image de **3,8** par f est environ égale à **−0,8**.
- **2,6** possède deux antécédents par f : **0,6** et **4,8**.
- **−1,8** a un unique antécédent par f : **2,7**.
- **−2,5** n'a aucun antécédent par f.

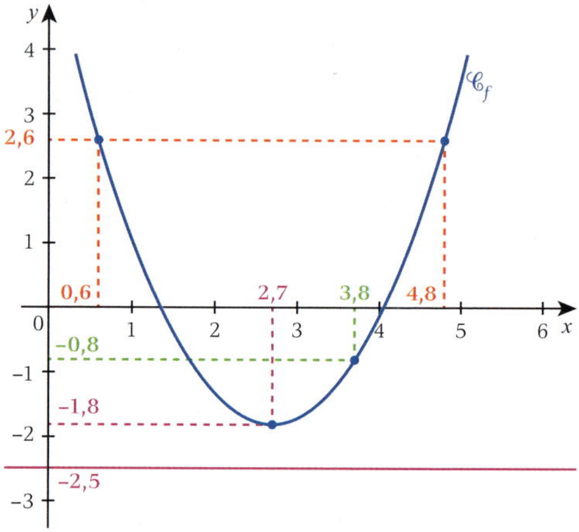

PIÈGES À ÉVITER

- Si un réel a une image par une fonction, alors cette image est unique. En revanche, un réel peut n'avoir aucun antécédent par une fonction, ou un seul, ou plusieurs, ou même une infinité.
- Dans un graphique, attention à ne pas confondre l'axe des abscisses, en général horizontal et sur lequel on lit la variable (souvent x), avec l'axe des ordonnées, en général vertical, sur lequel on lit les images (souvent $f(x)$).

1 Compléter un tableau de valeurs et tracer une courbe représentative d'une fonction

CONSEILS

- Il faut apprendre le plus rapidement possible à se servir efficacement de sa calculatrice.
- Pour se servir correctement de sa calculatrice, il faut l'utiliser le plus régulièrement possible. Les différentes manipulations ne sont pas difficiles à mémoriser, mais vous risquez de les oublier rapidement si vous ne les mettez pas en pratique.

Exercice

La fonction f est définie par : $f(x) = \dfrac{x+1}{x-2}$.

1 Compléter le tableau de valeurs suivant :

x	−2	−1	0	1	2	3	4	5
$f(x)$								

2 Pourquoi la calculatrice affiche-t-elle un message d'erreur en face du nombre 2 ?

3 Tracer la courbe représentative de f sur la calculatrice, puis sur une feuille quadrillée.

Comment répondre ?

1 Pour obtenir un tableau de valeurs sur la calculatrice il faut :
– entrer la fonction ;
– régler le tableau : choisir (au moins) la première valeur de x dans le tableau ;
– faire afficher le tableau.

POINT MÉTHODE

✓ *Il faut retenir l'enchaînement des trois étapes suivantes pour obtenir le tableau de valeurs souhaité.*

Calculatrices CASIO	Calculatrices TI

On peut entrer plusieurs fonctions si nécessaire. Celles qui sont actives (sélectionnées) sont celles dont le signe = est surligné.

MENU puis TABLE

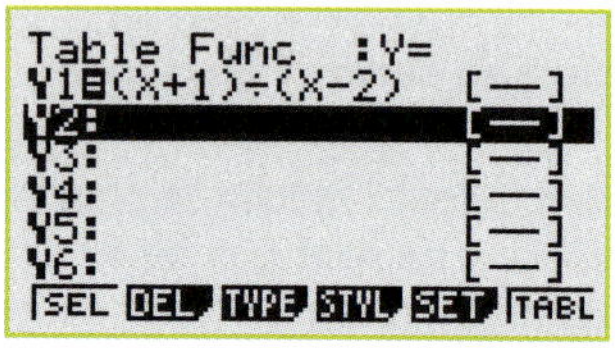

Y= ou $f(x)$

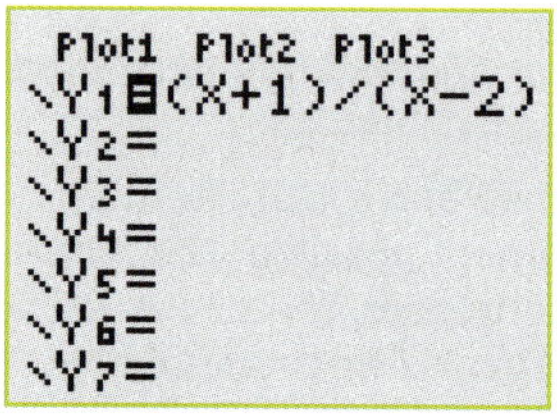

Le pas du tableau est l'écart entre deux valeurs consécutives de x. Il vaut 1 ici. Avec les CASIO il faut aussi indiquer la fin du tableau.

F5 (SET)

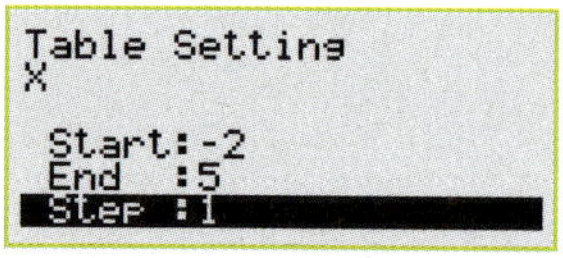

TBL SET ou déf table

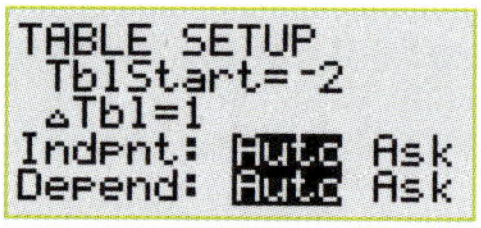

On se déplace dans le tableau à l'aide des flèches.

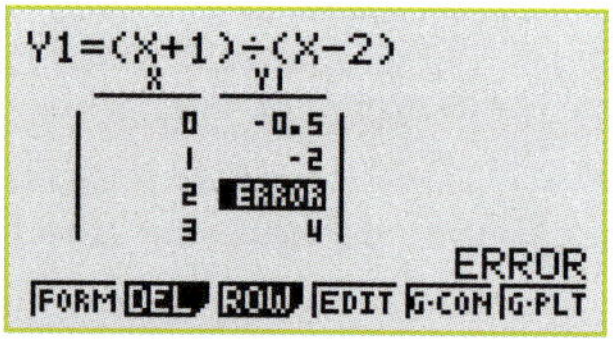

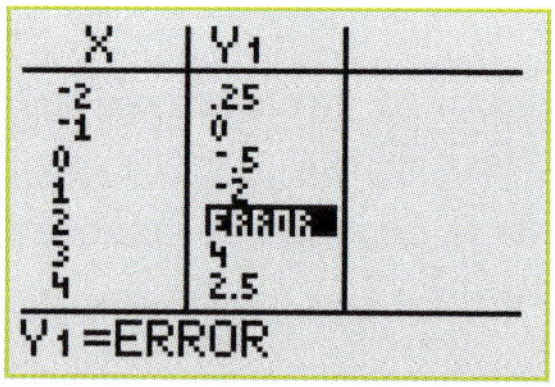

On obtient le tableau suivant :

x	−2	−1	0	1	2	3	4	5
$f(x)$	0,25	0	−0,5	−2		4	2,5	2

2 Le nombre 2 n'a pas d'image par f car $f(2)$ n'existe pas.

En effet si $x = 2$, alors $x - 2 = 0$ et la fraction $\dfrac{x+1}{x-2}$ aurait un dénominateur nul, ce qui est impossible.

Donc $2 \notin \mathcal{D}_f$. On dit que 2 est une « valeur interdite ».

3 Pour tracer la courbe représentative de *f*, on commence par choisir la fenêtre de tracé. D'après le tableau de valeurs, x varie entre –2 et 5 et $f(x)$ varie entre –2 et 4.

REMARQUE

Il vaut mieux choisir une fenêtre de tracé plus large, quitte à zoomer par la suite si on veut voir plus de détails.

<table>
<tr><th>Calculatrices CASIO</th><th>Calculatrices TI</th></tr>
<tr><td colspan="2">Les lettres scl, ou scale, ou grad, désignent les graduations sur les axes.</td></tr>
<tr><td>MENU puis GRAPH puis
SHIFT F3 (V-Window)

</td><td>WINDOW ou fenêtre
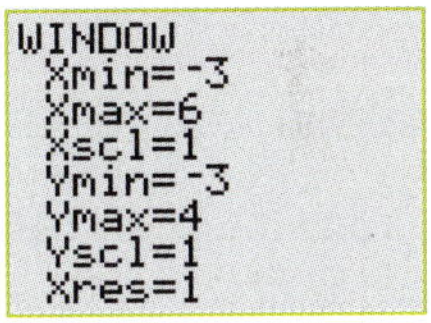
</td></tr>
<tr><td>F6 (DRAW)
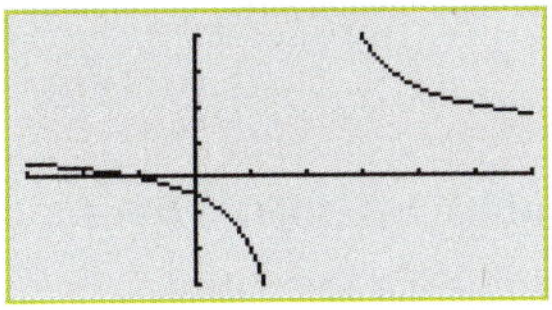</td><td>GRAPH ou graphe
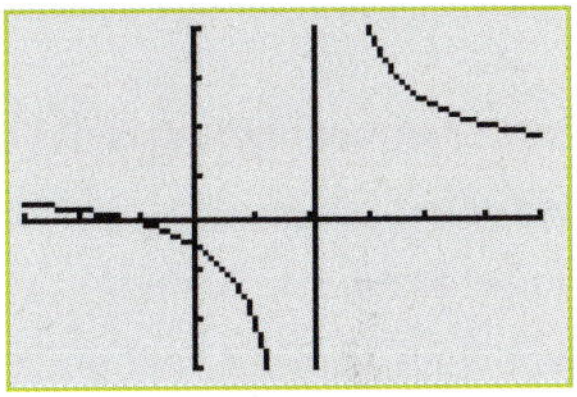</td></tr>
</table>

Une ligne verticale est parfois tracée à l'endroit de la valeur interdite.

Il ne faut surtout pas recopier cette ligne (comme sur la TI ci-dessus). Mais on peut la recopier en pointillés pour indiquer la valeur interdite.

Si vous ne voyez pas de courbe sur votre écran, revenez à l'étape précédente pour modifier la fenêtre de tracé.

Avant de recopier la courbe sur feuille, il faut se poser la question de l'échelle du graphique et ne pas hésiter à prendre toute la place nécessaire, surtout si vous devez par la suite exploiter ce graphique.

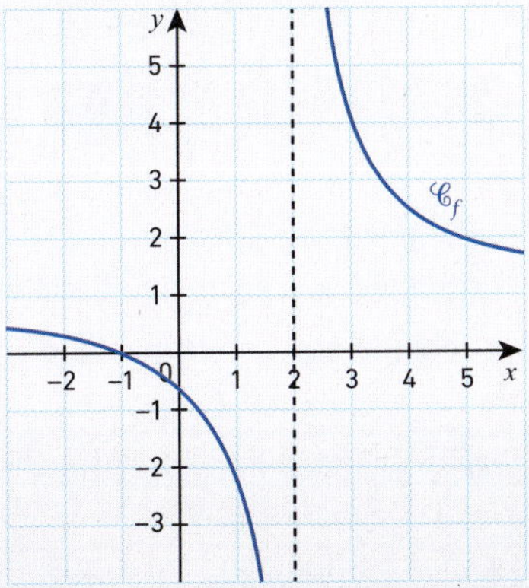

2 Utiliser une courbe représentative

CONSEIL

- Les courbes représentatives de fonctions, comme les figures en géométrie, ne prouvent rien. Néanmoins elles sont très utiles pour conjecturer la solution d'un problème, pour vérifier la validité d'une réponse obtenue par le calcul ou pour donner des pistes de recherche quand on est bloqué.

Exercice

POINT MÉTHODE

✓ *Il faut s'entraîner à tracer les repères et les courbes avec précision et rapidité. Vous serez ainsi plus efficace en temps limité.*

On considère la fonction f définie sur $\mathbb{R}\setminus\{2\} =]-\infty\ ;\ 2[\ \cup\ ]2\ ;\ +\infty[$ par :

$$f(x) = \frac{x+1}{x-2},$$

dont on a tracé la courbe représentative dans la méthode 1.

1 Déterminer graphiquement l'image de 4 par f.

2 Déterminer graphiquement les éventuels antécédents de −3 par f.

3 Le point M de coordonnées (2,8 ; 4,6) appartient-il à la courbe $\mathscr{C}_f$?

4 Existe-il un nombre réel qui n'a pas d'antécédent par f ? Vérifier ce résultat par le calcul.

Comment répondre ?

1 On part de 4 sur l'axe des abscisses, on trace la parallèle à l'axe des ordonnées passant par ce point. Cette droite coupe la courbe en un unique point dont on cherche l'ordonnée en traçant une parallèle à l'axe des abscisses (voir page suivante).

Graphiquement, on trouve que l'image de 4 par f est environ égale à 2,5.

2 On part de −3 sur l'axe des ordonnées, on trace la parallèle à l'axe des abscisses passant par ce point. Cette droite coupe la courbe en un unique point dont on cherche l'abscisse en traçant une parallèle à l'axe des ordonnées.

Graphiquement, on trouve que −3 admet un unique antécédent par f, qui est environ égal à 1,2.

3 Le point M semble appartenir à la courbe $\mathscr{C}_f$.

Pour en être certain, calculons $f(2,8)$.

Si $f(2,8) = 4,6$, alors le point M sera bien un point de cette courbe.

$$f(2,8) = \frac{2,8+1}{2,8-2} = \frac{3,8}{0,8} = 4,75.$$

Or $4,75 \neq 4,6$ et donc le point M n'appartient pas à la courbe représentative de f.

RAPPEL

Le point de coordonnées $(x\,;y)$ appartient à la courbe représentative d'une fonction f si, et seulement si, y est l'image de x par la fonction f : $y = f(x)$.

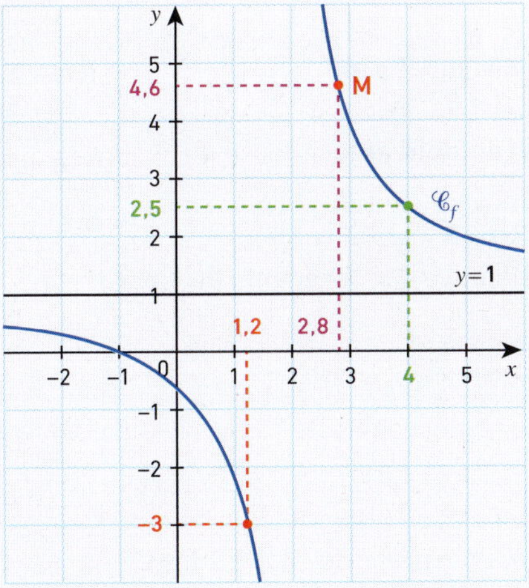

4 Graphiquement, il semble que 1 n'ait pas d'antécédent par f.

En effet, la droite d'équation $y = 1$, qui passe par le point d'ordonnée 1 sur l'axe des ordonnées et qui est parallèle à l'axe des abscisses, ne semble jamais couper la courbe représentative de f.

3 Rechercher des antécédents par le calcul

CONSEIL

- Comme nous l'avons vu, les graphiques permettent de conjecturer l'existence d'antécédents. Mais seule une résolution d'équation permet de prouver que ces antécédents existent ou pas.

Exercice

POINT MÉTHODE

✓ *Il faut travailler en parallèle les résolutions d'équations et les problèmes sur les fonctions pour savoir quand et comment utiliser les connaissances de chacun de ces chapitres.*

Soit f la fonction définie sur $\mathbb{R}$ par :

$$f(x) = x^2 + 5x - 6.$$

1 Déterminer les éventuels antécédents de -6 par f.

2 a. Montrer que : $f(x) - 8 = (x - 2)(x + 7)$.

b. En déduire l'existence d'antécédents de 8 par f.

Comment répondre ?

1 Pour rechercher les antécédents de -6 par f il faut résoudre l'équation $f(x) = -6$.

$$x^2 + 5x - 6 = -6 \Leftrightarrow x^2 + 5x - 6 + 6 = 0 \Leftrightarrow x^2 + 5x = 0 \Leftrightarrow x(x + 5) = 0.$$

Or un produit est nul si, et seulement si, l'un de ses facteurs est nul.

$$x(x + 5) = 0 \Leftrightarrow x = 0 \text{ ou } x + 5 = 0 \Leftrightarrow x = 0 \text{ ou } x = -5.$$

-6 admet donc deux antécédents par f : 0 et -5.

2 a. D'une part $f(x) - 8 = x^2 + 5x - 6 - 8 = x^2 + 5x - 14$.

D'autre part, $(x - 2)(x + 7) = x^2 + 7x - 2x - 2 \times 7 = x^2 + 5x - 14$.

On a donc bien, $f(x) - 8 = (x - 2)(x + 7)$.

b. Pour déterminer les éventuels antécédents de 8 par f, il faut résoudre l'équation $f(x) = 8$.

REMARQUE

Voir le chapitre 7 pour plus de résolutions d'équations, graphiquement et par le calcul.

$$f(x) = 8 \Leftrightarrow f(x) - 8 = 0$$

$$\Leftrightarrow (x - 2)(x + 7) = 0 \Leftrightarrow x - 2 = 0 \text{ ou } x + 7 = 0.$$

Donc $f(x) = 8 \Leftrightarrow x = 2$ ou $x = -7$.

8 admet donc deux antécédents par f : 2 et -7.

TESTEZ VOS CONNAISSANCES

CORRIGÉ p. 164

1. Lequel de ces réels est-il un rationnel ?

a. $\sqrt{3}$. **b.** $\sqrt{4}$. **c.** $\sqrt{5}$.

2. Lequel de ces rationnels est-il un nombre décimal ?

a. $\frac{1}{6}$. **b.** $\frac{1}{7}$. **c.** $\frac{1}{8}$.

3. Parmi les trois réels $\pi - \pi$, $\pi \times \pi$ et $\frac{\pi}{\pi}$, combien sont rationnels ?

a. 0. **b.** 1. **c.** 2.

4. L'ensemble $]-\infty ; 2] \cup [-1 ; 3[$ est :

a. $]-\infty ; 3[$. **b.** $[-1 ; 2]$. **c.** $[2 ; 3[$.

5. L'ensemble $]1 ; 5] \cap [-2 ; 4]$ est :

a. $\varnothing$. **b.** $]1 ; 4]$. **c.** $[-2 ; 5]$.

6. Lequel est correctement écrit ?

a. $-2 \subset \mathbb{Z}$. **b.** $\mathbb{Z} \in \mathbb{Q}$. **c.** $\mathbb{N} \subset \mathbb{R}$.

7. $\mathbb{Z} \cap \mathbb{Q}$ est :

a. $\mathbb{Z}$. **b.** $\mathbb{Q}$. **c.** $\varnothing$.

8. Avec le tableau de valeurs ci-contre, $f(x)$ peut être égal à :

a. $x + 5$. **b.** $7x - 13$.

c. $x^2 - 1$.

x	3	4	5	6
$f(x)$	8	15	24	35

9. Soit $f : x \mapsto x^2 + 3$.

L'image de -4 par la fonction f est :

a. -5. **b.** -13. **c.** 19.

10. Soit $f : x \mapsto 4x + 15$, alors :

a. 7 est l'image de -2 par f.

b. 7 a pour image -2 par f.

c. 2 est l'image de -7 par f.

11. Soit $f : x \mapsto -3x + 1$, alors :

a. 7 est un antécédent de -2 par f.

b. 2 est un antécédent de -7 par f.

c. -2 est un antécédent de 7 par f.

ENTRAÎNEZ-VOUS

CORRIGÉ p. 165

Images et antécédents

1 La fonction f est définie sur l'ensemble des entiers compris entre 0 et 10. ●○○ 10 min

Son tableau de valeurs est le suivant :

x	0	1	2	3	4	5	6	7	8	9	10
$f(x)$	4	7	3	5	6	4	1	5	6	4	1

a. Quelle est l'image de 2 ? de 5 ?

b. Quels sont le, ou les, antécédents de 7 ? de 6 ?

c. Donner un exemple de nombre réel qui n'a aucun antécédent, et un exemple de nombre réel qui a trois antécédents.

2 **1.** Soit $f(x) = \sqrt{x-3}$. ●●○ 15 min

a. Peut-on calculer les images par f des réels suivants : 7 ; 5 ; 3 ; –1 ?

b. Écrire sous forme d'intervalle l'ensemble des réels qui ont une image par f.

c. Montrer que 4 est un antécédent de 1 par f.

d. 12 est-il l'image de 3 ou un antécédent de 3 par f ?

2. Écrire sous forme d'intervalle l'ensemble des réels qui ont une image par la fonction $g : x \mapsto \sqrt{5-x}$.

3 On considère les fonctions suivantes : ●●○ 15 min

$f(x) = \dfrac{x+3}{2}$; $g(x) = (x-1)^2 - 3$; $h(x) = 3\sqrt{x+1}$; $i(x) = \dfrac{1}{x+3}$.

a. Pour chacune de ces fonctions, dresser un tableau de valeurs en faisant varier la variable entre –5 et 5 avec un pas de 1.

b. Préciser pour chacune d'entre elles son domaine de définition.

4 Soit $\mathscr{E}$ l'ensemble des entiers compris entre 2 et 11. ●●○ 15 min

Soit f la fonction définie sur $\mathscr{E}$ qui, à tout entier n de $\mathscr{E}$, associe le nombre de diviseurs de n.

Soit g la fonction définie sur $\mathscr{E}$ qui, à tout entier n de $\mathscr{E}$, associe la somme des diviseurs de n.

a. Justifier que $f(10) = 4$ et que $g(10) = 18$.

b. Dresser un tableau de valeurs complet pour chacune des fonctions f et g.

c. Quels sont les antécédents de 2 par f ?
Comment appelle-t-on ces nombres ?

d. Quels sont les antécédents de 3 par f?
Que peut-on remarquer concernant ces nombres ?

5 On a rempli la feuille de tableur de la façon suivante : ●●○ 20 min

- dans la ligne 1, on a indiqué les titres des colonnes : le nom de la variable (x), puis le nom des images de x par chacune des quatre fonctions (f, g, h et k) ;
- dans la colonne A, on a entré les nombres entiers de –5 à 5 ;
- dans la cellule B2, on a tapé la formule : **=A2^2+1**, puis on l'a recopié vers le bas (les résultats obtenus dans cette colonne ont été floutés à partir de la ligne 5) ;
- dans les cellules D2 et E2, on a tapé d'autres formules qu'on a recopié vers le bas.

	A	B	C	D	E
1	x	$f(x)$	$g(x)$	$h(x)$	$k(x)$
2	–5	26		–15	0.91
3	–4	17		–12	2.00
4	–3	10		–9	10.00
5	–2			–6	–10.00
6	–1			–3	–10.00
7	0			0	10.00
8	1			3	2.00
9	2			6	0.91
10	3			9	0.53
11	4			12	0.34
12	5			15	0.24

1. a. Quelle formule peut-on lire en B9 ?

b. Quelle est la valeur en B9 ?

c. Exprimer $f(x)$ en fonction de x.

2. Si $g(x) = 2x - 1$ pour tout réel x, quelle formule faut-il saisir dans la cellule C2 avant de la recopier vers le bas ?

3. En observant les valeurs de la colonne D, proposer une formule pour la cellule D2 et une expression de $g(x)$ en fonction de x.

4. La fonction k est définie par $k(x) = \dfrac{10}{f(x)+h(x)}$.

a. Quelle formule peut-on saisir dans la cellule E2 avant de la recopier vers le bas ?

b. Combien vaut $k(-5)$?

Courbes représentatives

6 On considère la fonction f définie sur $\mathbb{R}$ par : ●○○ 10 min

$$f(x) = \frac{2-x}{x^2+1}.$$

Les points suivants appartiennent-ils à la courbe $\mathscr{C}$ représentative de la fonction f ?

a. A(3 ; –0,1). **b.** B(–1 ; 0,5). **c.** C(–2 ; 0,8).

7 f est une fonction définie sur $\mathbb{R}$ et $\mathscr{C}$ est sa courbe représentative. ●○○ 10 min

1. Compléter les phrases suivantes à l'aide d'égalités du type $f(...) = ...$

a. Si 7 est l'image de 2 par f, alors ... .

b. Si 4 est un antécédent de –9 par f, alors ... .

c. Si le point A(–3 ; 12) appartient à $\mathscr{C}$, alors ... .

d. Si la courbe $\mathscr{C}$ coupe l'axe des abscisses aux points d'abscisses –5 et 3, alors ... .

e. Si la courbe $\mathscr{C}$ coupe l'axe des ordonnées au point d'ordonnée 15, alors ... .

2. Tracer une courbe représentative de fonction vérifiant toutes ces conditions.

8 Dans un repère, on a tracé la courbe représentative d'une fonction f définie sur [–3 ; 4]. ●●○ 20 min

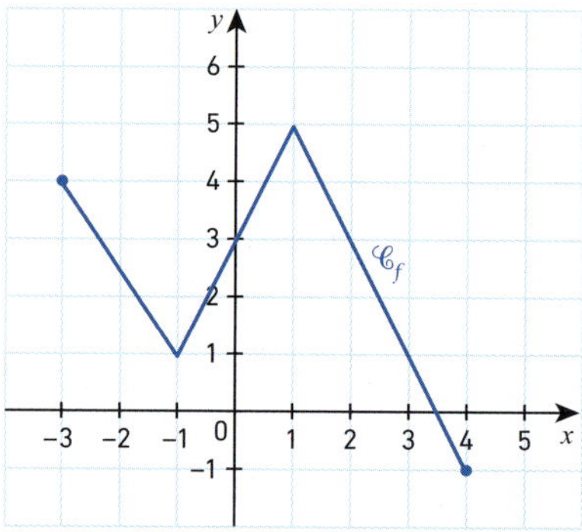

a. Déterminer graphiquement, si elles existent, les images des réels –2, 0, 3 et 5 par f.

b. Déterminer graphiquement, s'ils existent, les antécédents de –1, 0, 4 et 6 par f.

c. Donner deux exemples de réels admettant exactement 2 antécédents par f.

d. Décrire, en utilisant des intervalles, l'ensemble des réels n'admettant aucun antécédent par f.

9 On considère l'algorithme suivant mis en œuvre avec le logiciel *AlgoBox*. ●●○ 20 min

La commande « pow(x,2) » calcule le carré du nombre x et l'étoile * correspond à la multiplication.

```
VARIABLES
    x EST_DU_TYPE NOMBRE
    y EST_DU_TYPE NOMBRE
DEBUT_ALGORITHME
    LIRE x
    SI (x<0) ALORS
        DEBUT_SI
        y PREND_LA_VALEUR pow(x,2)
        FIN_SI
        SINON
            DEBUT_SINON
            y PREND_LA_VALEUR 2*x
            FIN_SINON
    AFFICHER y
FIN_ALGORITHME
```

1. Faire fonctionner cet algorithme successivement pour $x = -2$; $x = 0$; $x = 1$.

2. a. Expliquer pourquoi cet algorithme définit une fonction *f*.

b. Donner l'ensemble de définition de *f*.

c. Combien pouvez-vous trouver d'antécédents de 16 par *f* ?

d. Laquelle des courbes représentatives ci-dessous est celle de *f* ?

Courbe A

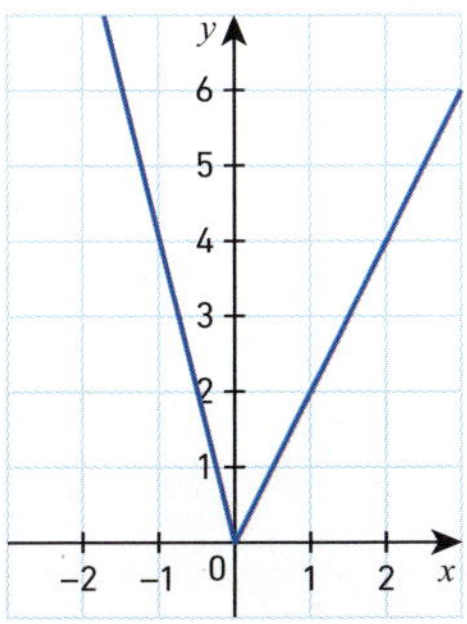

Courbe B

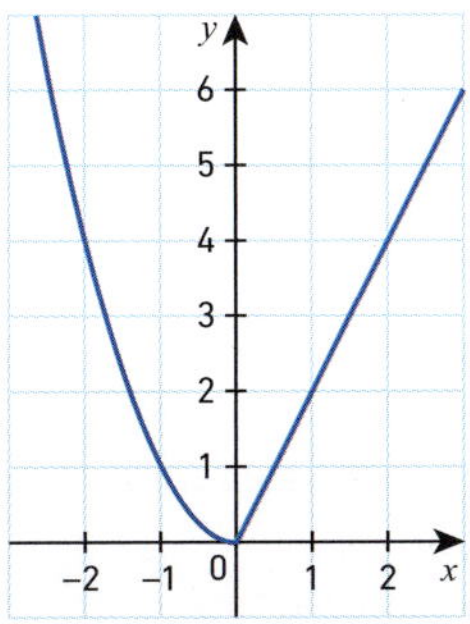

Courbe C

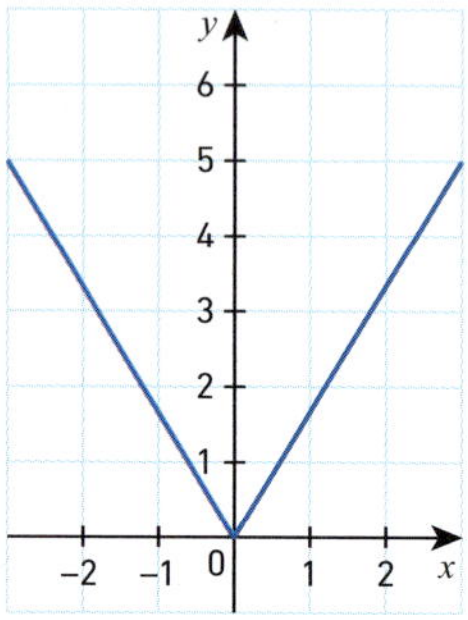

Courbe D

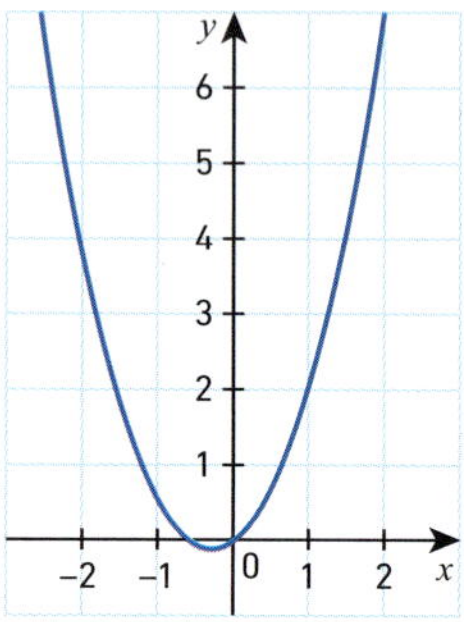

Problèmes

10 On considère la fonction f définie sur $\mathbb{R}$ par :

$$f : x \mapsto x^2 - 4x + 5,$$

dont on a tracé la courbe représentative ci-contre.

●●○ 30 min

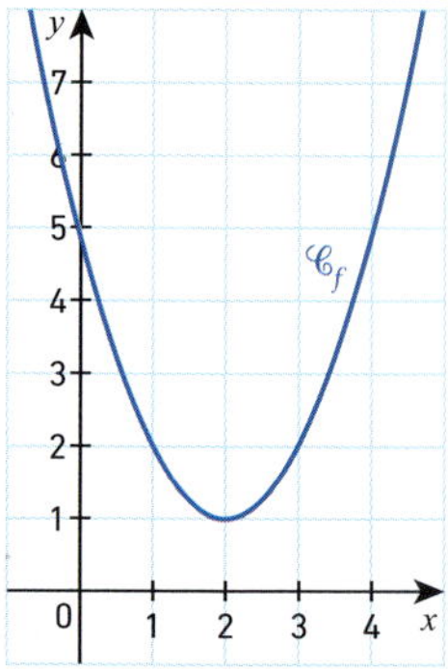

a. Calculer les images par f de $2\sqrt{2}$ et de $2+\sqrt{2}$.
Vérifier vos résultats graphiquement.

b. Déterminer graphiquement les éventuels antécédents par f de 7, ainsi que ceux de 0,5.

c. Déterminer par le calcul les éventuels antécédents par f de 5.
Vérifier vos résultats graphiquement.

11 **1.** Dans la feuille de tableur ci-contre des formules ont été entrées dans les cellules B2 à B4.

●●● 30 min

a. Quelle valeur est affichée en B4 si la valeur en B1 est égale à 2 ? à 0 ? à –3 ?

b. Quel programme de calcul peut-on associer à ces opérations ?

c. Déterminer l'expression algébrique de la fonction f associée à ce programme.

d. Déterminer les éventuels antécédents de 0 par f.

	A	B
1	x	
2		=B1^2
3		=B1-4
4	$f(x)$	B2*B3

2. Dans la feuille de tableur ci-contre des formules ont été entrées dans les cellules B2 à B4.

	A	B
1	x	
2		=B1^2
3		=B2-1
4	$g(x)$	B2*3

a. Quelle valeur est affichée en B4 si la valeur en B1 est égale à 2 ? à 0 ? à −3 ?

b. Quel programme de calcul peut-on associer à ces opérations ?

c. Déterminer l'expression algébrique de la fonction g associée à ce programme.

d. Déterminer les éventuels antécédents de 0 par g.

12 ABCD est un carré de côté 10. ●●● 30 min

Sur le côté [AB] on place un point M.
On note $x = \text{AM}$.
On place ensuite le point N sur [DA] tel que $\text{DN} = \text{AM} = x$.
On note $\mathcal{A}(x)$ l'aire du triangle MNC en fonction de x.

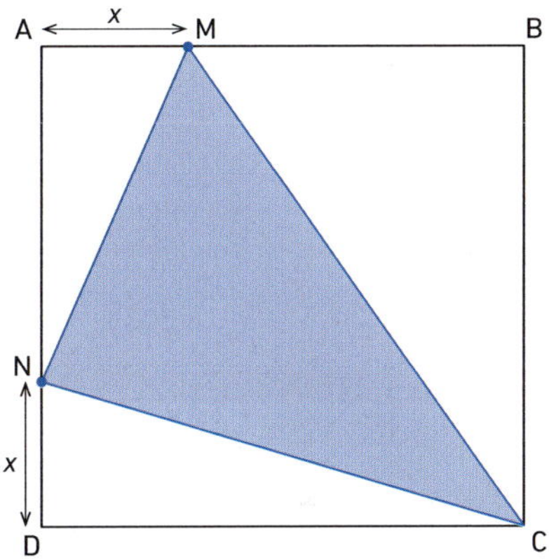

A. Expression algébrique de $\mathcal{A}$

1. Exprimer l'aire des triangles AMN, CDN et MBC en fonction de x.

2. En déduire l'expression de $\mathcal{A}(x)$ en fonction de x.

3. Pour quelles valeurs de x cette formule est-elle valable ?

B. Étude de la fonction $\mathcal{A}$

On admet que, pour tout $x \in [0 ; 10]$,

$$\mathcal{A}(x) = \frac{1}{2}x^2 - 5x + 50.$$

1. Compléter le tableau de valeurs suivant :

x	0	2	4	6	8	10
$\mathcal{A}(x)$						

2. Tracer la courbe représentative de $\mathcal{A}$ dans un repère du plan, après avoir choisi une échelle adaptée.

3. a. Déterminer graphiquement les antécédents de 40 par $\mathcal{A}$.
Interpréter géométriquement.

b. À l'aide de cette courbe, conjecturer l'aire minimale du triangle MNC.
Pour quelle valeur de x cette aire semble-elle être atteinte ?

Corrigés de *TESTEZ VOS CONNAISSANCES*

1. Réponse **b.** $\sqrt{4} = 2$: c'est un entier, donc un nombre rationnel.
$\sqrt{3}$ et $\sqrt{5}$ ne peuvent pas s'écrire sous forme de fraction d'entiers, ce sont donc des nombres irrationnels.

2. Réponse **c.** $\frac{1}{8} = 0{,}125$. Il y a un nombre fini de chiffres non nuls après la virgule, c'est donc un nombre décimal.
On peut également remarquer que : $\frac{1}{8} = \frac{1 \times 125}{8 \times 125} = \frac{125}{1\,000} = \frac{125}{10^3}$ donc ce nombre peut s'écrire sous la forme $\frac{a}{10^n}$, avec a un entier relatif et n un entier naturel, ce qui est la forme caractéristique des nombres décimaux.

3. Réponse **c.** $\pi - \pi = 0$ et $\frac{\pi}{\pi} = 1$ sont tous les deux rationnels.

4. Réponse **a.** Sur un axe gradué on colorie l'ensemble des nombres appartenant à l'intervalle $]-\infty\ ;\ 2]$ (en rouge ci-dessous) et ceux appartenant à l'intervalle $[-1\ ;\ 3[$ (en bleu ci-dessous). Tous les nombres qui appartiennent à une zone coloriée avec **au moins** une couleur appartiennent à **l'union** des deux intervalles.
Donc : $]-\infty\ ;\ 2] \cup [-1\ ;\ 3[=]-\infty\ ;\ 3[$.

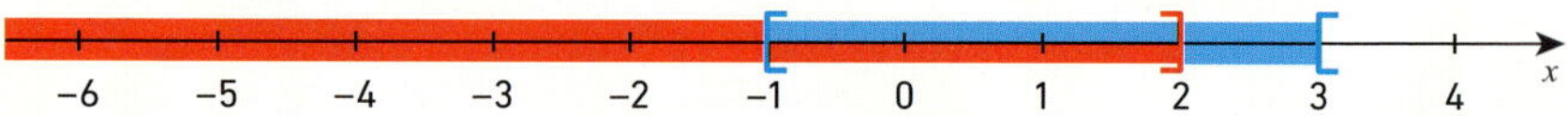

5. Réponse **b.** Sur un axe gradué on colorie l'ensemble des nombres appartenant à l'intervalle $]1\ ;\ 5]$ (en rouge ci-dessous) et ceux appartenant à l'intervalle $[-2\ ;\ 4]$ (en bleu ci-dessous). Tous les nombres qui appartiennent à une zone coloriée avec **les deux** couleurs appartiennent à **l'intersection** des deux intervalles.
Donc : $]1\ ;\ 5] \cap [-2\ ;\ 4] =]1\ ;\ 4]$.

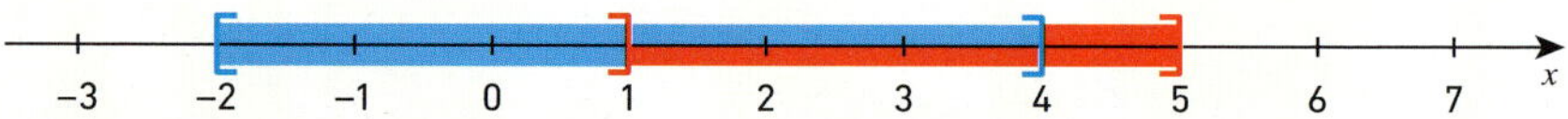

REMARQUE

Si un ensemble A est inclus dans un ensemble B, alors l'intersection des deux ensembles est le plus « petit » ensemble, c'est-à-dire A.

6. Réponse **c.** Les écritures correctes sont $-2 \in \mathbb{Z}$, $\mathbb{Z} \subset \mathbb{Q}$ et $\mathbb{N} \subset \mathbb{R}$. En effet, un nombre appartient à un ensemble, alors qu'un ensemble est inclus dans un autre ensemble.

7. Réponse **a.** $\mathbb{Z} \cap \mathbb{Q} = \mathbb{Z}$ puisque $\mathbb{Z} \subset \mathbb{Q}$.

8. Réponse **c.** $f(4) = 15$, donc $f(x) = x + 5$ est faux (on aurait $f(4) = 4 + 5 = 9$) et $f(5) = 24$ donc $f(x) = 7x - 13$ est faux (on aurait $f(5) = 7 \times 5 - 13 = 22$).
En revanche toutes les valeurs du tableau conviennent pour la fonction $x \mapsto x^2 - 1$.

9. Réponse **c.** $f(-4) = (-4)^2 + 3 = 16 + 3 = 19$.

10. Réponse **a.** $f(-2) = 4 \times (-2) + 15 = -8 + 15 = 7$, donc 7 est l'image de -2 par f.

11. Réponse **c.** $f(-2) = -3 \times (-2) + 1 = 6 + 1 = 7$, donc -2 est un antécédent de 7 par f.

> **REMARQUE**
> *Pour mettre -4 au carré, il ne faut pas oublier les parenthèses.*

Corrigés de *ENTRAÎNEZ-VOUS*

Images et antécédents

1 **a.** L'image de 2 est 3 et l'image de 5 est 4. On écrit : $f(2) = 3$ et $f(5) = 4$.

b. 7 a un unique antécédent, qui est 1. On écrit : $f(1) = 7$.

6 a deux antécédents, 4 et 8. On écrit : $f(4) = 6$ et $f(8) = 6$.

c. 2 n'a aucun antécédent car il n'existe aucun entier entre 0 et 10 tel que $f(x) = 2$.

4 a trois antécédents : 0 et 5 et 9. En effet $f(0) = 4$, $f(5) = 4$ et $f(9) = 4$.

2 **1. a.** $f(7) = \sqrt{7-3} = \sqrt{4} = 2$. Donc 2 est l'image de 7 par f.

$f(5) = \sqrt{5-3} = \sqrt{2}$. Donc $\sqrt{2}$ est l'image de 5 par f.

$f(3) = \sqrt{3-3} = \sqrt{0} = 0$. Donc 0 est l'image de 3 par f.

$-1 - 3 = -4$: c'est un nombre négatif, donc sa racine carrée n'existe pas.

-1 n'a donc pas d'image par f.

b. Un réel x a une image par f si $x - 3$ est positif. En effet, dans le cas contraire on ne peut pas calculer la racine carrée de $x - 3$.

$$x - 3 \geqslant 0 \Leftrightarrow x \geqslant 3.$$

Les réels qui ont une image par f sont donc les réels supérieurs à 3.

On écrit : $\mathcal{D}_f = [3\ ; +\infty[$.

> **REMARQUE**
> *0 est le seul nombre qui est à la fois positif et négatif. Un nombre positif est donc supérieur ou égal à 0. Si $x > 0$, alors x est strictement positif.*

c. $f(4) = \sqrt{4-3} = \sqrt{1} = 1$. Donc 4 est un antécédent de 1 par f.

d. $f(12) = \sqrt{12-3} = \sqrt{9} = 3$. Donc 12 est un antécédent de 3 par f (l'image de 3 par f est 0).

2. Un réel x a une image par la fonction $g : x \mapsto \sqrt{5-x}$ si $5 - x$ est positif.

Or $5 - x \geqslant 0 \Leftrightarrow 5 \geqslant x \Leftrightarrow x \leqslant 5$.

Les réels qui ont une image par g sont donc les réels inférieurs à 5.

On écrit : $\mathcal{D}_g =]-\infty\ ; 5]$.

3 **a.** On peut faire un seul tableau pour les quatre fonctions. Dans le tableau de valeurs ci-dessous, les cellules colorées correspondent à des valeurs de x qui n'ont pas d'image par la fonction considérée. De plus les valeurs sont approchées.
Par exemple $f(-5) = -1$ et $g(4) = 6$, mais $h(-4)$ n'existe pas ainsi que $i(-3)$.

x	−5	−4	−3	−2	−1	0	1	2	3	4	5
$f(x)$	−1	−0,5	0	0,5	1	1,5	2	2,5	3	3,5	4
$g(x)$	33	22	13	6	1	−2	−3	−2	1	6	13
$h(x)$					0	3	$3\sqrt{2}$	$3\sqrt{3}$	6	$3\sqrt{5}$	$3\sqrt{6}$
$i(x)$	−0,5	−1		1	0,5	0,33	0,25	0,2	0,17	0,14	0,125

b. Pour tout réel x, on peut calculer $\frac{x+3}{2}$, donc $\mathcal{D}_f = \mathbb{R}$: tous les réels ont une image par f.
Pour tout réel x, on peut calculer $(x-1)^2 - 3$, donc $\mathcal{D}_g = \mathbb{R}$: tous les réels ont une image par g.
$\sqrt{x+1}$ existe si, et seulement si, $x + 1$ est positif. Or $x + 1 \geqslant 0 \Leftrightarrow x \geqslant -1$.
Donc $h(x)$ existe si, et seulement si, x est supérieur à −1.
Ainsi $\mathcal{D}_h = [-1 ; +\infty[$.
$\frac{1}{x+3}$ existe si, et seulement si, $x + 3$ n'est pas égal à 0.
Or $x + 3 = 0 \Leftrightarrow x = -3$. Donc $i(x)$ existe si, et seulement si, x est différent de −3. $\mathcal{D}_i =]-\infty ; -3[\cup]-3 ; +\infty[$.

REMARQUE

On peut aussi écrire $\mathcal{D}_h = R\backslash\{-3\}$ (lire $\mathbb{R}$ privé de −3) pour dire que tous les réels sauf −3 ont une image par i.

4 **a.** $f(10)$ est le nombre de diviseurs de 10.
Il y en a 4 (1 ; 2 ; 5 et 10), donc $f(10) = 4$.
$g(10)$ est la somme des diviseurs de 10.
Donc $g(10) = 1 + 2 + 5 + 10 = 18$.

b. Les fonctions f et g sont définies sur l'ensemble des entiers compris entre 2 et 11.

RAPPEL

Un nombre entier d est un diviseur d'un entier n lorsque n est un multiple de d.

Le tableau de valeurs pour les fonctions f et g est donc le suivant :

n	2	3	4	5	6	7	8	9	10	11
$f(n)$	2	2	3	2	4	2	4	3	4	2
$g(n)$	3	4	7	6	12	8	15	13	18	12

c. Les antécédents de 2 par f sont : 2 ; 3 ; 5 ; 7 et 11.
Ces nombres sont des nombres premiers.

d. 3 admet 2 antécédents par f : 4 et 9. Ces nombres sont des carrés de nombres premiers : $4 = 2^2$ et $9 = 3^2$.

RAPPEL

Un nombre entier est premier s'il n'admet que deux diviseurs : 1 et lui-même.

5 **1. a.** La formule en B9 est : **=A9^2+1**.

b. La valeur en B9 est 5 car : $2^2 + 1 = 5$.

c. $f(x) = x^2 + 1$.

2. $g(x) = 2x - 1$, donc il faut saisir la formule : **=2*A2-1** dans la cellule C2.

3. Les valeurs de la colonne D sont le triple de celles de la colonne A. On peut donc penser que la formule de la cellule D2 est : **=3*A2**. On aurait alors $h(x) = 3x$.

4. a. $k(x) = \dfrac{10}{f(x)+h(x)}$, donc la formule la plus simple que l'on puisse saisir dans la cellule E2 est : **=10/(B2+D2)**.

b. La valeur affichée dans la cellule E2 est 0,91. Mais ceci n'est peut-être qu'une valeur approchée de $k(-5)$.

Pour le savoir, il faut calculer la valeur exacte de $k(-5)$:

$$k(-5) = \frac{10}{f(-5)+h(-5)} = \frac{10}{\left((-5)^2+1\right)+3\times(-5)}.$$

$$= \frac{10}{26-15} = \frac{10}{11}.$$

$\dfrac{10}{11}$ vaut environ (à 0,01 près) 0,91, mais pas exactement.

RAPPEL

Toutes les formules du tableur commencent par un signe =.

REMARQUE

Comme tout résultat affiché par le tableau ou la calculatrice, il s'agit a priori d'une valeur approchée. Seul un calcul exact permet de répondre à la question posée.

Courbes représentatives

6 $\mathscr{C}$ est la courbe représentative de la fonction $f : x \mapsto \dfrac{2-x}{x^2+1}$.

a. $f(3) = \dfrac{2-3}{3^2+1} = \dfrac{-1}{10} = -0{,}1$.

Donc A(3 ; –0,1) appartient à la courbe $\mathscr{C}$.

b. $f(-1) = \dfrac{2-(-1)}{(-1)^2+1} = \dfrac{2+1}{1+1} = \dfrac{3}{2} = 1{,}5$. Or $1{,}5 \neq 0{,}5$.

Donc B(–1 ; 0,5) n'appartient pas à la courbe $\mathscr{C}$.

c. $f(-2) = \dfrac{2-(-2)}{(-2)^2+1} = \dfrac{2+2}{4+1} = \dfrac{4}{5} = 0{,}8$.

Donc C(–2 ; 0,8) appartient à la courbe $\mathscr{C}$.

RAPPEL

Le point de coordonnées $(x ; y)$ appartient à la courbe représentative d'une fonction f si, et seulement si, y est l'image de x par la fonction f : $y = f(x)$.

7 **1. a.** Si 7 est l'image de 2 par f, alors $f(2) = 7$.

b. Si 4 est un antécédent de –9 par f, alors $f(4) = -9$.

c. Si le point A(–3 ; 12) appartient à $\mathscr{C}$, alors $f(-3) = 12$.

d. Si la courbe $\mathscr{C}$ coupe l'axe des abscisses aux points d'abscisses –5 et 3, alors $f(-5) = 0$ et $f(3) = 0$.

e. Si la courbe $\mathscr{C}$ coupe l'axe des ordonnées au point d'ordonnée 15, alors $f(0) = 15$.

2. La courbe ci-après est bien une courbe représentative d'une fonction f vérifiant toutes ces conditions.

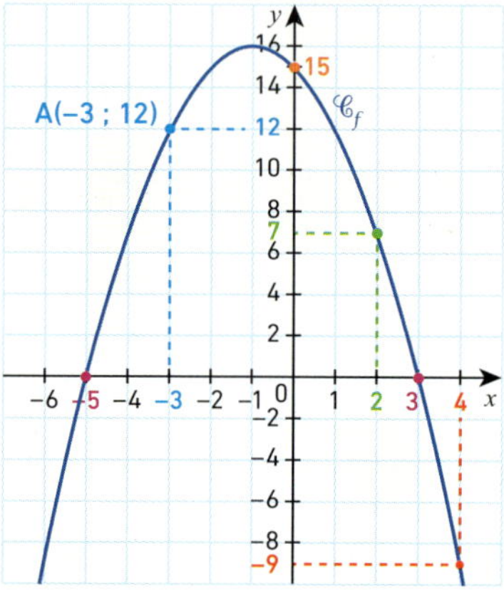

REMARQUE

Il existe plusieurs courbes possibles.

8 **a.** On place les points d'abscisses −2, 0, 3 et 5 sur l'axe des abscisses. On trace ensuite les parallèles à l'axe des ordonnées passant par ces points. On obtient ainsi les images de ces réels lorsqu'elles existent en lisant les ordonnées des points d'intersection de $\mathscr{C}$ avec ces parallèles.

−2 a pour image 2,5, ce qu'on écrit : $f(-2) = 2,5$.

De même, on trouve que $f(0) = 3$, puis $f(3) = 1$ et que 5 n'a pas d'image par f.

5 n'appartient donc pas au domaine de définition de f.

b. On place les points d'ordonnées −1 ; 0 ; 4 et 6 sur l'axe des ordonnées. On trace ensuite les parallèles à l'axe des abscisses passant par ces points. On obtient ainsi les antécédents de ces réels lorsqu'ils existent en lisant les abscisses des points d'intersection de $\mathscr{C}$ avec ces parallèles.

−1 admet un unique antécédent par f : 4.

0 admet un unique antécédent par f : 3,5.

4 admet trois antécédents par f : −3 ; 0,5 et 1,5.

6 n'admet aucun antécédent par f.

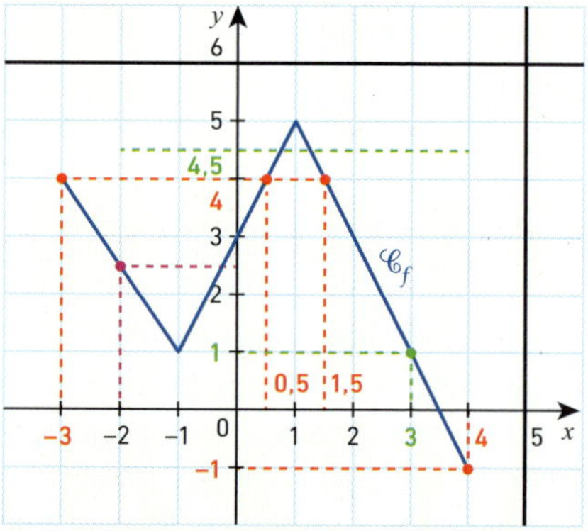

REMARQUE

Graphiquement, le fait de placer des points aux extrémités de la courbe sert à montrer les limites du domaine de définition.

c. 1 et 4,5 sont deux exemples de nombres admettant exactement 2 antécédents par *f*.

d. Tous les réels strictement inférieurs à –1 et tous ceux strictement supérieurs 5 n'ont aucun antécédent par *f*.
Cet ensemble de réels se note $]-\infty\ ;\ -1[\ \cup\ ]5\ ;\ +\infty[$. En effet, un réel qui n'a aucun antécédent par *f* appartient à l'un OU à l'autre de ces intervalles.

REMARQUE

Tous les réels de l'intervalle $]4\ ;\ 5[$ admettent exactement 2 antécédents par f.

ATTENTION

$]-\infty\ ;\ -1[\ \cap\ ]5 +\infty[= \varnothing$ car aucun réel n'appartient à l'intervalle $]-\infty\ ;\ -1[$ ET à l'intervalle $]5\ ;+\infty[$.

9 **1.** Si $x = -2$, alors x est strictement négatif. Alors (lignes 6 à 8) : $y = x^2 = (-2)^2 = 4$.
Si $x = 0$,alors x n'est pas strictement négatif.
Alors (lignes 10 à 12) : $y = 2 \times x = 2 \times 0 = 0$.
Si $x = 1$, alors x n'est pas strictement négatif.
Alors (lignes 10 à 12) : $y = 2 \times x = 2 \times 1 = 2$.

2. a. Cet algorithme définit une fonction *f* puisque tout réel a une et une seule image par *f*.
$f(x) = x^2$ si $x < 0$ et $f(x) = 2x$ si $x \geqslant 0$.

REMARQUE

On dit que la fonction f est définie par morceaux.

b. *f* est définie sur $\mathbb{R}$ puisque tout réel admet une image par *f*.

c. Cherchons les **antécédents négatifs** de 16 par *f* :
Soit x un antécédent négatif de 16. Alors $f(x) = 16$, donc $x^2 = 16$.
Il existe un unique nombre négatif dont le carré vaut 16 : c'est –4.
–4 est donc l'unique antécédent négatif de 16.
Cherchons les **antécédents positifs** de 16 par *f* :
Soit x un antécédent positif de 16. Alors $f(x) = 16$, donc $2x = 16$.
Il existe un unique nombre positif dont le double vaut 16 : c'est 8.
8 est donc l'unique antécédent positif de 16.
Conclusion : 16 admet donc deux, et deux seulement, antécédents par *f* : –4 et 8.

d. L'image de –1 doit être $(-1)^2 = 1$. La courbe représentative de *f* ne peut donc être que la courbe B.

REMARQUE

La fonction f est affine lorsque x est positif, mais ne l'est pas lorsque x est négatif (voir le chapitre 8).

Problèmes

10 **a.** Images de $2\sqrt{2}$ par *f* :

$$f(2\sqrt{2}) = (2\sqrt{2})^2 - 4 \times 2\sqrt{2} + 5 = 2^2 \times \sqrt{2}^2 - 8\sqrt{2} + 5$$
$$= 4 \times 2 - 8\sqrt{2} + 5 = 13 - 8\sqrt{2}.$$

RAPPEL

$(a \times b)^2 = a^2 \times b^2$ et $(a + b)^2 = a^2 + 2ab + b^2$.

ATTENTION

N'oubliez pas les parenthèses et faites particulièrement attention aux signes moins.

Image de $2+\sqrt{2}$ par f :

$$f(2+\sqrt{2}) = (2+\sqrt{2})^2 - 4\times(2+\sqrt{2})+5$$
$$= 2^2 + 2\times2\times\sqrt{2}+\sqrt{2}^2 - 4\times2 - 4\times\sqrt{2}+5$$
$$f(2+\sqrt{2}) = 4+4\sqrt{2}+2-8-4\sqrt{2}+5 = 3.$$

Pour vérifier graphiquement ces résultats, on doit commencer par déterminer une valeur approchée de chacun de ces nombres :

$$2\sqrt{2}\approx 2{,}8\ ;\ 13-8\sqrt{2}\approx 1{,}7\ ;\ 2+\sqrt{2}\approx 3{,}4.$$

On vérifie que les images de $2\sqrt{2}$ et de $2+\sqrt{2}$ semblent bien être environ égales respectivement à 1,7 et à 3.

REMARQUE

Lors d'un contrôle écrit, il est important de laisser les pointillés correspondant à de vos lectures sur le graphique, et pas seulement les marques sur les axes.

b. Graphiquement 7 admet deux antécédents par f : –0,4 et 4,4.

En revanche 0,5 n'en admet aucun.

c. Pour déterminer les antécédents de 5 par f, il faut résoudre l'équation $f(x) = 5$.

$f(x) = 5 \Leftrightarrow x^2 - 4x + 5 = 5 \Leftrightarrow x^2 - 4x = 0 \Leftrightarrow x \times (x-4) = 0.$

Ce produit est nul si, et seulement si, un des facteurs est nul.

$$f(x) = 5 \Leftrightarrow x = 0 \text{ ou } x-4=0$$
$$\Leftrightarrow x=0 \text{ ou } x=4.$$

5 admet donc deux antécédents par f : 0 et 4.

Le graphique permet de vérifier que 5 admet bien deux antécédents : 0 et 4.

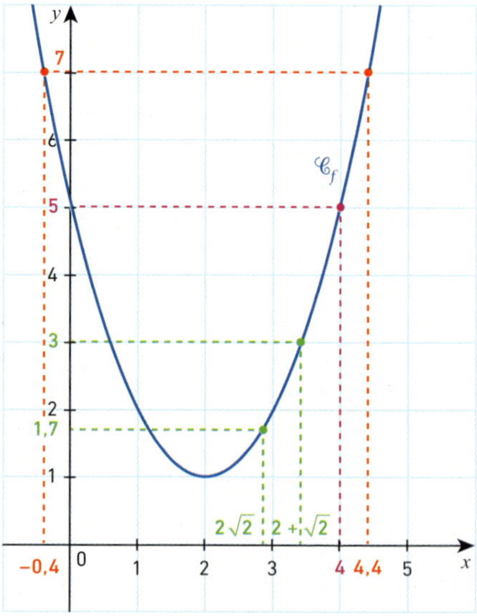

RAPPEL

Trouver des antécédents par le calcul c'est résoudre une équation. Lorsque cette équation est de degré 2 (avec des x^2) une factorisation doit permettre d'utiliser la règle du produit nul. Pour faire cette factorisation il existe deux méthodes : trouver un facteur commun ou utiliser les identités remarquables.

11 **1. a.** En entrant les valeurs 2, 0 et –3 dans la cellule B1 on obtient successivement les trois tableaux suivants :

	A	B
1	x	2
2		4
3		–2
4	$f(x)$	–8

	A	B
1	x	0
2		0
3		–4
4	$f(x)$	0

	A	B
1	x	–3
2		9
3		–7
4	$f(x)$	–63

b. Programme de calcul associé à ces opérations :

- Prendre un nombre : x
- Le mettre au carré : x^2
- Soustraire 4 au nombre du départ : $x - 4$
- Multiplier les nombres obtenus aux deux étapes précédentes : $x^2 \times (x - 4)$

c. Sous forme algébrique on écrit : $f : x \mapsto x^2 \times (x - 4)$.

d. Pour déterminer les éventuels antécédents de 0 par f il faut chercher les valeurs de x pour lesquelles $f(x) = 0$.

$f(x) = 0 \Leftrightarrow x^2 \times (x - 4) = 0$

$\Leftrightarrow x^2 = 0$ ou $x - 4 = 0 \Leftrightarrow x = 0$ ou $x = 4$.

0 admet donc exactement deux antécédents par f : 0 et 4.

ASTUCE

Ne pas avoir développé l'expression de $f(x)$ nous a permis d'utiliser la règle du produit nul pour résoudre l'équation $f(x) = 0$.

2. a. En entrant les valeurs 2, 0 et –3 dans la cellule B1, on obtient successivement les trois tableaux suivants :

	A	B
1	x	2
2		4
3		3
4	$g(x)$	9

	A	B
1	x	0
2		0
3		–1
4	$g(x)$	–3

	A	B
1	x	–3
2		9
3		8
4	$g(x)$	24

b. Programme de calcul associé à ces opérations :

- Prendre un nombre : x
- Le mettre au carré : x^2
- Soustraire 1 au résultat obtenu : $x^2 - 1$
- Multiplier le tout par 3 : $3 \times (x^2 - 1)$

c. Sous forme algébrique on écrit : $g : x \mapsto 3 \times (x^2 - 1)$.

d. Pour déterminer les éventuels antécédents de 0 par g, il faut chercher les valeurs de x pour lesquelles $g(x) = 0$.

$g(x) = 0 \Leftrightarrow 3 \times (x^2 - 1) = 0 \Leftrightarrow x^2 - 1 = 0 \Leftrightarrow x^2 = 1$.

Donc $g(x) = 0 \Leftrightarrow x = 1$ ou $x = -1$.

0 admet donc exactement deux antécédents par g : 1 et -1.

12 A. 1. ABCD est un carré de côté 10 donc :

$$\text{AN} = \text{AD} - \text{DN} = 10 - x \text{ et } \text{MB} = \text{AB} - \text{AM} = 10 - x.$$

Aire du triangle rectangle AMN :

$$\mathcal{A}_1 = \frac{\text{AM} \times \text{AN}}{2} = \frac{x \times (10 - x)}{2} = \frac{10x - x^2}{2} = 5x - \frac{1}{2}x^2.$$

Aire du triangle rectangle CDN :

$$\mathcal{A}_2 = \frac{\text{CD} \times \text{DN}}{2} = \frac{10 \times x}{2} = 5x.$$

Aire du triangle rectangle MBC :

$$\mathcal{A}_3 = \frac{\text{CB} \times \text{BM}}{2} = \frac{10 \times (10 - x)}{2} = 5 \times (10 - x) = 50 - 5x.$$

2. L'aire du triangle MNC est l'aire du carré ABCD moins les aires des triangles AMN, DNC et MBC.

Ainsi :

$$\mathcal{A}(x) = 10 \times 10 - \mathcal{A}_1 - \mathcal{A}_2 - \mathcal{A}_3 = 100 - \left(5x - \frac{1}{2}x^2\right) - 5x - (50 - 5x)$$

et
$$\mathcal{A}(x) = 100 - 5x + \frac{1}{2}x^2 - 5x - 50 + 5x = \frac{1}{2}x^2 - 5x + 50.$$

3. Cette formule est valable lorsque x est compris entre 0 et 10 puisque les points M et N doivent appartenir aux côtés du carré, qui ont pour longueur 10.

B.1. Tableau de valeurs pour la fonction $\mathcal{A}$:

RAPPEL

Le tableau de valeurs doit permettre de bien choisir les valeurs minimales et maximales de x et de y. Le graphique ne doit pas être trop petit pour pouvoir être bien exploité par la suite.

x	0	2	4	6	8	10
$\mathcal{A}(x)$	50	42	38	38	42	50

2. Courbe représentative de $\mathcal{A}$ (voir page suivante).

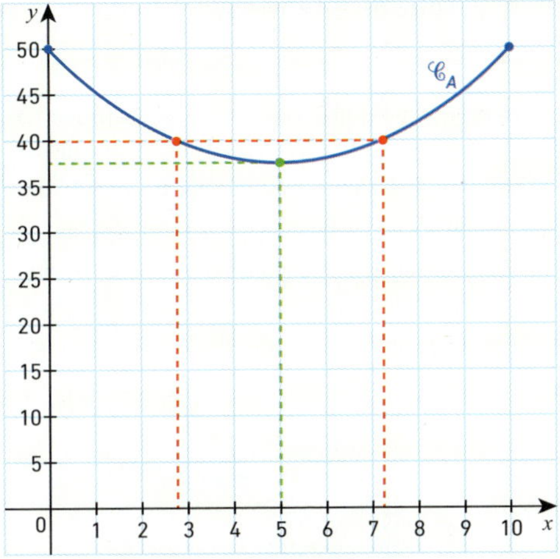

ASTUCE

Il ne faut pas hésiter à utiliser les possibilités offertes par la calculatrice pour zoomer autour des points importants ou obtenir facilement d'autres points de la courbe et avoir ainsi un tracé plus précis.

3. a. Graphiquement, 40 admet deux antécédents par $\mathscr{A}$: environ 2,8 et 7,2.
Géométriquement, cela veut dire qu'il existe deux positions du point M (et du point N) pour lesquelles le triangle MNC a pour aire 40.

b. L'aire minimale du triangle MNC semble être égale à environ 37 lorsque $x = 5$, autrement dit lorsque M est au milieu du segment [AB].

Méthode pour obtenir un tableau de valeurs comprises entre 4 et 6 avec un pas de 0,2

<table>
<tr><th>Calculatrices CASIO</th><th>Calculatrices TI</th></tr>
<tr><td>MENU puis TABLE
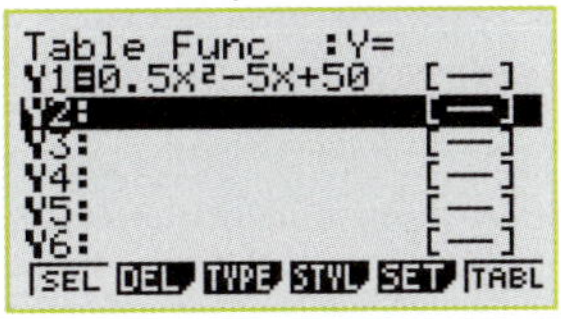
</td><td>Y= ou $f(x)$
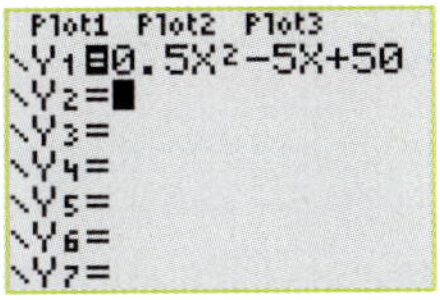
</td></tr>
<tr><td>F5 (SET)
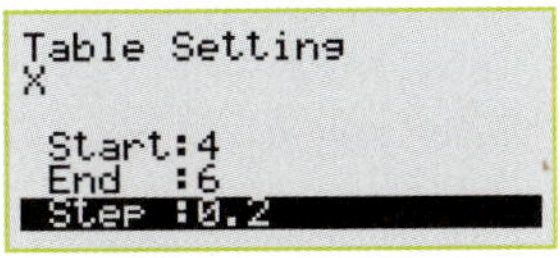
</td><td>TBL SET ou déf table

</td></tr>
<tr><td>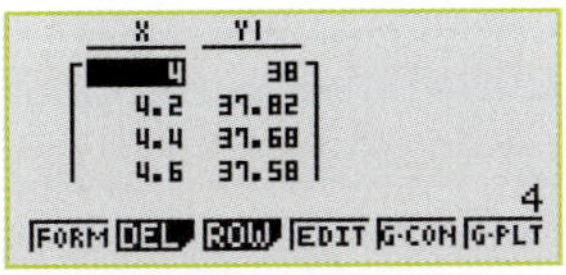
</td><td>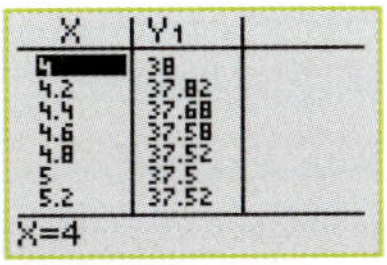
</td></tr>
</table>

Méthode pour zoomer autour du minimum

<table>
<tr><th>Calculatrices CASIO</th><th>Calculatrices TI</th></tr>
<tr><td colspan="2">Dans un premier temps, on règle la fenêtre de tracé en prenant Xmin=0 et Xmax=10 (puisque la fonction est définie sur [0 ; 10] et Ymin=0 et Ymax=50 (valeurs obtenues dans le tableau – Ymin est fixé à 0 pour voir l'axe des abscisses) et on trace la courbe.</td></tr>
<tr><td>Faire SHIFT F2 (Zoom), puis F1 pour construire une boîte autour de la zone sur laquelle on veut zoomer (utiliser les flèches et la touche EXE).
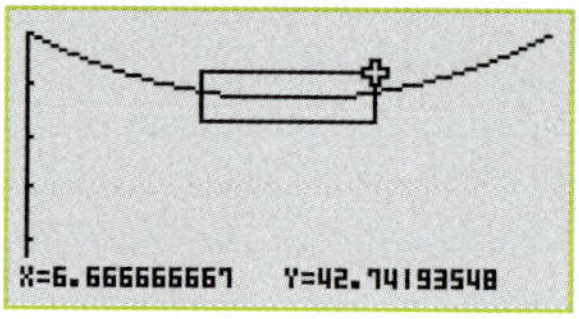
</td><td>Choisir Zoom, puis Zboîte (ou Zbox) pour construire une boîte autour de la zone sur laquelle on veut zoomer (utiliser les flèches et la touche entrer).
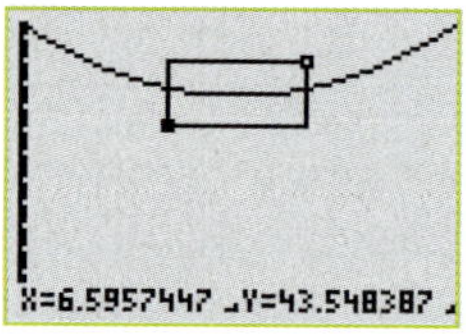
</td></tr>
<tr><td colspan="2">On obtient alors :</td></tr>
<tr><td>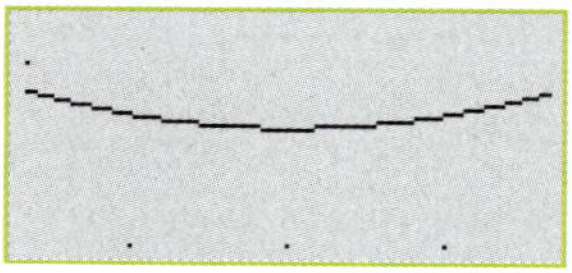</td><td>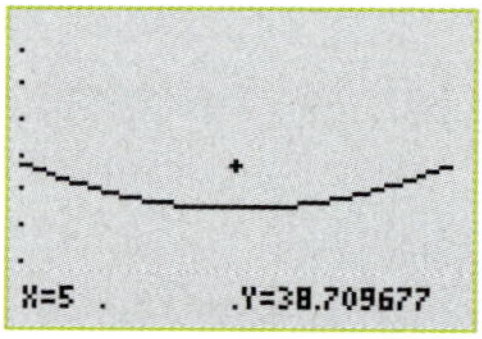
</td></tr>
<tr><td colspan="2">Voir les chapitres 8 et 9 pour d'autres utilisations des outils logiciels pour visualiser des courbes représentatives de fonctions.</td></tr>
</table>

Équations et inéquations

POUR DÉMARRER

- Revoir les règles sur les **égalités** et les **inégalités** :
  Pour tous les réels a, b et k avec $k \neq 0$:
  - $a = b$ si, et seulement si, $a + k = b + k$.
  - $a = b$ si, et seulement si, $ka = kb$.
  - $a < b$ si, et seulement si, $a + k < b + k$.
  - si $k > 0$, alors $a < b$ si, et seulement si, $ka < kb$ (le sens ne change pas).
  - si $k < 0$, alors $a < b$ si, et seulement si, $ka > kb$ (le sens change).
- Revoir les **définitions des intervalles** dans le chapitre 6.
- Il faut savoir lire **la représentation graphique** d'une fonction (chapitre 8) et faire le lien entre **une droite** et son **équation** (chapitre 5).

1 Équation du premier degré

A. Solutions d'une équation du premier degré

Définition

Une équation du premier degré est une équation équivalente à une équation de la forme $ax + b = 0$, où a et b sont des réels fixés et x est l'**inconnue**.

Exemple

L'équation $5(x - 2) = 7x - 13$ est une équation du premier degré.

En effet, $5(x - 2) = 7x - 13 \Leftrightarrow 5x - 10 = 7x - 13$
$\Leftrightarrow 5x - 10 - 7x + 13 = 0$
$\Leftrightarrow -2x + 3 = 0$.

Propriété

Soient a et b deux réels. On note S l'ensemble des solutions de l'équation $ax + b = 0$.

- Si $a \neq 0$, alors l'équation $ax + b = 0$ possède une unique solution : $-\dfrac{b}{a}$.
Donc $S = \left\{-\dfrac{b}{a}\right\}$.

- Si $a = 0$ et $b \neq 0$, alors l'équation $ax + b = 0$ n'a aucune solution. Donc $S = \varnothing$.
- Si $a = 0$ et $b = 0$, alors l'équation $ax + b = 0$ admet tout réel comme solution. Donc $S = \mathbb{R}$.

> ***Exemple***
> Considérons l'équation $-2x + 3 = 0$.
> $-2x + 3 = 0 \Leftrightarrow x = \dfrac{-3}{-2} \Leftrightarrow x = \dfrac{3}{2}$.
> On peut obtenir directement cette solution en remarquant que $a = -2$ et $b = -3$, donc que $-\dfrac{b}{a} = -\dfrac{3}{-2} = \dfrac{3}{2}$ et donc que $S = \left\{\dfrac{3}{2}\right\}$.

B. Représentation graphique

Propriété

Soient a et b deux réels. Soit Δ la droite d'équation $y = ax + b$.
Les solutions de l'équation $ax + b = 0$ sont les abscisses des points d'intersection de la droite Δ avec l'axe des abscisses, lorsqu'ils existent.

Illustration

On retrouve les trois cas précédents :

Si $a \neq 0$, alors Δ coupe une seule fois l'axe des abscisses.	**Si $a = 0$ et $b \neq 0$, alors Δ ne coupe pas l'axe des abscisses.**	**Si $a = 0$ et $b = 0$, alors Δ est confondue avec l'axe des abscisses.**
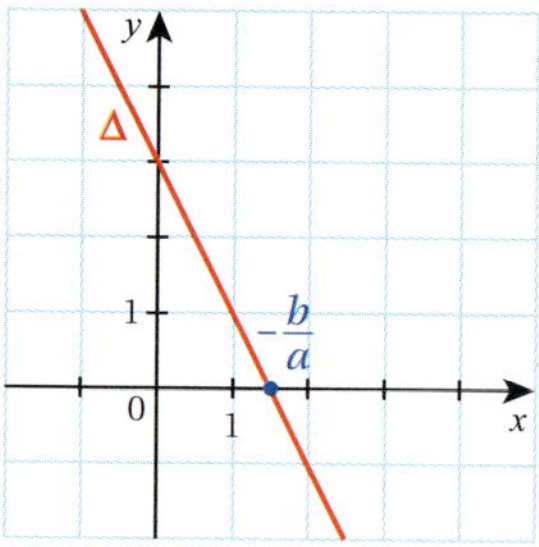	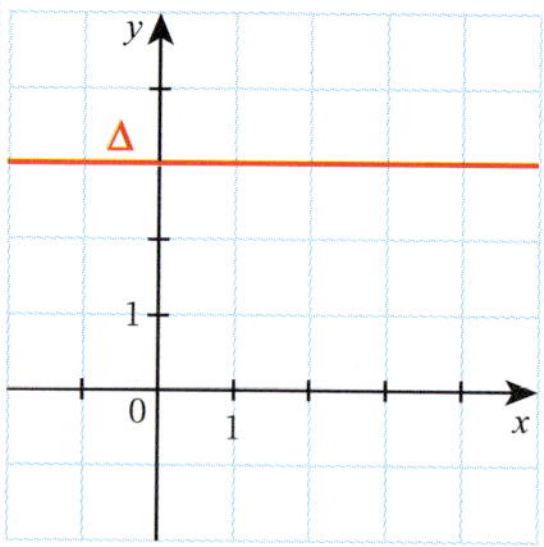	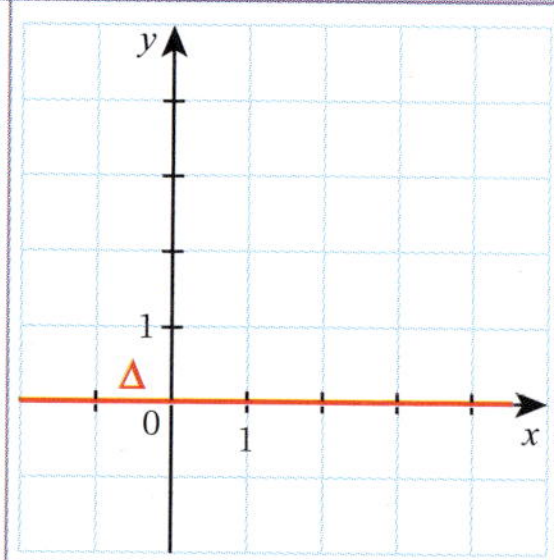
$S = \left\{-\dfrac{b}{a}\right\}$	$S = \varnothing$	$S = \mathbb{R}$

2 Signe de $ax + b$

A. Tableaux de signe de $ax + b$

Propriété

Soient a et b deux réels avec $a \neq 0$.

- Si $a > 0$, alors le tableau de signe de $ax + b$ est le suivant :

x	$-\infty$		$-\dfrac{b}{a}$		$+\infty$
$ax + b$		$-$	0	$+$	

- Si $a < 0$, alors le tableau de signe de $ax + b$ est le suivant :

x	$-\infty$		$-\dfrac{b}{a}$		$+\infty$
$ax + b$		$+$	0	$-$	

REMARQUE

On peut retenir un seul tableau qui résume les deux tableaux ci-contre.

x	$-\infty$		$-\dfrac{b}{a}$		$+\infty$
$ax + b$		Signe de l'opposé de a	0	Signe de a	

B. Représentation graphique

Propriété

- $ax + b$ est **positif** lorsque la droite Δ d'équation $y = ax + b$ est au-dessus de l'axe des abscisses.

- $ax + b$ est **négatif** lorsque la droite Δ d'équation $y = ax + b$ est en dessous de l'axe des abscisses.

$a > 0$

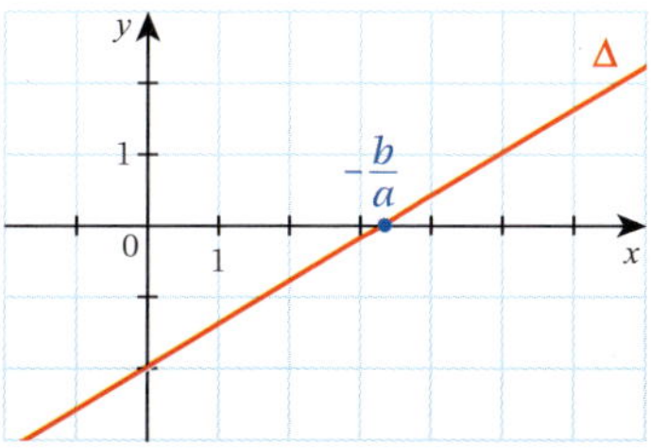

$a < 0$

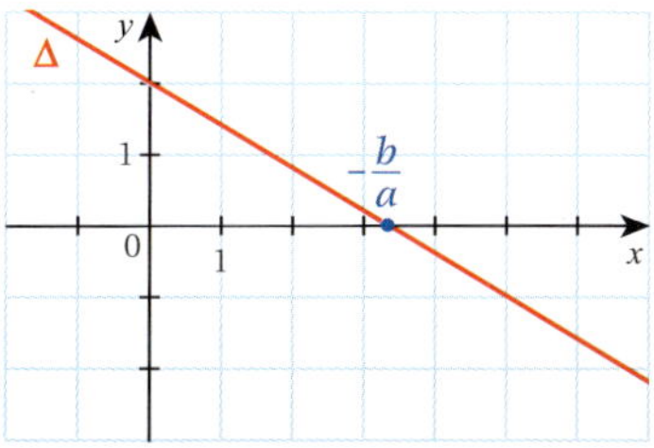

Dans les deux cas, $ax + b$ est du signe de a sur $\left]-\dfrac{b}{a} ; +\infty\right[$.

3 Signe d'un produit ou d'un quotient

Propriété
Soit A et B deux réels.

- $AB > 0$ et $\dfrac{A}{B} > 0$ si, et seulement si, A et B sont de même signe et non nuls.
- $AB < 0$ et $\dfrac{A}{B} < 0$ si, et seulement si, A et B sont de signes contraires et non nuls.
- $AB = 0$ si, et seulement si, $A = 0$ ou $B = 0$.
- $\dfrac{A}{B} = 0$ si, et seulement si, $A = 0$ et $B \neq 0$.

REMARQUE
Il est impossible de diviser par zéro.

4 Résolutions graphiques d'équations et d'inéquations

A. Équation $f(x) = k$ et inéquations $f(x) < k$ ou $f(x) > k$

Propriété
Soit f une fonction et $\mathscr{C}_f$ sa courbe représentative dans un repère.

- Les solutions de l'équation $f(x) = k$ sont les abscisses des points de $\mathscr{C}_f$ situés sur la droite d'équation $y = k$.
- Les solutions de l'inéquation $f(x) < k$ sont les abscisses des points de $\mathscr{C}_f$ situés en dessous de la droite d'équation $y = k$.
- Les solutions de l'inéquation $f(x) > k$ sont les abscisses des points de $\mathscr{C}_f$ situés au-dessus de la droite d'équation $y = k$.

Exemple

Sur la figure ci-contre :

- $f(x) > 2 \Leftrightarrow x \in [1\ ;\ 5[$.
- $f(x) < 2 \Leftrightarrow x \in]5\ ;\ 8]$.
- $f(x) = 2 \Leftrightarrow x = 5$.

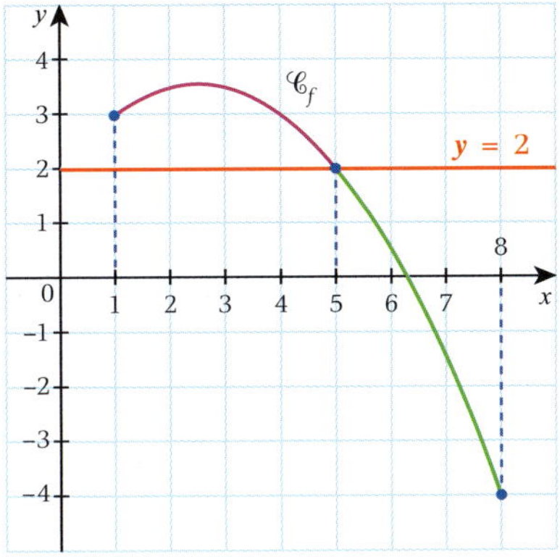

B. Positions relatives de deux courbes

Propriété

Soit f et g deux fonctions, et $\mathscr{C}_f$ et $\mathscr{C}_g$ leurs courbes représentatives respectives dans un repère.

- Les solutions de l'inéquation $f(x) < g(x)$ sont les abscisses des points de $\mathscr{C}_f$ situés en dessous de $\mathscr{C}_g$.
- Les solutions de l'inéquation $f(x) > g(x)$ sont les abscisses des points de $\mathscr{C}_f$ situés au-dessus de $\mathscr{C}_g$.
- Les solutions de l'équation $f(x) = g(x)$ sont les abscisses des points d'intersection de $\mathscr{C}_f$ et de $\mathscr{C}_g$.

PIÈGES À ÉVITER

- Il n'y a pas de règle des signes pour les sommes qui soit aussi générale que celle qui existe pour les produits. C'est pourquoi vous serez très souvent amené à factoriser les expressions avant de pouvoir résoudre les équations ou inéquations demandées.
- Dans les lectures graphiques, les solutions sont les abscisses de certains points vérifiant une condition donnée, et pas les points eux-mêmes.
Il faut lire ces solutions sur l'axe des abscisses.

1 Étudier le signe d'une expression

CONSEILS

- Il faut être attentif à la nature de chaque expression : somme ou produit ? Fonction affine ou centre ?
- Dans un tableau de signes, l'ordre des valeurs de x est très important : elles sont toujours rangées dans l'ordre croissant.

Exercice

1 Dresser le tableau de signe de $-3x+5$.

2 Dresser le tableau de signe de $2x+7$.

3 Soit la fonction f définie sur $\mathbb{R}$ par $f(x)=(-3x+5)(2x+7)$.
Dresser le tableau de signes de $f(x)$.

4 Résoudre l'inéquation :

$$(-3x+5)(2x+7) \leqslant 0.$$

POINT MÉTHODE

✓ *Quand l'expression est de la forme $ax+b$, on utilise la propriété du paragraphe 2.A.*

✓ *Pour étudier le signe d'un produit de facteurs, on regroupe dans un même tableau les tableaux de signes de chaque facteur et on utilise la règle des signes du paragraphe 3.A pour déterminer le signe du produit sur la dernière ligne du tableau.*

Comment répondre ?

1 L'expression $-3x+5$ est de la forme $ax+b$, avec $a=-3$ et $b=5$.

La valeur qui annule l'expression est égale à $-\frac{b}{a}=-\frac{5}{-3}=\frac{5}{3}$.

Le nombre a est strictement négatif, donc le tableau est le suivant :

x	$-\infty$		$\frac{5}{3}$		$+\infty$
$-3x+5$		$+$	0	$-$	

À RETENIR

Dans le tableau de signe de $ax+b$, le signe de a est toujours à droite du zéro.

2 L'expression $2x+7$ est de la forme $ax+b$, avec $a=2$ et $b=7$.

La valeur qui annule l'expression est égale à $-\frac{b}{a}=-\frac{7}{2}$.

Le nombre a est strictement positif, donc le tableau est le suivant :

x	$-\infty$		$-\frac{7}{2}$		$+\infty$
$2x+7$		$-$	0	$+$	

REMARQUE

Pour trouver la valeur qui annule l'expression, on peut aussi résoudre l'équation suivante :
$2x+7=0 \Leftrightarrow 2x=-7 \Leftrightarrow x=-\frac{7}{2}$.
Choisissez la méthode qui vous convient le mieux.

3 Nous allons construire un tableau qui contient les deux tableaux précédents. Pour que celui-ci soit juste, il faut que les valeurs remarquables de x calculées précédemment soient rangées dans l'ordre croissant : $-\frac{7}{2} < \frac{5}{3}$.
On obtient le tableau suivant :

x	$-\infty$		$-\frac{7}{2}$		$\frac{5}{3}$		$+\infty$
$-3x+5$		$+$		$+$	0	$-$	
$2x+7$		$-$	0	$+$		$+$	
$f(x)$		$-$	0	$+$	0	$-$	

Sur les deux lignes intermédiaires, on retrouve les tableaux précédents des questions 1 et 2. Mais, comme il y a plusieurs colonnes, on répète les signes autant que nécessaire.
Ainsi, sur la deuxième ligne, le signe + à gauche du zéro est répété deux fois.
La dernière ligne se remplit en utilisant la règle des signes.

Sur $\left]-\infty\,;-\frac{7}{2}\right[$, $-3x+5$ est strictement positif et $2x+7$ strictement négatif, donc le produit est strictement négatif et on indique le signe $-$ dans la dernière ligne.

4 Pour résoudre l'inéquation $(-3x+5)(2x+7) \leqslant 0$, on utilise le tableau précédent.
Sur la dernière ligne, on constate que l'expression est strictement négative sur les intervalles $\left]-\infty\,;-\frac{7}{2}\right[$ et $\left]\frac{5}{3}\,;+\infty\right[$ et qu'elle est nulle pour $x=-\frac{7}{2}$ et pour $x=\frac{5}{3}$.

REMARQUE

Faites très attention à la question posée : quelle est l'inégalité ? Est-elle stricte ou large ? Les crochets des intervalles sont très importants : ouverts, fermés ?

Donc, l'ensemble des solutions est : $S=\left]-\infty\,;-\frac{7}{2}\right] \cup \left[\frac{5}{3}\,;+\infty\right[$.

2 Résoudre graphiquement équations et inéquations

CONSEILS

- Il faut lire précisément les coordonnées des points d'intersections et savoir se repérer sans hésitation dans un repère.
- La rédaction de la réponse est aussi importante que la solution. Prenez le temps de faire des phrases correctes, à la fois grammaticalement et mathématiquement.

Exercice

Soit la fonction f définie sur [0 ; 8] et dont la courbe $\mathscr{C}_f$ est tracée ci-dessous.

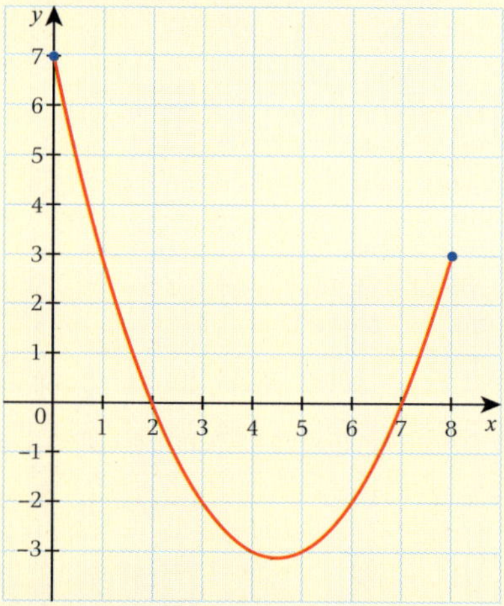

POINT MÉTHODE

✓ *Les méthodes de résolution graphique sont décrites dans le paragraphe 4.*

✓ *On sera souvent conduit à tracer des droites pour représenter des fonctions affines.*

1 Résoudre graphiquement les équations :

a. $f(x) = -2$.

b. $f(x) = 8$.

c. $f(x) = 0$.

2 Résoudre graphiquement les inéquations

a. $f(x) \leqslant 0$.

b. $f(x) > 0$.

3 Résoudre graphiquement l'inéquation $f(x) \geqslant -\frac{1}{2}x + \frac{7}{2}$.

Comment répondre ?

1 a. Les solutions de l'équation $f(x) = -2$ sont les abscisses des points de $\mathscr{C}_f$ dont l'ordonnée est égale à -2. Il y a deux points de coordonnées $(3 ; -2)$ et $(6 ; -2)$. Donc l'ensemble des solutions est $S = \{3 ; 6\}$.

b. Les solutions de l'équation $f(x) = 8$ sont les abscisses des points de $\mathscr{C}_f$ dont l'ordonnée est égale à 8. Il n'y a aucun point. Donc $S = \varnothing$.

c. Les solutions de l'équation $f(x) = 0$ sont les abscisses des points de $\mathscr{C}_f$ dont l'ordonnée est égale à 0, c'est-à-dire situé sur l'axe des abscisses. Donc $S = \{2 ; 7\}$.

2 a. Les solutions de l'inéquation $f(x) \leqslant 0$ sont les abscisses des points de $\mathscr{C}_f$ situés en dessous ou sur l'axe des abscisses. Donc $S = [2 ; 7]$.

REMARQUE

Il faut être très attentif aux crochets des intervalles.

b. Les solutions de l'inéquation $f(x) > 0$ sont les abscisses des points de $\mathscr{C}_f$ situés strictement au-dessus de l'axe des abscisses.
Donc $S = [0 ; 2[\cup]7 ; 8]$.

Les nombres 2 et 7 ne sont pas dans l'ensemble des solutions car ils ont pour image 0 et que l'on cherche les nombres dont l'image est strictement supérieure à 0.
En revanche, 0 et 8 sont solutions, car $f(0) = 7$ et $f(8) = 3$ et que ces deux nombres sont strictement positifs.

3 Les solutions de l'inéquation $f(x) \geqslant -\dfrac{1}{2}x + \dfrac{7}{2}$ sont les abscisses des points de $\mathscr{C}_f$ situés sur ou au-dessus de la droite d'équation $y = -\dfrac{1}{2}x + \dfrac{7}{2}$.
On doit donc tracer cette droite sur le graphique : appelons-la Δ.

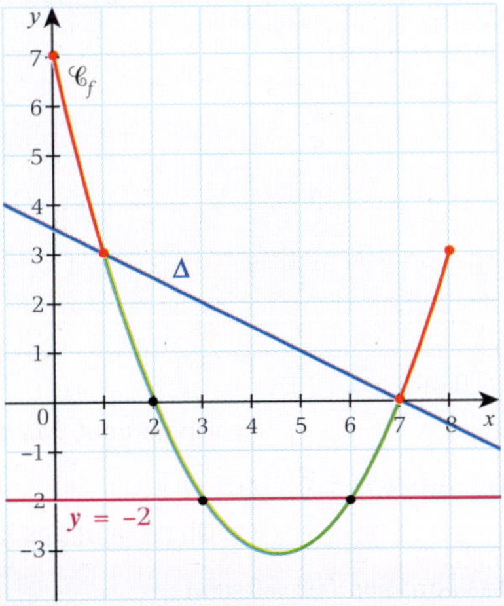

REMARQUE

Les solutions sont des nombres, ce ne sont pas des points.
Il faut lire sur le graphique les abscisses des points qui vérifient la condition.

On a représenté en rouge les points de $\mathscr{C}_f$ situés sur ou au-dessus de Δ.
Les abscisses de ces points sont dans l'intervalle $[0 ; 1]$ ou dans l'intervalle $[7 ; 8]$.
Donc $S = [0 ; 1] \cup [7 ; 8]$.

TESTEZ VOS CONNAISSANCES

CORRIGÉ p. 188

1. Laquelle de ces équations n'est pas une équation du premier degré ?

a. $\frac{2x+5}{4}=1$. **b.** $x^2+3=(2-x)^2$. **c.** $\frac{2}{x}\times 3+1=x$.

2. L'ensemble des solutions de l'équation $ax+b=0$ est :

a. $S=\left\{-\frac{b}{a}\right\}$. **b.** $S=\varnothing$. **c.** On ne peut pas savoir.

3. L'ensemble des solutions de l'équation $4x+b=0$ est :

a. $S=\{-0{,}25b\}$. **b.** $S=\left\{\frac{b}{4}\right\}$. **c.** $S=\{4-b\}$.

4. L'ensemble des solutions de l'équation $0x+0=0$ est :

a. $S=\varnothing$. **b.** $S=\mathbb{R}$. **c.** $S=\{0\}$.

5. Laquelle des expressions suivantes a le tableau de signes ci-dessous ?

x	$-\infty$		-3		$+\infty$
$f(x)$		$+$	0	$-$	

a. $f(x)=2x+6$. **b.** $f(x)=-2x+6$. **c.** $f(x)=-2x-6$.

6. La fonction g a le tableau de signes suivant :

x	$-\infty$		$\frac{2}{5}$		$+\infty$
$g(x)$		$+$	0	$-$	

L'ensemble des solutions de l'inéquation $g(x)\leqslant 0$ est :

a. $S=\left]-\infty\,;\frac{2}{5}\right[$. **b.** $S=\left[\frac{2}{5}\,;+\infty\right[$. **c.** $S=\left]\frac{2}{5}\,;+\infty\right[$.

7. Si $(x-3)(x+7)>0$, alors $x-3>0$ ou $x+7>0$.

a. Faux. **b.** Vrai. **c.** On ne peut pas savoir.

8. Si $x-3>0$ et $x+7<0$, alors $(x-3)(x+7)<0$.

a. Faux. **b.** Vrai. **c.** On ne peut pas savoir.

9. Graphiquement, les solutions de l'équation $f(x)=0$ sont :

a. Les abscisses des points d'intersection de $\mathscr{C}_f$ avec l'axe des abscisses.

b. Les abscisses des points d'intersection de $\mathscr{C}_f$ avec l'axe des ordonnées.

c. Les points d'intersection de $\mathscr{C}_f$ avec l'axe des abscisses.

ENTRAÎNEZ-VOUS

CORRIGÉ p. 189

Développements et factorisations

1 Développer les expressions suivantes et ordonner les termes. 20 min

a. $A(x) = (x-4)(x+7)$.
b. $B(x) = (3x-2)(5x-6)$.
c. $C(x) = (4x-3)^2$.
d. $D(x) = (3x-11)(3x+11)$.
e. $E(x) = \frac{1}{12}(4x-8)(12x+6)$.
f. $F(x) = \left(\frac{x}{2}-\frac{3}{4}\right)\left(1-\frac{x}{2}\right)$.

2 Factoriser au maximum les expressions suivantes. 20 min

a. $A(x) = 3x + x^2$.
b. $B(x) = x^2 - 4$.
c. $C(x) = (x-3)^2 - (x-12)^2$.
d. $D(x) = 9 - 4x^2$.
e. $E(x) = 9x^2 + 12x + 4$.
f. $F(x) = 48 - 3x^2$.

3 Réduire au même dénominateur et factoriser si possible. 20 min

a. $A(x) = \frac{1}{2x} + \frac{1}{x+3}$.
b. $B(x) = \frac{x}{4} - \frac{4}{x}$.
c. $C(x) = \frac{1}{x-1} + \frac{1}{x^2-1}$.
d. $D(x) = \frac{x^2+x+2}{x-2} - x + 2$.

Équations

4 Résoudre les équations suivantes. 10 min

a. $2x - 5 = 8x + 3$.
b. $4(2-3x) = -2(6x+7)$.
c. $\frac{1}{2}x - \frac{7}{2} = \frac{3x-21}{6}$.
d. $(x-8)^2 = (7-x)^2$.

5 Résoudre les équations suivantes, en factorisant si nécessaire. 15 min

a. $(3x-6)(2x+14) = 0$.
b. $x^2 = 25$.
c. $x^3 = 100x$.
d. $x^2 - 6x + 9 = 0$.

6 Déterminer l'ensemble de définition de chacune de ces équations et les résoudre, en factorisant si nécessaire. 30 min

a. $\frac{8x-24}{3x-12} = 0$.
b. $\frac{5x-3}{4x+12} = 2$.
c. $\frac{8x-3}{2x+1} = 4$.
d. $\frac{2x^2+15x}{x+5} = x$.
e. $\frac{2x}{(2x+3)(2x-10)} = \frac{1}{2x}$.
f. $\frac{2}{x^2-3x} = \frac{3}{x-x^2}$.

7 **Question de cours** 10 min

Soit a un réel strictement positif.
Démontrer que l'équation $x^2 = a$ possède exactement deux solutions : $\sqrt{a}$ et $-\sqrt{a}$.

8 On considère un terrain qui a la forme d'un triangle ABC rectangle en A dont les côtés de l'angle droit mesurent 60 m et 80 m. ●●○ 30 min

Le propriétaire du terrain désire le diviser en deux lots d'aire égale avec une séparation parallèle au côté le plus court.

On a représenté la situation ci-contre.

AB = 80 et AC = 60.

ABC est rectangle en A.

[MN] est parallèle à [AC].

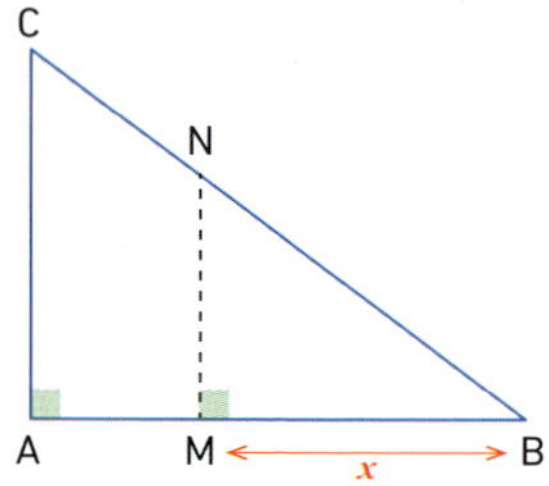

1. Déterminer la longueur BC.

2. Déterminer l'aire du triangle ABC ainsi que son périmètre.

3. On note x la distance BM. Justifier que $MN = \frac{3}{4}x$.

En déduire que l'aire du triangle BMN est égale à $\frac{3}{8}x^2$.

4. a. Déterminer la valeur de x pour que l'aire du triangle BMN soit égale à l'aire du trapèze AMNC.

b. Quel est, dans ce cas, le périmètre de BMN ? Est-il égal à la moitié de celui de ABC ?

Inéquations et tableaux de signes

9 Résoudre les inéquations suivantes et donner l'ensemble des solutions sous la forme d'un intervalle. ●○○ 15 min

a. $7x - 13 < 15x + 3$.

b. $4 - 2x \geqslant 8 - 12x$.

c. $0 \leqslant 2x - 8 \leqslant 10$.

d. $(x - 8)^2 > (7 - x)^2$.

10 **a.** Dresser le tableau de signe de $-2x + 12$. ●○○ 15 min

b. Dresser le tableau de signe de $-x + 3$.

c. Soit la fonction f définie sur $\mathbb{R}$ par : $f(x) = (-2x + 12)(-x + 3)$.

Dresser le tableau de signes de $f(x)$.

d. Résoudre l'inéquation $(-2x + 12)(-x + 3) < 0$.

11 À l'aide de tableaux de signes, résoudre les inéquations suivantes : ●○○ 25 min

a. $x(3x - 4) < 0$.

b. $3x(x - 4)(-2x + 5) \leqslant 0$.

c. $(-5x + 15)(2x - 6) \geqslant 0$.

12 Déterminer l'ensemble de définition de chacune des inéquations suivantes et les résoudre, à l'aide de tableaux de signes. ●●○ 30 min

a. $\frac{8x-24}{3x-12} \leqslant 0$.

b. $\frac{x(-2x-6)}{-4x+8} \geqslant 0$.

c. $\frac{2x-3}{x+8} \geqslant 1$.

d. $\frac{4}{x} < \frac{x}{4}$.

Résoudre graphiquement équations et inéquations

13 On considère une fonction f définie sur $[-3 ; 8]$ dont la courbe $\mathscr{C}_f$ est tracée ci-contre. 30 min

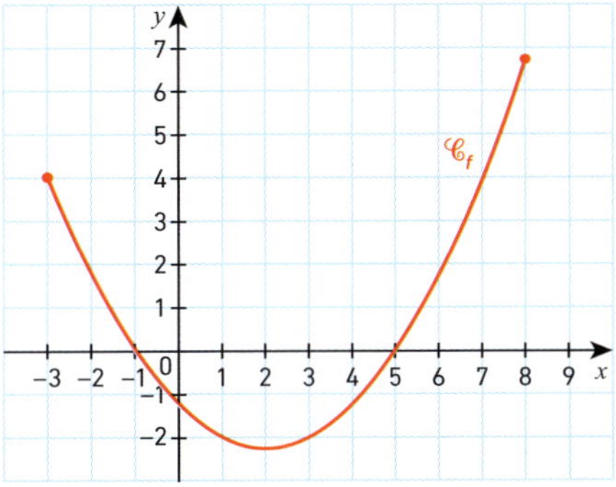

1. Résoudre graphiquement les équations suivantes :

a. $f(x) = -2$. **b.** $f(x) = 4$.

c. $f(x) = 7$.

2. Résoudre graphiquement les inéquations suivantes :

a. $f(x) > -2$. **b.** $f(x) \geqslant 4$.

3. Dresser le tableau de signe de $f(x)$ à partir du graphique.

4. Résoudre graphiquement l'inéquation $f(x) \leqslant x - 3$.

14 Soit la fonction f définie sur $[-1 ; 8]$ par $f(x) = \dfrac{8}{x+2}$ et dont la courbe $\mathscr{C}_f$ est tracée ci-après. 30 min

1. a. Sur le graphique, tracer la droite d'équation $y = -\dfrac{1}{2}x + 4$.

b. Résoudre graphiquement l'inéquation suivante : $f(x) \geqslant -\dfrac{1}{2}x + 4$.

2. On veut vérifier algébriquement les résultats trouvés dans la question **1**.

a. Démontrer que l'inéquation $f(x) \geqslant -\dfrac{1}{2}x + 4$ est équivalente à $\dfrac{x(x-6)}{2x+4} \geqslant 0$.

b. Résoudre l'inéquation $\dfrac{x(x-6)}{2x+4} \geqslant 0$ en utilisant un tableau de signes.

c. L'ensemble des solutions est-il le même que celui trouvé à la question **1. b.** ?

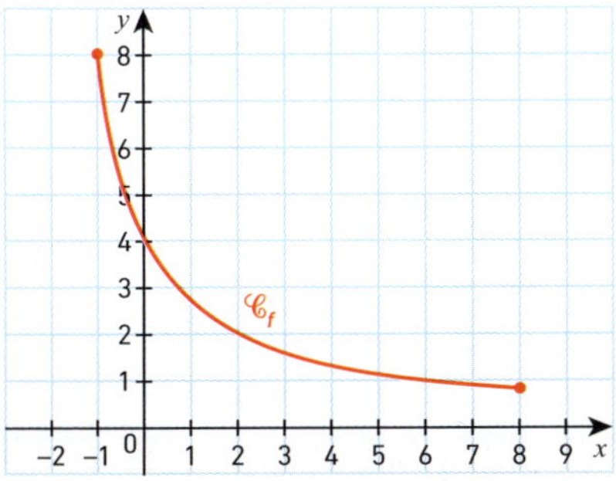

Corrigés de *TESTEZ VOS CONNAISSANCES*

1. Réponse **c.** $\frac{2x+5}{4}=1 \Leftrightarrow \frac{1}{2}x+\frac{5}{4}-1=0 \Leftrightarrow \frac{1}{2}x+\frac{1}{4}=0$. On reconnaît la forme $ax+b=0$.

RAPPEL

$(a-b)^2=a^2-2ab+b^2$.

$x^2+3=(2-x)^2 \Leftrightarrow x^2+3=4-4x+x^2$

$\Leftrightarrow 3-4+4x=0$

$\Leftrightarrow 4x-1=0$.

On reconnaît encore la forme $ax+b=0$.

$\frac{2}{x}\times 3+1=x$ n'est vraie que si $x\neq 0$ et est équivalente à $\left(\frac{2}{x}\times 3+1\right)\times x=x\times x$,
donc à $6+x=x^2$, donc à $-x^2+x+6=0$ qui est une équation de degré 2.

2. Réponse **c.** Si on ne connaît pas les valeurs de a et de b, on ne peut pas connaître l'ensemble des solutions de l'équation $ax+b=0$.

3. Réponse **a.**
D'après le paragraphe 1. A, $S=\left\{-\frac{b}{a}\right\}$ avec $a=4$. Or $-\frac{b}{a}=-\frac{b}{4}=-025b$.

4. Réponse **b.**
Tout réel est solution de l'équation $0x+0=0$.

5. Réponse **c.**
Si $f(x)=-2x-6$, alors $-\frac{b}{a}=-\frac{-6}{-2}=-3$ et le coefficient a est négatif.
Donc on place le signe – à la droite du 0 dans le tableau. Voir le paragraphe 2.A.

6. Réponse **b.**
Dans le tableau, le signe – est entre $\frac{2}{5}$ et $+\infty$.
Donc $g(x)$ est strictement négatif pour x supérieur à $\frac{2}{5}$ et $g\left(\frac{2}{5}\right)=0$. On cherche les valeurs de x telles que $g(x)$ soit négatif ou nul. Donc x doit appartenir à $S=\left[\frac{2}{5}\,;+\infty\right[$.

À RETENIR

Si $A>0$ et $B>0$, alors $AB>0$ mais la réciproque est fausse.

7. Réponse **a.**
Si $(x-3)(x+7)>0$, alors $(x-3)$ et $(x+7)$ sont de même signe. Ils peuvent être tous les deux positifs ou tous les deux négatifs. Voir le paragraphe 3.

8. Réponse **b.**
Si $x-3>0$ et $x+7<0$, alors $(x-3)$ et $(x+7)$ sont de signes contraires, donc le produit est négatif.

REMARQUE

Les solutions de l'équation sont des nombres et pas des points.

9. Réponse **a.**
Revoir le paragraphe 4. A. Les solutions de l'équation $f(x)=0$ sont les abscisses des points de $\mathscr{C}_f$ situés sur la droite d'équation $y=0$, donc ce sont les abscisses des points d'intersection avec l'axe des abscisses.

Corrigés de *ENTRAÎNEZ-VOUS*

Développements et factorisations

1 **a.** $A(x) = (x-4)(x+7)$
$= x^2 - 4x + 7x - 28$
$= x^2 + 3x - 28.$

RAPPEL
$(a+b)(c+d) = ac+bc+ad+bd.$

b. $B(x) = (3x-2)(5x-6) = 15x^2 - 10x - 18x + 12$
$= 15x^2 - 28x + 12.$

c. $C(x) = (4x-3)^2 = (4x)^2 - 2 \times 4x \times 3 + 3^2 = 16x^2 - 24x + 9.$

d. $D(x) = (3x-11)(3x+11) = (3x)^2 - 11^2 = 9x^2 - 121.$

RAPPEL
$(a+b)(a-b) = a^2 - b^2.$
C'est le développement de l'expression $(a+b)(a-b)$.

e. $E(x) = \frac{1}{12}(4x-8)(12x+6) = \frac{1}{12}(48x^2 - 96x + 24x - 48) = \frac{1}{12}(48x^2 - 72x - 48).$

Donc $E(x) = \frac{48}{12}x^2 - \frac{72}{12}x - \frac{48}{12} = 4x^2 - 6x - 4.$

f. $F(x) = \left(\frac{x}{2} - \frac{3}{4}\right)\left(1 - \frac{x}{2}\right) = \frac{x}{2} - \left(\frac{x}{2}\right)^2 - \frac{3}{4} + \frac{3}{4} \times \frac{x}{2} = -\left(\frac{x}{2}\right)^2 + \frac{x}{2} + \frac{3x}{8} - \frac{3}{4}.$

Donc $F(x) = -\frac{x^2}{4} + \frac{7x}{8} - \frac{3}{4}.$

2 **a.** $A(x) = 3x + x^2 = 3 \times x + x \times x = x(3+x).$

b. $B(x) = x^2 - 4 = x^2 - 2^2 = (x+2)(x-2).$

c. $C(x) = (x-3)^2 - (x-12)^2$
$= [(x-3) + (x-12)][(x-3) - (x-12)].$

Donc $C(x) = (x - 3 + x - 12)(x - 3 - x + 12)$
$= (2x - 15) \times 9 = 9(2x - 15).$

RAPPEL
$a^2 - b^2 = (a+b)(a-b).$
C'est la factorisation de l'expression $a^2 - b^2$.

d. $D(x) = 9 - 4x^2$
$= 3^2 - (2x)^2$
$= (3 + 2x)(3 - 2x).$

REMARQUE
Il faut s'entraîner à reconnaître chaque identité remarquable sous sa forme développée.

e. $E(x) = 9x^2 + 12x + 4$
$= (3x)^2 + 2 \times 3x \times 2 + 2^2$
$= (3x + 2)^2.$

RAPPEL
$a^2 + 2ab + b^2 = (a+b)^2.$

f. $F(x) = 48 - 3x^2 = 3(16 - x^2)$
$= 3(4^2 - x^2) = 3(4 + x)(4 - x).$

3 **a.** $A(x)=\dfrac{1}{2x}+\dfrac{1}{x+3}=\dfrac{x+3}{(2x)(x+3)}+\dfrac{2x}{(2x)(x+3)}=\dfrac{x+3+2x}{(2x)(x+3)}=\dfrac{3x+3}{(2x)(x+3)}$.

Donc $A(x)=\dfrac{3(x+1)}{(2x)(x+3)}$.

b. $B(x)=\dfrac{x}{4}-\dfrac{4}{x}=\dfrac{x\times x}{4x}-\dfrac{4\times 4}{4x}=\dfrac{x^2-4^2}{4x}=\dfrac{(x+4)(x-4)}{4x}$.

c. $C(x)=\dfrac{1}{x-1}+\dfrac{1}{x^2-1}=\dfrac{1}{x-1}+\dfrac{1}{(x+1)(x-1)}=\dfrac{x+1}{(x+1)(x-1)}+\dfrac{1}{(x+1)(x-1)}$.

Donc $C(x)=\dfrac{x+2}{(x+1)(x-1)}$.

d. $D(x)=\dfrac{x^2+x+2}{x-2}-x+2=\dfrac{x^2+x+2}{x-2}-(x-2)$.

Donc $D(x)=\dfrac{x^2+x+2}{x-2}-\dfrac{(x-2)^2}{x-2}=\dfrac{x^2+x+2-(x-2)^2}{x-2}$.

Donc $D(x)=\dfrac{x^2+x+2-(x^2-4x+4)}{x-2}=\dfrac{x^2+x+2-x^2+4x-4}{x-2}=\dfrac{5x-2}{x-2}$.

Équations

4 **a.** $2x-5=8x+3 \Leftrightarrow 2x-8x=3+5$

$\Leftrightarrow -6x=8$

$\Leftrightarrow x=\dfrac{8}{-6}$

$\Leftrightarrow x=-\dfrac{4}{3}$.

> **RAPPEL**
> *Toujours donner l'ensemble des solutions d'une équation.*

Donc $S=\left\{-\dfrac{4}{3}\right\}$.

b. $4(2-3x)=-2(6x+7) \Leftrightarrow 8-12x=-12x-14$

$\Leftrightarrow 12x-12x+8+14=0$

$\Leftrightarrow 0x+22=0$.

On a une équation de la forme $ax+b=0$ avec $a=0$ et $b\neq 0$. Donc $S=\varnothing$.

> **RAPPEL**
> *Si $a=0$ et $b\neq 0$, alors l'équation $0x+b=0$ n'a aucune solution.*

c. $\dfrac{1}{2}x-\dfrac{7}{2}=\dfrac{3x-21}{6} \Leftrightarrow \dfrac{1}{2}x-\dfrac{7}{2}=\dfrac{3}{6}x-\dfrac{21}{6}$

$\Leftrightarrow \dfrac{1}{2}x-\dfrac{7}{2}=\dfrac{1}{2}x-\dfrac{7}{2}$

$\Leftrightarrow 0x=0$.

> **RAPPEL**
> *Si $a=0$ et $b=0$, alors tout réel x est solution de l'équation $0x=0$.*

On a une équation de la forme $ax+b=0$ avec $a=0$ et $b=0$. Donc $S=\mathbb{R}$.

d. $(x-8)^2 = (7-x)^2 \Leftrightarrow (x-8)^2 - (7-x)^2 = 0$

$\Leftrightarrow [(x-8)+(7-x)][(x-8)-(7-x)] = 0$

$\Leftrightarrow [x-8+7-x][x-8-7+x] = 0$

$\Leftrightarrow -1 \times (2x-15) = 0$

$\Leftrightarrow -2x+15 = 0$

$\Leftrightarrow x = -\dfrac{15}{-2} = \dfrac{15}{2}$

Donc $S = \left\{\dfrac{15}{2}\right\}$.

5 a. $(3x-6)(2x+14) = 0 \Leftrightarrow 3x-6=0$ ou $2x+14=0$

$\Leftrightarrow x = 2$ ou $x = -7$.

Donc $S = \{-7 ; 2\}$.

> **RAPPEL**
>
> *$AB = 0$ si, et seulement si, $A = 0$ ou $B = 0$.*

b. $x^2 = 25 \Leftrightarrow x = \sqrt{25}$ ou $x = -\sqrt{25}$

$\Leftrightarrow x = 5$ ou $x = -5$.

Donc $S = \{-5 ; 5\}$.

> **RAPPEL**
>
> *Pour tout $a > 0$, $x^2 = a$ si, et seulement si, $x = \sqrt{a}$ ou $x = -\sqrt{a}$.*

c. $x^3 = 100x \Leftrightarrow x^3 - 100x = 0 \Leftrightarrow x(x^2-100) = 0$

$\Leftrightarrow x = 0$ ou $x^2 = 100$

$\Leftrightarrow x = 0$ ou $x = 10$ ou $x = -10$.

Donc $S = \{-10 ; 0 ; 10\}$.

> **REMARQUE**
>
> *Il ne faut surtout pas diviser la première équation par x, car x peut prendre la valeur 0.*

d. $x^2 - 6x + 9 = 0 \Leftrightarrow x^2 - 2 \times x \times 3 + 3^2 = 0$

$\Leftrightarrow (x-3)^2 = 0$

$\Leftrightarrow x - 3 = 0$

$\Leftrightarrow x = 3$.

Donc $S = \{3\}$.

> **REMARQUE**
>
> *S'il y a des termes au carré ou au cube, il faut chercher à factoriser, soit en trouvant un facteur commun, soit en reconnaissant une identité remarquable.*

6 a. $\dfrac{8x-24}{3x-12} = 0$. Cette équation existe si, et seulement si, $3x - 12 \neq 0$.

Or $3x - 12 = 0 \Leftrightarrow x = 4$. Donc, l'ensemble de définition de cette équation est $\mathbb{R} \setminus \{4\}$, c'est-à-dire $]-\infty ; 4[\cup]4 ; +\infty[$.

$\dfrac{8x-24}{3x-12} = 0 \Leftrightarrow 8x - 24 = 0$ et $x \neq 4$

$\Leftrightarrow x = 3$.

Donc $S = \{3\}$.

> **RAPPEL**
>
> *$\dfrac{A}{B} = 0$ si, et seulement si, $A = 0$ et $B \neq 0$.*

b. $\dfrac{5x-3}{4x+12}=2$. Cette équation existe si, et seulement si, $4x+12\neq 0$.

Or $4x+12=0 \Leftrightarrow x=-3$. Donc, l'ensemble de définition de cette équation est $\mathbb{R}\setminus\{-3\}$, c'est-à-dire $]-\infty\,;-3[\,\cup\,]-3\,;+\infty[$.

Cette équation n'est pas de la forme $\dfrac{A}{B}=0$ comme dans la question précédente.

On va trouver une équation équivalente de cette forme :

$$\frac{5x-3}{4x+12}=2 \Leftrightarrow \frac{5x-3}{4x+12}-2=0 \Leftrightarrow \frac{5x-3}{4x+12}-\frac{2(4x+12)}{4x+12}=0$$

$$\Leftrightarrow \frac{5x-3-2(4x+12)}{4x+12}=0$$

$$\Leftrightarrow \frac{5x-3-8x-24}{4x+12}=0$$

$$\Leftrightarrow \frac{-3x-27}{4x+12}=0$$

$$\Leftrightarrow -3x-27=0 \text{ et } x\neq -3 \Leftrightarrow x=-9.$$

Donc $S=\{-9\}$.

c. $\dfrac{8x-3}{2x+1}=4$. De même, l'ensemble de définition est $\mathbb{R}\setminus\left\{-\dfrac{1}{2}\right\}$.

RAPPEL

Si $a=0$ et $b\neq 0$, alors l'équation $0x+b=0$ n'a aucune solution.

$$\frac{8x-3}{2x+1}=4 \Leftrightarrow \frac{8x-3}{2x+1}-4=0 \Leftrightarrow \frac{8x-3-4(2x+1)}{2x+1}=0$$

$$\Leftrightarrow \frac{8x-3-8x-4}{2x+1}=0$$

$$\Leftrightarrow \frac{0x-7}{2x+1}=0 \Leftrightarrow 0x-7=0 \text{ et } x\neq -\frac{1}{2}.$$

Or $0x-7=0$ n'a aucune solution. Donc $S=\varnothing$.

d. $\dfrac{2x^2+15x}{x+5}=x$. L'ensemble de définition est $\mathbb{R}\setminus\{-5\}$.

$$\frac{2x^2+15x}{x+5}=x \Leftrightarrow \frac{2x^2+15x}{x+5}-x=0 \Leftrightarrow \frac{2x^2+15x-x(x+5)}{x+5}=0$$

$$\Leftrightarrow \frac{2x^2+15x-x^2-5x}{x+5}=0$$

$$\Leftrightarrow \frac{x^2+10x}{x+5}=0$$

$$\Leftrightarrow \frac{x(x+10)}{x+5}=0$$

$$\Leftrightarrow x=0 \text{ ou } x+10=0 \text{ et } x\neq -5$$

$$\Leftrightarrow x=0 \text{ ou } x=-10.$$

Donc $S=\{-10\,;0\}$.

Remarque : La méthode utilisée dans les premières questions (réduction au même dénominateur) est importante à connaître mais est assez longue à rédiger.

Dans les résolutions d'équations, on peut simplement multiplier les deux membres par le dénominateur, après s'être assuré qu'il était non nul. (Égalité des produits en croix).

C'est cette méthode que nous utilisons dans les deux dernières questions.

e. $\dfrac{2x}{(2x+3)(2x-10)} = \dfrac{1}{2x}$.

Les valeurs qui annulent les dénominateurs sont $-\dfrac{3}{2}$; 5 et 0.

Donc, l'ensemble de définition de cette équation est $\mathbb{R} \setminus \left\{-\dfrac{3}{2} ; 0 ; 5\right\}$.

$$\begin{aligned}\frac{2x}{(2x+3)(2x-10)} = \frac{1}{2x} &\Leftrightarrow 2x \times 2x = 1 \times (2x+3)(2x-10)\\ &\Leftrightarrow 4x^2 = 4x^2 - 20x + 6x - 30\\ &\Leftrightarrow 0 = -14x - 30\\ &\Leftrightarrow x = -\frac{-30}{-14} = -\frac{15}{7}.\end{aligned}$$

Donc $S = \left\{-\dfrac{15}{7}\right\}$.

f. $\dfrac{2}{x^2-3x} = \dfrac{3}{x-x^2}$. Les valeurs qui annulent les dénominateurs sont les solutions des équations $x^2 - 3x = 0$ et $x - x^2 = 0$.

Or $x^2 - 3x = 0 \Leftrightarrow x(x-3) = 0$
$\Leftrightarrow x = 0$ ou $x = 3$.

Et $x - x^2 = 0 \Leftrightarrow x(1-x) = 0$
$\Leftrightarrow x = 0$ ou $x = 1$.

Donc l'ensemble de définition de cette équation est $\mathbb{R} \setminus \{0 ; 1 ; 3\}$.

$$\begin{aligned}\frac{2}{x^2-3x} = \frac{3}{x-x^2} &\Leftrightarrow 2(x-x^2) = 3(x^2-3x)\\ &\Leftrightarrow 2x - 2x^2 = 3x^2 - 9x\\ &\Leftrightarrow 11x - 5x^2 = 0\\ &\Leftrightarrow x(11-5x) = 0\\ &\Leftrightarrow x = 0 \text{ ou } x = \frac{11}{5}.\end{aligned}$$

Parmi ces deux solutions, une ne fait pas partie de l'ensemble de définition, c'est 0.

Donc 0 n'est pas une solution de l'équation : $S = \left\{\dfrac{11}{5}\right\}$.

REMARQUE

Il faut toujours s'assurer que les solutions trouvées appartiennent bien à l'ensemble de définition de l'équation.

7 Soit a un réel strictement positif.
On sait que $a = \left(\sqrt{a}\right)^2$ car a est positif.

$x^2 = a \Leftrightarrow x^2 - a = 0 \Leftrightarrow x^2 - \left(\sqrt{a}\right)^2 = 0$

$\Leftrightarrow \left(x + \sqrt{a}\right)\left(x - \sqrt{a}\right) = 0$

$\Leftrightarrow x + \sqrt{a} = 0$ ou $x - \sqrt{a} = 0$

$\Leftrightarrow x = -\sqrt{a}$ ou $x = \sqrt{a}$.

Donc, l'équation $x^2 = a$ possède exactement deux solutions $\sqrt{a}$ et $-\sqrt{a}$.

> **RAPPEL**
>
> *On se souviendra également que si a est strictement négatif, l'équation $x^2 = a$ n'a aucune solution réelle. Et l'équation $x^2 = 0$ possède une seule solution : 0.*

8 **1.** Le triangle ABC est rectangle en A, donc, d'après le théorème de Pythagore $BC^2 = AB^2 + AC^2 = 80^2 + 60^2 = 10\,000$, donc BC = 100.

2. Le triangle est rectangle en A, donc son aire est égale à :

$$\frac{1}{2}AB \times AC = \frac{1}{2} \times 80 \times 60 = 2\,400.$$

L'aire du terrain triangulaire est 2 400 m^2.
Le périmètre est AB + BC + CA = 80 + 100 + 60 = 240.
Le périmètre est égal à 240 m.

3. Dans le triangle BAC, M appartient à [BA], N appartient à [BC] et (MN) est parallèle à (AC).

Donc, d'après le théorème de Thalès, $\dfrac{BM}{BA} = \dfrac{BN}{BC} = \dfrac{MN}{AC}$.

Donc $MN = \dfrac{AC \times BM}{BA}$, donc $MN = \dfrac{60 \times x}{80} = \dfrac{3}{4}x$.

Donc, le triangle BMN, rectangle en M, a pour aire :

$$\frac{1}{2}BM \times MN = \frac{1}{2} \times x \times \frac{3}{4}x = \frac{3}{8}x^2.$$

4. a. L'aire du triangle BMN est égale à l'aire du trapèze AMNC si, et seulement si, l'aire de BMN est égale à la moitié de celle de ABC.

Résolvons l'équation $\dfrac{3}{8}x^2 = 1\,200$:

$\dfrac{3}{8}x^2 = 1\,200 \Leftrightarrow x^2 = 1\,200 \times \dfrac{8}{3}$

$\Leftrightarrow x^2 = 3\,200$

$\Leftrightarrow x = \sqrt{3\,200}$.

Or $\sqrt{3\,200} = \sqrt{2 \times 16 \times 100} = \sqrt{2} \times 4 \times 10 = 40\sqrt{2}$.

Donc, l'aire du triangle BMN est égale à l'aire du trapèze AMNC si, et seulement si, $BM = 40\sqrt{2}$ m.

> **REMARQUE**
>
> *L'équation $x^2 = 3\,200$ possède deux solutions opposées, mais seule la solution positive convient ici, car la longueur BM est nécessairement positive.*

b. Calculons le périmètre de BMN.
BMN est un triangle rectangle en M.

$BM = 40\sqrt{2}$ et $MN = \frac{3}{4}x = \frac{3}{4}BM = \frac{3}{4} \times 40\sqrt{2} = 30\sqrt{2}$.

Donc $BN^2 = BM^2 + MN^2 = \left(40\sqrt{2}\right)^2 + \left(30\sqrt{2}\right)^2 = 5\,000$.

Donc $BN = \sqrt{5\,000} = \sqrt{2\,500 \times 2} = 50\sqrt{2}$.

Donc, le périmètre de BMN est :

$$BM + MN + NB = 40\sqrt{2} + 30\sqrt{2} + 50\sqrt{2} = 120\sqrt{2}.$$

Le périmètre de BMN est $120\sqrt{2}$ m.

Il n'est pas égal à la moitié de celui de ABC.

> **REMARQUE**
> *L'aire de ABC est le double de celle de BMN, mais les dimensions de ABC sont égales à celles de BMN multipliées par $\sqrt{2}$.*
> *Plus généralement, si on multiplie les longueurs par k, alors les aires sont multipliées par k^2.*

Inéquations et tableaux de signes

9 **a.** $7x - 13 < 15x + 3 \Leftrightarrow 7x - 15x < 3 + 13$

$$\Leftrightarrow -8x < 16 \Leftrightarrow x > \frac{16}{-8}$$

$$\Leftrightarrow x > -2.$$

Donc $S =]-2\,;+\infty[$.

> **ATTENTION**
> *On a changé le sens de l'inégalité $-8x < 16$ en divisant les deux nombres par le nombre négatif -8.*

b. $4 - 2x \geqslant 8 - 12x \Leftrightarrow -2x + 12x \geqslant 8 - 4$

$$\Leftrightarrow 10x \geqslant 4 \Leftrightarrow x \geqslant \frac{4}{10} \Leftrightarrow x \geqslant \frac{2}{5}.$$

Donc $S = \left[\frac{2}{5}\,;+\infty\right[$.

> **REMARQUE**
> *L'inégalité stricte ou large nous donne le sens des crochets de l'ensemble des solutions.*

c. $0 \leqslant 2x - 8 \leqslant 10 \Leftrightarrow 0 + 8 \leqslant 2x - 8 + 8 \leqslant 10 + 8$

$$\Leftrightarrow 8 \leqslant 2x \leqslant 18$$

$$\Leftrightarrow \frac{8}{2} \leqslant \frac{2x}{2} \leqslant \frac{18}{2} \Leftrightarrow 4 \leqslant x \leqslant 9.$$

Donc $S = [4\,;9]$.

> **REMARQUE**
> *La résolution de cette double inéquation est particulièrement importante pour mémoriser les méthodes.*
> *On ajoute d'abord 8 à tous les membres, puis on les divise tous par 2.*

d. $(x - 8)^2 > (7 - x)^2 \Leftrightarrow (x - 8)^2 - (7 - x)^2 > 0$

$$\Leftrightarrow [(x - 8) + (7 - x)][(x - 8) - (7 - x)] > 0$$

$$\Leftrightarrow (-1)(x - 8 - 7 + x) > 0$$

$$\Leftrightarrow (-1)(2x - 15) > 0$$

$$\Leftrightarrow -2x + 15 > 0 \Leftrightarrow -2x > -15$$

$$\Leftrightarrow x < \frac{-15}{-2} \Leftrightarrow x < \frac{15}{2}.$$

Donc $S = \left]-\infty\,;\frac{15}{2}\right[$.

> **ATTENTION**
> *On a changé le sens de l'inégalité, car on a divisé par (-2) qui est négatif.*

10 **a.** L'expression $-2x+12$ est de la forme $ax+b$, avec $a=-2$ et $b=12$.

La valeur qui annule l'expression est égale à $-\frac{b}{a}=-\frac{12}{-2}=6$.

Le nombre a est strictement négatif, donc le tableau est le suivant :

x	$-\infty$	6	$+\infty$
$-2x+12$	$+$	0	$-$

b. L'expression $-x+3$ est de la forme $ax+b$, avec $a=-1$ et $b=3$.

La valeur qui annule l'expression est égale à $-\frac{b}{a}=-\frac{3}{-1}=3$.

Le nombre a est strictement négatif, donc le tableau est le suivant :

REMARQUE

Dans $-x+3$, il faut penser que le coefficient devant le x est -1. En effet, $-x=(-1)x$.

x	$-\infty$	3	$+\infty$
$-x+3$	$+$	0	$-$

c. Nous allons construire un tableau qui contient les deux tableaux précédents, comme dans la Méthode 1.

On obtient le tableau suivant :

x	$-\infty$		3		6		$+\infty$
$-2x+12$		$+$		$+$	0	$-$	
$-x+3$		$+$	0	$-$		$-$	
$f(x)$		$+$	0	$-$	0	$+$	

d. Pour résoudre l'inéquation $(-2x+12)(-x+3)<0$, on utilise le tableau précédent. Sur la dernière ligne, on constate que l'expression est strictement négative uniquement sur l'intervalle $]3\ ;\ 6[$.

Donc l'ensemble des solutions est : $S=]3\ ;\ 6[$.

11 **a.** On veut résoudre $x(3x-4)<0$.

Posons $f(x)=x(3x-4)$.

Cette expression est le produit de deux facteurs de la forme $ax+b$.

Ainsi $x=1x+0$. Ce facteur s'annule en 0 et est positif pour les valeurs supérieures.

Et $3x-4$ s'annule en $\frac{4}{3}$ et est positif pour les valeurs supérieures.

On a donc le tableau suivant :

x	$-\infty$		0		$\frac{4}{3}$		$+\infty$
x		$-$	0	$+$		$+$	
$3x-4$		$-$		$-$	0	$+$	
$f(x)$		$+$	0	$-$	0	$+$	

ATTENTION

Prenez le temps de bien lire le tableau et d'identifier le signe de l'expression sur chaque intervalle.

L'expression $f(x)=x(3x-4)$ est strictement négative sur $\left]0\,;\frac{4}{3}\right[$.

Donc $S=\left]0\,;\frac{4}{3}\right[$.

b. Posons $g(x)=3x(x-4)(-2x+5)$.

Dans ce cas, il y a trois facteurs.

$3x$ s'annule en 0 et est strictement positif pour les valeurs supérieures à 0.

$x-4$ s'annule en 4 et est strictement positif pour les valeurs supérieures à 4.

$-2x+5$ s'annule en $\frac{5}{2}$ et est strictement négatif pour les valeurs supérieures à $\frac{5}{2}$.

Le tableau aura cinq lignes, et la règle des signes est la même qu'avec deux facteurs. Il suffit de les regrouper deux par deux.

x	$-\infty$		0		$\frac{5}{2}$		4		$+\infty$
$3x$		$-$	0	$+$		$+$		$+$	
$x-4$		$-$		$-$		$-$	0	$+$	
$-2x+5$		$+$		$+$	0	$-$		$-$	
$g(x)$		$+$	0	$-$	0	$+$	0	$-$	

À RETENIR

Dans la première colonne, il y a deux signes $-$ et un signe $+$. Le produit des deux $-$ donne un $+$ qui, multiplié par $+$, donne $+$ comme résultat final.

On veut résoudre $3x(x-4)(-2x+5)\leqslant 0$.

D'après la dernière ligne du tableau, l'expression est strictement négative ou nulle sur $\left[0\,;\frac{5}{2}\right]$ et sur $[4\,;+\infty[$.

Donc $S=\left[0\,;\frac{5}{2}\right]\cup[4\,;+\infty[$.

c. Posons $h(x)=(-5x+15)(2x-6)$.

$-5x+15$ s'annule en 3 et est strictement négatif pour les valeurs supérieures à 3.

$2x-6$ s'annule également en 3 et est strictement positif pour les valeurs supérieures, à 3.

On a donc le tableau suivant :

x	$-\infty$		3		$+\infty$
$-5x+15$		+	0	−	
$2x-6$		−	0	+	
$h(x)$		−	0	−	

On veut résoudre $(-5x+15)(2x-6) \geqslant 0$.

Or, l'expression est strictement négative pour tout réel x, sauf pour $x = 3$ où elle s'annule. Donc $S = \{3\}$.

Il y a une seule solution.

On peut remarquer que $h(x) = (-5x+15)(2x-6) = -5 \times (x-3) \times 2 \times (x-3)$.

Donc $h(x) = -10 \times (x-3)^2$. Un carré étant toujours positif ou nul, l'expression est donc toujours négative ou nulle.

12 **a.** L'expression $\dfrac{8x-24}{3x-12}$ existe si, et seulement si, $3x - 12 \neq 0$.

Donc, l'ensemble de définition de cette inéquation est $\mathbb{R} \setminus \{4\}$.

Le tableau de signe est analogue à celui que l'on ferait si l'on avait un produit de facteurs, sauf que nous allons indiquer le fait que 4 est une valeur interdite par une double barre verticale sur la dernière ligne.

À RETENIR

Le crochet est fermé en 3 car l'expression s'annule pour $x = 3$, mais il est ouvert en 4 car le calcul est impossible pour $x = 4$. Dans le tableau, cela se traduit par la double barre verticale. 4 est une « valeur interdite ».

x	$-\infty$		3		4		$+\infty$
$8x-24$		−	0	+		+	
$3x-12$		−		−	0	+	
$\dfrac{8x-24}{3x-12}$		+	0	−	‖	+	

On veut résoudre $\dfrac{8x-24}{3x-12} \leqslant 0$.

D'après la dernière ligne du tableau, $S = [3\ ;\ 4[$.

b. L'expression $\dfrac{x(-2x-6)}{-4x+8}$ existe si, et seulement si, $-4x + 8 \neq 0$.

Donc, l'ensemble de définition de cette inéquation est $\mathbb{R} \setminus \{2\}$.

x	$-\infty$		-3		0		2		$+\infty$
x		$-$		$-$	0	$+$		$+$	
$-2x-6$		$+$	0	$-$		$-$		$-$	
$-4x+8$		$+$		$+$		$+$	0	$-$	
$\dfrac{x(-2x-6)}{-4x+8}$		$-$	0	$+$	0	$-$	‖	$+$	

On veut résoudre $\dfrac{x(-2x-6)}{-4x+8} \geqslant 0$.

D'après la dernière ligne du tableau, $S = [-3 ; 0] \cup]2 ; +\infty[$.

ATTENTION

Attention aux crochets des intervalles !

c. L'expression $\dfrac{2x-3}{x+8}$ existe si, et seulement si, $x + 8 \neq 0$.
Donc, l'ensemble de définition de cette inéquation est $\mathbb{R} \setminus \{-8\}$.
Le deuxième membre de cette inéquation n'est pas égal à 0. Il faut se ramener à une situation qui peut se résoudre par une étude de signes. On soustrait donc le deuxième membre aux deux membres de l'inéquation puis on réduit au même dénominateur.

$$\frac{2x-3}{x+8} \geqslant 1 \Leftrightarrow \frac{2x-3}{x+8} - 1 \geqslant 0 \Leftrightarrow \frac{2x-3}{x+8} - \frac{x+8}{x+8} \geqslant 0 \Leftrightarrow \frac{2x-3-(x+8)}{x+8} \geqslant 0 \Leftrightarrow \frac{x-11}{x+8} \geqslant 0.$$

x	$-\infty$		-8		11		$+\infty$
$x-11$		$-$		$-$	0	$+$	
$x+8$		$-$	0	$+$		$+$	
$\dfrac{x-11}{x+8}$		$+$	‖	$-$	0	$+$	

On veut résoudre $\dfrac{x-11}{x+8} \geqslant 0$.

D'après la dernière ligne du tableau, $S =]-\infty ; -8[\cup [11 ; +\infty[$.

d. L'expression $\dfrac{4}{x} < \dfrac{x}{4}$ existe si, et seulement si, $x \neq 0$.
Donc, l'ensemble de définition de cette inéquation est $\mathbb{R}^*$.

RAPPEL

$\mathbb{R}^* = \mathbb{R} \setminus \{0\} =]-\infty ; 0[\cup]0 ; +\infty[$.

$\frac{4}{x} < \frac{x}{4} \Leftrightarrow \frac{4}{x} - \frac{x}{4} < 0 \Leftrightarrow \frac{16}{4x} - \frac{x^2}{4x} < 0 \Leftrightarrow \frac{16 - x^2}{4x} < 0 \Leftrightarrow \frac{(4+x)(4-x)}{4x} < 0.$

x	$-\infty$		-4		0		4		$+\infty$
$4+x$		$-$	0	$+$		$+$		$+$	
$4-x$		$+$		$+$		$+$	0	$-$	
$4x$		$-$		$-$	0	$+$		$+$	
$\frac{(4+x)(4-x)}{4x}$		$+$	0	$-$	‖	$+$	0	$-$	

On veut résoudre $\frac{(4+x)(4-x)}{4x} < 0$.

D'après la dernière ligne du tableau, $S =]-4\ ;\ 0[\cup]4\ ;\ +\infty[$.

Résoudre graphiquement équations et inéquations

13 **1. a.** Les solutions de l'équation $f(x) = -2$ sont les abscisses des points de $\mathscr{C}_f$ dont l'ordonnée est égale à -2. Il y a deux points de coordonnées $(1\ ;\ -2)$ et $(3\ ;\ -2)$. Donc l'ensemble des solutions est $S = \{1\ ;\ 3\}$.

b. Les solutions de l'équation $f(x) = 4$ sont les abscisses des points de $\mathscr{C}_f$ dont l'ordonnée est égale à 4. Donc $S = \{-3\ ;\ 7\}$.

c. Les solutions de l'équation $f(x) = 7$ sont les abscisses des points de $\mathscr{C}_f$ dont l'ordonnée est égale à 7. Donc $S = \varnothing$.

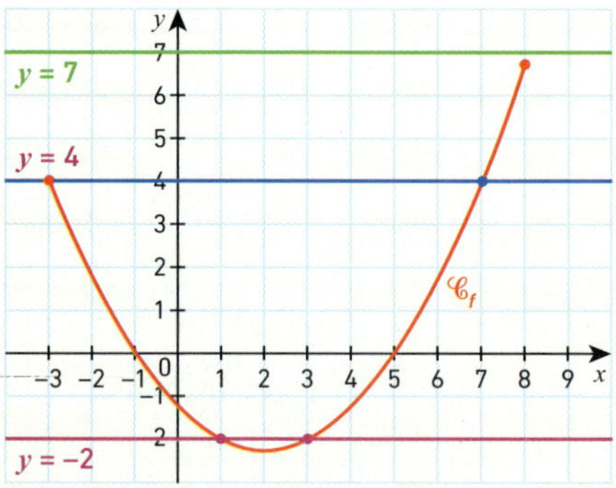

2. a. Les solutions de l'inéquation $f(x) > -2$ sont les abscisses des points de $\mathscr{C}_f$ situés au-dessus de la droite d'équation $y = -2$. Donc $S = [-3\ ;\ 1[\cup]3\ ;\ 8]$.

b. Les solutions de l'inéquation $f(x) \geqslant 4$ sont les abscisses des points de $\mathscr{C}_f$ situés sur ou au-dessus de la droite d'équation $y = 4$.
Donc $S = \{-3\} \cup [7 ; 8]$.

REMARQUE

Il y a un point isolé qui vérifie $f(x) \geqslant 4$.
En effet $f(-3) = 4$, donc -3 appartient à l'ensemble des solutions.

3. D'après le graphique :

x	-3		-1		5		8
$f(x)$		$+$	0	$-$	0	$+$	

À RETENIR

$f(x) = 0$ lorsque $\mathscr{C}_f$ coupe l'axe des abscisses.
$f(x) < 0$ lorsque $\mathscr{C}_f$ est en dessous de l'axe des abscisses.
$f(x) > 0$ lorsque $\mathscr{C}_f$ est au-dessus de l'axe des abscisses.

4. Traçons la droite Δ d'équation $y = x - 3$ sur le graphique.

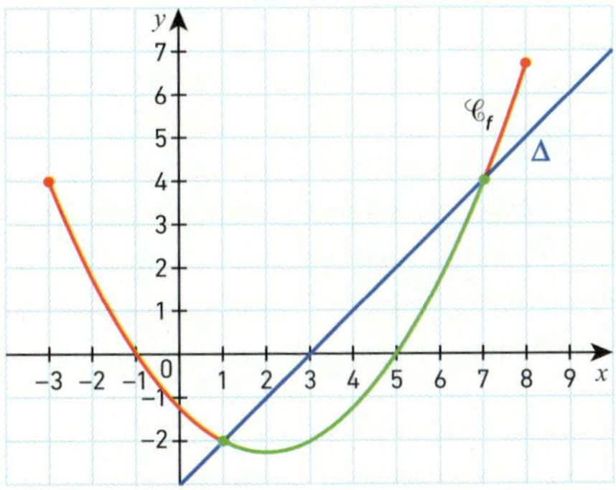

Les solutions de l'inéquation $f(x) \leqslant x - 3$ sont les abscisses des points de $\mathscr{C}_f$ situés sur ou en dessous de la droite Δ. Ces points sont en vert sur le graphique.
Ainsi, $S = [1 ; 7]$.

14 **1. a.**

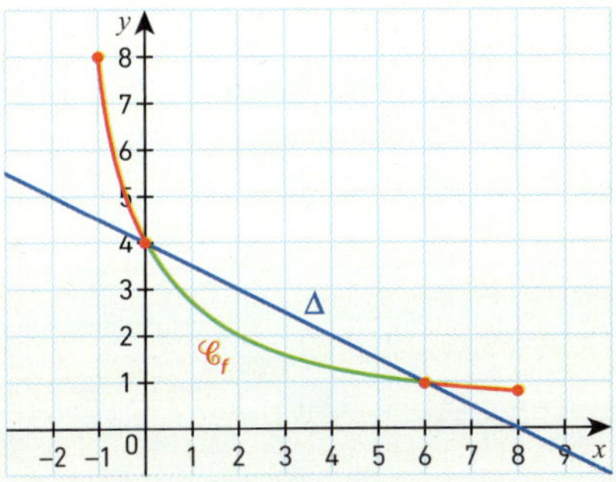

b. Les solutions de l'inéquation $f(x) \geqslant -\frac{1}{2}x+4$ sont les abscisses des points de $\mathscr{C}_f$ situés sur ou au-dessus de la droite Δ. Ces points sont en rouge sur le graphique.
Ainsi, $S = [-1 ; 0] \cup [6 ; 8]$.

2. a. $f(x) \geqslant -\frac{1}{2}x+4 \Leftrightarrow \frac{8}{x+2} \geqslant -\frac{1}{2}x+4$

$$\Leftrightarrow \frac{8}{x+2}+\frac{x}{2}-4 \geqslant 0$$

$$\Leftrightarrow \frac{2\times 8}{2(x+2)}+\frac{x(x+2)}{2(x+2)}-\frac{4\times 2(x+2)}{2(x+2)} \geqslant 0$$

$$\Leftrightarrow \frac{16+x^2+2x-8x-16}{2(x+2)} \geqslant 0$$

$$\Leftrightarrow \frac{x^2-6x}{2(x+2)} \geqslant 0.$$

Donc $f(x) \geqslant -\frac{1}{2}x+4 \Leftrightarrow \frac{x(x-6)}{2x+4} \geqslant 0$.

b. Pour résoudre $\frac{x(x-6)}{2x+4} \geqslant 0$, on utilise le tableau de signes suivant, en remarquant que l'ensemble de définition de cette inéquation est $\mathbb{R} \setminus \{-2\}$.

x	$-\infty$		-2		0		6		$+\infty$
x		$-$		$-$	0	$+$		$+$	
$x-6$		$-$		$-$		$-$	0	$+$	
$2x+4$		$-$	0	$+$		$+$		$+$	
$\frac{x(x-6)}{2x+4}$		$-$	$\|$	$+$	0	$-$	0	$+$	

D'après le tableau, $S =]-2 ; 0] \cup [6 ; +\infty[$.

c. L'ensemble n'est pas le même que celui trouvé en **1. b.**, car on a résolu l'inéquation sur $\mathbb{R} \setminus \{-2\}$ et pas sur $[-1 ; 8]$ comme précédemment.
Si on restreint l'étude à $[-1 ; 8]$, alors on retrouve bien $S = [-1 ; 0] \cup [6 ; 8]$.

Variations de fonctions

POUR DÉMARRER

- Revoir les notions d'images et d'antécédents.
- Revoir le tracé de courbes représentatives de fonctions.

Dans tout ce chapitre, I est un intervalle de $\mathbb{R}$ et f est une fonction définie sur I.

1 Variations

A. Fonction croissante, fonction décroissante

Définitions

• Dire qu'une fonction f est **croissante** sur un intervalle I, c'est dire que quand la variable x augmente dans I, son image $f(x)$ augmente aussi.

• Dire qu'une fonction f est **décroissante** sur un intervalle I, c'est dire que quand la variable x augmente dans I, son image $f(x)$ diminue.

• Dire qu'une fonction est **monotone** sur un intervalle I, c'est dire qu'elle est soit croissante soit décroissante sur cet intervalle.

Théorème

• f est croissante sur I lorsqu'elle vérifie la propriété suivante **pour tous *a* et *b* dans I** :

si $a < b$, alors $f(a) \leqslant f(b)$.

Autrement dit une fonction f est croissante sur I si elle « conserve l'ordre » sur cet intervalle.

• f est décroissante sur I lorsqu'elle vérifie la propriété suivante **pour tous *a* et *b* dans I** :

si $a < b$, alors $f(a) \geqslant f(b)$.

Autrement dit une fonction f est décroissante sur I si elle « inverse l'ordre » sur cet intervalle.

• f est dite constante sur I si, **pour tous *a* et *b* dans I**, $f(a) = f(b)$.

B. Interprétation graphique

Fonction croissante :
si $a < b$, alors $f(a) \leqslant f(b)$.
Dans un repère « classique », la courbe « monte » lorsque l'on va de gauche à droite.

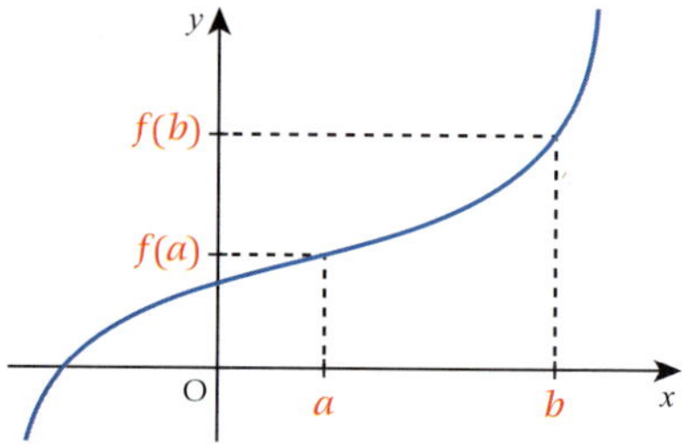

Fonction décroissante :
si $a < b$, alors $f(a) \geqslant f(b)$.
Dans un repère « classique », la courbe « descend » lorsque l'on va de gauche à droite.

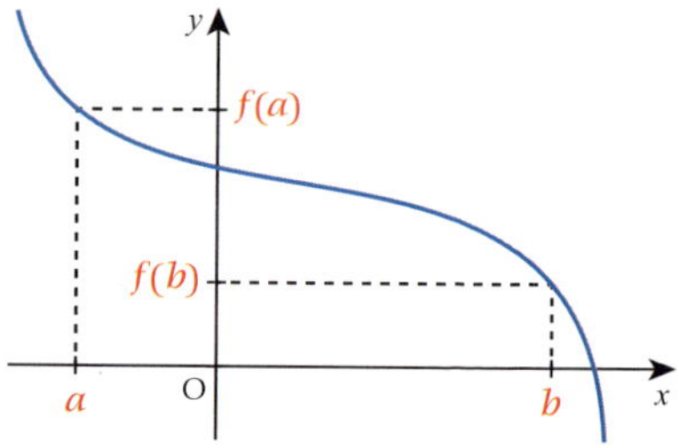

C. Fonctions strictement croissantes, strictement décroissantes

Définitions

- f est dite **strictement croissante** sur I lorsque, pour tous a et b dans I :

$$\text{si } a < b, \text{ alors } f(a) < f(b).$$

- f est dite **strictement décroissante** sur I lorsque, pour tous a et b dans I :

$$\text{si } a < b, \text{ alors } f(a) > f(b).$$

D. Tableau de variations

Les fonctions étudiées seront rarement monotones (toujours croissantes ou toujours décroissantes) sur leur ensemble de définition.

Le plus souvent elles seront croissantes sur certains intervalles, et décroissantes sur d'autres.

On utilise alors un « tableau de variations » pour résumer les variations de la fonction sur les différents intervalles.

Tracé d'un tableau de variations

- On considère par exemple la fonction f représentée ci-après :

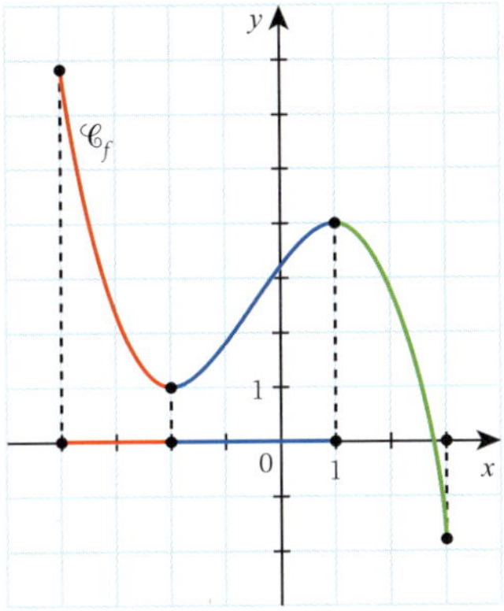

Si cette fonction est :
– strictement décroissante sur $[-4 ; -2]$,
– strictement croissante sur $[-2 ; 1]$,
– strictement décroissante sur $[1 ; 3]$,
alors on peut résumer ces informations de la façon suivante :

x	-4		-2		1		3
f	$6{,}8$	↘	1	↗	4	↘	$-1{,}8$

- **Règles de tracé**

Les intervalles sur lesquels la fonction est monotone se lisent sur la première ligne du tableau.
Une flèche qui descend correspond à une fonction strictement décroissante et une flèche qui monte correspond à une fonction strictement croissante.
Si elles existent, on indique l'image des valeurs de la variable x présentes sur la première ligne, sous forme exacte ou approchée.
Si un réel n'a pas d'image, alors on trace une double barre sous ce réel.
On n'indique rien sous les signes $+\infty$ et $-\infty$.

Exemple

On considère le tableau de variations suivant :

x	$-\infty$		-5		2		6
f		↘	3	↗	‖	↘	-1

On peut y lire que :

– f est strictement décroissante sur $]-\infty\ ;-5]$ et sur $]2\ ;6]$ et strictement croissante sur $[-5\ ;2[$;

– l'image de -5 par f est 3 et celle de 6 est -1, en revanche 2 n'a pas d'image par f.

2 Extremums

A. Maximum et minimum

Définition

- On dit que M est le maximum de f sur I si :
  - pour tout x de I, $f(x) \leqslant M$;
  - il existe une valeur a tel que $f(a) = M$.

On dit alors que le maximum de f est **atteint** en a.

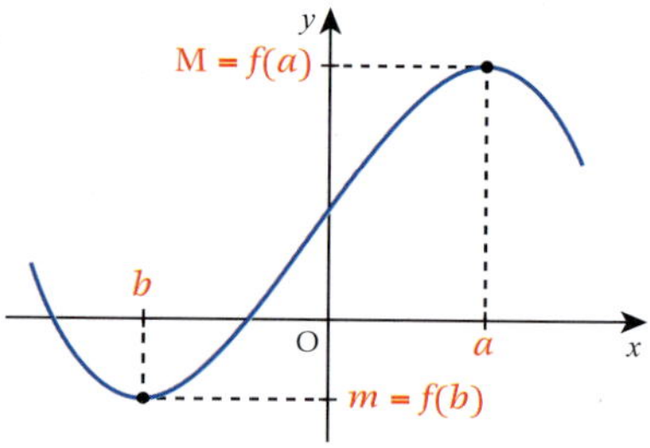

- On dit que m est le minimum de f sur I si :
  - pour tout x de I, $f(x) \geqslant m$;
  - il existe une valeur b tel que $f(b) = m$.

On dit alors que le minimum de f est **atteint** en b.

B. Interprétation graphique

Dans un repère « classique », le maximum est l'ordonnée du point « le plus haut » de la courbe et le minimum est l'ordonnée du point « le plus bas » de la courbe. On lit les abscisses de ces points pour trouver en quelles valeurs de x ces extremums sont atteints.

3 Cas des fonctions affines

A. Variations

Théorème

Soit f la fonction affine définie sur $\mathbb{R}$ par : $f(x) = ax + b$.

Si $a > 0$, alors f est strictement croissante sur $\mathbb{R}$.

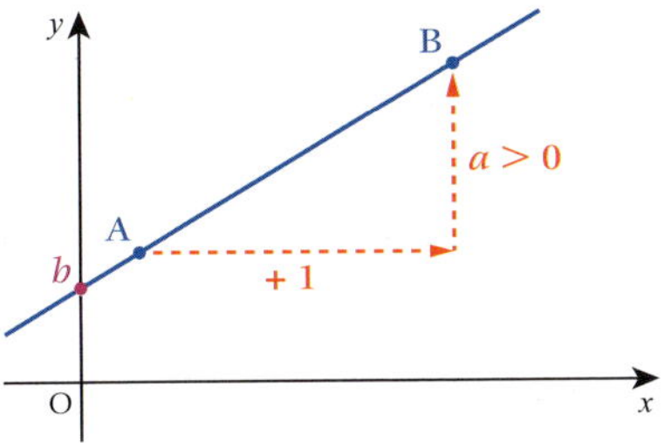

Si $a < 0$, alors f est strictement décroissante sur $\mathbb{R}$.

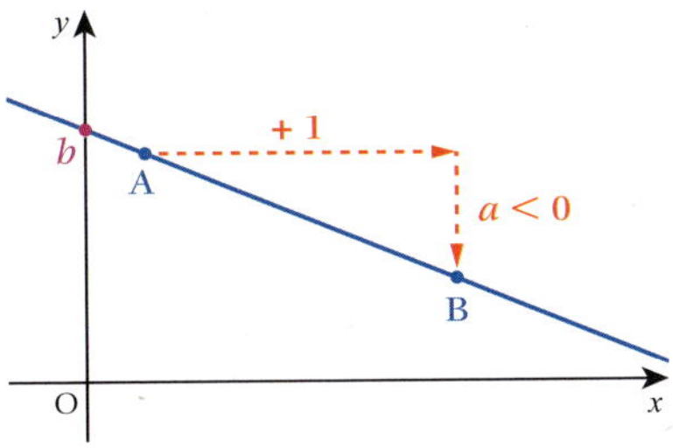

Si $a = 0$ alors la fonction est constante, égale à b : pour tout $x \in \mathbb{R}$, $f(x) = b$.

B. Signe de $f(x) = ax + b$

Théorème

Soit f la fonction affine définie sur $\mathbb{R}$ par :

$$f(x) = ax + b.$$

Si $a \neq 0$, alors $f(x) = 0 \Leftrightarrow x = -\dfrac{b}{a}$.

REMARQUE

Vous avez peut-être déjà rencontré ces résultats dans le chapitre 7.

1er cas : si $a > 0$, alors $f(x) < 0$ pour $x < -\frac{b}{a}$ et $f(x) > 0$ pour $x > -\frac{b}{a}$.

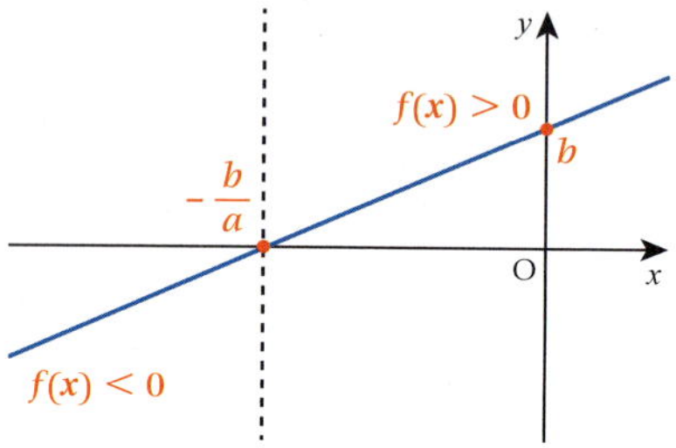

x	$-\infty$		$-\frac{b}{a}$		$+\infty$
f		$-$	0	$+$	

2^e cas : si $a < 0$, alors $f(x) > 0$ pour $x < -\frac{b}{a}$ et $f(x) < 0$ pour $x > -\frac{b}{a}$

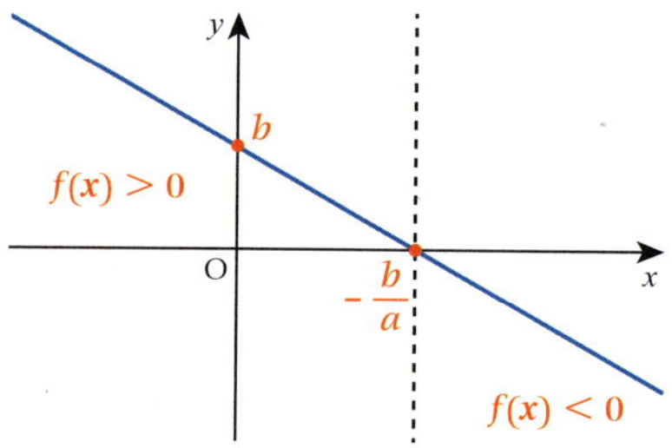

x	$-\infty$		$-\frac{b}{a}$		$+\infty$
f		$+$	0	$-$	

3e cas : si $a = 0$, alors la fonction f est toujours du signe de b.

PIÈGES À ÉVITER

- Il ne faut pas confondre sens de variation (croissante/décroissante) et signe (positif/négatif) d'une fonction.
- Il faut absolument vérifier la cohérence entre la courbe représentative d'une fonction et son tableau de variations.

1 Lire un tableau de variations

CONSEIL

Un tableau de variations est une façon de faire le bilan des variations d'une fonction (et donc parfois de détecter des erreurs de calcul ou de raisonnement), mais c'est aussi un très bon outil pour obtenir de nouvelles informations sur la fonction.

Exercice

POINT MÉTHODE

✓ Les flèches dans un tableau de variations indiquent les intervalles sur lesquels la fonction étudiée est strictement monotone.

On considère une fonction f définie sur [–5 ; 10] dont le tableau de variations est le suivant :

x	–5		–1		6		10
f	9	↘	0	↗	4	↘	2

1 **Décrire par des phrases les variations de la fonction f.**

2 **Peut-on comparer $f(-4)$ avec $f(-2)$? Et $f(3)$ avec $f(8)$?**

3 **Pourquoi ce tableau nous permet-il aussi de déterminer le signe de f sur l'intervalle [–5 ; 10] ?**

4 **a. Déterminer le nombre d'antécédents de 4 par f.**

b. Déterminer le nombre d'antécédents de 2 par f.

5 **Quel est le maximum de f sur [–1;10] et en quelle valeur est-il atteint ? Et sur [–5; 10] ?**

Comment répondre ?

1 La fonction f est strictement décroissante sur les intervalles [–5 ; –1] et [6 ; 10].

Elle est strictement croissante sur l'intervalle [–1 ; 6].

2 $-4 < -2$. Or ces nombres appartiennent à l'intervalle [–5 ; –1] sur lequel f est strictement décroissante. Donc, sur cet intervalle, f inverse le sens des inégalités, autrement dit : $f(-4) > f(-2)$.

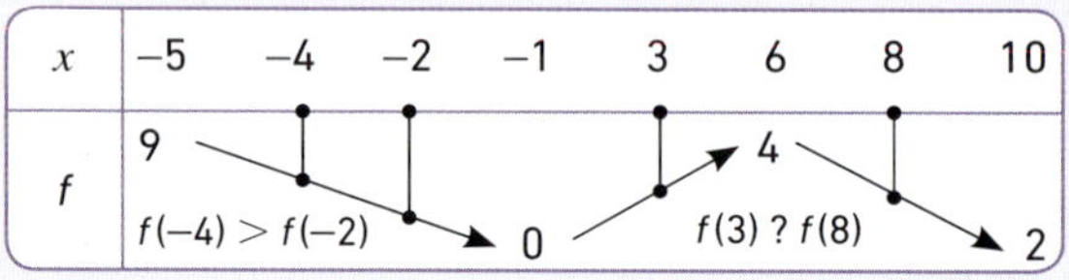

De même, $3 < 8$. Mais ces nombres n'appartiennent pas à un intervalle sur lequel f est monotone.

Donc on ne peut pas savoir si $f(3)$ est supérieur ou inférieur à $f(8)$.

REMARQUE

La fonction f n'est pas monotone (variation constante) sur son ensemble de définition, mais est positive (signe constant).
Il faut bien faire la différence entre ces deux notions.

3 On peut lire dans ce tableau que la fonction f admet un minimum égal à 0, atteint en -1.

En effet $f(-1) = 0$ et $f(x) \geqslant 0$ pour tout $x \in [-5 ; 10]$

Donc la fonction f est positive sur son domaine de définition.

4 **a.** 6 est un antécédent de 4 puisque $f(6) = 4$. Mais il y a aussi un autre antécédent de 4 entre -5 et -1, puisque $f(-5) = 9$, que $f(-1) = 0$ et que f est strictement décroissante sur l'intervalle $[-5 ; -1]$.
4 admet donc deux antécédents sur $[-5 ; 10]$.

b. De même, on montre que 2 admet trois antécédents :

10 est un antécédent de 2 puisque $f(10) = 2$;

2 admet un antécédent entre -5 et -1 et un autre entre -1 et 6.

ATTENTION

L'intervalle sur lequel on cherche un extremum éventuel d'une fonction est très important. Lisez attentivement l'énoncé.

5 Sur l'intervalle $[-1 ; 10]$, le maximum de f est égal à 4. Il est atteint en 6.

En effet, pour tout réel x de $[-1 ; 10]$, $f(x) \leqslant 4$ et $f(6) = 4$.

Sur $[-5 ; 10]$, le maximum de f est égal à 9. Il est atteint en -5.

2 Étudier les variations d'une fonction

CONSEIL

La principale difficulté de ce genre d'exercice est de ne pas se contenter de comparer $f(a)$ et $f(b)$ pour une, ou même plusieurs valeurs de a et b.
Il faut comparer $f(a)$ et $f(b)$ pour **toutes** les valeurs de a et de b telles que $a < b$.

Exercice

POINT MÉTHODE

✓ *Pour comparer deux réels $f(a)$ et $f(b)$, une bonne méthode est de comparer leur différence à 0.*

On considère la fonction f définie sur $\mathbb{R}$ par :

$$f(x) = (x-2)^2 + 1.$$

1 Tracer la courbe $\mathscr{C}_f$ représentative de f et conjecturer les variations de f.

2 **a.** Si a et b sont deux réels appartenant à $I = [2\ ; +\infty[$, montrer que :

$$f(b) - f(a) = (b-a)(a+b-4).$$

b. En déduire les variations de f sur I.

3 On admet que f est strictement décroissante sur l'intervalle $J =]-\infty\ ; 2]$.
En déduire le tableau de variations de f.

Comment répondre ?

Tableau de valeurs de la fonction f :

x	0	1	2	3	4
$f(x)$	5	2	1	2	5

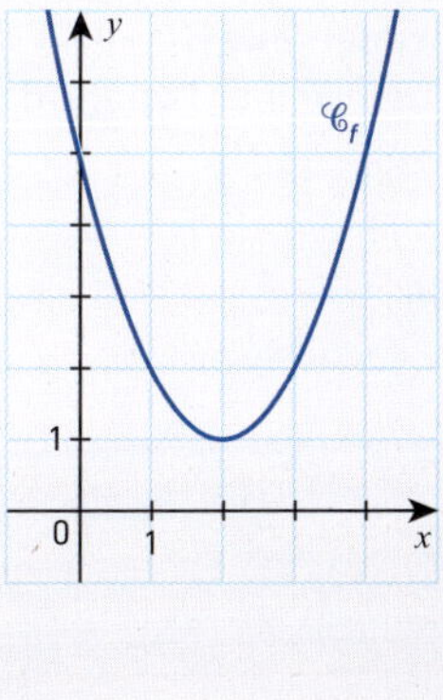

1 En observant la courbe représentative de f ci-contre, on peut conjecturer que la fonction f est strictement décroissante sur $]-\infty\ ; 2]$ et strictement croissante sur l'intervalle $[2\ ; +\infty[$.

2 **a.** Soient a et b deux réels.

$$\begin{aligned} f(b) - f(a) &= [(b-2)^2 + 1] - [(a-2)^2 + 1] \\ &= (b-2)^2 + 1 - (a-2)^2 - 1 \\ &= (b-2)^2 - (a-2)^2. \end{aligned}$$

$f(b) - f(a) = (b-2)^2 - (a-2)^2$ est une différence de deux carrés. On peut donc utiliser l'identité remarquable correspondante :

$$x^2 - y^2 = (x-y)(x+y) \text{ avec } x = b-2 \text{ et } y = a-2.$$

Ainsi :

$f(b) - f(a) = [(b-2)-(a-2)] \times [(b-2)+(a-2)] = [b-2-a+2] \times [b-2+a-2].$

Et on a bien : $f(b) - f(a) = (b-a) \times (a+b-4)$.

b. Montrons que f est strictement croissante sur $\mathrm{I} = [2\,;+\infty[$.

ASTUCE

Il est plus facile de comparer un nombre à 0 grâce à la règle des signes.

REMARQUE

La somme de deux nombres supérieurs à 2 est supérieure à 4.

RAPPEL

Soit a et b deux nombres non nuls. Si a et b sont de même signe, alors $ab > 0$.

Soient a et b deux réels de I tels que $a < b$. Il s'agit de montrer que $f(a) < f(b)$.

Pour cela montrons que $f(b) - f(a) > 0$.

On sait que $f(b) - f(a) = (b-a) \times (a+b-4)$.

Or :

$b - a > 0$ puisque $a < b$;

$a + b - 4 > 0$ puisque $a \geqslant 2$, $b \geqslant 2$ et $a < b$.

Comme le produit de deux nombres positifs est positif, on a : $(b-a) \times (a+b-4) > 0$,

autrement dit : $f(b) - f(a) > 0$.

On a donc démontré que, lorsque $a \in [2\,;+\infty[$ et $b \in [2\,;+\infty[$:

$$\text{si } a < b, \text{ alors } f(a) < f(b).$$

Ceci démontre que f est strictement croissante sur l'intervalle $\mathrm{I} = [2\,;+\infty[$.

3 f est donc strictement décroissante sur $]-\infty\,;2]$ et strictement croissante sur l'intervalle $[2\,;+\infty[$. Pour dresser le tableau de variations de f, il ne reste plus qu'à déterminer l'image de 2 par f.

$f(2) = (2-2)^2 + 1 = 1$ et le tableau de variations de f est le suivant :

x	$-\infty$		2		$+\infty$
f		↘	1	↗	

3 Reconnaître et étudier une fonction affine

CONSEIL

Les fonctions affines sont les briques à partir desquelles vous allez construire vos connaissances utiles pour l'étude de toutes les fonctions.

Il faut savoir les reconnaître du premier coup d'œil et avoir bien en tête leurs variations et leurs signes.

Exercice

1 Montrer que la fonction f définie sur $\mathbb{R}$ par :

$$f(x) = \frac{3-2x}{5} \text{ est une fonction affine.}$$

2 Tracer la courbe représentative de cette fonction dans un repère du plan.

3 Quel est le coefficient directeur de la droite obtenue dans la question précédente ?
Et son ordonnée à l'origine ?

4 Donner les variations de f et dresser son tableau de signes.

POINT MÉTHODE

✓ Une fonction affine est de la forme $f : x \mapsto ax + b$. La première chose à faire est de déterminer les valeurs de a et de b.

Comment répondre ?

1 $f(x) = \frac{3-2x}{5} = \frac{3}{5} - \frac{2x}{5} = -\frac{2}{5}x + \frac{3}{5}$.

Donc f est bien une fonction affine, avec $a = -\frac{2}{5} = -0{,}4$ et $b = \frac{3}{5} = 0{,}6$.

2 Comme pour toute fonction, on peut dresser un tableau de valeurs pour tracer la courbe représentative de f.

x	-1	4
$f(x)$	1	-1

REMARQUE

La courbe représentative d'une fonction affine est une droite, donc deux points suffisent pour tracer cette droite.

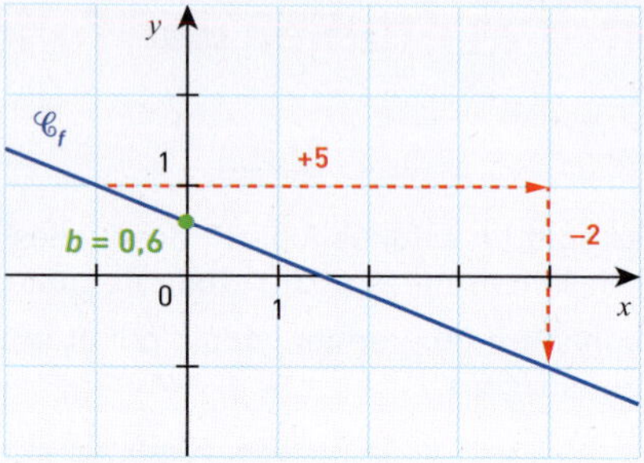

RAPPEL

Revoir le chapitre 5 pour les lectures graphiques de coefficients directeurs et d'ordonnées à l'origine.

3 Le coefficient directeur de cette droite est égal à −0,4, et son ordonnée à l'origine est égale à 0,6.

On peut vérifier ces valeurs sur le graphique.

4 f est décroissante sur $\mathbb{R}$ puisque c'est une fonction affine avec un coefficient directeur négatif.

De plus : $f(x) = 0 \Leftrightarrow \dfrac{3-2x}{5} = 0 \Leftrightarrow 3 - 2x = 0 \Leftrightarrow 3 = 2x \Leftrightarrow x = \dfrac{3}{2} = 1{,}5$.

Comme le coefficient directeur est négatif, on a le tableau de signes suivant d'après le théorème du paragraphe 3.B.

REMARQUE

Ce théorème nous dit aussi que la droite coupe l'axe des abscisses en $-\dfrac{b}{a}$, ce qui est bien le cas puisque : $-\dfrac{b}{a} = -\dfrac{0{,}6}{-0{,}4} = 1{,}5$.

x	$-\infty$		1,5		$+\infty$
f		+	0	−	

On peut ainsi dresser le tableau de variations de f :

x	$-\infty$	1,5	$+\infty$
f	↘	0	↘

TESTEZ VOS CONNAISSANCES

CORRIGÉ p. 222

1. Soit f une fonction strictement décroissante sur un intervalle I.
a et b sont deux réels de I.

a. Si $a < b$, alors $f(a) < f(b)$.

b. Si $a > b$, alors $f(a) > f(b)$.

c. Si $a > b$, alors $f(a) < f(b)$.

2. On a dressé ci-contre le tableau de valeurs pour une fonction f définie sur l'intervalle $[-2 ; 4]$:

x	-2	0	2	4
$f(x)$	10	15	12	16

a. f est croissante sur $[-2 ; 4]$.

b. f n'est pas croissante sur $[-2 ; 4]$.

c. On ne peut pas savoir si f est croissante ou pas sur $[-2 ; 4]$.

3. On a dressé ci-contre le tableau de valeurs pour une fonction g définie sur l'intervalle $[-2 ; 4]$:

x	-2	0	2	4
$g(x)$	8	11	15	17

a. g est croissante sur $[-2 ; 4]$.

b. g n'est pas croissante sur $[-2 ; 4]$.

c. On ne peut pas savoir si g est croissante ou pas sur $[-2 ; 4]$.

Lire les réponses aux questions 4 à 7 dans le tableau de variations suivant :

x	$-\infty$		-3		2		8		$+\infty$
f		↘	4	↗	10	↘	-5	↗	

4. Est-il possible de comparer $f(6)$ et $f(9)$?

a. Oui, $f(6) \leqslant f(9)$.

b. Oui, $f(6) \geqslant f(9)$.

c. Non, on n'a pas assez d'informations.

5. Est-il possible de comparer $f(-2)$ et $f(1)$?

a. Oui, $f(-2) \leqslant f(1)$.

b. Oui $f(-2) \geqslant f(1)$.

c. Non, on n'a pas assez d'informations.

6. Est-il possible de déterminer le maximum de f sur $\mathbb{R}$?

a. Oui, il vaut 10.

b. Oui, il vaut 2.

c. Non, on n'a pas assez d'informations.

7. Est-il possible de déterminer le minimum de f sur $\mathbb{R}$?

a. Oui, il vaut –3.

b. Oui, il vaut –5.

c. Non, on n'a pas assez d'informations.

8. La fonction $f : x \mapsto 15 - 4x$:

a. est croissante sur $\mathbb{R}$.

b. est décroissante sur $\mathbb{R}$.

c. est ni l'un ni l'autre.

9. La fonction $f : x \mapsto x^2$:

a. est croissante sur $\mathbb{R}$.

b. est décroissante sur $\mathbb{R}$.

c. est ni l'un ni l'autre.

10. On a tracé dessous la courbe représentative d'une fonction monotone sur $\mathbb{R}$.

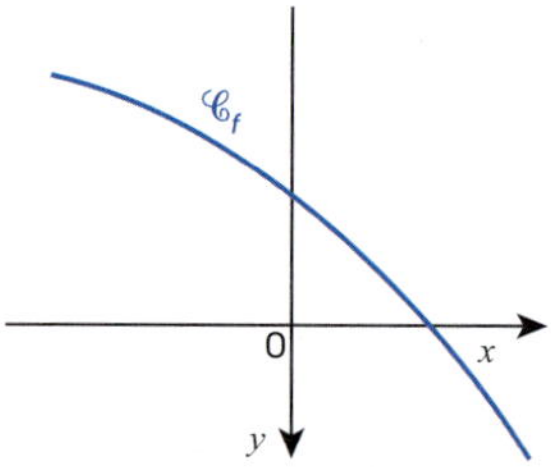

a. Cette fonction est croissante sur $\mathbb{R}$.

b. Cette fonction est décroissante sur $\mathbb{R}$.

c. Il n'est pas possible de lire les variations de f sur ce graphique.

ENTRAÎNEZ-VOUS

CORRIGÉ p. 223

Lectures de graphiques et de tableaux de variations

1 On dispose des courbes représentatives de deux fonctions f et g. ●○○ 10 min

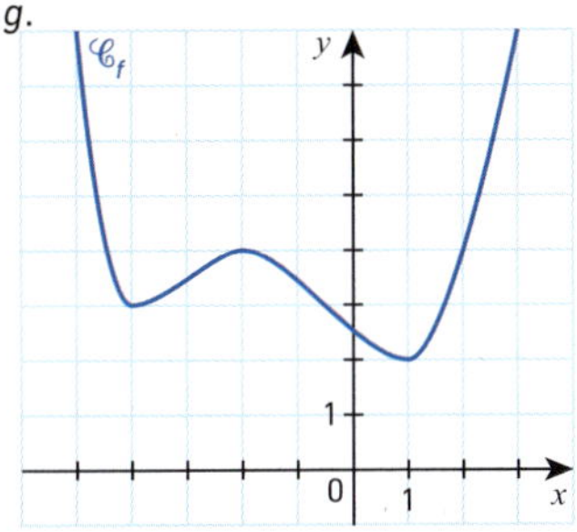

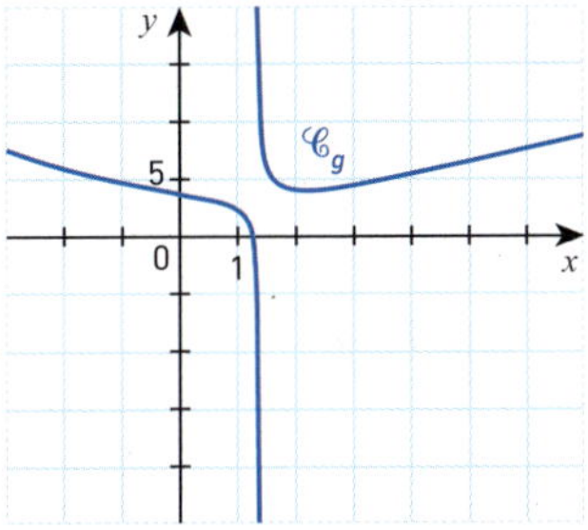

Dresser un tableau de variation pour chacune de ces fonctions.

2 La fonction f admet le tableau de variations suivant : ●○○ 15 min

x	2		4		7		$+\infty$
f	-3	↘	-5	↗	3	↘	

a. Quel est l'ensemble de définition de f ?

b. Décrire par des phrases les variations de f.

c. Tracer dans un repère une courbe pouvant représenter f.

3 La fonction f définie sur l'intervalle $[-1 ; 6]$ est représentée ci-contre. ●○○ 10 min

Répondre aux questions suivantes en utilisant les informations disponibles sur le graphique.

1. Donner un encadrement de $f(x)$ lorsque :

a. $-1 \leqslant x \leqslant 2$.

b. $2 \leqslant x \leqslant 6$.

2. a. Quel est le maximum de f ?
En quelle valeur de x est-il atteint ?

b. Quel est le minimum de f ?
En quelle valeur de x est-il atteint ?

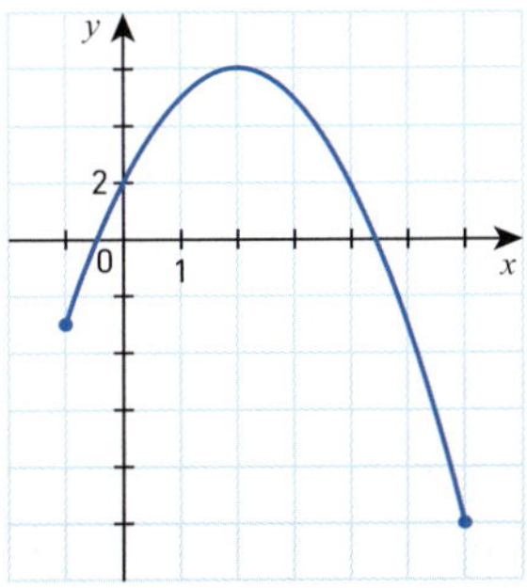

4 La fonction f admet le tableau de variations suivant : ●●○ 20 min

x	-10		-4		2		8
f	3	↘	‖	↗	6	↘	4

1. Quel est l'ensemble de définition de f ?

2. Peut-on comparer :

a. $f(-7)$ et $f(-5)$?

b. $f(1)$ et $f(5)$?

c. $f(-7)$ et $f(5)$?

3. Peut-on affirmer que f admet un maximum sur son domaine de définition ? Si oui, en quelle valeur de x est-il atteint ?

4. Peut-on affirmer que f admet un minimum sur son domaine de définition ? Si oui, en quelle valeur de x est-il atteint ?

Fonctions affines

5 Dresser les tableaux de variations et de signes pour les fonctions affines suivantes : ●○○ 15 min

a. $f(x) = 2x - 10$.

b. $g(x) = -4x - 6$.

6 **a.** Parmi les fonctions suivantes, dire lesquelles sont des fonctions affines. ●●○ 25 min

$f(x) = \dfrac{x+6}{2}$; $g(x) = (x+3)^2 - 4$; $h(x) = 2(x+3) - 1$; $i(x) = \dfrac{x+3}{x+2}$;

$j(x) = \dfrac{3}{x+3}$; $k(x) = (x+3) \times (x+2)$; $l(x) = (x+3) - (x+2)$.

b. Pour chacune des fonctions affines que vous avez trouvées, donner le coefficient directeur et l'ordonnée à l'origine de la droite représentant cette fonction.

7 Soit f la fonction définie sur $\mathbb{R}$ par : $f(x) = mx + p$. ●○○ 15 min
Démontrer que si m est strictement positif, alors f est strictement croissante sur $\mathbb{R}$.

Études de variations

8 La fonction f est définie sur $\mathbb{R}$ par : ●○○ 15 min

$$f(x) = \frac{-x^3 + 3x^2 + 9x + 133}{128}.$$

On admet que cette fonction est strictement croissante sur [–1 ; 3] et strictement décroissante ailleurs.

1. Dresser le tableau de variations complet de f.

2. a. Calculer $f(7)$.

b. En déduire le tableau de signes de f.

9 Le but de cet exercice est de déterminer les variations de la fonction $f : x \mapsto \sqrt{x}$, définie sur $[0\ ;+\infty[$. ●●● 25 min

1. Tracer la courbe représentative de la fonction f et conjecturer son sens de variation sur $[0\ ;+\infty[$.

2. On considère deux réels positifs a et b, tels que $a < b$.

a. Développer $\left(\sqrt{b}-\sqrt{a}\right)\times\left(\sqrt{b}+\sqrt{a}\right)$.

b. Montrer que : $\sqrt{b}-\sqrt{a}=\dfrac{b-a}{\sqrt{b}+\sqrt{a}}$.

c. Quel est le signe de $b-a$? Et celui de $\sqrt{b}+\sqrt{a}$?

d. En déduire les variations de la fonction f.

10 Le but de cet exercice est de démontrer que la fonction $f : x \mapsto \sqrt{2x+2}$ est croissante sur son domaine de définition. ●●○ 20 min

1. À quelle condition le réel $\sqrt{2x+2}$ existe-t-il ?

2. On considère deux réels a et b, tels que $-1 \leqslant a < b$.

a. Recopier et compléter les inégalités suivantes en justifiant vos réponses :

$$-2 \ \ldots\ 2a \ \ldots\ 2b$$

$$0 \ \ldots\ 2a+2 \ \ldots\ 2b+2$$

$$\sqrt{2a+2}\ \ldots\ \sqrt{2b+2}$$

b. En déduire les variations de la fonction f sur $[-1\ ;+\infty[$.

11 On considère l'algorithme suivant : ●●○ 25 min

```
VARIABLES : i (entier) et y (réel)
ENTRÉE : choisir une fonction f définie sur [0 ; 10]
INITIALISATION : y prend la valeur f(0)
TRAITEMENT :
   Pour i allant de 1 à 10 :
      Si f(i) > f(i – 1)
      Alors y prend la valeur f(i)
      FinSi
   FinPour
SORTIE : afficher y.
```

1. Quel va être le nombre affiché en sortie de cet algorithme si la fonction choisie par l'utilisateur est la fonction :

a. $f : x \mapsto x^2$?

b. $f : x \mapsto -2x + 3$?

c. $f : x \mapsto -x^2 + 8x + 10$?

2. f est une fonction croissante sur [0 ; 10].
Que vaudra la variable y à la sortie de l'algorithme ?

Problèmes

12 Dans l'angle d'une pièce on veut construire un meuble de la forme d'un parallélépipède rectangle. ●●○ 40 min

Pour des raisons esthétiques, on souhaite que ses dimensions soient celles indiquées sur le schéma ci-dessous (x est donc un réel compris entre 0 et 9).

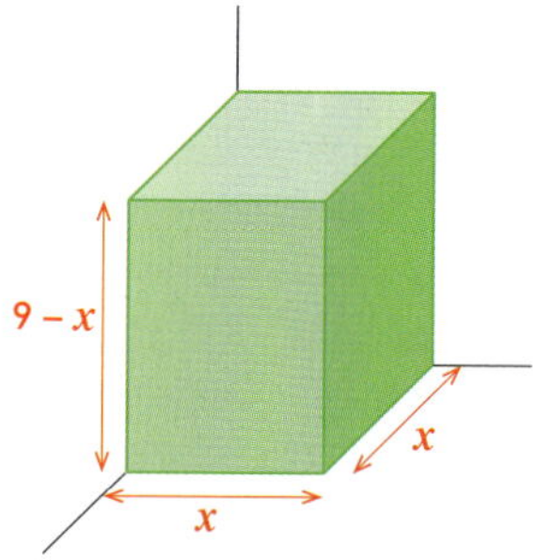

1. On s'intéresse d'abord à l'aire $\mathcal{A}$ des panneaux latéraux en fonction de x.

a. Montrer que : $\mathcal{A}(x) = 20{,}25 - (x - 4{,}5)^2$.

b. Montrer que, si a et b sont deux réels appartenant à l'intervalle [0 ; 9] , alors :

$$\mathcal{A}(b) - \mathcal{A}(a) = (a - b)(a + b - 9).$$

c. Montrer que la fonction $\mathcal{A}$ est croissante sur [0 ; 4,5] et décroissante sur [4,5 ; 9], puis dresser son tableau de variations.

2. On s'intéresse maintenant au volume $\mathcal{V}$ du meuble en fonction de x.

a. Déterminer l'expression de $\mathcal{V}(x)$.

b. Tracer la courbe représentative de $\mathcal{V}$ et conjecturer ses variations.

c. Montrer que : $108 - \mathcal{V}(x) = (x - 6)^2 \times (x + 3)$.

d. En déduire le maximum de $\mathcal{V}$ et la hauteur du meuble lorsque le volume est maximal.

13 Dans un repère orthonormé (O ; I, J) , on trace un demi-cercle Γ de centre O et de rayon 1 (voir figure 1). ●●● 30 min

On appelle K le point de coordonnées (–1 ; 0) et L le point de coordonnées (0 ; –1).
M est un point de Γ d'abscisse x.
On a représenté dans la figure 2 les longueurs MJ, MK et ML en fonction de x.

figure 1

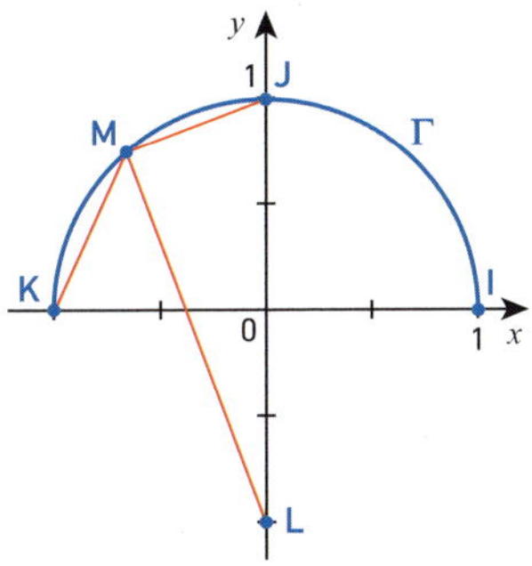

figure 2

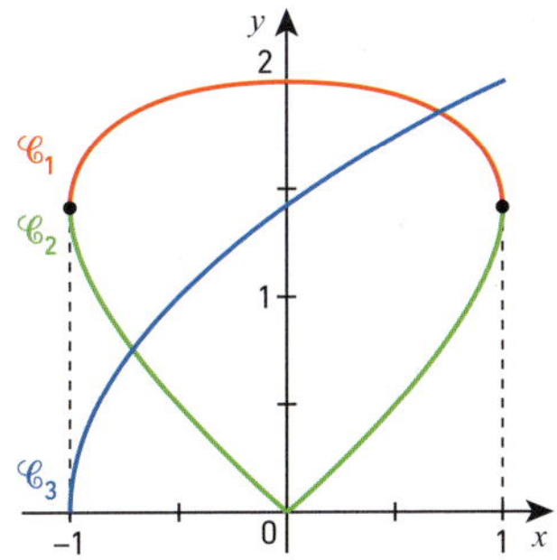

a. Refaire la figure 1 lorsque $x = -1$ et calculer MJ, MK et ML dans ce cas.

b. Identifier chaque courbe.

c. On note $l(x)$ la distance ML en fonction de x et $k(x)$ la distance MK en fonction de x. Conjecturer les tableaux de variation des fonctions l et k.

14 *Cet exercice prolonge l'étude entamée dans l'exercice précédent en démontrant un résultat conjecturé à la question c.* ●●● 30 min
Pour traiter cet exercice, vous aurez besoin d'avoir résolu l'exercice 10 de ce chapitre et d'avoir étudié le chapitre 3 sur les repères.

Dans le repère orthonormé (O ; I, J), Γ est le demi-cercle de centre O (0 ; 0) et de rayon 1 situé au-dessus de l'axe des abscisses et M est un point de Γ.

1. a. Combien vaut OM^2 ?

b. Si on note $(x ; y)$ les coordonnées du point M, utiliser la question précédente pour déterminer une relation entre x et y.

c. En déduire que M a pour coordonnées $\left(x ; \sqrt{1-x^2}\right)$.

2. a. K est le point de coordonnées (–1 ; 0).
Déterminer MK en fonction de x.

b. On note $k(x)$ la distance MK en fonction de x.
Démontrer que k est croissante sur [–1 ; 1].

Corrigés de *TESTEZ VOS CONNAISSANCES*

1. Réponse **c.** Une fonction décroissante inverse le sens des inégalités.

Dans les réponses **a** et **b** la fonction conserve le sens de l'inégalité.

REMARQUE

Un contre-exemple suffit pour montrer qu'une fonction n'est PAS croissante. Il est souvent plus difficile de démontrer qu'une fonction EST croissante.

2. Réponse **b.** Si f était croissante sur $[-2\ ;\ 4]$, alors, comme $0 < 2$, on aurait $f(0) < f(2)$.

Or $f(0) = 15$ et $f(2) = 12$.

C'est donc que f n'est pas croissante sur cet intervalle.

3. Réponse **c.** En regardant le tableau de valeur de la fonction g, on peut penser que cette fonction est croissante sur $[-2\ ;\ 4]$. Mais rien ne prouve que cela soit vrai.

Par exemple si $g(1) = 6$, alors g ne sera pas croissante sur $[-2\ ;\ 4]$.

4. Réponse **c.** Comme on peut le voir dans le tableau ci-dessous, il n'est pas possible de comparer $f(6)$ et $f(9)$ puisque f n'est pas monotone sur l'intervalle $[6\ ;\ 9]$.

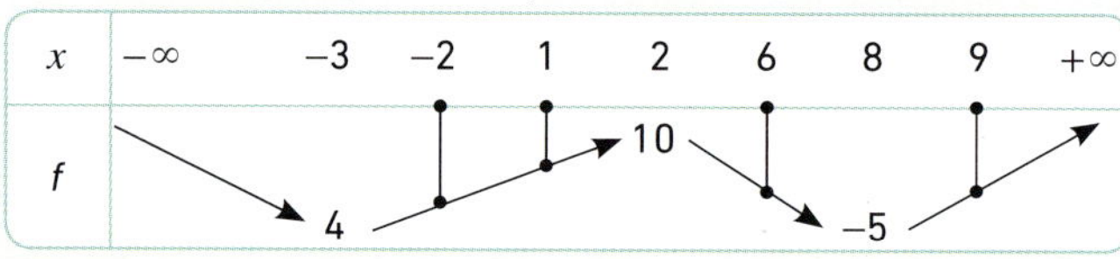

5. Réponse **a.** f est croissante sur $[-3\ ;\ 2]$. De plus, $-2 \in [-3\ ;\ 2]$ et $1 \in [-3\ ;\ 2]$ et $-2 < 1$, donc $f(-2) < f(1)$.

REMARQUE

En revanche on peut dire que 10 est le maximum de f sur l'intervalle [−3 ; 8].

6. Réponse **c.** Comme on ne sait pas ce qui se passe lorsque x tend vers $+\infty$ et lorsque x tend vers $-\infty$, on ne peut pas savoir si 10 est, ou n'est pas, le maximum de f sur $\mathbb{R}$.

7. Réponse **b.** D'après le tableau, $f(x) \geqslant -5$ pour tout $x \in \mathbb{R}$ et $f(8) = -5$. Donc -5 est bien le minimum de f sur $\mathbb{R}$.

8. Réponse **b.** f est une fonction affine décroissante, car son coefficient directeur est égal à -4 (théorème 3.A).

REMARQUE

Les variations de la fonction f (la fonction carré) seront étudiées au chapitre suivant.

9. Réponse **c.** D'une part $f(-2) > f(-1)$ car $f(-2) = (-2)^2 = 4$ et $f(-1) = (-1)^2 = 1$, donc que f n'est pas croissante sur $[-2\ ;\ -1]$.

D'autre part $f(1) < f(2)$ et donc f n'est pas décroissante sur $[1\ ;\ 2]$.

f n'est donc ni croissante ni décroissante sur $\mathbb{R}$.

10. Réponse **a.** Par hypothèse, on sait que f est monotone sur $\mathbb{R}$. On remarque que lorsque x augmente (de gauche à droite sur l'axe des abscisses), y augmente aussi (de haut en bas sur l'axe des ordonnées, qui est orienté vers le bas !).

x et y varient donc dans le même sens : f est croissante sur $\mathbb{R}$.

Corrigés de *ENTRAÎNEZ-VOUS*

Lectures de graphiques et de tableaux de variations

1 Tableau de variations de f :

x	$-\infty$		-4		-2		1		$+\infty$
f		↘	3	↗	4	↘	2	↗	

Tableau de variations de g :

x	$-\infty$		$1{,}3$		$2{,}2$		$+\infty$
f		↘	‖	↘	4	↗	

2 **a.** $f(x)$ existe pour toute valeur de x supérieure à 2.
L'ensemble de définition de f est donc $[2\ ;+\infty[$.

b. f est strictement décroissante sur $[2\ ;\ 4]$, à valeurs dans l'intervalle $[-5\ ;-3]$.

f est strictement croissante sur $[4\ ;\ 7]$, à valeurs dans l'intervalle $[-5\ ;\ 3]$.

f est strictement décroissante sur $[7\ ;+\infty[$. On peut remarquer que $f(x) \leqslant 3$ si $x \geqslant 7$.

> **REMARQUE**
> *L'expression « à valeurs dans » est utilisée pour décrire l'ensemble des images de la variable sur l'intervalle considéré.*

c. La courbe suivante peut représenter f :

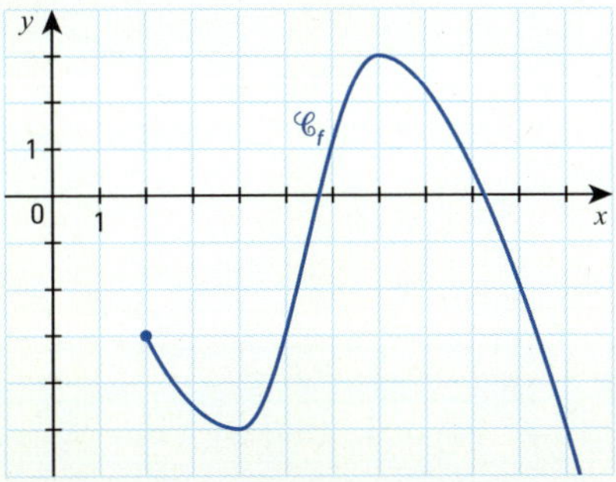

> **REMARQUE**
> *Le point à l'extrémité gauche de la courbe correspond à la borne réelle gauche de l'intervalle de définition de f.*

3 **1. a.** f est croissante sur l'intervalle $[-1\ ;\ 2]$. Donc, sur cet intervalle, f conserve le sens des inégalités.

Ainsi : $-1 \leqslant x \leqslant 2 \Rightarrow f(-1) \leqslant f(x) \leqslant f(2)$.

Or $f(-1) = -3$ et $f(2) = 6$. Donc si $x \in [-1\ ;\ 2]$, alors $f(x) \in [-3\ ;\ 6]$.

> **REMARQUE**
> *Il faut faire bien attention à écrire les bornes de chaque intervalle dans le bon ordre : la borne inférieure à gauche, la borne supérieure à droite.*

b. f est décroissante sur l'intervalle $[2\ ;\ 6]$. Donc, sur cet intervalle, f inverse le sens des inégalités. Ainsi :

$$2 \leqslant x \leqslant 6 \Rightarrow f(2) \geqslant f(x) \geqslant f(6) \Rightarrow f(6) \leqslant f(x) \leqslant f(2).$$

Or $f(6) = -10$ et $f(2) = 6$.

Donc si $x \in [2\ ;\ 6]$, alors $f(x) \in [-10\ ;\ 6]$.

2. a. Le maximum de f vaut 6, et il est atteint en 2.

b. Le minimum de f vaut -10, et il est atteint en 6.

4 **1.** $f(x)$ existe pour toute valeur de x comprise entre -10 et 8 sauf -4.

L'ensemble de définition de f est donc $[-10\ ;\ 4[\cup]4\ ;\ 8]$.

2.

x	-10		-7		-5		-4		1		2		5		8
f	3	↘	•	↘	•	↘	‖	↗	•	↗	6	↘	•	↘	4

> **RAPPEL**
> *Les fonctions décroissantes inversent le sens des inégalités.*

a. f est strictement décroissante sur $[-10\ ;\ -4[$.

De plus $-7 \in [-10\ ;\ -4[$ et $-5 \in [-10\ ;\ -4[$ et $-7 < 5$, donc $f(-7) > f(-5)$.

b. En revanche, il n'est pas possible de comparer $f(1)$ et $f(5)$ puisque f n'est pas monotone sur l'intervalle $[1\ ;\ 5]$.

c. Il ne semble pas possible *a priori* de comparer $f(-7)$ et $f(5)$.

> **ASTUCE**
> *Comme souvent, il peut être utile d'essayer de dessiner une courbe dont le tableau de variation serait celui donné par l'énoncé.*

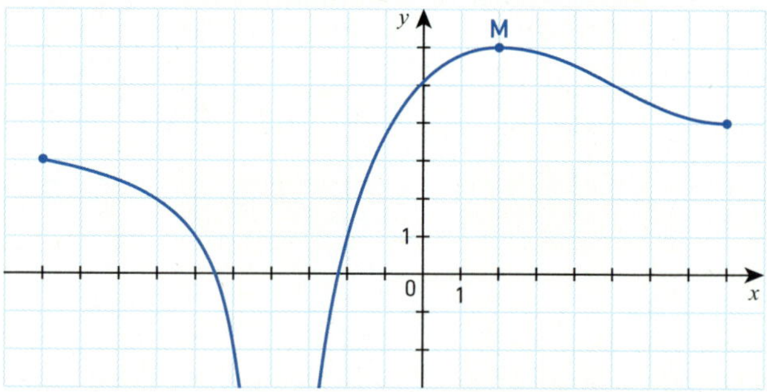

Cependant, on peut remarquer que $f(-7) < 3$ puisque $-10 < -7$ et que f est strictement décroissante sur $[-10\ ;\ -7]$, donc que $f(-10) > f(-7)$.

De même, on peut remarquer que $f(5) > 4$ puisque $5 < 8$ et que f est strictement décroissante sur [5 ; 8], donc que $f(5) > f(8)$.

On a donc $f(-7) < 3$ et $f(5) > 4$, autrement dit : $f(-7) < 3 < 4 < f(5)$.

Conclusion : $f(-7) < f(5)$.

3. f admet un maximum, égal à 6, atteint en 2. Graphiquement, le point M de coordonnées (2 ; 6) dans le graphique ci-dessus est « au sommet » de la courbe.

4. En revanche, f n'admet pas de minimum.

Fonctions affines

5 **a.** $f : x \mapsto 2x - 10$.

f est une fonction affine croissante puisque son coefficient directeur est positif ($a = 2$). Par ailleurs, une fonction affine croissante est d'abord négative, puis positive.

RAPPEL
Voir le théorème 3.B.

Elle change de signe en $-\dfrac{b}{a} = -\dfrac{-10}{2} = 5$.

Tableau de variations de f :

x	$-\infty$	$+\infty$
f	↗	

Tableau de signes de f :

x	$-\infty$		5		$+\infty$
$f(x)$		$-$	0	$+$	

b. $g : x \mapsto -4x - 6$.

g est une fonction affine décroissante puisque son coefficient directeur est négatif ($a = -4$). Par ailleurs une fonction affine décroissante est d'abord positive, puis négative.

Elle change de signe en $-\dfrac{b}{a} = -\dfrac{-6}{-4} = -\dfrac{3}{2} = -1{,}5$.

On peut vérifier que :

$$g(x) \geqslant 0 \Leftrightarrow -4x - 6 \geqslant 0 \Leftrightarrow -4x \geqslant 6 \Leftrightarrow x \leqslant \frac{6}{-4}$$

puisqu'une division par un nombre négatif (−4 ici) change le sens des inégalités.

On a donc bien : $g(x) \geqslant 0 \Leftrightarrow x \leqslant -1{,}5$.

Tableau de variations de g :

x	$-\infty$	$+\infty$
g	↘	

Tableau de signes de g :

x	$-\infty$		$-1{,}5$		$+\infty$
$g(x)$		$+$	0	$-$	

6 **a.** $f(x) = \frac{1}{2}x + \frac{6}{2} = \frac{1}{2}x + 3$, donc f est une fonction affine. g n'est pas une fonction affine. On peut remarquer que :

$$g(x) = (x+3)^2 - 2^2 = (x+3-2)(x+3+2) = (x+1)(x+5).$$

> **REMARQUE**
> *g est une « fonction polynôme de degré 2 » et i est une « fonction homographique ». Voir le chapitre 9.*

> **REMARQUE**
> *Quand $a = 0$ la fonction affine $x \to ax + b$ est une fonction constante.*

g est donc le produit de deux fonctions affines.

$h(x) = 2x + 6 - 1 = 2x + 5$. h est donc une fonction affine.

i n'est pas une fonction affine : c'est le quotient de deux fonctions affines.

Les fonctions j et k ne sont pas des fonctions affines, mais la fonction l en est une, car $l(x) = x + 3 - x - 2 = 1$ pour tout réel x.

La fonction l est donc une fonction constante.

b. La droite (d_1), représentative de la fonction f, a pour coefficient directeur $\frac{1}{2}$ et pour ordonnée à l'origine 3.

La droite (d_2), représentative de la fonction h, a pour coefficient directeur 2 et pour ordonnée à l'origine 5.

La droite (d_3), représentative de la fonction l, a pour coefficient directeur 0 et pour ordonnée à l'origine 1.

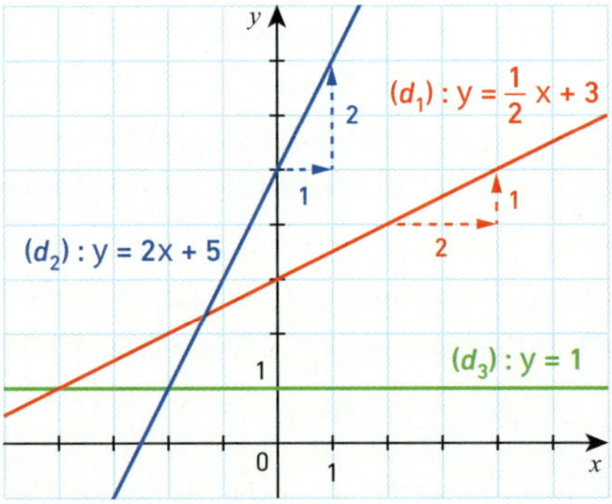

7 Montrons que la fonction $f : x \mapsto mx + p$ conserve le sens des inégalités si m est strictement positif.

Soient a et b deux réels tels que $a < b$.

Il s'agit de comparer les images $f(a) = ma + p$ et $f(b) = mb + p$ de ces réels.

$f(b) - f(a) = (mb + p) - (ma + p) = mb + p - ma - p = mb - ma.$

Donc : $f(b) - f(a) = m(b - a)$.

Or $m > 0$ par hypothèse et $b - a > 0$ puisque l'on a supposé que $a < b$.

Le produit de nombres strictement positifs est strictement positif, donc $f(b) - f(a) > 0$, autrement dit : $f(a) < f(b)$.

On a donc démontré que, pour tous réels a et b, $a < b \Rightarrow f(a) < f(b)$.

La fonction affine f est donc strictement croissante sur $\mathbb{R}$.

Études de variations

8 **1.** Les variations de la fonction f sont données par l'énoncé. Il ne reste plus qu'à calculer les images de -1 et de 3 pour disposer d'un tableau de variations complet.

$f(-1) = 1$ et $f(3) = 1,25$. Ainsi :

x	$-\infty$		-1		3		$+\infty$
f		↘	1	↗	1,25	↘	

RAPPEL

Vous verrez peut-être plus tard comment on peut compléter les extrémités des flèches en dessous de $\pm\infty$, mais pour l'instant il ne faut rien indiquer à cet endroit.

2. a. $f(7) = \dfrac{-7^3 + 3 \times 7^2 + 9 \times 7 + 133}{128} = \dfrac{0}{128} = 0$.

b. Sur l'intervalle $]-\infty\,;3]$, la fonction f admet pour minimum 1 (elle atteint cette valeur en -1). Donc on peut dire que, pour tout $x \leqslant 3$, on a $f(x) > 0$.

De plus f est strictement décroissante sur l'intervalle $]3\,;7[$ puisqu'elle l'est sur l'intervalle $[3\,;+\infty[$.

Ainsi, pour tout $x \in\,]3\,;7[$, on a $3 < x < 7$ et donc $f(3) > f(x) > f(7)$ puisque f inverse le sens des inégalités sur cet intervalle. Or $f(7) = 0$.

On a donc démontré que, pour tout $x \in\,]3\,;7[$, $1,25 > f(x) > 0$.

Enfin, f est strictement décroissante sur l'intervalle $]7\,;+\infty[$, donc pour tout $x > 7$ on a $f(x) < f(7)$, autrement dit $f(x) < 0$.

Conclusion :

pour tout $x \in\,]-\infty\,;7[$ on a $f(x) > 0$;

$f(7) = 0$;

pour tout $x \in\,]7\,;+\infty[$ on a $f(x) < 0$.

On peut résumer ces informations dans le tableau de signes suivant :

x	$-\infty$		7		$+\infty$
$f(x)$		$+$	0	$-$	

ASTUCE

Il faut faire bien attention à ne pas confondre les variations d'une fonction avec son signe, mais il est parfois possible, comme ici, d'extraire d'un tableau de variations des informations utiles pour une étude de signes.

9 **1.** Pour tracer la courbe représentative de la fonction $f : x \mapsto \sqrt{x}$ sur $[0\,;+\infty[$, on peut dresser un tableau de valeurs :

x	0	0,25	1	2	4	6	9
$f(x)$	0	0,5	1	1,41	2	2,45	3

Puis on trace la courbe représentative de la « fonction racine carrée » en reliant dans un repère les points obtenus à partir du tableau précédent.

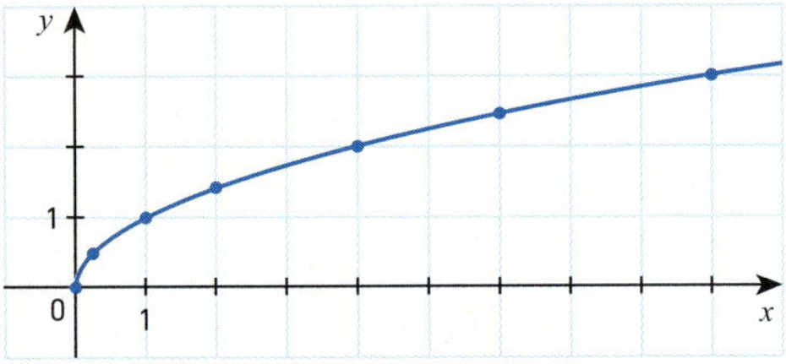

Il semblerait que cette fonction soit croissante sur $\mathbb{R}^+ = [0\,;+\infty[$.

> **RAPPEL**
> *Souvenez-vous de l'identité remarquable : $(b-a)(b+a) = b^2 - a^2$.*

> **ATTENTION**
> *À ce moment de la démonstration, on ne peut pas affirmer que $\sqrt{b} > \sqrt{a}$, puisque c'est justement ce qu'on cherche à démontrer en prouvant que la fonction racine carrée est croissante.*

2. a. $(\sqrt{b}-\sqrt{a})\times(\sqrt{b}+\sqrt{a}) = \sqrt{b}^2 - \sqrt{a}^2$.

Or $\sqrt{b}^2 = b$ et $\sqrt{a}^2 = a$. Donc $(\sqrt{b}-\sqrt{a})\times(\sqrt{b}+\sqrt{a}) = b - a$.

b. $\sqrt{a}$ et $\sqrt{b}$ sont deux réels positifs (c'est-à-dire supérieurs ou égaux à 0) par définition de la racine carrée.

De plus b n'est pas nul, puisqu'il est strictement supérieur à a (le nombre a, en revanche, peut éventuellement être égal à 0). Donc $\sqrt{b}$ ne peut pas être égal à 0.

Ainsi $\sqrt{b}+\sqrt{a} > 0$.

En particulier $\sqrt{b}+\sqrt{a} \neq 0$, donc on peut diviser chaque membre de l'égalité démontrée dans la question précédente par $\sqrt{b}+\sqrt{a}$.

On obtient : $\sqrt{b}-\sqrt{a} = \dfrac{b-a}{\sqrt{b}+\sqrt{a}}$.

c. $b - a > 0$ puisque $b > a$. $\sqrt{b}+\sqrt{a} > 0$ comme on l'a vu à la question précédente.

d. On a donc $\dfrac{b-a}{\sqrt{b}+\sqrt{a}} > 0$ d'après la question **c.**, puisque c'est le quotient de deux nombres strictement positifs.

On déduit alors de la question **b.** l'inégalité $\sqrt{b}-\sqrt{a} > 0$, ou encore $\sqrt{a} < \sqrt{b}$.

Conclusion : On a montré que lorsque a et b sont deux réels positifs, si $a < b$, alors $\sqrt{a} < \sqrt{b}$. Ainsi : $a < b \Rightarrow f(a) < f(b)$: la fonction f est strictement croissante sur $\mathbb{R}^+$.

10 **1.** On ne peut calculer la racine carrée d'un nombre que si ce nombre est positif.
Donc $\sqrt{2x+2}$ existe si, et seulement si, $2x+2 \geqslant 0$.
$2x+2 \geqslant 0 \Leftrightarrow 2x \geqslant -2 \Leftrightarrow x \geqslant \frac{-2}{2}$, donc $2x+2 \geqslant 0 \Leftrightarrow x \geqslant -1$.
La fonction $f : x \mapsto \sqrt{2x+2}$ est donc définie sur $[-1\,;+\infty[$.

2. a. On suppose que $-1 \leqslant a < b$.

Encadrements	Explications
$2 \times (-1) < 2a < 2b$	La multiplication par 2, qui est un nombre positif, ne change pas le sens des inégalités.
$-2+2 < 2a+2 < 2b+2$	Rajouter 2 à chaque membre de l'encadrement ne change pas non plus le sens des inégalités.
$\sqrt{2a+2} < \sqrt{2b+2}$	Prendre la racine carrée de chaque membre de l'encadrement ne change pas le sens des inégalités puisque la fonction racine carrée est croissante sur $\mathbb{R}^+$ d'après l'exercice précédent.

b. La fonction f conserve donc le sens des inégalités sur son intervalle de définition. En effet, lorsque a et b sont deux réels supérieurs à -1, on a montré que si $a < b$, alors $f(a) < f(b)$.
La fonction f est donc croissante sur $[-1\,;+\infty[$.

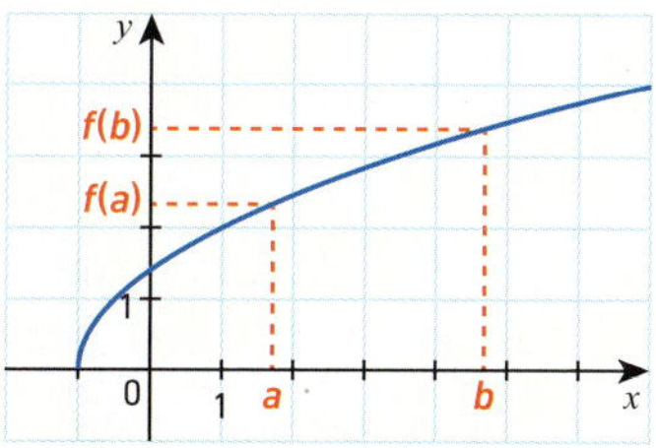

REMARQUE
On dit que fonction f est « composée » à partir de deux fonctions croissantes, la fonctions $x \mapsto 2x+2$ et $x \mapsto \sqrt{x}$.

11 **1. a.** $f(x) = x^2$ pour tout réel x.
Donc, lors de l'initialisation de l'algorithme, la variable y prend la valeur $f(0) = 0^2 = 0$.
On entre ensuite dans une « boucle Pour » : à chaque incrémentation de la variable i, on calcule une nouvelle image, celle de $f(i)$, et on remplace la valeur de y par cette image si elle est supérieure à $f(i-1)$.

VOCABULAIRE
Incrémenter, c'est ajouter une valeur fixée, souvent 1, à une variable. Cette valeur est le « pas », ou l'« incrément ».

On peut voir l'évolution des variables dans un tableau :

i	1	2	3	4	5	6	7	8	9	10
$f(i)$	1	4	9	16	25	36	49	64	81	100
$f(i-1)$	0	1	4	9	16	25	36	49	64	81
$f(i) > f(i-1)$? (O pour oui)	O	O	O	O	O	O	O	O	O	O
y	1	4	9	16	25	36	49	64	81	100

Donc, en sortie de l'algorithme, la variable y vaudra 100, et c'est cette valeur qui sera affichée.

b. De même, si $f(x) = -2x + 3$, alors y est initialisée à $f(0) = -2 \times 0 + 3 = 3$ et évolue de la façon suivante :

i	1	2	3	4	5	6	7	8	9	10
$f(i)$	1	−1	−3	−5	−7	−9	−11	−13	−15	−17
$f(i-1)$	3	1	−1	−3	−5	−7	−9	−11	−13	−15
$f(i) > f(i-1)$? (N pour non)	N	N	N	N	N	N	N	N	N	N
y	3	3	3	3	3	3	3	3	3	3

Donc, en sortie de l'algorithme, la variable y vaudra 3, et c'est cette valeur qui sera affichée.

c. De même, si $f(x) = -x^2 + 8x + 10$, alors y est initialisée à $f(0) = -0^2 + 8 \times 0 + 10 = 10$ et évolue de la façon suivante :

i	1	2	3	4	5	6	7	8	9	10
$f(i)$	17	22	25	26	25	22	17	10	1	−10
$f(i-1)$	10	17	22	25	26	25	22	17	10	1
$f(i) > f(i-1)$?	O	O	O	O	N	N	N	N	N	N
y	17	22	25	26	26	26	26	26	26	26

Donc, en sortie de l'algorithme, la variable y vaudra 26, et c'est cette valeur qui sera affichée.

REMARQUE

C'est ce qui s'est passé pour la fonction $f : x \mapsto x^2$, qui est croissante sur $\mathbb{R}^+$.

2. Si f est une fonction croissante sur l'intervalle $[0\,;10]$ alors, pour tout $i \in [1\,;10]$, on aura $f(i) \geqslant f(i-1)$ puisque $i > i-1$ et que les fonctions croissantes conservent le sens des inégalités. À chaque incrémentation de i, la valeur de y sera donc modifiée, et en fin de programme y vaudra $f(10)$.

Problèmes

12 **1. a.** Les panneaux latéraux sont des rectangles de largeur x et de longueur $9 - x$.

Leur aire est donc : $\mathscr{A}(x) = x \times (9 - x)$.

Or : $20{,}25 - (x - 4{,}5)^2 = 20{,}25 - (x^2 - 2 \times x \times 4{,}5 + 4{,}5^2)$

$= 20{,}25 - x^2 + 9x - 20{,}25.$

Ainsi : $20{,}25 - (x - 4{,}5)^2 = 9x - x^2 = x \times (9 - x)$.

Donc on a bien : $\mathscr{A}(x) = 20{,}25 - (x - 4{,}5)^2$.

> **ASTUCE**
> *Pour démontrer que deux expressions sont égales, ne pas hésiter à partir d'une forme plutôt que de l'autre.*

b. Soient a et b deux réels de l'intervalle $[0\ ;\ 9]$.

D'après la question précédente, $\mathscr{A}(x) = 20{,}25 - (x - 4{,}5)^2$.

$$\begin{aligned}\mathscr{A}(b) - \mathscr{A}(a) &= [20{,}25 - (b - 4{,}5)^2] - [20{,}25 - (a - 4{,}5)^2]\\ &= 20{,}25 - (b - 4{,}5)^2 - 20{,}25 + (a - 4{,}5)^2\\ &= (a - 4{,}5)^2 - (b - 4{,}5)^2\\ &= [(a - 4{,}5) - (b - 4{,}5)] \times [(a - 4{,}5) + (b - 4{,}5)]\\ &= [a - 4{,}5 - b + 4{,}5] \times [a - 4{,}5 + b - 4{,}5]\end{aligned}$$

Finalement : $\mathscr{A}(b) - \mathscr{A}(a) = (a - b) \times (a + b - 9)$.

> **ASTUCE**
> *Si l'énoncé contient deux formes pour une même fonction, prenez plutôt celle que l'on vient de vous faire calculer pour poursuivre votre raisonnement.*

c. Montrons que la fonction $\mathscr{A}$ est croissante sur l'intervalle $I = [0\ ;\ 4{,}5]$.

Pour cela, on considère deux réels a et b de I tels que $a < b$.

Il s'agit de montrer qu'on a alors $\mathscr{A}(a) < \mathscr{A}(b)$.

$\mathscr{A}(b) - \mathscr{A}(a) = (a - b) \times (a + b - 9)$.

Or $a < b$, donc $a - b < 0$.

Par ailleurs $a + b \leqslant 9$ puisque $a \leqslant 4{,}5$ et $b \leqslant 4{,}5$. Donc $a + b - 9 \leqslant 0$.

On a montré que $\mathscr{A}(b) - \mathscr{A}(a)$ est le produit de deux nombres négatifs, c'est donc un nombre positif : $\mathscr{A}(b) - \mathscr{A}(a) \geqslant 0$, autrement dit $\mathscr{A}(a) \leqslant \mathscr{A}(b)$.

Ainsi $a \leqslant b \Rightarrow \mathscr{A}(a) \leqslant \mathscr{A}(b)$ sur l'intervalle $I = [0\ ;\ 4{,}5]$.

La fonction $\mathscr{A}$ est donc bien croissante sur I.

De même, montrons que $\mathscr{A}$ est une fonction décroissante sur l'intervalle $J = [4{,}5\ ;\ 9]$.

Pour cela, on considère deux réels a et b de J tels que $a < b$.

$\mathscr{A}(b) - \mathscr{A}(a) = (a - b) \times (a + b - 9)$.

Or $a < b$, donc $a - b < 0$.

Par ailleurs $a + b \geqslant 9$ puisque $a \geqslant 4{,}5$ et $b \geqslant 4{,}5$.

Donc $a + b - 9 \geqslant 0$.

On a montré que $\mathscr{A}(b) - \mathscr{A}(a)$ est le produit de deux nombres de signes contraires, c'est donc un nombre négatif :

$\mathscr{A}(b) - \mathscr{A}(a) \leqslant 0$, autrement dit $\mathscr{A}(a) \geqslant \mathscr{A}(b)$.

Ainsi $a \leqslant b \Rightarrow \mathscr{A}(a) \geqslant \mathscr{A}(b)$ sur l'intervalle $J = [4{,}5\ ;\ 9]$.

> **REMARQUE**
> *Observez bien les points communs et les différences entre les deux études de variations sur les intervalles I et J.*

La fonction $\mathscr{A}$ est donc bien décroissante sur J.
Le tableau de variations de cette fonction est donc le suivant :

x	0	4,5	9
$\mathscr{A}$	0 ↗	20,25	↘ 0

2. a. Pour tout $x \in [0 ; 9]$, $\mathscr{V}(x) = x \times x \times (9 - x) = 9x^2 - x^3$.

b. Courbe représentative de $\mathscr{V}$:

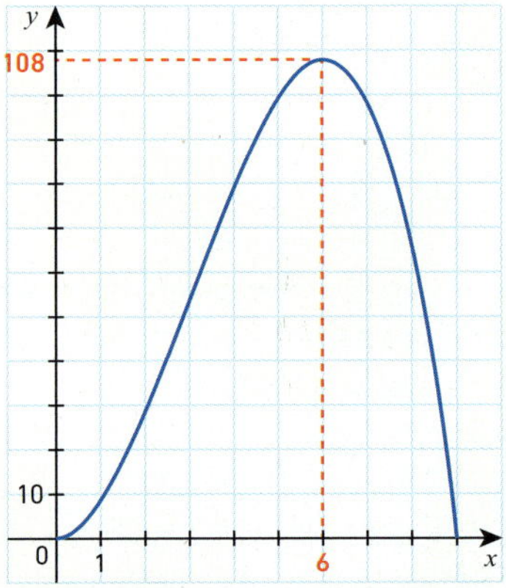

Il semblerait que la fonction $\mathscr{V}$ soit croissante sur [0 ; 6], puis décroissante sur [6 ; 9]. Elle semble donc atteindre son maximum en 6, et ce maximum serait alors égal à $\mathscr{V}(6) = 9 \times 6^2 - 6^3 = 108$.

Tableau de variations de $\mathscr{V}$:

REMARQUE

Un tableau n'est pas obligatoire si on a bien décrit les variations d'une fonction, mais permet de clairement résumer toutes les informations utiles.

x	0	6	9
$\mathscr{V}$	0 ↗	108	↘ 0

c. D'une part, $108 - \mathscr{V}(x) = 108 - (9x^2 - x^3) = x^3 - 9x^2 + 108$.

D'autre part :

$(x-6)^2 \times (x+3) = (x^2 - 2 \times x \times 6 + 6^2) \times (x+3)$

$= (x^2 - 12x + 36) \times (x+3)$

$= x^3 + 3x^2 - 12x^2 - 36x + 36x + 108$

$(x-6)^2 \times (x+3) = x^3 - 9x^2 + 108.$

$108 - \mathscr{V}(x)$ et $(x-6)^2 \times (x+3)$ sont tous les deux égaux à $x^3 - 9x^2 + 108$.

C'est donc qu'ils sont égaux entre eux, et on a bien démontré que $108 - \mathscr{V}(x) = (x-6)^2 \times (x+3)$ pour tout $x \in [0 ; 9]$.

ASTUCE

Pour démontrer que deux expressions sont égales, cette nouvelle méthode consiste à démontrer que ces deux expressions sont toutes deux égales à une troisième expression.

d. Pour tout $x \in [0 ; 9]$:

$(x-6)^2 \geqslant 0$ car c'est un carré et $x + 3 \geqslant 0$ car x est positif.

Donc : $108 - \mathscr{V}(x) \geqslant 0$ pour tout $x \in [0 ; 9]$.

Autrement dit, $\mathscr{V}(x) \leqslant 108$ pour tout $x \in [0 ; 9]$.

De plus, $\mathscr{V}(6) = 108$.

Le maximum de $\mathscr{V}$ est donc bien égal à 108, et il est atteint lorsque $x = 6$.

La hauteur du meuble est alors égale à $9 - x = 3$.

RAPPEL

M est le maximum de f sur I si, pour tout $x \in I$, $f(x) \leqslant M$ et qu'il existe un réel $a \in I$ tel que $f(a) = M$.

13 **a.** Si M a pour abscisse $x = -1$, alors M est en K et on a MK = 0 et ML = MJ.

Calculons la longueur MJ.

Dans le triangle MOJ rectangle en O, on a :

$$OM = OJ = 1.$$

D'après le théorème de Pythagore,

$$MJ^2 = OM^2 + OJ^2 = 1^2 + 1^2 = 2.$$

Donc $MJ = \sqrt{2}$.

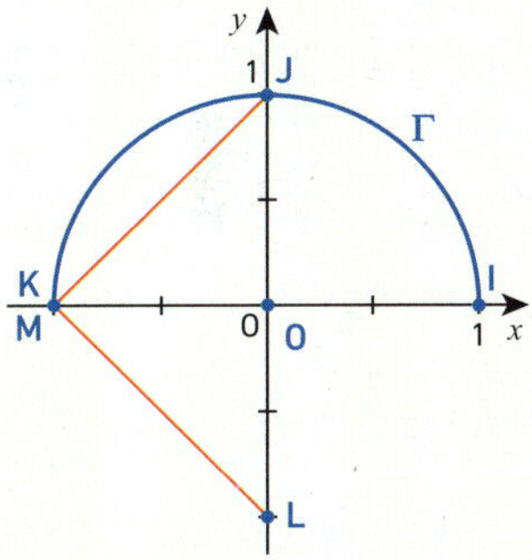

b. MK est donc égal à 0 lorsque $x = -1$, donc la courbe $\mathscr{C}_3$, en bleu, correspond à la longueur MK.

Pour décider si la courbe $\mathscr{C}_1$, en rouge, correspond à MJ ou à ML, on peut remarquer que la longueur MJ est nulle lorsque M a pour abscisse 0, alors que la longueur ML est égale à 2 au même moment.

Donc la courbe $\mathscr{C}_2$, en vert, correspond à la longueur MJ et la courbe $\mathscr{C}_1$, en rouge, correspond à la longueur ML.

c. $l(x)$ est la distance ML en fonction de l'abscisse x de M.

D'après la question précédente, la courbe représentative de l est la courbe $\mathscr{C}_1$ (en rouge).

Le tableau de variation de la fonction l semble donc être le suivant :

x	-1		0		1
l	$\sqrt{2}$	↗	2	↘	$\sqrt{2}$

$k(x)$ est la distance MK en fonction de l'abscisse x de M.

D'après la question précédente, la courbe représentative de k est la courbe $\mathscr{C}_3$ (en bleu).

Le tableau de variation de la fonction k semble donc être le suivant :

x	-1		1
k	0	↗	2

14 **1. a.** $M \in \Gamma$, donc le segment [OM] est un rayon de ce demi-cercle de rayon 1.
On en déduit que $OM = 1$ et donc que $OM^2 = 1$.

> **RAPPEL**
> *Si $A(x_A ; y_A)$ et $B(x_B ; y_B)$ dans un repère orthonormé, alors : $AB = \sqrt{(x_B - x_A)^2 + (y_B - y_A)^2}$.*

b. (O ; I, J) est un repère orthonormé, O a pour coordonnées (0 ; 0) et M a pour coordonnées $(x ; y)$.

D'après la formule du chapitre 3, on a alors :

$OM^2 = (x_M - x_0)^2 + (y_M - y_0)^2 = (x - 0)^2 + (y - 0)^2$.

Ainsi $OM^2 = x^2 + y^2$.

D'après la question précédente, $OM^2 = 1$, donc $x^2 + y^2 = 1$.

> **RAPPEL**
> *Si b est un nombre positif et si $a^2 = b$, alors : $a = \sqrt{b}$ ou $a = -\sqrt{b}$.*

c. $x^2 + y^2 = 1$, donc $y^2 = 1 - x^2$,
et donc $y = \sqrt{1 - x^2}$ ou $y = -\sqrt{1 - x^2}$.

Or l'ordonnée du point M est positive, donc $y = \sqrt{1 - x^2}$ et les coordonnées du point M sont bien $\left(x ; \sqrt{1 - x^2}\right)$.

2. a. $M\left(x ; \sqrt{1 - x^2}\right)$ et $K(-1 ; 0)$.

Donc : $KM = \sqrt{(x_M - x_K)^2 + (y_M - y_K)^2} = \sqrt{(x - (-1))^2 + \left(\sqrt{1 - x^2} - 0\right)^2}$.

Ainsi $KM = \sqrt{(x + 1)^2 + \sqrt{1 - x^2}^2} = \sqrt{x^2 + 2x + 1 + (1 - x^2)}$.

En simplifiant l'expression sous la racine, on obtient : $KM = \sqrt{2x + 2}$.

b. On a donc démontré que, pour tout $x \in [-1 ; 1]$, $k(x) = \sqrt{2x + 2}$.

Or on a démontré dans l'exercice 10 que cette fonction était croissante sur l'intervalle $[-1 ; +\infty[$.

La fonction k est donc bien croissante sur l'intervalle $[-1 ; 1]$, et le tableau de variations de k conjecturé à la fin de l'exercice 13 est correct.

Fonctions usuelles

POUR DÉMARRER

Vous avez rencontré beaucoup nouvelles notions (images, antécédents, variations, extremums...) dans les chapitres 6 à 8 ainsi que de nouvelles fonctions.

Dans ce chapitre nous allons faire la synthèse des principaux types de fonctions à connaître : on appelle ces fonctions les « fonctions usuelles ».

Une **fonction polynôme** de degré n est une somme de termes de la forme $a_i x$ pour i centre de 0 à n avec $a_n \neq 0$.

Par exemple $f(x) = 3x^4 - 5x^2 + 4x - 1$ est une fonction polynôme de degré 4. ($a_4 = 3$; $a_3 = 0$; $a_2 = -5$; $a_1 = 4$; $a_0 = -1$)

Les nombres qui multiplient les puissances de x sont les coefficients du polynôme.

1 Fonctions polynômes de degré 2

A. Le trinôme du second degré

Définition

- Une fonction **polynôme de degré 2** est une fonction définie sur $\mathbb{R}$ par $f : x \mapsto ax^2 + bx + c$, où a, b et c sont trois réels avec $a \neq 0$.

REMARQUE

Si $a = 0$, alors f est une fonction affine.

- On appelle parfois « trinôme du second degré » ces fonctions, car un polynôme de degré 2 est une somme de trois termes.

RAPPEL

$x^0 = 1$ et $x^1 = x$.

L'écriture de f sous la forme $f(x) = ax^2 + bx + c$ est appelée la « forme développée » de f.

Représentation graphique

- La représentation graphique d'un polynôme de degré 2 est une **parabole**, tournée vers le haut si $a > 0$ et vers le bas si $a < 0$:

Cas $a > 0$
avec $f(x) = 1{,}8x^2 - 4{,}7x + 1{,}5$.

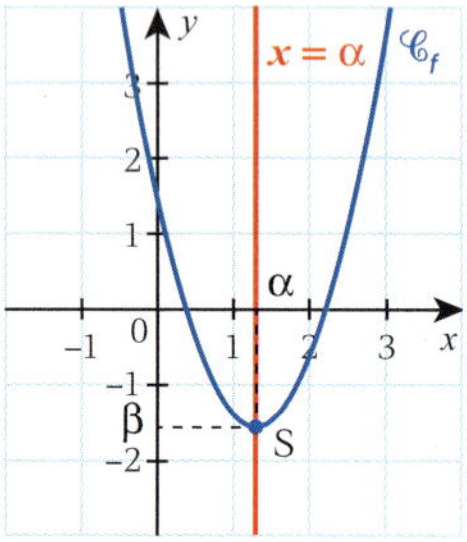

Cas $a < 0$
avec $f(x) = -1{,}1x^2 + 3{,}1x + 2{,}3$.

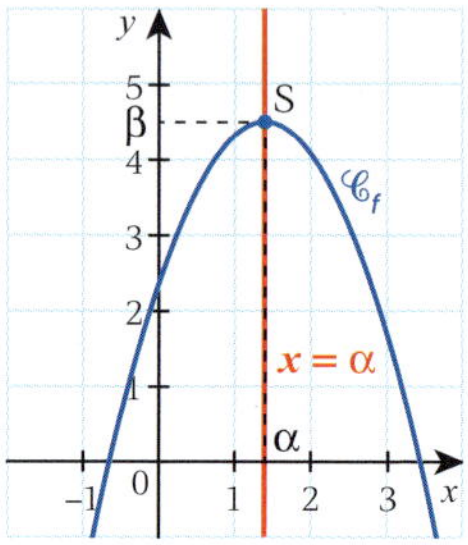

NOTATION

α est la lettre grecque alpha, et β est la lettre grecque bêta.

• Le sommet S de la parabole a pour coordonnées (α ; β) où :

$$\alpha = -\frac{b}{2a} \quad \text{et} \quad \beta = f(\alpha).$$

• La droite d'équation $x = \alpha$ est un axe de symétrie de la parabole.

REMARQUE

En mathématiques le mot canonique veut dire « naturel ». Ici il est utilisé pour signifier que cette forme occupe une position centrale entre la forme développée et la forme factorisée.

Forme canonique

• Si (α ; β) sont les coordonnées du sommet, alors on a $f(x) = a(x - \alpha)^2 + \beta$.

• On appelle cette écriture de la fonction f la « forme canonique » de f.

B. Variations de *f*

Cas $a > 0$

x	$-\infty$	α	$+\infty$
f	↘	β	↗

Cas $a < 0$

x	$-\infty$	α	$+\infty$
f	↗	β	↘

C. Signe de $f(x)$

Racines d'un polynôme

L'équation $ax^2 + bx + c = 0$ admet 0, 1 ou 2 solutions.

On appelle ces solutions **les racines** du polynôme $ax^2 + bx + c$, ou encore les zéros de la fonction $f : x \mapsto ax^2 + bx + c$.
Graphiquement, une parabole coupe 0, 1 ou 2 fois l'axe des abscisses (ci-dessous seul le cas $a > 0$ a été représenté).

0 racine

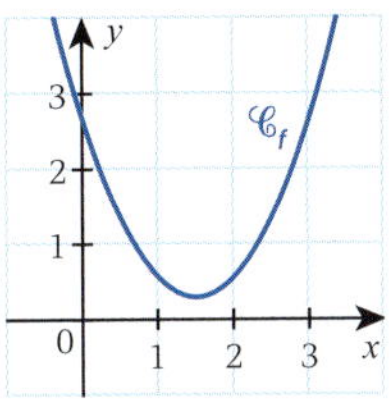

1 racine

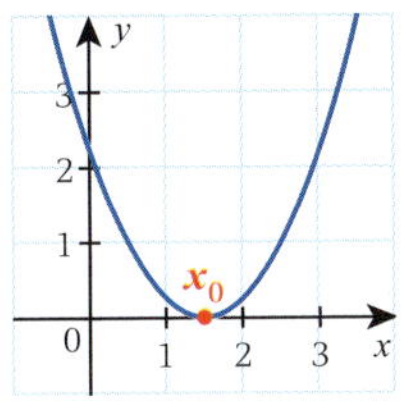

2 racines

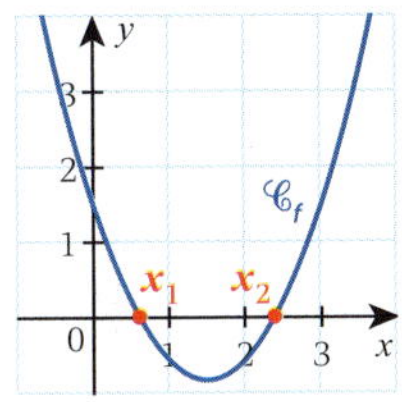

Forme factorisée

- Si f n'a pas de racine, alors $f(x)$ n'admet pas de forme factorisée.
- Si f a une seule racine x_0, alors $f(x) = a \times (x - x_0)^2$ est la forme factorisée de $f(x)$.
- Si f a deux racines x_1 et x_2, alors $f(x) = a \times (x - x_1) \times (x - x_2)$ est la forme factorisée de $f(x)$.

Théorème

- $f(x) = ax^2 + bx + c$ est du signe de a, sauf entre les racines, si elles existent.

> ***Exemple***
>
> Soit $f(x) = 3x^2 - 9x + 6$.
> Alors $f(1) = 0$ et $f(2) = 0$, donc 1 et 2 sont les racines de f.
> La forme factorisée de $f(x)$ est :
>
> $$f(x) = 3(x - 1)(x - 2).$$
>
> $a = 3$ est positif, donc $f(x)$ est positif, sauf entre 1 et 2.

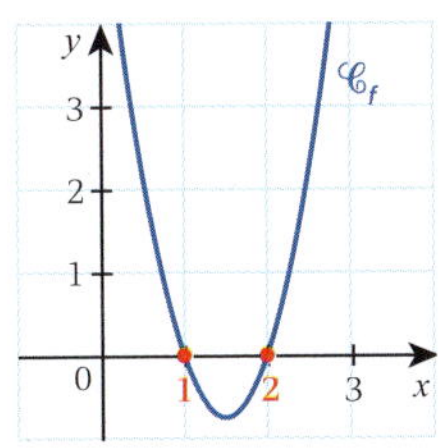

x	$-\infty$		1		2		$+\infty$
$f(x)$		+	0	−	0	+	

D. Cas particulier

La fonction définie sur $\mathbb{R}$ par $f : x \mapsto x^2$ est la « **fonction carré** ».
Sa représentation graphique est une parabole ayant pour somme l'origine O du repère.
Cette parabole est symétrique par rapport à l'axe des ordonnées.
La fonction carré est strictement décroissante sur $]-\infty\,;\,0]$ et strictement croissante sur $[0\,;\,+\infty[$.

x	$-\infty$	0	$+\infty$
f	↘	0	↗

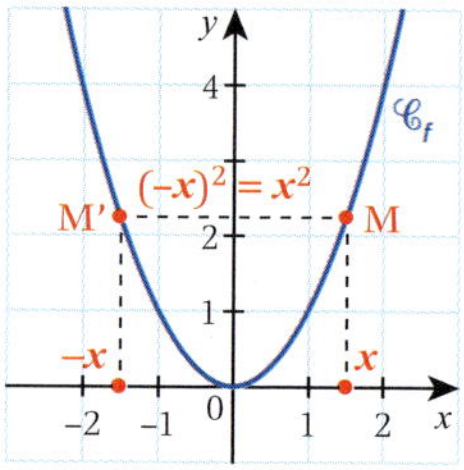

2 Fonctions homographiques

A. Un quotient

REMARQUE

Si $c = 0$ alors f est une fonction affine (si $d \neq 0$).

Une **fonction homographique** est définie par $f : x \mapsto \dfrac{ax+b}{cx+d}$, où a, b, c et d sont quatre réels et $c \neq 0$.
Elle est définie en tout réel x tel que le dénominateur $cx + d$ ne s'annule pas.

$cx + d = 0 \Leftrightarrow cx = -d \Leftrightarrow x = -\dfrac{d}{c}$, donc :

$$Df = \left]-\infty;\ -\frac{d}{c}\right[\cup \left]-\frac{d}{c}\ ;\ +\infty\right[= \mathbb{R} \setminus \left\{-\frac{d}{c}\right\}.$$

RAPPEL

Le symbole \ se lit « privé de » et veut dire qu'on enlève une (ou plusieurs) valeur(s) à un ensemble.

B. Représentation graphique

La représentation graphique d'une fonction homographique est une **hyperbole**.
La droite d'équation $x = -\dfrac{d}{c}$ correspondant à la valeur interdite $-\dfrac{d}{c}$ est une « asymptote verticale » à la courbe.

Cette asymptote sépare les deux « branches » de l'hyperbole.

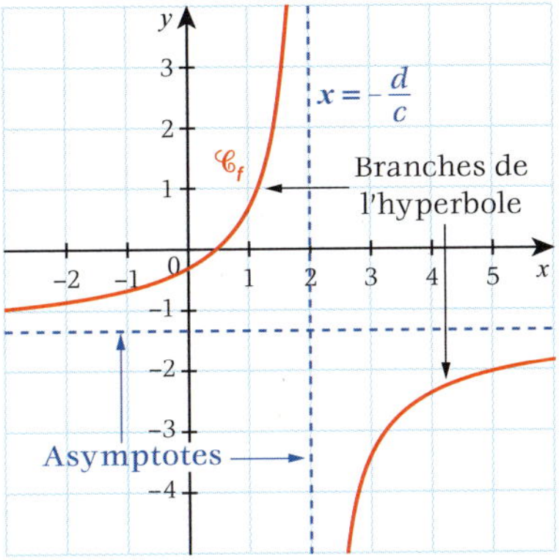

REMARQUE

Il existe aussi une autre asymptote, horizontale, d'équation $y = \frac{a}{c}$.

C. Cas particulier

La fonction définie sur $\mathbb{R}^* = \mathbb{R}\backslash\{0\}$ par $f : x \mapsto \frac{1}{x}$ est la « **fonction inverse** ».

Sa courbe représentative est symétrique par rapport à l'origine du repère.

La fonction inverse est strictement décroissante sur $]-\infty\ ;\ 0[$ et strictement décroissante sur $]0\ ;\ +\infty[$.

x	$-\infty$	0	$+\infty$
f	↘	‖	↘

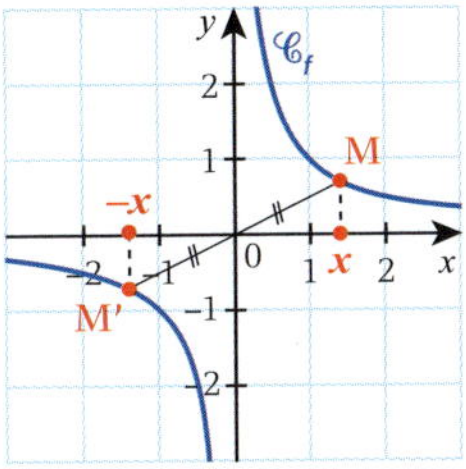

PIÈGES À ÉVITER

- Pour les fonctions polynômes de degré 2 comme pour les fonctions affines, il faut prêter particulièrement attention au signe de a, le coefficient de plus haut degré, qui détermine les variations ainsi que les signes de ces fonctions.
- Il ne faut pas relier les deux branches d'une hyperbole.

1 Reconnaître les expressions algébriques des fonctions usuelles

CONSEIL

- Il y a beaucoup de choses à dire sur toutes les fonctions étudiées dans ce chapitre, donc faites bien attention à la question posée : vous demande-t-on un tableau de signes ou de variations ou encore de résoudre une équation ou de déterminer un domaine de définition ?

Exercice

POINT MÉTHODE

✓ *Dans tous les cas il est très utile de tracer la courbe représentative de la fonction étudiée. Elle vous permettra de conjecturer ou de vérifier la réponse.*

Les fonctions f et g sont définies sur $\mathbb{R}$ par $f(x) = 5 - x$ et $g(x) = 2x - 6$.

1 Déterminer la nature et les variations de la fonction $h : x \mapsto f(x) + g(x)$.

2 Déterminer la nature et le signe de la fonction $i : x \mapsto f(x) - g(x)$.

3 Déterminer la nature et les variations de la fonction $j : x \mapsto f(x) \times g(x)$.

4 Déterminer la nature et le domaine de définition de la fonction $k : x \mapsto \dfrac{f(x)}{g(x)}$.

Comment répondre ?

1 $h(x) = f(x) + g(x) = 5 - x + 2x - 6 = x - 1$, donc h est une fonction affine. Son coefficient directeur ($a = 1$) est positif, donc cette fonction est croissante sur $\mathbb{R}$.

2 $i(x) = f(x) - g(x) = 5 - x - (2x - 6) = 5 - x - 2x + 6 = -3x + 11$, donc i est une fonction affine. Son coefficient directeur est négatif, cette fonction est donc d'abord positive, puis négative. De plus :

$$i(x) = 0 \Leftrightarrow -3x + 11 = 0 \Leftrightarrow x = \frac{11}{3}.$$

Le tableau de signes de i est donc le suivant :

x	$-\infty$		$\frac{11}{3}$		$+\infty$
$i(x)$		+	0	−	

3 $j(x) = f(x) \times g(x) = (5 - x) \times (2x - 6) = 10x - 30 - 2x^2 + 6x$.
Donc $j(x) = -2x^2 + 16x - 30$.
Ainsi j est une fonction polynôme de degré 2, dont le coefficient de plus haut degré ($a = -2$) est négatif. Cette fonction est donc d'abord croissante, puis décroissante.
Pour compléter son tableau de variations, il faut calculer les valeurs de α de β.
$\alpha = \frac{-b}{2a} = \frac{-16}{2\times(-2)} = 4$ et $\beta = j(\alpha) = j(4) = -2 \times 4^2 + 16 \times 4 - 30 = 2$.

x	$-\infty$		4		$+\infty$
j		↗	2	↘	

4 $k(x) = \frac{f(x)}{g(x)} = \frac{5-x}{2x-6}$ est le quotient de deux fonctions affines, et le coefficient directeur du dénominateur est non nul. k est donc une fonction homographique.
$2x - 6 = 0 \Leftrightarrow x = 3$, donc k est définie sur $\mathbb{R}\backslash\{3\}$.

2 Reconnaître les courbes représentatives des fonctions usuelles

CONSEIL

- Une courbe représentative est comme une empreinte digitale. Elle peut nous en apprendre beaucoup sur la nature de la fonction qui lui est associée et avec un ou deux indices supplémentaires, il est souvent possible de déterminer complètement cette fonction.

Exercice

Associer chacune des fonctions à sa représentation graphique dans le repère ci-après.

$f(x) = \frac{1}{2}x + \frac{3}{2}$; $g(x) = x^2 - \frac{3}{2}$; $h(x) = -2x^2 + 3x$;

$i(x) = \frac{x-3}{x-2}$ et $j(x) = -\frac{3}{2}x$.

POINT MÉTHODE

✓ *Chacun des coefficients (a, b, c, d...) des fonctions étudiées dans ce chapitre joue un rôle dans l'allure de leur courbe représentative. Apprenez à trouver ce rôle.*

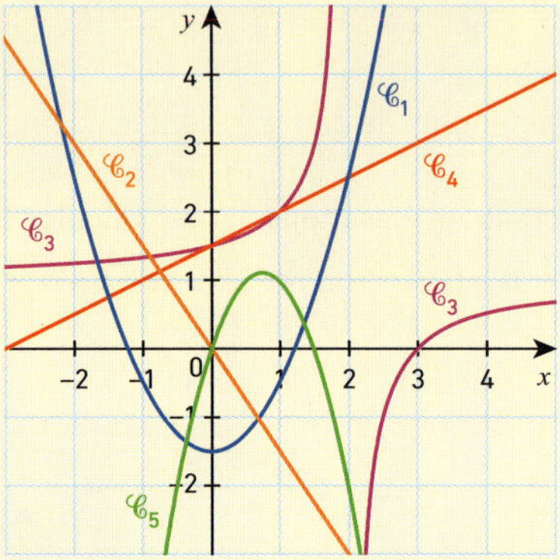

Comment répondre ?

Les courbes $\mathscr{C}_2$ et $\mathscr{C}_4$ sont des droites, elles correspondent à des fonctions affines.

REMARQUE

On peut aussi noter que l'ordonnée à l'origine de la courbe 2 est nulle, c'est donc que cette droite correspond à une fonction linéaire, ce qui est bien le cas de la fonction j.

Les fonctions $f : x \mapsto \frac{1}{2}x + \frac{3}{2}$ et $j : x \mapsto -\frac{3}{2}x$ sont affines.

La fonction f a un coefficient directeur $a = \frac{1}{2}$ positif, elle est donc croissante et sa courbe représentative est la courbe $\mathscr{C}_4$.

La fonction j a un coefficient directeur $a = -\frac{3}{2}$ négatif, elle est donc décroissante et sa courbe représentative est la courbe $\mathscr{C}_2$.

Les courbes $\mathscr{C}_1$ et $\mathscr{C}_5$ sont des paraboles, elles correspondent donc à des fonctions polynômes de degré 2.

Les deux possibilités sont donc $g : x \mapsto x^2 - \frac{3}{2}$ et $h : x \mapsto -2x^2 + 3x$.

Le coefficient de plus haut degré de g est positif ($a = 1$), donc la parabole associée à g est tournée vers le haut : c'est la courbe $\mathscr{C}_1$.

À RETENIR

Si le coefficient du plus haut degré dans un polynôme de degré 2 est positif, alors la parabole est tournée vers le haut, sinon elle est tournée vers le bas.

Le coefficient de plus haut degré de h est négatif ($a = -2$), donc la parabole associée à h est tournée vers le bas : c'est la courbe $\mathscr{C}_5$.

La courbe $\mathscr{C}_3$ est constituée de deux branches, c'est une hyperbole, et elle correspond à la fonction homographique $i : x \mapsto \frac{x-3}{x-2}$.

3 Propriétés fondamentales des polynômes de degré 2

CONSEIL

- Factoriser un polynôme de degré 2 et déterminer les solutions d'une équation de degré 2 sont deux actions équivalentes : si vous savez faire l'un, vous saurez faire l'autre !

Exercice

POINT MÉTHODE

✓ Il existe plusieurs méthodes pour essayer de factoriser un polynôme de degré 2. Une de ces méthodes est de passer par la forme canonique.

Soit f la fonction définie sur $\mathbb{R}$ par : $f(x) = x^2 - 4x - 5$ et $\mathscr{C}$ la courbe représentative de f.

1 Déterminer les coordonnées du sommet de $\mathscr{C}$. Ce sommet correspond-il à un minimum ou à un maximum ?

2 Dresser le tableau de variations de f.

3 Montrer que $f(x) = (x-2)^2 - 9$ et en déduire la forme factorisée de f.

4 Résoudre l'équation $f(x) = 0$.

5 Tracer la courbe représentative de f et vérifier vos réponses aux questions précédentes.

Comment répondre ?

1 f est une fonction polynôme de degré 2. La forme donnée dans l'énoncé est la forme développée.

On peut y trouver les trois coefficients : $a = 1$, $b = -4$ et $c = -5$.

La courbe $\mathscr{C}$ est donc une parabole, dont les coordonnées du sommet sont notées $(\alpha\,;\beta)$, où $\alpha = -\dfrac{b}{2a}$ et $\beta = f(\alpha)$.

Ainsi : $\alpha = -\dfrac{b}{2a} = -\dfrac{-4}{2\times 1} = 2$ et $\beta = f(\alpha) = f(2) = 2^2 - 4\times 2 - 5 = -9$.

Le sommet de la parabole $\mathscr{C}$ a donc pour coordonnées $(2\,;-9)$.

La parabole est tournée vers le haut puisque son coefficient du plus haut degré, a, est positif.

Donc ce sommet correspond à un minimum.

2 $a > 0$, donc le tableau de variations de f est le suivant :

x	$-\infty$		2		$+\infty$
f		↘	-9	↗	

3 Développons $(x-2)^2 - 9$:

REMARQUE

On peut aussi trouver cette expression en appliquant la formule du cours :
$f(x) = a(x-\alpha)^2 + \beta$.

$$(x-2)^2 - 9 = x^2 - 2 \times 2\,x + 2^2 - 9 = x^2 - 4x - 5.$$

On reconnaît l'expression de $f(x)$, donc on a bien :

$$f(x) = (x-2)^2 - 9.$$

À RETENIR

En appliquant l'identité remarquable $a^2 - b^2 = (a-b)(a+b)$ à la forme canonique de $f(x)$, on obtient sa forme factorisée.

Il est alors possible de factoriser $f(x)$:

$$f(x) = (x-2)^2 - 3^2$$
$$= [(x-2) - 3][(x-2) + 3]$$
$$f(x) = (x-5)(x+1).$$

4 $f(x) = 0 \Leftrightarrow (x-5)(x+1) = 0$

$\Leftrightarrow x - 5 = 0$ ou $x + 1 = 0$

$\Leftrightarrow x = 5$ ou $x = -1$.

$S = \{-1\,;\,5\}$.

5 En traçant la courbe représentative de f on vérifie tous ces résultats, en particulier ses variations, les coordonnées du sommet de $\mathscr{C}$ et ses points d'intersection avec l'axe des abscisses.

x	-2	-1	0	1	2	3	4	5	6
$f(x)$	7	0	-5	-8	-9	-8	-5	0	7

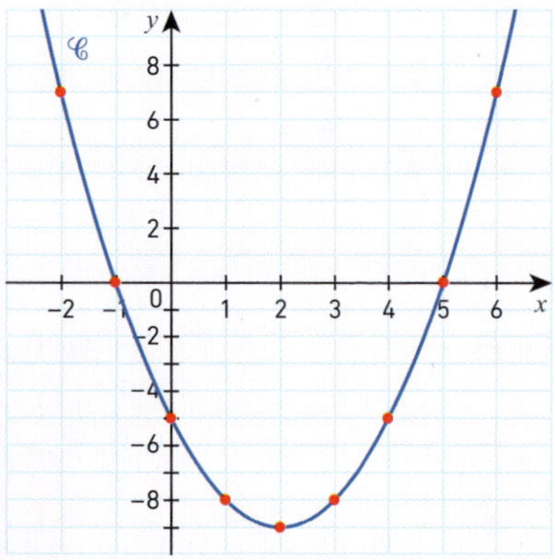

TESTEZ VOS CONNAISSANCES

CORRIGÉ p. 251

1. Les variations de la fonction affine $f : x \mapsto ax + b$ dépendent :

a. du signe de a. **b.** du signe de b. **c.** du signe de x.

2. La fonction carré est :

a. strictement décroissante sur $]-\infty\ ;\ 0]$ et strictement croissante sur $[0\ ;\ +\infty[$.

b. strictement décroissante sur $]-\infty\ ;\ 0]$ et strictement décroissante sur $[0\ ;\ +\infty[$.

c. strictement décroissante sur $]-\infty\ ;\ +\infty[$.

3. La fonction inverse est :

a. strictement décroissante sur $]-\infty\ ;\ 0[$ et strictement croissante sur $]0\ ;\ +\infty[$.

b. strictement décroissante sur $]-\infty\ ;\ 0[$ et strictement décroissante sur $]0\ ;\ +\infty[$.

c. strictement décroissante sur $\mathbb{R}\setminus\{0\}$.

4. La représentation graphique de la fonction inverse est :

a. une parabole. **b.** une droite. **c.** une hyperbole.

5. L'axe de symétrie de la parabole représentative de la fonction $f : x \mapsto ax^2 + bx + c$ a pour équation :

a. $x = -\frac{b}{a}$. **b.** $x = -\frac{b}{2a}$. **c.** $x = -\frac{b}{a^2}$.

6. Si $f : x \mapsto \frac{ax+b}{cx+d}$, alors l'asymptote verticale à la courbe représentative de f a pour équation :

a. $x = -\frac{d}{c}$. **b.** $x = \frac{a}{c}$. **c.** $x = -\frac{b}{a}$.

7. Si $f : x \mapsto \frac{x+1}{x-2}$ alors :

a. $f(x) = -\frac{1}{2}$ pour tout x.

b. f n'est pas définie pour $x = 2$.

c. $f(2) = 0$.

8. Parmi les fonctions suivantes, laquelle est strictement décroissante sur $\mathbb{R}$?

a. $f : x \mapsto \frac{1}{x}$. **b.** $g : x \mapsto 3 - 2x$. **c.** $h : x \mapsto -x^2$

9. Soient a et b deux réels tels que $a < b < 0$. Alors :

a. $a^2 < b^2 < 0$. **b.** $a^2 > b^2 > 0$. **c.** $b^2 > a^2 > 0$.

10. D'après le tableau suivant, on a :

x	$-\infty$		-4		2		$+\infty$
$f(x)$		$+$	0	$-$	0	$+$	

a. f est décroissante sur $[-4\ ;\ 2]$.

b. f est un polynôme de degré 2.

c. $f\left(\sqrt{2}\right)<0$.

ENTRAÎNEZ-VOUS

CORRIGÉ p. 251

Propriétés des fonctions usuelles

1 On considère les fonctions suivantes : ●○○ 15 min

$f(x)=\dfrac{x+1}{4}$; $g(x)=(x+1)^2-4$;

$h(x)=\dfrac{4}{x+1}$; $i(x)=4\sqrt{x+1}$.

Pour chacune de ces fonctions, dresser un tableau de valeurs en faisant varier la variable entre -4 et 4 avec un pas de 1 et tracer sa courbe représentative.

Dans les trois exercices suivants, vous pourrez utiliser les courbes représentatives des fonctions f, g et h pour vérifier vos réponses.

2 a. Quelle est la nature de la fonction f définie sur $\mathbb{R}$ par : ●○○ 10 min

$$f(x)=\frac{x+1}{4}\ ?$$

b. Déterminer les variations de cette fonction.

c. Dresser le tableau de signes de $f(x)$.

3 Soit $g(x)=(x+1)^2-4$ pour tout réel x. ●○○ 15 min

a. Développer $g(x)$ et en déduire la nature de la fonction g.

b. En déduire les variations de cette fonction.

c. Déterminer la forme factorisée de $g(x)$.

d. En déduire le signe de cette fonction.

4 ●●○ 20 min

a. Quelle est la nature et le domaine de définition de la fonction h définie par :

$$h(x) = \frac{4}{x+1} ?$$

b. Montrer que h est strictement décroissante sur l'intervalle $]-1 ; +\infty[$.

c. Quelles sont les variations de h sur l'intervalle $]-\infty ; -1[$.

d. Dresser le tableau de variations de h.

5 On a rempli la feuille d'un tableur de la façon suivante : ●●○ 25 min

• dans la ligne 1 on a indiqué les titres des colonnes : le nom de la variable (x), puis le nom des images de x par chacune de trois fonctions (f, g et h) ;

• l'une de ces fonctions est affine, l'autre est une fonction polynôme de degré 2 et la dernière est homographique ;

• dans la colonne A, on a entré les nombres entiers de -3 à 5 ;

• dans les colonnes suivantes, on a fait calculer les images de ces valeurs par les trois fonctions.

	A	B	C	D
1	x	f(x)	g(x)	h(x)
2	-3	7	12	0
3	-2	0	10	0.25
4	-1	-5	8	0.66667
5	0	-8	6	1.5
6	1	-9	4	4
7	2	-8	2	#DIV/0 !
8	3	-5	0	-6
9	4	0	-2	-3.5
10	5	7	-4	-2.66667

1. Quelle fonction est homographique ?

On suppose que les valeurs des autres colonnes sont les valeurs exactes des images.

2. a. Quelle fonction est affine ?

b. Que vaut son ordonnée à l'origine ?

c. Lorsque x augmente de 1, de combien varie son image par cette fonction ?

d. En déduire l'expression algébrique de cette fonction et la formule saisie dans la cellule de la ligne 2 qui a été recopiée vers le bas pour obtenir le tableau de valeurs de cette fonction.

3. a. Pour la dernière fonction, quelles informations pouvez-vous déduire du tableau de valeurs ?

b. Utiliser les images de 0, -2 et 4 pour f ainsi qu'un système d'équations pour déterminer l'expression algébrique de cette fonction et la formule saisie dans la cellule de la ligne 2 qui a été recopiée vers le bas pour obtenir son tableau de valeurs.

Études de fonctions

6 On considère la fonction f définie par $f : x \mapsto \dfrac{1}{3-x} - 2$. ●●○ 20 min

a. Montrer que f est une fonction homographique, dont on donnera le domaine de définition.

b. Dresser le tableau de signes de $f(x)$.

c. Résoudre l'équation $f(x) = 4$.

d. Résoudre l'équation $f(x) = -2$.

7 On considère la fonction f définie sur [0,5 ; 2,5] par : ●●○ 20 min

$$f : x \mapsto x + \frac{2}{x} - 3.$$

On a tracé la courbe représentative de cette fonction dans GeoGebra et on a affiché certaines informations disponibles avec l'« inspecteur de fonctions ».

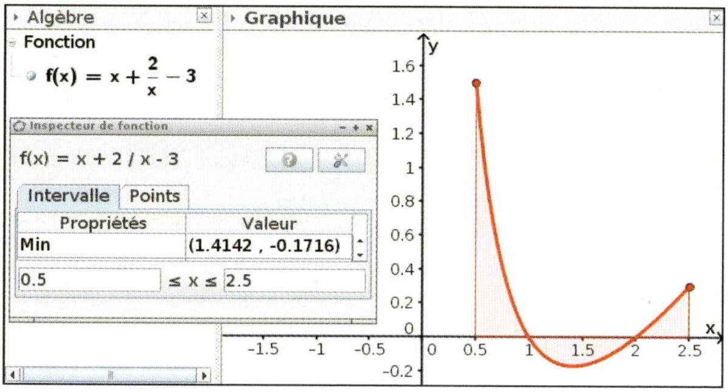

a. Utiliser la capture d'écran ci-dessus pour conjecturer un tableau de variation de la fonction f aussi complet que possible.

b. Faites de même pour son tableau de signes.

c. Montrer que, pour tout $x \in [0{,}5 ; 2{,}5]$,

$$f(x) = \frac{(x-1)\times(x-2)}{x}.$$

d. En déduire les solutions de l'équation $f(x) = 0$ et le tableau de signes de $f(x)$ sur l'intervalle [0,5 ; 2,5].

8 **1. a.** Soit f une fonction linéaire. ●●○ 30 min

Montrer que pour tous réels u et v, $f(u+v) = f(u) + f(v)$.

b. Pouvez-vous trouver une fonction f (non linéaire) pour laquelle cette égalité soit fausse ?

2. a. Soit f une fonction linéaire. A-t-on, pour tous réels u et v, $f(u \times v) = f(u) \times f(v)$?

b. Pouvez-vous trouver une fonction f (non linéaire) pour laquelle cette égalité soit vraie ?

9 Démonstration du cours ●●○ 30 min

1. On note f la fonction carré : $f(x) = x^2$ pour tout réel x.

a. Soient a et b deux réels. Factoriser $f(b) - f(a)$.

b. En déduire le sens de variation de f sur $\mathbb{R}^+ = [0 ; +\infty[$, puis sur $\mathbb{R}^- =]-\infty ; 0]$.

2. On note g la fonction inverse : $g(x) = \frac{1}{x}$ pour tout réel non nul x.

a. Soient a et b deux réels non nuls. Montrer que : $g(b) - g(a) = \frac{a-b}{ab}$.

b. En déduire le sens de variation de g sur $]0 ; +\infty[$, puis sur $]-\infty ; 0[$.

Utilisation des fonctions usuelles

10 ●○○ 15 min

1. Dans chacune des questions suivantes, déterminer un encadrement de x^2 :

a. $1{,}5 \leqslant x \leqslant 2{,}5$. **b.** $-3 \leqslant x \leqslant -2$. **c.** $-10 \leqslant x \leqslant 5$.

2. Dans chacune des questions suivantes, comparer sans calculatrice les deux nombres proposés :

a. $\frac{1}{0{,}6}$ et $\frac{1}{0{,}8}$. **b.** $\frac{1}{-2{,}2}$ et $\frac{1}{-3{,}3}$. **c.** $\frac{1}{6{,}4}$ et $\frac{1}{-4{,}6}$.

11 ●●○ 20 min

Une entreprise d'export désire faire dessiner un logo constitué d'un carré de côté 6 cm, ABCD sur la figure ci-contre, dans lequel une flèche, le quadrilatère MANP, est tracée à partir d'un point M, de sorte que le quadrilatère CMPN soit un carré.

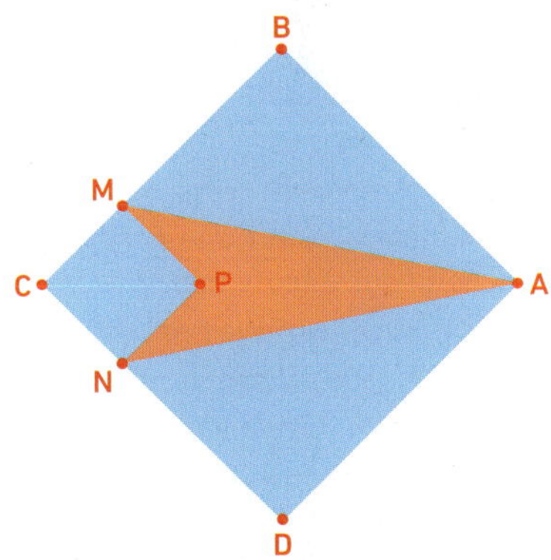

1. Refaire la figure en y indiquant toutes les informations données dans l'énoncé.

2. L'entreprise souhaite que la flèche ait une aire la plus grande possible.
La distance CM est notée x.

a. Déterminer l'aire du carré CMPN, puis l'aire des triangles ABM et ADN en fonction de x.

b. En déduire que l'aire de la flèche en fonction de x est donnée par : $\mathscr{A}(x) = -x^2 + 6x$ lorsque x appartient à $[0 ; 6]$.

3. Dresser le tableau de variations de $\mathscr{A}$ et en déduire où placer le point M pour répondre à la demande de l'entreprise.

Problèmes

12 Le but de ce problème est l'étude de la « fonction cube » définie par $f : x \mapsto x^3$. ●●○ 30 min

1. Recopier et compléter le tableau de valeurs suivant et tracer la courbe représentative de la fonction f.

x	$-1{,}5$	-1	$-0{,}5$	0	$0{,}5$	1	$1{,}5$
$f(x)$							

2. a. Quel est le signe de x^3 lorsque x est positif ? Et lorsque x est négatif ?

b. En déduire le tableau de signes de $f(x)$.

3. a. Conjecturer graphiquement les variations de f.

b. Montrer que, pour tous réels a et b :

$$f(b) - f(a) = (b - a)(a^2 + ab + b^2).$$

c. Montrer que f est strictement croissante sur $[0 ; +\infty[$ et sur $]-\infty ; 0]$.

d. En déduire les variations de f sur $\mathbb{R}$.

13 ●●● 35 min **1.** Sylvain accroche des solides de différentes masses à un ressort et, à l'aide d'une caméra à haute vitesse, mesure à chaque fois (au centième de seconde près) la période d'oscillation T du ressort, c'est-à-dire le temps que met le ressort à revenir à la même position avec la même vitesse.
Il a noté les résultats dans le tableau suivant :

m (en g)	0	25	50	100	250	500
$T = f(m)$ (en s)	0	0,16	0,22	0,31	0,50	0,70

1. a. En choisissant une échelle adaptée, tracer une courbe représentative de la fonction f qui, à toute masse m associe la période T du ressort.

b. Peut-on penser que f est une fonction affine ?

c. Pouvez-vous proposer un autre type de fonction pour f en observant le graphique ?

2. Pour tout m, Sylvain note : $g(m) = T^2 = (f(m))^2$.

a. Dresser un nouveau tableau de valeurs pour la fonction g et construire la courbe représentative de la fonction g.

b. À quel type de fonction Sylvain peut-il penser en observant le nouveau graphique ?

c. Proposer une expression de g en fonction de m.

d. En déduire une expression de T en fonction de m.

Corrigés de *TESTEZ VOS CONNAISSANCES*

1. Réponse **a.** Si a est strictement positif, alors f est strictement croissante sur $\mathbb{R}$. Si a est strictement négatif, alors f est strictement décroissante sur $\mathbb{R}$.

2. Réponse **a.** Voir le paragraphe 1.D.

3. Réponse **b.** Attention, la réponse **c.** est fausse : en effet si on prend $a < 0 < b$, alors on ne peut pas dire que $\frac{1}{a} > \frac{1}{b}$ puisque $\frac{1}{a}$ est négatif alors que $\frac{1}{b}$ est positif.
Donc la fonction inverse n'inverse pas le sens des inégalités lorsque les deux nombres ne sont pas de même signe, donc elle n'est pas décroissante sur $\mathbb{R}\backslash\{0\}$.

4. Réponse **c.** Voir le paragraphe 2.C.

5. Réponse **b.** La droite d'équation $x = \alpha$ est un axe de symétrie de la parabole d'équation $y = ax^2 + bx + c$ et $\alpha = \frac{-b}{2a}$.

6. Réponse **a.** Voir le paragraphe 2.B.

7. Réponse **b.** On dit que 2 est la « valeur interdite » de cette fonction. En effet une division par 0 est impossible.

8. Réponse **b.** La fonction f n'est pas définie sur $\mathbb{R}$, g est une fonction affine strictement décroissante sur $\mathbb{R}$ car son coefficient directeur est strictement négatif, et la fonction h n'a pas le même sens de variation sur $\mathbb{R}$ tout entier puisque c'est une fonction polynôme de degré 2.

9. Réponse **b.** a^2 et b^2 sont des nombres positifs, donc la réponse **a.** est impossible. De plus, la fonction carré est décroissante sur $\mathbb{R}^- =]-\infty\ ;\ 0]$. Donc sur cet intervalle elle inverse le sens des inégalités : si $a < b < 0$, alors $a^2 > b^2 > 0$.

10. Réponse **c.** f est peut-être un polynôme de degré 2, mais pas forcément.
En revanche, le tableau de signes donné dans la question nous dit que f est négative sur l'intervalle $[-4\ ;\ 2]$. Or $\sqrt{2} \in [-4\ ;\ 2]$. Donc $f(\sqrt{2}) < 0$.

Corrigés de *ENTRAÎNEZ-VOUS*

Propriétés des fonctions usuelles

1 Les tableaux de valeurs ci-dessous ont été obtenus à l'aide d'un tableur, en tapant les formules suivantes dans la colonne B avant de les recopier vers la droite :
En B2 : « **=(B1+1)/4** »
En B3 : « **=(B1+1)^2-4** »
En B4 : « **=4/(B1+1)** »
En B5 : « **=4*RACINE(B1+1)** »

	A	B	C	D	E	F	G	H	I	J
1	x	-4	-3	-2	-1	0	1	2	3	4
2	f(x)	-0.75	-0.5	-0.25	0	0.25	0.5	0.75	1	1.25
3	g(x)	5	0	-3	-4	-3	0	5	12	21
4	h(x)	-1.33	-2.00	-4.00	#DIV/0 !	4.00	2.00	1.33	1.00	0.80
5	i(x)	Err :502	Err :502	Err :502	0.00	4.00	5.66	6.93	8.00	8.94

REMARQUE

Le domaine de définition de h est $\mathbb{R}\setminus\{-1\}$ puisque h (x) existe si, et seulement si, $x + 1 \neq 0$.

Pour la fonction *h*, on remarque le message d'erreur « #DIV/0 ! » en E4, qui nous indique que si $x = -1$ alors $x + 1 = 0$ et donc que le calcul de $h(-1)$ demanderait une division par 0, qui est impossible.

REMARQUE

Le domaine de définition de i est $[-1\,;+\infty[$ puisque i(x) existe si, et seulement si, $x + 1 \geqslant 0$.

Pour la fonction *i*, on remarque les messages d'erreur « Err :502 » entre les cellules B5 et D5.
En effet, si $x < -1$ alors $x + 1 < 0$ et donc le calcul de $i(x)$ demanderait le calcul de la racine carrée d'un nombre strictement négatif, ce qui est impossible.

Courbes représentatives :

$f(x) = \dfrac{x+1}{4}$

$g(x) = (x + 1)^2 - 4$

$h(x) = \dfrac{4}{x+1}$

$i(x) = 4\sqrt{x+1}$

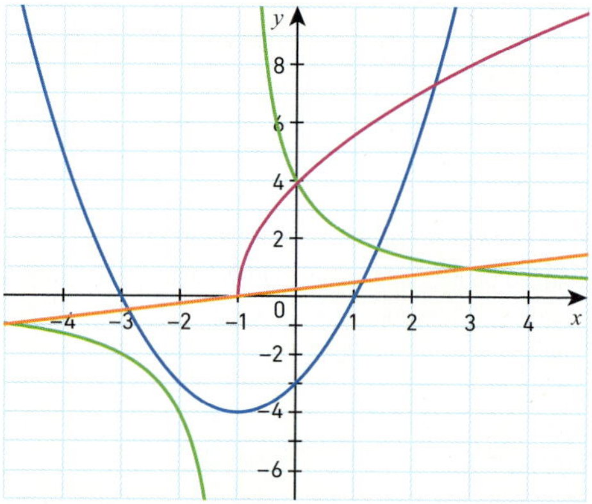

Pour calculer une racine carrée avec GeoGebra, il faut utiliser la commande **sqrt** (en anglais « racine carrée » se dit « square root »).

2 **a.** La fonction *f* est une fonction affine.

En effet $f(x) = \dfrac{x}{4} + \dfrac{1}{4} = \dfrac{1}{4}x + \dfrac{1}{4}$ pour tout réel x.

b. Le coefficient directeur de cette fonction affine est positif, donc elle est croissante sur $\mathbb{R}$.

c. Le dénominateur de $f(x)$ est positif, donc son signe dépend seulement du signe du numérateur.
$x+1>0 \Leftrightarrow x>-1$ et $x+1=0 \Leftrightarrow x=-1$. Le tableau de signes de $f(x)$ est donc :

x	$-\infty$		-1		$+\infty$
$f(x)$		$-$	0	$+$	

> **RAPPEL**
> *Il n'y a que deux types de tableaux de signes pour les fonctions affines (non constantes) : du + vers le –, ou du – vers le +.*

3 a. Pour tout réel x, $g(x)=x^2+2x+1^2-4=x^2+2x-3$.
On reconnaît une fonction polynôme de degré 2, avec les coefficients $a=1$, $b=2$ et $c=-3$.

b. Le coefficient a est positif, g est donc décroissante sur $]-\infty\,;\,\alpha[$ puis croissante sur $[\alpha\,;\,+\infty[$, où $\alpha=\dfrac{-b}{2a}=\dfrac{-2}{2\times 1}=-1$.
Pour dresser son tableau de variations, il nous faut aussi calculer l'image β de α :

$$\beta=g(\alpha)=g(-1)=(-1+1)^2-4=-4.$$

Le tableau de variations de g est donc le suivant :

x	$-\infty$		-1		$+\infty$
g		↘	-4	↗	

> **À RETENIR**
> *Si le coefficient du plus haut degré dans un polynôme de degré 2 est positif, alors la fonction est décroissante puis croissante, sinon elle est d'abord croissante puis décroissante.*

> **REMARQUE**
> *La forme de $g(x)$ donnée dans l'énoncé est sa forme canonique. On pouvait lire directement les valeurs de α et de β dans cette forme, en remarquant que $x+1=x-(-1)$, donc $\alpha=-1$.*

c. $g(x)=(x+1)^2-4=(x+1)^2-2^2=(x+1-2)(x+1+2)$.
Donc $g(x)=(x-1)(x+3)$ est la forme factorisée de g.

d. Pour trouver le signe de $g(x)$, déterminons ses racines.
$g(x)=0 \Leftrightarrow (x-1)(x+3)=0 \Leftrightarrow x-1=0$ ou $x+3=0 \Leftrightarrow x=1$ ou $x=-3$.
g est une fonction polynôme de degré 2, elle est donc du signe de a, sauf entre ses racines. Comme a est positif ($a=1$) on a :

x	$-\infty$		-3		1		$+\infty$
$x-1$		$-$		$-$	0	$+$	
$x+3$		$-$	0	$+$		$+$	
$g(x)$		$+$	0	$-$	0	$+$	

> **À RETENIR**
> *Un polynôme de degré 2 est du signe de son coefficient du plus haut degré, sauf entre ses racines (si elles existent).*

4 **a.** $h(x)$ est le quotient de deux fonctions affines, celle du dénominateur ayant un coefficient directeur non nul. h est donc une fonction homographique.
Sa valeur interdite est la solution de l'équation $x + 1 = 0$, c'est-à-dire -1.
Donc le domaine de définition de h est $\mathscr{D}_h = \mathbb{R} \setminus \{-1\}$.

RAPPEL

h est décroissante sur un intervalle I, si, pour tous a et b dans I, $a < b \Rightarrow h(a) \geqslant h(b)$.

b. Montrons que h est strictement décroissante sur $]-1\,;+\infty[$.
Soient a et b deux réels dans l'intervalle $]-1\,;+\infty[$ tels que $-1 < a < b$.
Alors $-1+1 < a+1 < b+1$, soit $0 < a+1 < b+1$.
Sur $]0\,;+\infty[$ la fonction inverse inverse le sens des inégalités, puisqu'elle est strictement décroissante sur cet intervalle.

Ainsi : $\dfrac{1}{a+1} > \dfrac{1}{b+1}$.

On en déduit que $\dfrac{4}{a+1} > \dfrac{4}{b+1}$ puisque la multiplication par un nombre positif ne change pas le sens des inégalités.
On a donc démontré que :

$$\text{si } -1 < a < b, \text{ alors } h(a) > h(b).$$

La fonction h est donc strictement décroissante sur $]-1\,;+\infty[$.

c. De même, montrons que h est strictement décroissante sur $]-\infty\,;-1[$.
Soient a et b deux réels dans l'intervalle $]-\infty\,;-1[$ tels que $a < b < -1$.
Alors $a+1 < b+1 < -1+1$, soit $a+1 < b+1 < 0$.
Sur $]-\infty\,;0[$ la fonction inverse inverse le sens des inégalités, puisqu'elle est strictement décroissante sur cet intervalle.

Ainsi : $\dfrac{1}{a+1} > \dfrac{1}{b+1}$.

On en déduit que $\dfrac{4}{a+1} > \dfrac{4}{b+1}$ puisque la multiplication par un nombre positif ne change pas le sens des inégalités.
On a donc démontré que :

$$\text{si } a < b < -1, \text{ alors } h(a) > h(b).$$

La fonction h est donc aussi strictement décroissante sur $]-\infty\,;-1[$.

d. Le tableau de variations de h est donc le suivant :

RAPPEL

La double barre dans le tableau de variations indique la présence d'une valeur interdite.

x	$-\infty$		-1		$+\infty$
h	↘ (décroissante)		‖	↘ (décroissante)	

5 **1.** La fonction homographique est la fonction h.
En effet c'est la seule dont le tableau de valeurs indique la présence d'une valeur interdite par le message d'erreur « #DIV0 ! » (division par 0).
Les fonctions polynômes étant définies sur $\mathbb{R}$, la fonction h doit être la fonction homographique.

RAPPEL
Les fonctions affines sont des fonctions polynômes de degré 1.

2. a. La fonction affine est la fonction g.
En effet on peut remarquer que $f(-2) = f(4)$, ce qui serait impossible si f était affine.

REMARQUE
Si $x \neq x'$, alors $ax + b \neq ax' + b$.

b. $g(0) = 6$, donc l'ordonnée à l'origine de la droite représentant la fonction g vaut 6.

c. Lorsque x augmente de 1 (par exemple lorsque x passe de -5 à -4, ou de 0 à 1...) la variation de $g(x)$ est toujours la même : $g(x)$ diminue de 2.
Le coefficient directeur de g est donc égal à -2.

RAPPEL
Le fait que la variation des images est proportionnelle à la variation de la variable est une propriété fondamentale des fonctions affines. Le coefficient de proportionnalité est le coefficient directeur de la fonction.

d. L'expression algébrique de g est donc : $g(x) = -2x + 6$ et la formule saisie dans la cellule C2 est : « **=-2*A2+6** ».

3. a. La fonction f est donc la fonction polynôme de degré 2, dont l'expression est de la forme $f(x) = ax^2 + bx + c$.
On peut remarquer, entre autres, que :

- $f(-2) = f(4) = 0$, donc -2 et 4 sont les zéros de la fonction f ;
- $(1 ; -9)$ sont les coordonnées du sommet de la parabole associée à cette fonction, puisqu'il y a une symétrie visible autour de $x = 1$;
- le coefficient de plus haut degré, a, est positif puisque la fonction est d'abord décroissante, puis croissante.

b. On résoud le système $\begin{cases} 2a - b = 4 \\ 4a + b = 2 \end{cases}$

En additionnant nombre à nombre, on obtient :
$6a = 6$, d'où
$a = 1$, $4a + b$ d'où
$b = -4a + 2 = -4 \times 1 + 2 = -2$ d'où
$f(x) = x^2 - 2x - 8$.

La formule saisie dans la cellule B2 peut être : « **=A2 ^ -2*A2-8**.
De même, $f(-2) = 0$, d'où
$8a - b = 4$ et
$f(4) = 0$,
d'où $4a + b = 2$

Études de fonctions

6 **a.** $f(x)$ existe si le dénominateur de la fraction $\frac{1}{3-x}$ est non nul.

$3-x=0 \Leftrightarrow x=3$, donc f n'est pas définie en 3 et D$f=\mathbb{R}\backslash\{3\}$.

De plus, $f(x)=\frac{1}{3-x}-2=\frac{1}{3-x}-\frac{2(3-x)}{3-x}=\frac{1-(6-2x)}{3-x}=\frac{1-6+2x}{3-x}$.

Donc $f(x)=\frac{2x-5}{3-x}$ et f est une fonction homographique, en tant que quotient de deux fonctions affines.

b. L'expression $2x+5$ est de la forme $ax+b$, avec $a=2$ et $b=5$.

La valeur qui annule l'expression est égale à $-\frac{b}{a}=-\frac{5}{2}=-2{,}5$.

De plus le nombre a est strictement positif.

En procédant de même pour l'expression $-x+3$ (dont le coefficient a est cette fois égal à -1, donc négatif), on obtient le tableau de signes suivant pour $f(x)$:

RAPPEL

3 est une racine du polynôme $-x+3$ mais une valeur interdite pour la fonction f. Il faut donc mettre un 0 sur la ligne de $-x+3$, mais une double barre sur la ligne de $f(x)$.

x	$-\infty$		$-2{,}5$		3		$+\infty$
$2x+5$		$-$	0	$+$		$+$	
$-x+3$		$+$		$+$	0	$-$	
$f(x)$		$-$	0	$+$	‖	$-$	

c. $f(x)=4 \Leftrightarrow \frac{2x-5}{3-x}=4 \Leftrightarrow 2x-5=4\times(3-x) \Leftrightarrow 2x-5=12-4x$

$\Leftrightarrow 2x+4x=12+5 \Leftrightarrow 6x=17 \Leftrightarrow x=\frac{17}{6}$.

ASTUCE

Si vous disposez de plusieurs formes pour une même fonction (par exemple la forme factorisée et la forme développée) essayez de choisir la forme la plus adaptée pour chaque question.

L'équation $f(x)=4$ admet donc une solution unique :

$$S=\left\{\frac{17}{6}\right\}.$$

d. Pour résoudre l'équation $f(x)=-2$, il est plus pratique d'utiliser l'autre forme de $f(x)$.

$$f(x)=-2 \Leftrightarrow \frac{1}{3-x}-2=-2 \Leftrightarrow \frac{1}{3-x}=0.$$

Or un quotient ne peut être nul que si son numérateur est nul et que son dénominateur n'est pas nul.

1 ne peut pas être égal à 0, donc cette équation n'a pas de solution.

REMARQUE

-2 n'a donc pas d'antécédent par f. En fait la droite d'équation $y=-2$ est une asymptote à l'hyperbole représentative de cette fonction.

7 **a.** On peut conjecturer le tableau de variations suivant pour f :

x	0,5		1,4142		2,5
f	1,5	↘	−0,1716	↗	0,3

b. On peut conjecturer le tableau de signes suivant pour f :

x	0,5		1		2		2,5
$f(x)$		+	0	−	0	+	

c. $f(x) = x + \dfrac{2}{x} - 3 = \dfrac{x \times x}{x} + \dfrac{2}{x} - \dfrac{3 \times x}{x} = \dfrac{x^2 - 3x + 2}{x}$.

Or $(x-1)(x-2) = x^2 - 2x - x + 2 = x^2 - 3x + 2$.

Donc on a bien : $f(x) = \dfrac{(x-1)(x-2)}{x}$ pour tout réel $x \in [0,5 ; 2,5]$.

> **REMARQUE**
> *Plutôt que d'essayer de factoriser le numérateur, il est plus simple de développer la forme factorisée qui se trouve dans l'énoncé.*

d. $f(x) = 0 \Leftrightarrow \dfrac{(x-1)(x-2)}{x} = 0 \Leftrightarrow (x-1)(x-2) = 0$ et $x \neq 0$

$\Leftrightarrow x - 1 = 0$ ou $x - 2 = 0$ et $x \neq 0$

$\Leftrightarrow x = 1$ ou $x = 2$.

Cette équation admet donc deux solutions dans l'intervalle [0,5 ; 2,5], 1 et 2, ce qui confirme une partie de nos conjectures de la question **b.**

Pour dresser le tableau de signes de $f(x)$, on remarque que :

- l'expression $x - 1$ est de la forme $ax + b$ avec $a = 1$ et $b = -1$.
Elle s'annule en 1. De plus, a est positif ;
- l'expression $x - 2$ est de la forme $ax + b$ avec $a = 1$ et $b = -2$.
Elle s'annule en 2. De plus, a est positif ;
- x est positif sur l'intervalle [0,5 ; 2,5].

On en déduit le tableau de signes de $f(x)$ sur [0,5 ; 2,5].

x	0,5		1		2		2,5
$x-1$		−	0	+		+	
$x-2$		−		−	0	+	
x		+		+		+	
$f(x)$		+	0	−	0	+	

Le tableau de signes que nous avions conjecturé à la question **b.** était donc le bon.

RAPPEL

Une fonction linéaire a une expression de la forme $f(x) = ax$.

8 **1. a.** Si f est linéaire, alors il existe un a tel que, pour tout réel x, $f(x) = ax$.
Soient u et v deux réels. Alors :

$$f(u+v) = a \times (u+v) = au + av = f(u) + f(v).$$

b. Si f est la fonction carré, alors cette égalité n'est pas toujours vraie.
En effet, si $f(x) = x^2$ pour tout réel x, alors :
- d'un côté on aurait : $f(u+v) = (u+v)^2 = u^2 + 2uv + v^2$;
- de l'autre on aurait : $f(u) + f(v) = u^2 + v^2$.

Ainsi, si u et v ne sont pas nuls, alors : $f(u+v) \neq f(u) + f(v)$.

2. a. $f(x) = ax$ pour tout $x \in \mathbb{R}$.
Soient u et v deux réels :
- d'une part : $f(u \times v) = a \times (u \times v) = a \times u \times v$.
- d'autre part : $f(u) \times f(v) = (au) \times (av) = a^2 \times u \times v$.

Il s'agit de déterminer quand les deux expressions $a \times u \times v$ et $a^2 \times u \times v$ peuvent être égales pour tous réels u et v.
$a \times u \times v = a^2 \times u \times v \Leftrightarrow a \times u \times v - a^2 \times u \times v = 0 \Leftrightarrow (a - a^2) \times uv = 0$.
Cette égalité doit être vraie pour tous réels u et v, donc c'est $a - a^2$ qui doit être nul.
$a - a^2 = 0 \Leftrightarrow a(1-a) = 0 \Leftrightarrow a = 0$ ou $a = 1$.
Donc si f est linéaire, les expressions $f(u \times v)$ et $f(u) \times f(v)$ sont égales pour tous réels u et v si, et seulement si :
- $f(x) = 0$ pour tout réel x (c'est le cas $a = 0$) ;
- $f(x) = x$ pour tout réel x (c'est le cas $a = 1$).

b. Reprenons la fonction carré : si $f(x) = x^2$ pour tout réel x, alors :
- d'une part : $f(u \times v) = (u \times v)^2 = u^2 \times v^2$;
- d'autre part : $f(u) \times f(v) = u^2 \times v^2$.

Ainsi, l'égalité $f(u \times v) = f(u) \times f(v)$ est vraie pour tous réels u et v si f est la fonction carré.

9 **1. a.** $f(x) = x^2$ pour tout réel x, donc : $f(b) - f(a) = b^2 - a^2 = (b-a)(b+a)$.

RAPPEL

Étudier les variations d'une fonction, c'est déterminer si cette fonction conserve le sens des inégalités ou si elle les inverse.

b. • Étude du sens de variations de f sur $\mathbb{R}^+$.
On suppose que $0 \leqslant a < b$.
Il s'agit de comparer $f(a)$ et $f(b)$.
$f(b) - f(a) = (b-a)(b+a)$ d'après la question précédente.
Or $b - a > 0$ puisque $b > a$ et $b + a > 0$ puisque a et b sont deux réels positifs.
Donc $f(b) - f(a) > 0$ (produit de deux nombres positifs), soit $f(a) < f(b)$.
La fonction f est donc strictement croissante sur $[0 ; +\infty[$.

• Étude du sens de variations de f sur $\mathbb{R}^-$.
On suppose que $a < b \leqslant 0$.
On a encore $f(b) - f(a) = (b - a)(b + a)$ et $b - a > 0$ puisque $b > a$.
Mais cette fois $b + a < 0$ puisque a et b sont deux réels négatifs.
Donc $f(b) - f(a) < 0$ (produit de deux nombres de signes contraires), soit $f(a) > f(b)$.
La fonction f est donc strictement décroissante sur $]-\infty\,;0]$.

2. a. $g(x) = \dfrac{1}{x}$ pour tout réel x non nul, donc :

$$g(b) - g(a) = \frac{1}{b} - \frac{1}{a} = \frac{a}{ba} - \frac{b}{ab} = \frac{a-b}{ab}.$$

b. • Étude du sens de variations de g sur $]0\,;+\infty[$:
On suppose que $0 < a < b$.
Il s'agit de comparer $g(a)$ et $g(b)$.
$g(b) - g(a) = \dfrac{a-b}{ab}$ d'après la question précédente.
Or $a - b < 0$ puisque $a < b$ et $ab > 0$ puisque a et b sont deux réels strictement positifs.
Donc $g(b) - g(a) < 0$ (quotient de deux nombres de signes contraires), soit $g(a) > g(b)$.
La fonction g est donc strictement décroissante sur $]0\,;+\infty[$.
• Étude du sens de variations de g sur $]-\infty\,;0[$.
On suppose que $a < b < 0$.
On a encore $g(b) - g(a) = \dfrac{a-b}{ab}$ ainsi que $a - b < 0$ puisque $a < b$ et $ab > 0$ puisque a et b sont deux réels strictement négatifs.
Donc $g(b) - g(a) < 0$ (quotient de deux nombres de signes contraires), soit $g(a) > g(b)$.
La fonction g est donc aussi strictement décroissante sur l'intervalle $]-\infty\,;0[$.

> **ASTUCE**
> *Dès que l'on doit ajouter des fractions, il faut penser à les mettre au même dénominateur.*

> **RAPPEL**
> *De même que pour le produit, le quotient de deux nombres de signes contraires est positif.*

Utilisation des fonctions usuelles

10 **1. a.** Si $1{,}5 \leqslant x \leqslant 2{,}5$ alors tous les nombres x sont positifs et, puisque la fonction carré est croissante sur $\mathbb{R}^+$, on a l'encadrement : $1{,}5^2 \leqslant x^2 \leqslant 2{,}5^2$.
Ainsi $2{,}25 \leqslant x^2 \leqslant 6{,}25$.

> **RAPPEL**
> *La fonction carré est décroissante sur $\mathbb{R}^-$ et croissante sur $\mathbb{R}^+$.*

b. Si $-3 \leqslant x \leqslant -2$, alors tous les nombres x sont négatifs et, puisque la fonction carré est décroissante sur $\mathbb{R}^-$, on a l'encadrement : $(-3)^2 \geqslant x^2 \geqslant (-2)^2$.
Ainsi $9 \geqslant x^2 \geqslant 4$, encadrement que l'on peut aussi écrire : $4 \leqslant x^2 \leqslant 9$.

c. Si $-10 \leqslant x \leqslant 5$, alors tous ces nombres ne sont pas de même signe, on ne peut pas utiliser directement les variations de la fonction carré : il faut séparer l'intervalle d'étude en deux intervalles de nombres de même signe.

Si $-10 \leqslant x \leqslant 0$, alors de même que dans la question **b.**, on montre que : $0 \leqslant x^2 \leqslant 100$.
Si $0 \leqslant x \leqslant 5$, alors de même que dans la question **a.**, on montre que : $0 \leqslant x^2 \leqslant 25$.
On peut donc en déduire que :

$$\text{si } -10 \leqslant x \leqslant 5, \text{ alors } 0 \leqslant x^2 \leqslant 100.$$

2. a. $0{,}6 < 0{,}8$ et la fonction inverse est strictement décroissante sur l'intervalle $]0\,;+\infty[$ qui contient ces deux nombres.

Donc : $\dfrac{1}{0{,}6} > \dfrac{1}{0{,}8}$.

b. $-3{,}3 < -2{,}2$ et la fonction inverse est strictement décroissante sur l'intervalle $]-\infty\,;0[$ qui contient ces deux nombres.

Donc : $\dfrac{1}{-3{,}3} > \dfrac{1}{-2{,}2}$.

À RETENIR

On ne peut pas comparer les carrés ou les inverses de deux nombres de signes contraires simplement en utilisant les variations de ces fonctions.

c. On remarque qu'on ne peut pas appliquer la même méthode que dans les questions précédentes pour résoudre cette question.
En effet les deux nombres aux dénominateurs des fractions de cette question sont de signes opposés.

En revanche, $\dfrac{1}{6{,}4}$ est un nombre positif alors que $\dfrac{1}{-4{,}6}$ est négatif, on a donc : $\dfrac{1}{-4{,}6} < \dfrac{1}{6{,}4}$.

11 **1.** Voir la figure suivante.

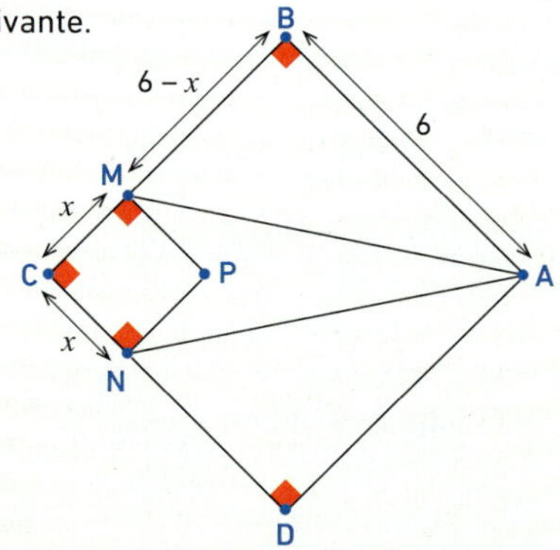

RAPPEL

L'aire d'un triangle rectangle est $\dfrac{c \times c'}{2}$ où c et c' sont les longueurs des côtés de l'angle droit.

2. a. L'aire du carré CMPN est CM^2, donc x^2.
Les triangles ABM et ADN sont deux triangles rectangles de même aire. Par exemple pour le triangle ABM, rectangle en B, on a :

$\mathscr{A}(\text{ABM}) = \dfrac{\text{BA} \times \text{BM}}{2} = \dfrac{6 \times (6-x)}{2} = 3 \times (6-x)$

$\mathscr{A}(\text{ABM}) = 18 - 3x$.

b. On note $\mathscr{A}(x)$ l'aire de la flèche en fonction de x, où $x \in [0\ ;\ 6]$.
$\mathscr{A}(x) = \mathscr{A}(\text{ABCD}) - \mathscr{A}(\text{CMPN}) - \mathscr{A}(\text{ABM}) - \mathscr{A}(\text{ADN})$.
$\mathscr{A}(x) = 6^2 - x^2 - 2 \times (18 - 3x) = 36 - x^2 - 36 + 6x$.
$\mathscr{A}(x) = -x^2 + 6x$.

3. $\mathscr{A}$ est une fonction polynôme de degré 2, avec les coefficients $a = -1$, $b = 6$ et $c = 0$. Son coefficient de plus haut degré est négatif, elle est donc croissante jusqu'à $\alpha = -\dfrac{b}{2a} = -\dfrac{6}{2\times(-1)} = 3$ et décroissante après α.
$\mathscr{A}(\alpha) = \mathscr{A}(3) = -3^2 + 6 \times 3 = -9 + 18 = 9$.
Ainsi, le tableau de variations de $\mathscr{A}$ est le suivant :

x	0		3		6
$\mathscr{A}$	0	↗	9	↘	0

RAPPEL
Il faut bien mettre les images de tous les nombres de la première ligne qui en ont une.

On en déduit qu'il faut placer M à une distance 3 de C, autrement dit au milieu du segment [BC] qui est de longueur 6, pour avoir une flèche d'aire maximale.

Problèmes

12 **1.** Tableau de valeurs de $f(x) = x^3$:

x	−1,5	−1	−0,5	0	0,5	1	1,5
$f(x)$	−3,375	−1	−0,125	0	0,125	1	3,375

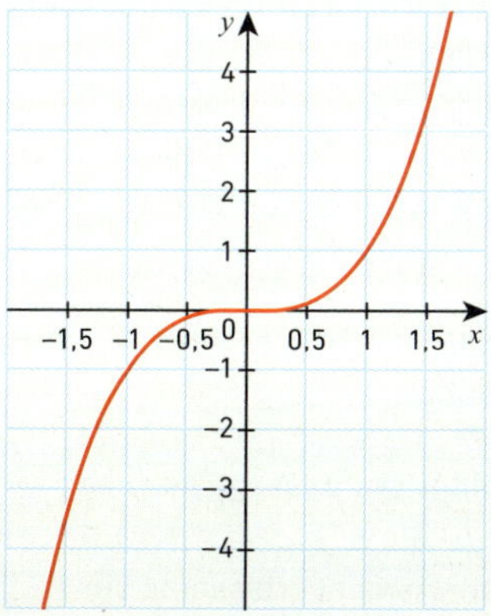

ASTUCE
Pour obtenir une courbe la plus utile possible, prenez le temps de choisir une échelle adaptée.

2. a. Si x est positif, alors x^3 est le produit de trois nombres positifs : il est positif.
Si x est négatif, alors x^3 est le produit de trois nombres négatifs : il est négatif.

b. On en déduit le tableau de signes de la fonction cube :

x	$-\infty$		0		$+\infty$
$f(x)$		$-$	0	$+$	

3. a. La fonction cube semble être croissante sur $\mathbb{R}$.

b. Soient a et b deux réels.
$f(b) - f(a) = b^3 - a^3$.

REMARQUE

Vous pouvez essayer de retenir cette nouvelle « identité remarquable » : $a^3 - b^3 = (a-b)(a^2 + ab + b^2)$.

Or $(b-a)(a^2 + ab + b^2) = b \times a^2 + b \times ab + b^3 - a^3 - a \times ab - a \times b^2$

$= \cancel{ba^2} + \cancel{ab^2} + b^3 - a^3 - \cancel{a^2b} - \cancel{ab^2}$

$= b^3 - a^3$.

Donc on a bien : $f(b) - f(a) = (b-a)(a^2 + ab + b^2)$.

c. • Étude du sens de variations de f sur $\mathbb{R}^+$.
On suppose que a et b sont deux réels tels que $0 \leqslant a < b$.
Il s'agit de comparer $f(a)$ et $f(b)$.
$f(b) - f(a) = (b-a)(a^2 + ab + b^2)$ d'après la question précédente.
Or $b - a > 0$ puisque $b > a$ et $a^2 + ab + b^2 > 0$ puisque a et b sont deux réels positifs.
Donc : $f(b) - f(a) > 0$ (produit de deux nombres positifs), soit $f(a) < f(b)$.
La fonction f est donc strictement croissante sur $[0\,;+\infty[$.

• Étude du sens de variations de f sur $\mathbb{R}^-$.
On suppose que a et b sont deux réels tels que $a < b \leqslant 0$.
De même que précédemment, $f(b) - f(a) = (b-a)(a^2 + ab + b^2)$ avec $b - a > 0$ puisque $b > a$ et $a^2 + ab + b^2 > 0$ puisque a et b sont deux réels négatifs (leur produit est donc positif, de même que leurs carrés).
Donc : $f(b) - f(a) > 0$, soit $f(a) < f(b)$.
La fonction f est donc strictement croissante sur $]-\infty\,;0]$.

d. Pour conclure, remarquons que si $a \leqslant 0 \leqslant b$, alors $a^3 \leqslant 0 \leqslant b^3$.
En effet un nombre et son cube sont de même signe.
Donc dans les trois cas suivants :

- a et b de même signe et positifs ;
- a et b de même signe et négatifs ;
- a et b de signes contraires ;

on a conservation du sens des inégalités par passage au cube :

$$\text{si } a < b, \text{ alors } a^3 < b^3.$$

C'est donc que la fonction cube est strictement croissante sur $\mathbb{R}$.

13 **1. a.** Avec un tableur on obtient la courbe suivante :

A	B	C	D	E	F	G
m	0	25	50	100	250	500
T	0	0.16	0.22	0.31	0.50	0.70

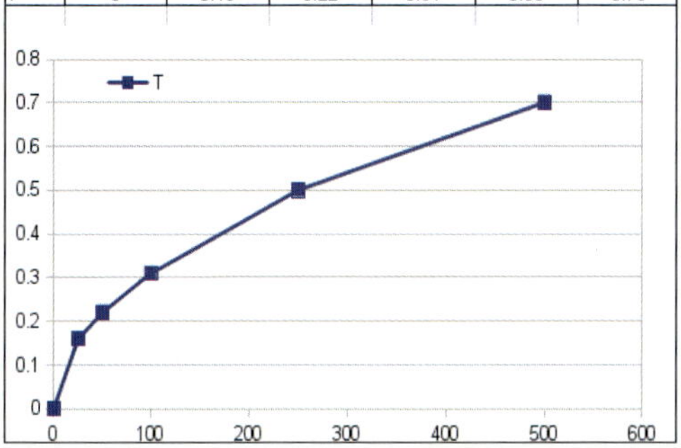

REMARQUE

De même que multiplier par 2 et diviser par 2 sont des opérations réciproques l'une de l'autre, prendre le carré et prendre la racine carrée d'un nombre positif sont aussi des opérations réciproques.

b. Si la fonction représentée ci-dessus était affine, alors les points devraient être alignés. Même en supposant qu'il y a une incertitude dans les mesures réalisées par Sylvain, il semble difficile de penser que ces points sont alignés.

c. La courbe pourrait être un morceau de parabole, et donc correspondre à un polynôme de degré 2, mais alors il faudrait qu'au bout d'un moment la courbe se mette à « descendre », ce qui n'est pas cohérent avec l'expérience physique réalisée.

En fait, il semblerait que cette courbe ressemble plus à une portion de « parabole renversée sur le côté » : si c'est le cas alors on serait en train d'observer la courbe représentative d'une fonction racine carré, comme nous l'avons rencontrée dans les exercices 9 et 10 du chapitre 8.

2. a. Tableau de valeurs complété avec les carrés de *T* :

A	B	C	D	E	F	G
m	0	25	50	100	250	500
T	0	0.16	0.22	0.31	0.50	0.70
*T*²	0	0.0256	0.0484	0.0961	0.25	0.49

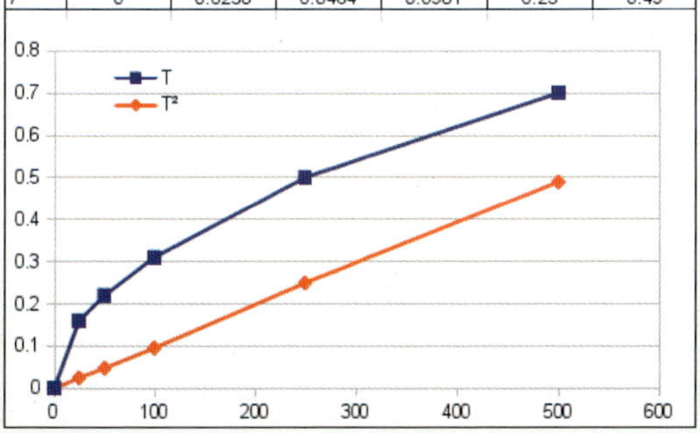

REMARQUE

Si $0 \leqslant x \leqslant 1$, alors $x^2 \leqslant x$.
C'est ce qu'on observe ici avec T^2 et T.

b. La courbe rouge, correspondant aux valeurs de T^2, montre assez clairement des points alignés. On peut donc penser que T^2 est une fonction affine de m, et même linéaire.

c. Supposons donc que $g(m) = T^2 = am$, où a est un réel à déterminer, puisque g est une fonction linéaire.

RAPPEL

Le coefficient directeur de la droite (AB), avec $A(x_A ; y_A)$ et $B(x_B ; y_B)$, est $a = \dfrac{y_B - y_A}{x_B - x_A}$.

a est le coefficient directeur de la droite rouge, donc on doit prendre deux points de cette droite pour déterminer ce coefficient : par exemple le point (0 ; 0) et le point (500 ; 0,49).

On a alors : $a = \dfrac{0{,}49 - 0}{500 - 0} = 9{,}8 \times 10^{-4}$.

Ainsi, $g(m) = 9{,}8 \times 10^{-4} \times m$.

d. $g(m) = (f(m))^2$, donc $(f(m))^2 = 9{,}8 \times 10^{-4} \times m$.

Comme $f(m)$ est une période, donc un nombre positif, $f(m) = \sqrt{g(m)} = \sqrt{9{,}8 \times 10^{-4} \times m}$.
$\sqrt{9{,}8 \times 10^{-4}} \simeq 3{,}13 \times 10^{-2}$, donc en conclusion on peut proposer l'expression suivante de T en fonction de m : $T = 3{,}13 \times 10^{-2} \times \sqrt{m}$.

Le tableau nous permet de vérifier que les valeurs données par le modèle $T = \sqrt{9{,}8 \times 10^{-4} \times m}$ sont très proches des valeurs mesurées par Sylvain :

	A	B	C	D	E	F	G
1	*m*	0	25	50	100	250	500
2	*T (mesuré)*	0	0.16	0.22	0.31	0.50	0.70
3	*T (modèle)*	0	0.1565	0.2214	0.3130	0.4950	0.7000

Trigonométrie

POUR DÉMARRER

- Dans un triangle ABC rectangle en A :

$\cos(\hat{B}) = \dfrac{\text{côté adjacent à } \hat{B}}{\text{hypoténuse}} = \dfrac{BA}{BC}$.

$\sin(\hat{B}) = \dfrac{\text{côté opposé à } \hat{B}}{\text{hypoténuse}} = \dfrac{AC}{BC}$.

$\tan(\hat{B}) = \dfrac{\text{côté opposé à } \hat{B}}{\text{hypoténuse à } \hat{B}} = \dfrac{\sin(\hat{B})}{\cos(\hat{B})}$.

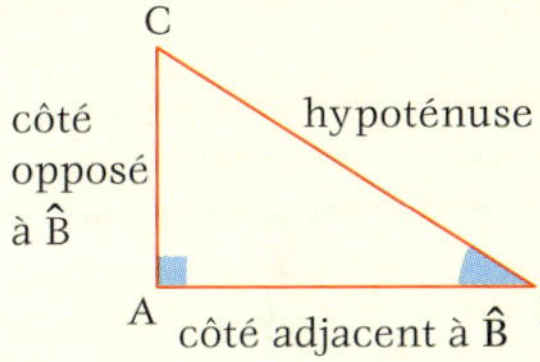

- Quel que soit l'angle α, $\cos^2\alpha + \sin^2\alpha = 1$.

Par définition $\cos^2\alpha$ est égal à $(\cos\alpha)^2$ et $\sin^2\alpha$ à $(\sin\alpha)^2$.

1 Se repérer sur un cercle

A. Sens direct

Définition

Le **sens direct** (ou sens trigonométrique positif) est le sens contraire aux aiguilles d'une montre (ou sens anti-horaire).

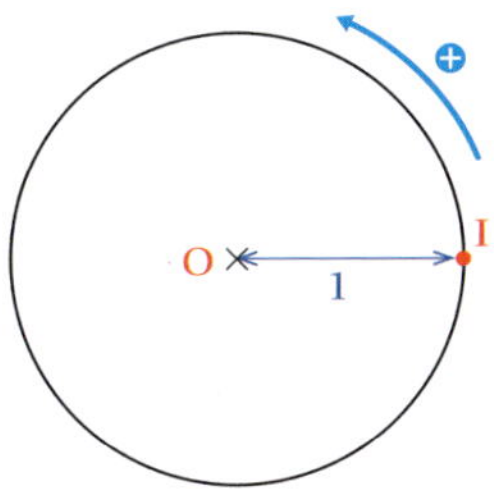

B. Cercle trigonométrique

Définition

Un **cercle trigonométrique** est un cercle de rayon 1 orienté dans le sens direct sur lequel est placé un point I, origine de ce cercle.

C. Périmètre d'un cercle trigonométrique

Propriété

À RETENIR

Le périmètre d'un cercle de rayon r est $2\pi r$.

Un cercle trigonométrique a pour périmètre 2π. En effet, le périmètre d'un cercle de rayon r est $2\pi r$ et le cercle trigonométrique a un rayon égal à 1. Donc son périmètre est $2\pi \times 1$ donc 2π.

2 Enroulement de l'axe des réels sur un cercle trigonométrique

A. Situation

Propriété

- On se place dans un repère orthonormal (O ; I, J) et on considère le cercle trigonométrique $\mathscr{C}$ de centre O. Ce cercle passe par les points I et J.
- On considère le point A(1 ; 1) et la droite (IA) munie du repère (I, A). Cette droite est un axe gradué. Donc, à tout réel x correspond un unique point N sur cette droite.
- On « enroule » cette droite sur le cercle $\mathscr{C}$, à partir du point I, dans le sens positif ou dans le sens négatif.
- À tout point N d'abscisse x sur l'axe (IA) correspond un unique point M du cercle $\mathscr{C}$. À tout point M du cercle trigonométrique correspond plusieurs points de la droite graduée (AI).

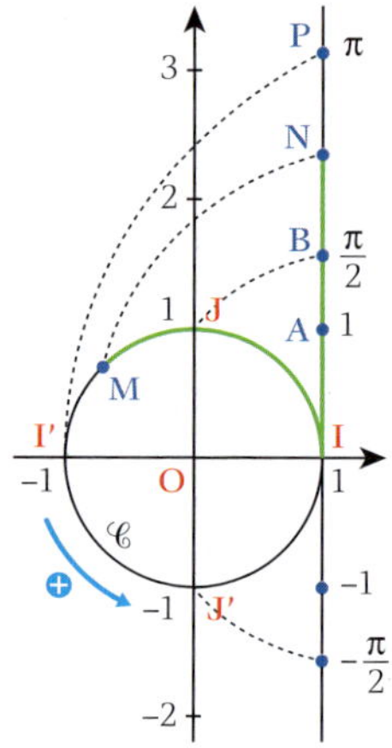

> ***Exemples***
> - Si $x = 0$, le point correspondant sur le cercle est le point I (voir figure ci-dessus).
> - Le point I'(−1 ; 0) est associé à $x = \pi$ ou $x = -$M (en tournant dans le sens négatif).
> En effet la longueur d'un demi-cercle est égale à π ou $x = -\frac{3\pi}{2}$ (en tournant dans le sens négatif).
> - Le point J(0 ; 1) est associé à $x = \frac{\pi}{2}\cdot$
> En effet la longueur d'un quart de cercle est égale à $\frac{\pi}{2}\cdot$
> - Le point J'(0 ; −1) est associé à $x = -\frac{\pi}{2}\cdot$ En effet la longueur d'un quart de cercle est égale à $\frac{\pi}{2}$ et on tourne dans le sens négatif ou $x = +\frac{3\pi}{2}$ (en tournant dans le sens positif).

B. Correspondance entre les angles et les longueurs

Propriété

Si x appartient à l'intervalle $[0 ; \pi]$, alors la longueur de l'arc de cercle $\overset{\frown}{IM}$ est égal à x.

On dit que cette longueur est égale à la mesure de l'angle $\widehat{IOM}$, exprimée dans une nouvelle unité appelée est le **radian** (rad).

Exemple

Si l'arc $\overset{\frown}{IM}$ mesure $\frac{\pi}{4}$, alors l'angle $\widehat{IOM}$ mesure $\frac{\pi}{4}$ rad.

Or $\frac{\pi}{4}$ est la moitié de $\frac{\pi}{2}$ qui est un angle droit.

Donc $\widehat{IOM}$ mesure 45°.

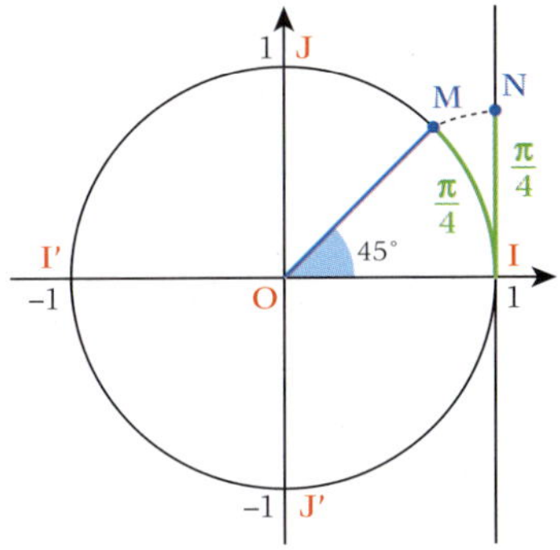

3 Cosinus et Sinus

A. Abscisse et ordonnée d'un point sur un cercle trigonométrique

Définition

Soit $\mathscr{C}$ le cercle trigonométrique de centre O dans le repère orthonormé (O ; I, J).

Soit x un réel et M le point du cercle trigonométrique associé à x.

L'abscisse du point M est le **cosinus** du réel x noté $\cos x$.

L'ordonnée du point M est le **sinus** du réel x noté $\sin x$.

Ainsi, le point M a pour coordonnées $(\cos x ; \sin x)$.

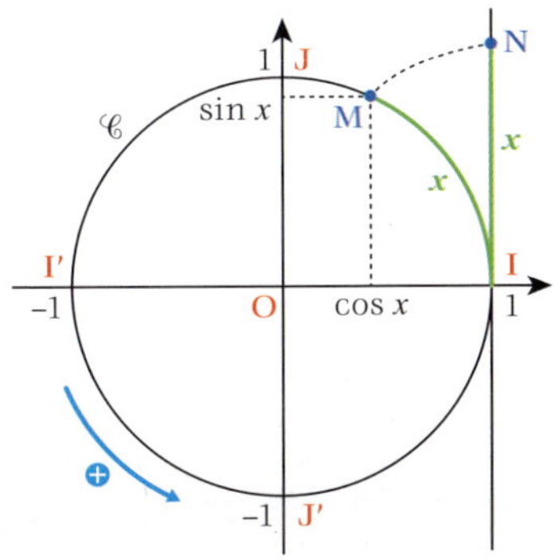

B. Lien avec la trigonométrie du triangle rectangle

Propriété

Soit x un réel de l'intervalle $\left[0\ ;\ \frac{\pi}{2}\right]$ et M le point du cercle trigonométrique associé à x.
Soit H le point de coordonnées $(\cos x\ ;\ 0)$.
Le triangle OHM est rectangle en H.
OM est un rayon du cercle, donc $OM = 1$.
$OH = \cos x$ et $HM = \sin x$.
En posant $\theta = \widehat{HOM}$,

$$\cos\theta = \frac{\text{côté adjacent}}{\text{hypoténuse}} = \frac{OH}{OM} = \frac{\cos x}{1} = \cos x$$

et $\sin\theta = \dfrac{\text{côté opposé}}{\text{hypoténuse}} = \dfrac{HM}{OM} = \dfrac{\sin x}{1} = \sin x$.

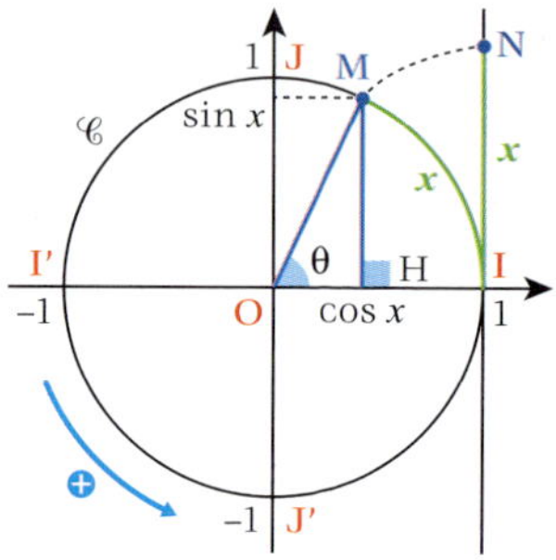

C. Valeurs remarquables

x	0	$\frac{\pi}{6}$	$\frac{\pi}{4}$	$\frac{\pi}{3}$	$\frac{\pi}{2}$	π
θ	$0°$	$30°$	$45°$	$60°$	$90°$	$180°$
$\cos x$	1	$\frac{\sqrt{3}}{2}$	$\frac{\sqrt{2}}{2}$	$\frac{1}{2}$	0	-1
$\sin x$	0	$\frac{1}{2}$	$\frac{\sqrt{2}}{2}$	$\frac{\sqrt{3}}{2}$	1	0

D. Propriétés du cosinus et du sinus

Propriétés

Pour tout réel x,

- $-1 \leqslant \cos x \leqslant 1$
- $\cos(-x) = \cos x$
- $\cos(x + 2\pi) = \cos x$
- $-1 \leqslant \sin x \leqslant 1$
- $\sin(-x) = -\sin x$
- $\sin(x + 2\pi) = \sin x$
- $\cos^2 x + \sin^2 x = 1$

PIÈGES À ÉVITER

- Si vous utilisez votre calculatrice en mode *radians*, n'oubliez pas de repasser en mode *degrés* si nécessaire.
- Dans ce chapitre, x se lit sur le cercle trigonométrique, $\cos x$ se lit sur l'axe des abscisses et $\sin x$ se lit sur l'axe des ordonnées.

1 Placer un point sur un cercle trigonométrique

CONSEILS

- Faire une figure précise. Bien tracer les axes et le cercle trigonométrique.
- Certains angles sont très faciles à construire au compas et à la règle : 30°, 45°, 60°.

Exercice

Soit $\mathscr{C}$ le cercle trigonométrique de centre O dans un repère orthonormal (O ; I, J) d'unité 4 cm.

1 Soit x un réel et P le point du cercle trigonométrique associé à x.
Justifier que si x est égal à π, alors l'angle $\widehat{IOP}$ est égal à 180°.

2 En utilisant la question précédente, placer le point A correspondant à $\frac{\pi}{3}$ et le point B correspondant à $\frac{3\pi}{4}$.

3 Placer de même les points C et D correspondant respectivement à $-\frac{\pi}{3}$ et à $-\frac{5\pi}{6}$.

POINT MÉTHODE

✓ *Le périmètre d'un cercle trigonométrique est toujours égal à 2π et l'angle plein est égal à 360°. On aura souvent à faire des calculs de proportionnalité pour se familiariser avec les angles les plus utilisés.*

✓ *On compte positivement les longueurs quand on tourne dans le sens direct (positif) et négativement dans l'autre sens.*

Comment répondre ?

1 Si x est égal à π, alors la distance parcourue dans le sens positif est égale au demi périmètre du cercle.
Donc, le point P et le point I sont diamétralement opposé sur le cercle.
Donc O est le milieu de [IP]. Par conséquent $\widehat{IOP} = 180°$.

REMARQUE

Le point P est confondu avec le point $I'(-1\,;0)$.

2 La longueur de l'arc $\overset{\frown}{IA}$ parcourue sur le cercle est proportionnelle à l'angle $\widehat{IOA}$. On peut faire un tableau de proportionnalité.

$\widehat{IOA}$	180°	θ_A
$\overset{\frown}{IA}$	π	$\frac{\pi}{3}$

REMARQUE
On a laissé les traits de construction sur la figure.

Pour construire un angle de 60°, il suffit de construire le triangle équilatéral OIA à l'aide d'un compas en reportant la longueur du rayon à partir du point I.

Donc $\theta_A = \frac{180°}{\pi} \times \frac{\pi}{3} = 60°$.

De même, on a le tableau de proportionnalité suivant :

$\widehat{IOB}$	180°	θ_B
$\overset{\frown}{IB}$	π	$\frac{3\pi}{4}$

Donc $\theta_B = \frac{180°}{\pi} \times \frac{3\pi}{4} = 135°$.

Pour construire le point B, on peut remarquer que 135° = 90° + 45°.

Or 45° est la moitié d'un angle droit, donc on peut construire cet angle grâce au quadrillage.

3 Quand la valeur de x est négative, on tourne dans le sens indirect. Les points A et C sont symétriques par rapport à l'axe des abscisses.

De même que dans la question précédente :

$$\theta_D = \frac{180°}{\pi} \times \frac{5\pi}{6} = 150°.$$

150° = 90° + 60°, donc on construit le triangle équilatéral OJ'D grâce au compas.

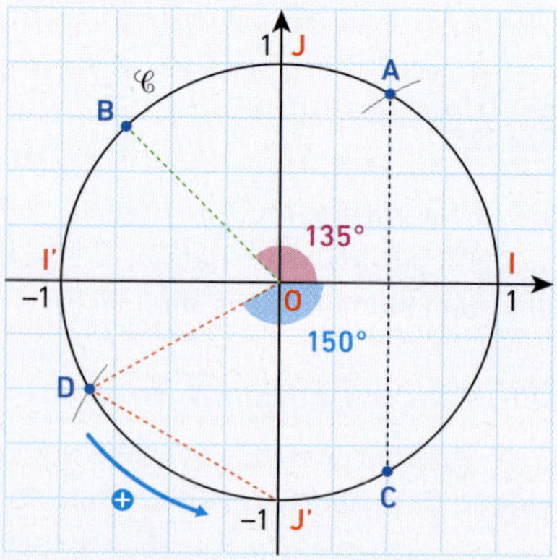

2 Utiliser le cosinus et le sinus d'un nombre réel

CONSEILS

- En trigonométrie, on doit savoir se repérer précisément sur le cercle trigonométrique et savoir se repérer dans le repère cartésien (O ; I, J).
- Il faut connaître par cœur les valeurs remarquables du tableau du paragraphe 3.C.

POINT MÉTHODE

✓ *Il faut prendre le temps de placer correctement les points en se repérant sur le cercle ou en utilisant les coordonnées cartésiennes.*

✓ *On utilisera les propriétés du cosinus et du sinus du paragraphe 3.D.*

Exercice

Soit $\mathscr{C}$ le cercle trigonométrique de centre O dans un repère orthonormal (O ; I, J) d'unité 4 cm.

1 Rappeler les valeurs de $\cos\frac{\pi}{3}$ et $\sin\frac{\pi}{3}$.

2 Placer le point A associé à $-\frac{\pi}{3}$ et en déduire les valeurs de $\cos\left(-\frac{\pi}{3}\right)$ et $\sin\left(-\frac{\pi}{3}\right)$.

3 Soit x un réel de l'intervalle $\left[\frac{\pi}{2}\,;\,\pi\right]$ tel que $\sin x = 0{,}6$.
Placer le point B associé à x sur le cercle trigonométrique et en déduire la valeur de $\cos x$.

Comment répondre ?

1 D'après le paragraphe 3.C, $\cos\frac{\pi}{3} = \frac{1}{2}$ et $\sin\frac{\pi}{3} = \frac{\sqrt{3}}{2}$.

2 Pour placer le point A, on se déplace de $-\frac{\pi}{3}$ sur le cercle trigonométrique à partir du point I. On tourne donc dans le sens indirect.
Donc A est le symétrique par rapport à l'axe des abscisses du point correspondant à $\frac{\pi}{3}$.
Par symétrie :

$$\cos\left(-\frac{\pi}{3}\right) = \cos\frac{\pi}{3} = \frac{1}{2} \text{ et } \sin\left(-\frac{\pi}{3}\right) = -\sin\frac{\pi}{3} = -\frac{\sqrt{3}}{2}.$$

REMARQUE

On retrouve les propriétés du paragraphe 3.D :
$\cos(-x) = \cos x$
et $\sin(-x) = -\sin x$.

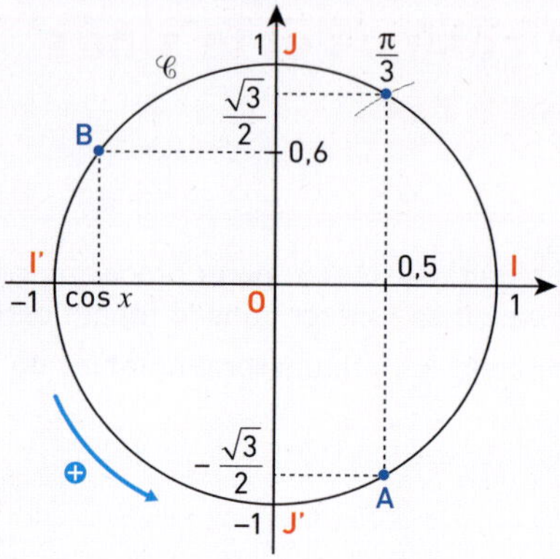

3 Le réel x appartient à l'intervalle $\left[\frac{\pi}{2} ; \pi\right]$, donc le point B est situé sur l'arc compris entre J et I' quand on tourne dans le sens positif. On connaît son ordonnée puisque $\sin x = 0{,}6$, donc on peut placer le point.

Le nombre $\cos x$ est donc compris entre −1 et 0.

> **RAPPEL**
>
> *Si $a > 0$, alors l'équation $X^2 = a$ possède deux solutions : $\sqrt{a}$ et $-\sqrt{a}$.*

On sait que $\cos^2 x + \sin^2 x = 1$,

donc $\cos^2 x = 1 - \sin^2 x = 1 - 0{,}6^2 = 0{,}64$.

Donc $\cos x = \sqrt{0{,}64}$ ou $\cos x = -\sqrt{0{,}64}$.

Or $\cos x$ est négatif, donc $\cos x = -\sqrt{0{,}64}$ et finalement $\cos x = -0{,}8$.

On peut vérifier graphiquement ce résultat.

TESTEZ VOS CONNAISSANCES

CORRIGÉ p. 277

1. Dans un triangle DEF rectangle en F, $\sin(\widehat{EDF}) =$

a. $\frac{FE}{DF}$. **b.** $\frac{FE}{DE}$. **c.** $\frac{DE}{FE}$.

2. Dans un triangle DEF rectangle en F, si $\cos(\widehat{EDF}) = 0{,}8$, alors $\sin(\widehat{EDF}) =$

a. 0,6. **b.** 0,36. **c.** 0,2.

3. Le sens direct sur un cercle trigonométrique est :

a. de droite à gauche.

b. le sens des aiguilles d'une montre.

c. le sens anti-horaire.

4. La circonférence d'un cercle trigonométrique est égale à :

a. 1. **b.** π. **c.** 2π.

Dans toutes les questions suivantes, on considère le cercle trigonométrique $\mathscr{C}$ de centre O dans un repère orthonormal (O ; I, J) représenté ci-contre.

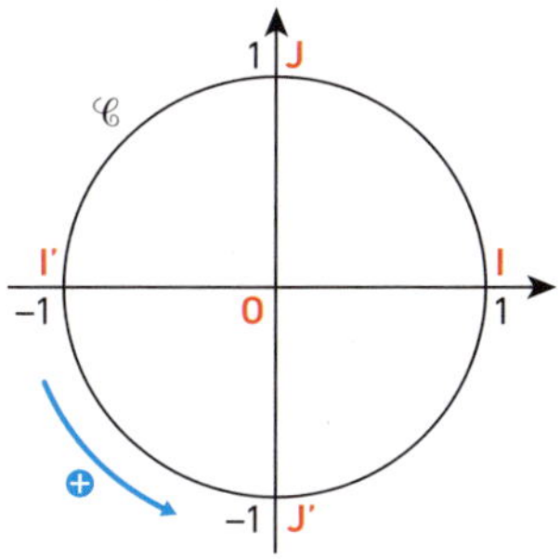

5. L'arc $\widehat{II'}$ dans le sens positif mesure :

a. 180°.

b. π.

c. 2π.

6. Soit x un réel de l'intervalle $[\pi\,; 2\pi]$.
Le point M correspondant à x est situé :

a. en dessous de l'axe des abscisses.

b. au-dessus de l'axe des abscisses.

c. à gauche de l'axe des ordonnées.

7. Soit M le point correspondant à $\frac{3\pi}{2}$. Ce point est confondu avec :

a. I. **b.** J. **c.** J'.

8. $\cos\left(\frac{\pi}{4}\right) =$

a. $\frac{\sqrt{2}}{2}$. **b.** $\frac{1}{2}$. **c.** $\frac{\sqrt{3}}{2}$.

9. $\cos\left(-\frac{\pi}{5}\right) =$

a. $\cos\left(\frac{\pi}{5}\right)$. **b.** $-\cos\left(\frac{\pi}{5}\right)$. **c.** $\sin\left(\frac{\pi}{5}\right)$.

10. $\cos\left(\frac{13\pi}{6}\right) =$

a. $\frac{\sqrt{2}}{2}$. **b.** $\frac{1}{2}$. **c.** $\frac{\sqrt{3}}{2}$.

ENTRAÎNEZ-VOUS

CORRIGÉ p. 278

Trigonométrie du triangle rectangle

1 On considère un triangle ABC rectangle en A tel que $\widehat{ABC} = 30°$ et BC = 12 cm. ●○○ 10 min

a. Déterminer les longueurs AB et AC.
On arrondira, si nécessaire, le résultat à 0,1 cm près.

b. Faire une figure précise.

2 On considère un triangle DEF rectangle en D tel que DE = 8 cm et EF = 16 cm. ●○○ 20 min

a. Faire une figure.

b. Calculer la valeur exacte puis une valeur approchée de DF à 0,1 cm près.

c. Calculer $\cos\left(\widehat{DEF}\right)$ et en déduire la mesure de l'angle $\widehat{DEF}$.

d. Calculer $\cos(\widehat{DFE})$ de deux façons différentes ?

3 ABC est un triangle isocèle et rectangle en A. ●●○ 20 min
Le point D est le symétrique de A par rapport à B.

a. Faire une figure.

b. Calculer $\tan\left(\widehat{ADC}\right)$. En utilisant la calculatrice, déterminer une valeur approchée de l'angle $\widehat{ADC}$ arrondie à 0,1°.

c. En déduire une valeur approchée de l'angle $\widehat{BCD}$ arrondie à 0,1°.

Enroulement de l'axe des réels sur un cercle trigonométrique

Dans les exercices suivants, on considère le cercle trigonométrique $\mathscr{C}$ de centre O dans un repère orthonormal (O ; I, J) d'unité 4 cm.

4 Sur le cercle trigonométrique, placer précisément les points A, B, C, D et E associés respectivement à : π, $\frac{\pi}{2}$, $\frac{\pi}{3}$, $\frac{\pi}{4}$ et $\frac{\pi}{6}$. 10 min

5 **a.** Sur le cercle trigonométrique, placer précisément les points A, B et C d'ordonnées positives tels que $\widehat{IOA} = 45°$, $\widehat{IOB} = 120°$ et $\widehat{IOC} = 150°$. 15 min

b. Mêmes questions avec les points D et E d'ordonnées négatives tels que $\widehat{DOI} = 60°$ et $\widehat{EOI} = 135°$.

c. À quels réels ces nombres sont-ils associés lorsqu'on enroule l'axe des réels sur le cercle ?

6 Sur les figures ci-dessous, ABCD est un carré de centre O et IEFI'GH est un hexagone régulier de centre O, tous les deux inscrits dans le cercle trigonométrique. 15 min

Déterminer un réel associé à chaque sommet de ces polygones.

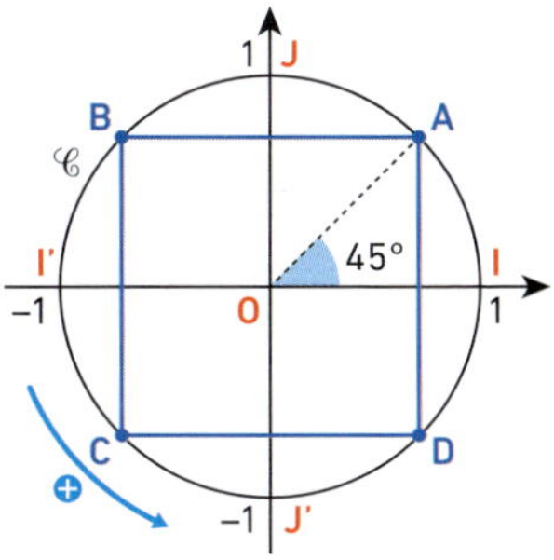

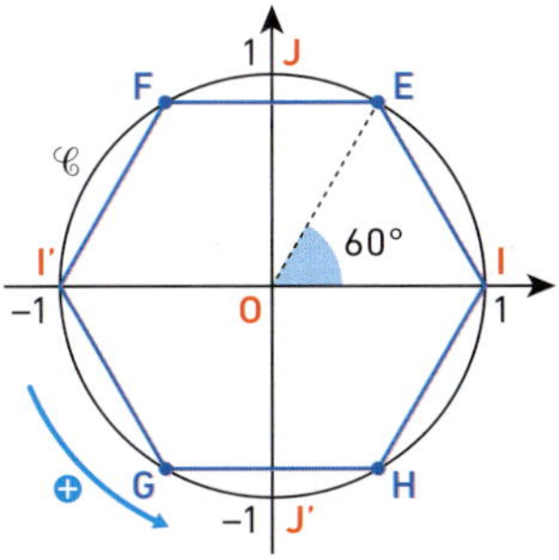

7 **a.** Sur le cercle trigonométrique, on considère le point A associé au réel $\frac{13\pi}{3}$. 20 min

Expliquer pourquoi ce point est confondu avec le point associé au réel $\frac{\pi}{3}$ et le placer.

b. Placer les points B et C associés respectivement à $\frac{35\pi}{6}$ et à $-\frac{11\pi}{4}$ en justifiant la construction.

c. Soit D le point associé au réel $\frac{3\pi}{4}$.

Donner trois autres nombres réels pour lesquels le point associé est confondu avec le point D.

Utiliser le cosinus et le sinus d'un nombre réel

8 ●●○ 30 min

1. Soit A le point associé au réel $\frac{\pi}{3}$ sur le cercle trigonométrique.

a. Démontrer que OIA est un triangle équilatéral.

b. Démontrer que :

$$\cos\left(\frac{\pi}{3}\right)=\frac{1}{2} \text{ et } \sin\left(\frac{\pi}{3}\right)=\frac{\sqrt{3}}{2}.$$

c. Par un raisonnement proche, démontrer que :

$$\cos\left(\frac{\pi}{6}\right)=\frac{\sqrt{3}}{2} \text{ et } \sin\left(\frac{\pi}{6}\right)=\frac{1}{2}.$$

2. Soit C le point associé au réel $\frac{\pi}{4}$ sur le cercle trigonométrique et D le pied de la hauteur issue de C dans le triangle OIC.

a. Démontrer que ODC est un triangle isocèle et rectangle.

b. Démontrer que :

$$\cos\left(\frac{\pi}{4}\right)=\frac{\sqrt{2}}{2} \text{ et } \sin\left(\frac{\pi}{4}\right)=\frac{\sqrt{2}}{2}.$$

9 ●○○ 25 min

En utilisant les valeurs remarquables données dans le tableau du paragraphe 3.C., calculer les valeurs exactes des nombres suivants en justifiant la réponse.
On placera chaque point sur le cercle trigonométrique.

a. $\cos\left(-\frac{\pi}{2}\right)$. **b.** $\sin\left(-\frac{\pi}{2}\right)$. **c.** $\cos\left(\frac{2\pi}{3}\right)$. **d.** $\sin\left(\frac{2\pi}{3}\right)$.

e. $\cos\left(-\frac{5\pi}{6}\right)$. **f.** $\sin\left(\frac{7\pi}{6}\right)$. **g.** $\cos\left(\frac{17\pi}{4}\right)$. **h.** $\sin\left(-\frac{23\pi}{4}\right)$.

10 ●○○ 10 min

a. Soit x un réel de l'intervalle $[0 ; 2\pi]$ tel que $\cos x=\frac{1}{2}$.
Déterminer les valeurs possibles pour x.

b. Soit x un réel de l'intervalle $[0 ; 2\pi]$ tel que $\sin x=\frac{1}{2}$.
Déterminer les valeurs possibles pour x.

11 ●●● 15 min

1. Soit x un réel de l'intervalle $[0 ; \pi]$ tel que $\cos x=0{,}3$.

a. Placer le point correspondant sur le cercle trigonométrique.

b. En utilisant la calculatrice, déterminer une valeur approchée de x à 0,01 près.

2. Mêmes questions avec un réel x de l'intervalle $\left[\frac{\pi}{2} ; \pi\right]$ tel que $\sin x=0{,}2$.

Corrigés de *TESTEZ VOS CONNAISSANCES*

1. Réponse **b.** Voir « avant de commencer » :

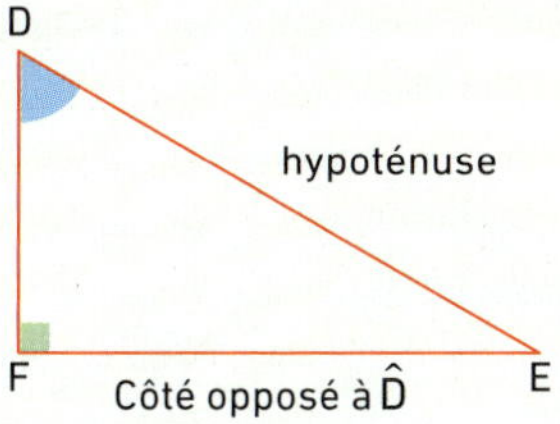

$\sin(\widehat{EDF}) = \dfrac{\text{côté opposé}}{\text{hypoténuse}} = \dfrac{FE}{DE}$.

2. Réponse **a.** $\cos^2(\widehat{EDF}) + \sin^2(\widehat{EDF}) = 1$,

donc $\sin^2(\widehat{EDF}) = 1 - \cos^2(\widehat{EDF})$

$= 1 - 0{,}8^2 = 0{,}36$.

Or $\sin(\widehat{EDF}) \geqslant 0$, donc $\sin(\widehat{EDF}) = \sqrt{0{,}36} = 0{,}6$.

> **REMARQUE**
> *Dans un triangle rectangle, un angle est compris entre 0° et 90° et son cosinus et son sinus sont positifs.*

3. Réponse **c.** Voir le paragraphe 1.A.

Le sens anti-horaire est le sens contraire aux aiguilles d'une montre.

On ne peut pas écrire « de droite à gauche » ou de « haut en bas » car le sens de déplacement est circulaire et non linéaire.

4. Réponse **c.** Voir le paragraphe 1.C.

5. Réponse **b.** Le cercle trigonométrique a pour périmètre 2π, donc l'arc $\overset{\frown}{II'}$, qui est un demi-cercle, a pour longueur la moitié donc π.

6. Réponse **a.** Si x appartient $[\pi ; 2\pi]$, alors l'arc $\overset{\frown}{IM}$ est plus long qu'un demi-cercle et plus court que le cercle complet.

Donc le point M est en dessous de l'axe des abscisses.

7. Réponse **c.** L'arc $\overset{\frown}{IM}$ mesure $\dfrac{3\pi}{2}$ dans le sens positif.

Donc $M = J'$.

> **RAPPEL**
> *I est associé à 0, J à $\dfrac{\pi}{2}$, I' à π et J' à $\dfrac{3\pi}{2}$.*

8. Réponse **a.** Voir le paragraphe 3.C.

9. Réponse **a.** Voir le paragraphe 3.D.

10. Réponse **c.**

$$\cos\left(\frac{13\pi}{6}\right) = \cos\left(\frac{\pi}{6} + \frac{12\pi}{6}\right)$$
$$= \cos\left(\frac{\pi}{6} + 2\pi\right)$$
$$= \cos\left(\frac{\pi}{6}\right) = \frac{\sqrt{3}}{2}.$$

> **RAPPEL**
> *$\cos(x + 2\pi) = \cos x$ et $\sin(x + 2\pi) = \sin x$.*

Corrigés de *ENTRAÎNEZ-VOUS*

Trigonométrie dans un triangle rectangle

1 **a.** ABC est rectangle en A, donc l'hypoténuse est [BC].

RAPPEL

$\cos(\widehat{ABC}) = \dfrac{\text{côté adjacent}}{\text{hypoténuse}}$ et $\sin(\widehat{ABC}) = \dfrac{\text{côté opposé}}{\text{hypoténuse}}$.

Donc $\cos(\widehat{ABC}) = \dfrac{\text{côté adjacent}}{\text{hypoténuse}} = \dfrac{BA}{BC}$.

Donc $BA = BC \times \cos(30°)$.

Or $\cos(30°) = \dfrac{\sqrt{3}}{2}$, donc $BA = 12 \times \dfrac{\sqrt{3}}{2} = 6\sqrt{3}$.

De même, $CA = BC \times \sin(30°)$.

Or $\sin(30°) = \dfrac{1}{2}$, donc $CA = 12 \times \dfrac{1}{2} = 6$.

Donc : $AB = 6\sqrt{3} \simeq 10{,}4$ cm et $AC = 6$ cm.

b. Pour réaliser la figure précisément avec la règle et le compas, on trace le segment [AC] de longueur 6 cm, puis la perpendiculaire à [AC] passant par A.

Le point B est un des deux points d'intersection du cercle de centre C et de rayon 12 cm et de cette perpendiculaire.

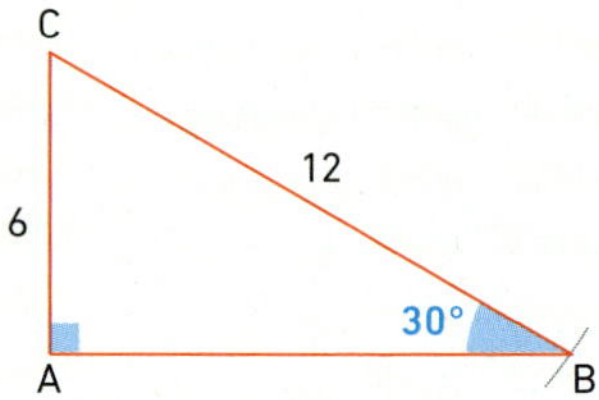

2 **a.** On trace un segment [DE] de longueur 8 cm, puis la perpendiculaire à [DE] passant par D.

Le point F est un des deux points d'intersection du cercle de centre E et de rayon 16 cm et de cette perpendiculaire.

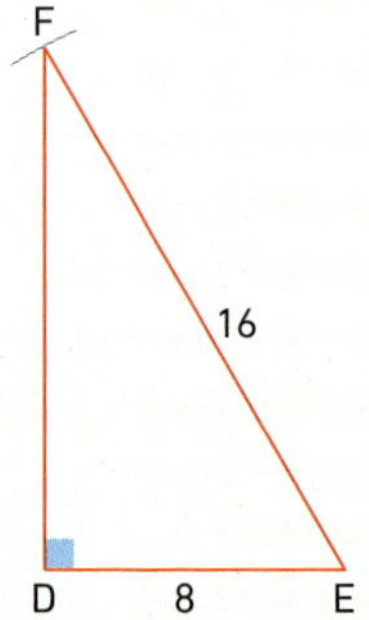

b. D'après le théorème de Pythagore, $DE^2 + DF^2 = EF^2$.

Donc $DF^2 = EF^2 - DE^2$.

Ainsi $DF^2 = 16^2 - 8^2 = 192$, donc $DF = \sqrt{192} = 8\sqrt{3} \simeq 13{,}9$.

c. $\cos(\widehat{DEF}) = \dfrac{\text{côté adjacent}}{\text{hypoténuse}} = \dfrac{ED}{EF}$.

Donc : $\cos(\widehat{DEF}) = \dfrac{8}{16} = \dfrac{1}{2}$.

À RETENIR

$\cos(30°) = \dfrac{\sqrt{3}}{2}$ et $\cos(60°) = \dfrac{1}{2}$.

Ainsi $\widehat{DEF} = 60°$.

d. • **1ère méthode :**

La somme des angles d'un triangle est égale à 180°, donc $\widehat{DFE} = 90° - \widehat{DEF} = 90° - 60° = 30°$.

Donc $\cos(\widehat{DFE}) = \cos(30°) = \dfrac{\sqrt{3}}{2}$.

• $2^{\text{ème}}$ **méthode :**

On peut aussi calculer $\cos\left(\widehat{DFE}\right)$ ainsi :

$$\cos\left(\widehat{DFE}\right)=\frac{\text{côté adjacent}}{\text{hypoténuse}}=\frac{FD}{FE}=\frac{8\sqrt{3}}{16}.$$

Donc : $\cos\left(\widehat{DFE}\right)=\frac{\sqrt{3}}{2}$.

3 **a.** Voir la figure ci-contre. Le point B est donc le milieu du segment [AD].

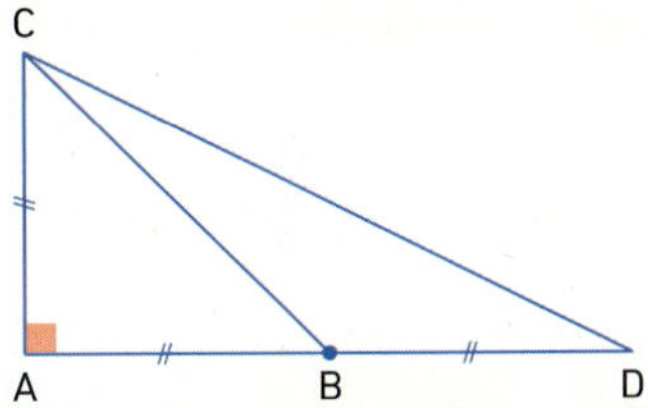

b. Le triangle ACD est rectangle en A.

Donc $\tan(\widehat{ADC})=\frac{\text{côté opposé}}{\text{côté adjacent}}=\frac{AC}{AD}$.

Or $AD = 2AB = 2AC$, donc $\tan\left(\widehat{ADC}\right)=\frac{1}{2}$.

Sur la calculatrice en mode **degrés**, on tape : $\tan^{-1}(1/2)$ et on obtient environ 26,6°.

```
tan⁻¹ (1/2)
         26.56505118
```

Donc $\widehat{ADC} \simeq 26{,}6°$.

c. Le triangle ADC est rectangle en A, donc $\widehat{ACD} = 90° - \widehat{ADC}$.

Donc : $\widehat{ACD} \simeq 90° - 26{,}6°$, finalement $\widehat{ACD} \simeq 63{,}4°$.

De plus $\widehat{ACB}$ et $\widehat{BCD}$ sont adjacents, donc $\widehat{ACB}+\widehat{BCD}=\widehat{ACD}$.

Or ABC est isocèle et rectangle en A, donc $\widehat{ACB} = 45°$.

Donc $\widehat{BCD} \simeq 63{,}4° - 45°$, par conséquent $\widehat{BCD} \simeq 18{,}4°$.

> **REMARQUE**
>
> *Sur certaines calculatrices, on trouve indiqué acos, asin et atan à la place de $\cos^{-1}$, $\sin^{-1}$ et $\tan^{-1}$.*

> **RAPPEL**
>
> *Dans un triangle rectangle et isocèle, les deux angles aigus mesurent 45°.*

Enroulement de l'axe des réels sur un cercle trigonométrique

4 • Le point A est confondu avec le point I'.

En effet π correspond à un demi-tour dans le sens positif, donc $\widehat{IOA} = 180°$.

• B est confondu avec J.

En effet $\frac{\pi}{2}$ correspond à un quart de tour dans le sens positif, donc $\widehat{IOB} = 90°$.

• L'angle en degrés correspondant à $\frac{\pi}{3}$ se calcule ainsi :

$$\widehat{IOC}=\frac{\pi}{3}\times\frac{180°}{\pi}=60°.$$

Donc OIC est un triangle équilatéral. On construit le point C en reportant la longueur du rayon à partir du point I.

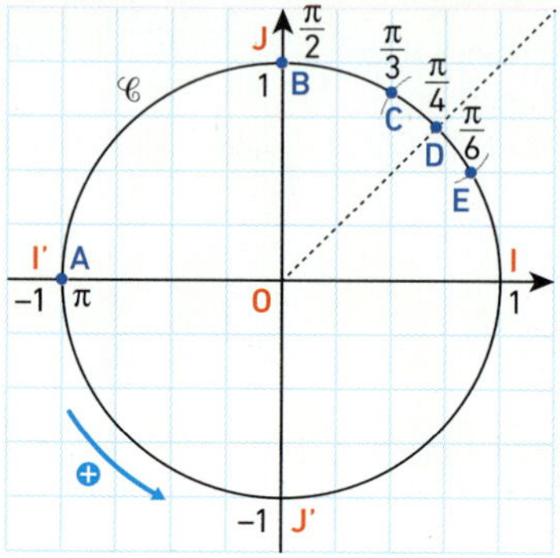

De même $\widehat{IOD} = \dfrac{\pi}{4} \times \dfrac{180°}{\pi} = 45°$.

Pour construire un angle de 45°, on trace la droite d'équation $y = x$.

$\widehat{IOE} = \dfrac{\pi}{6} \times \dfrac{180°}{\pi} = 30°$.

Donc $\widehat{EOJ} = 60°$ et par conséquent EOJ est équilatéral.

On construit le point E au compas en reportant le rayon à partir du point J.

5 **a.** et **b.** On peut placer ces points en utilisant un rapporteur, mais il est possible de construire ces points au compas et à la règle.

• Pour les points A et E : 45° est la moitié d'un angle droit.
On trace la droite d'équation $y = x$. C'est la bissectrice de l'angle droit $\widehat{IOJ}$.
Le point A est l'intersection du cercle trigonométrique et de cette droite dont l'ordonnée est positive.
L'autre point d'intersection est le point E. En effet 135° = 90° + 45°.

• Pour le point D : pour construire un angle de 60°, on utilise le compas en reportant le rayon du cercle sur le cercle.

• Pour construire le point B, on reporte une première fois le rayon à partir du point I et une deuxième fois à partir du point obtenu. On obtient ainsi un angle de 120°.

• Pour le point C : 150° = 90° + 60°. On reporte le rayon du cercle à partir du point J.

À RETENIR

Le tableau de proportionnalité ci-contre permet de passer d'un angle en degrés à la longueur correspondante de l'arc, mesurée en radians.

c. Il y a proportionnalité entre l'angle et la distance parcourue sur le cercle (voir la méthode 1).

$\widehat{IOA}$	180°	45°
$\overset{\frown}{IA}$	π	*a*

Donc A est associé au nombre : $a = \dfrac{\pi}{180°} \times 45° = \dfrac{\pi}{4}$.

De même B est associé au nombre :

$$b=\frac{\pi}{180°}\times 120°=\frac{2\pi}{3}.$$

C est associé au nombre : $c=\frac{\pi}{180°}\times 150°=\frac{5\pi}{6}$.

À RETENIR

$l=\frac{\pi}{180°}\times\theta$ *et* $\theta=\frac{180°}{\pi}\times l$

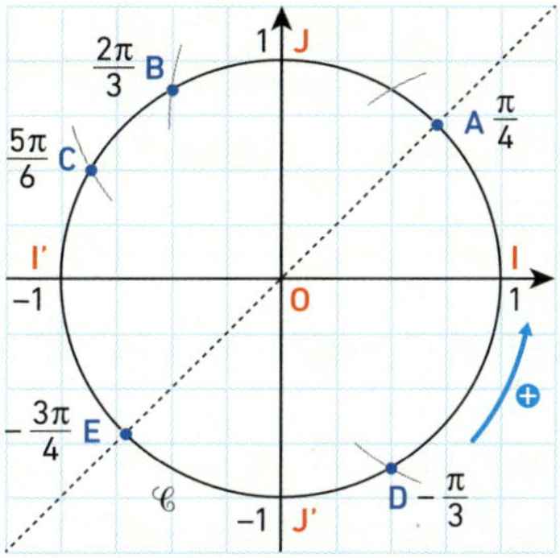

Les points D et E ont une ordonnée négative, donc on peut tourner dans le sens indirect à partir de I. Dans ce cas, on compte négativement le déplacement.

Ainsi, D est associé au nombre : $d=-\frac{\pi}{180°}\times 60°=-\frac{\pi}{3}$.

E est associé au nombre : $e=-\frac{\pi}{180°}\times 135°=-\frac{3\pi}{4}$.

On aurait pu également compter positivement l'arc $\widehat{IE}$ à partir du point I. Dans ce cas, l'angle $\widehat{IOE}=225°$ et le nombre correspondant est $\frac{5\pi}{4}$.

De même pour le point D qui est associé à $\frac{5\pi}{3}$.

À RETENIR

Un point est associé à une infinité de réels, car on peut effectuer plusieurs tours avant de s'arrêter à ce point, dans le sens direct ou indirect.
Chaque tour ajoute ou enlève 2π à la valeur obtenue.

6 Comme précédemment (exercice 5), on utilise la proportionnalité entre la longueur de l'arc et l'angle en degré.

- Ainsi A est associé au nombre : $a=\frac{\pi}{180°}\times 45°=\frac{\pi}{4}$.
- B est le symétrique de A par rapport à l'axe des ordonnées, donc B est associé au nombre : $b=\frac{\pi}{180°}\times 135°=\frac{3\pi}{4}$.
- C et D sont respectivement les symétriques de B et A par rapport à l'axe des abscisses.
- Donc, ils sont associés respectivement à $-\frac{3\pi}{4}$ et $-\frac{\pi}{4}$.

I est associé à 0.

- E est associé à $e=\frac{\pi}{180°}\times 60°=\frac{\pi}{3}$.

REMARQUE

En tournant dans le sens positif, C est associé à $\frac{5\pi}{4}$ *et D à* $\frac{7\pi}{4}$.

REMARQUE

En tournant dans le sens positif, G est associé à $\frac{4\pi}{3}$ et H à $\frac{5\pi}{3}$. On peut remarquer également que, si on continue de tourner, I est aussi associé à 2π, E à $\frac{7\pi}{3}$, F à $\frac{8\pi}{3}$, I' à 3π, etc.

F est le symétrique de E par rapport à l'axe des ordonnées, donc F est associé au nombre :

$$f = \frac{\pi}{180°} \times 120° = \frac{2\pi}{3}.$$

I' est associé à π.

Par symétrie par rapport à l'axe des abscisses, le point G est associé à $g = -\frac{2\pi}{3}$ et H à $h = -\frac{\pi}{3}$.

7 **a.** $\frac{13\pi}{3} = \frac{12\pi}{3} + \frac{\pi}{3} = 4\pi + \frac{\pi}{3} = 2 \times 2\pi + \frac{\pi}{3}$.

Or 2π est la circonférence du cercle trigonométrique.

Donc $\frac{13\pi}{3}$ correspond à un déplacement de deux tours complets sur le cercle trigonométrique, puis de $\frac{\pi}{3}$.

Donc A est confondu avec le point associé à $\frac{\pi}{3}$.

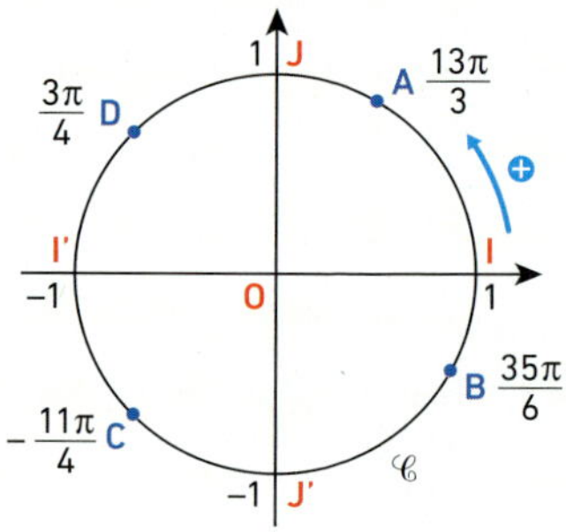

b. • De même, $\frac{35\pi}{6} = \frac{36\pi}{6} - \frac{\pi}{6} = 6\pi - \frac{\pi}{6} = 3 \times 2\pi - \frac{\pi}{6}$.

Donc B est confondu avec le point associé à $-\frac{\pi}{6}$.

• $-\frac{11\pi}{4} = -\frac{8\pi}{4} - \frac{3\pi}{4} = -2\pi - \frac{3\pi}{4}$. Donc C est confondu avec le point associé à $-\frac{3\pi}{4}$.

Dans ce cas, on effectue un tour complet dans le sens indirect puis $\frac{3\pi}{4}$ dans le sens indirect aussi.

c. Pour déterminer d'autres réels associés à D, il suffit d'ajouter ou de soustraire des multiples de 2π à $\frac{3\pi}{4}$. Par exemple :

$$d_1 = \frac{3\pi}{4} + 2\pi = \frac{11\pi}{4},\ d_2 = \frac{3\pi}{4} + 2 \times 2\pi = \frac{19\pi}{4},$$

$$d_3 = \frac{3\pi}{4} - 3 \times 2\pi = -\frac{21\pi}{4}.$$

REMARQUE

L'ensemble des réels associés au point D s'écrit ainsi :

$$\frac{3\pi}{4} + 2k\pi,\ k \in \mathbb{Z}.$$

Utiliser le cosinus et le sinus d'un nombre réel

8 **1. a.** Montrons que OIA est un triangle équilatéral.
I et A sont deux points du cercle trigonométrique donc OI = OA. Donc OIA est isocèle. De plus $\widehat{IA} = \frac{\pi}{3}$, donc $\widehat{IOA} = \frac{180°}{\pi} \times \frac{\pi}{3} = 60°$.
Donc OIA est isocèle et possède un angle de 60°. Donc les deux autres angles sont aussi égaux à 60°. Donc OIA est équilatéral.

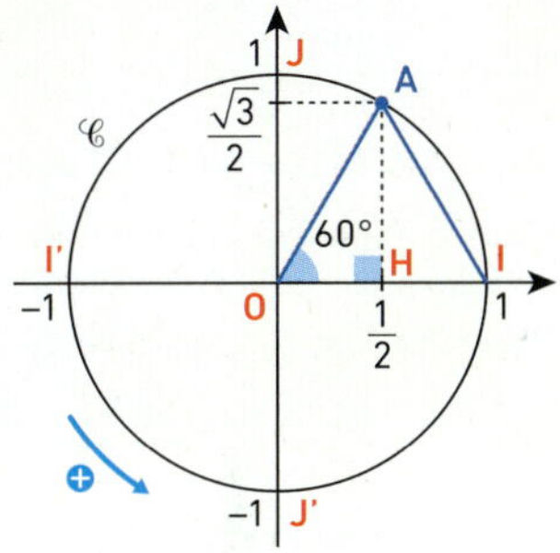

b. A est le point associé à $\frac{\pi}{3}$, donc ses coordonnées sont $\left(\cos\left(\frac{\pi}{3}\right) ; \sin\left(\frac{\pi}{3}\right)\right)$.

OIA est équilatéral, donc la hauteur [AH] issue de A est aussi sa médiane.
Donc l'abscisse du point A est égale à $\frac{1}{2}$.
De plus, d'après le théorème de Pythagore, $OA^2 = OH^2 + HA^2$.
Donc $HA^2 = OA^2 - OH^2 = 1^2 - \left(\frac{1}{2}\right)^2 = \frac{3}{4}$.
Donc $HA = \sqrt{\frac{3}{4}} = \frac{\sqrt{3}}{2}$.
Par conséquent l'ordonnée de A est égale à $\frac{\sqrt{3}}{2}$.

Donc $A\left(\frac{1}{2} ; \frac{\sqrt{3}}{2}\right)$. Donc $\cos\left(\frac{\pi}{3}\right) = \frac{1}{2}$ et $\sin\left(\frac{\pi}{3}\right) = \frac{\sqrt{3}}{2}$.

> **REMARQUE**
> *On peut démontrer de la même manière que la hauteur d'un triangle équilatéral de côté a mesure $a\frac{\sqrt{3}}{2}$.*

c. En plaçant B le point associé à $\frac{\pi}{6}$ sur le cercle trigonométrique, on remarque que OJB est équilatéral.
En effet : $\widehat{IOB} = \frac{180°}{\pi} \times \frac{\pi}{6} = 30°$, donc $\widehat{BOJ} = 60°$.
On peut montrer de même que précédemment que B a pour coordonnées $\left(\frac{\sqrt{3}}{2} ; \frac{1}{2}\right)$.

Donc $\cos\left(\frac{\pi}{6}\right) = \frac{\sqrt{3}}{2}$ et $\sin\left(\frac{\pi}{6}\right) = \frac{1}{2}$.

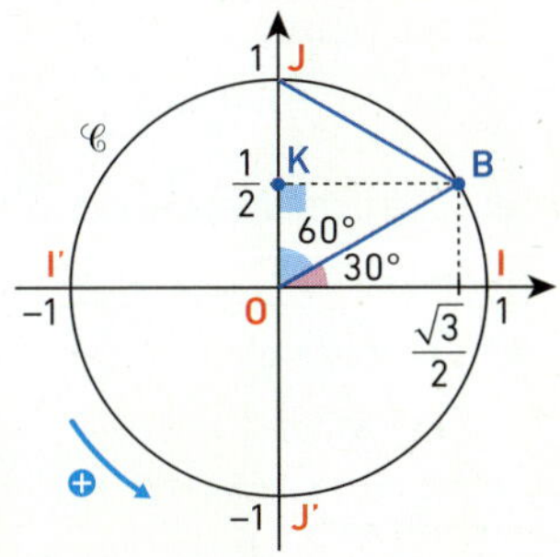

2. a. Par construction, (OD) et (DC) sont perpendiculaires, donc ODC est rectangle en D.

Or $\widehat{IOC} = \dfrac{180°}{\pi} \times \dfrac{\pi}{4} = 45°$.

Donc ODC est rectangle et possède un angle de 45°.

L'autre angle est nécessairement égal à 45° et ODC est isocèle.

Donc ODC est isocèle et rectangle en D.

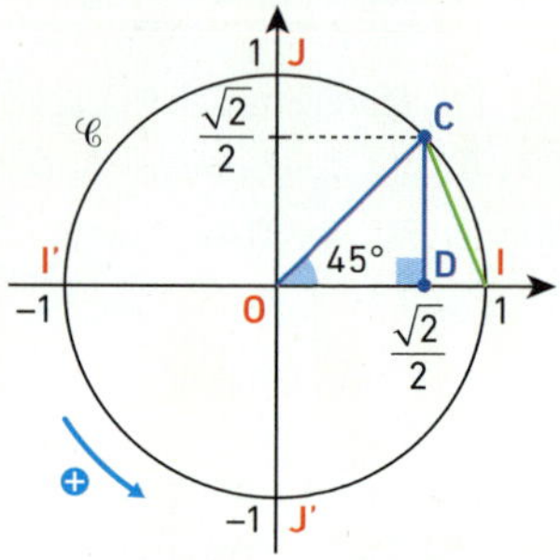

b. C est le point associé à $\dfrac{\pi}{4}$, donc ses coordonnées sont $\left(\cos\left(\dfrac{\pi}{4}\right) ; \sin\left(\dfrac{\pi}{4}\right)\right)$.

ODC est isocèle et rectangle en D et son hypoténuse OC est un rayon du cercle.

Donc OC = 1 et OD = DC.

D'après le théorème de Pythagore, $OC^2 = OD^2 + DC^2$.

Donc $1^2 = OD^2 + OD^2$, puis $OD^2 = \dfrac{1}{2}$,

et par conséquent $OD = DC = \sqrt{\dfrac{1}{2}} = \dfrac{1}{\sqrt{2}} = \dfrac{\sqrt{2}}{2}$.

Donc $C\left(\dfrac{\sqrt{2}}{2} ; \dfrac{\sqrt{2}}{2}\right)$. Finalement $\cos\left(\dfrac{\pi}{4}\right) = \dfrac{\sqrt{2}}{2}$ et $\sin\left(\dfrac{\pi}{4}\right) = \dfrac{\sqrt{2}}{2}$.

9 **a.** et **b.** Le point associé à $-\dfrac{\pi}{2}$ est le symétrique J' du point J par rapport à l'axe des abscisses.

Donc ses coordonnées sont (0 ; –1).

Donc $\cos\left(-\dfrac{\pi}{2}\right) = 0$ et $\sin\left(-\dfrac{\pi}{2}\right) = -1$.

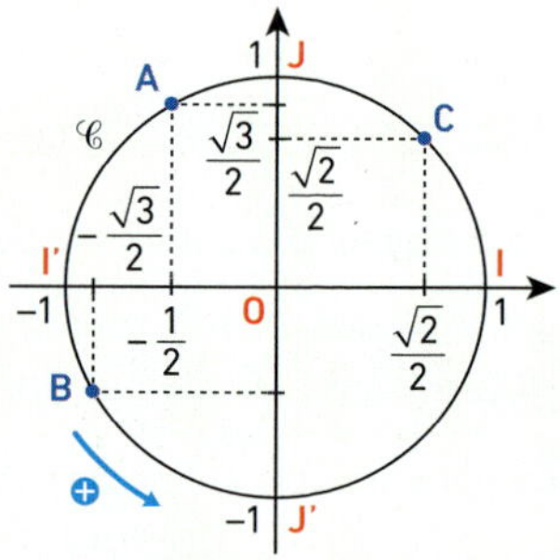

c. et **d.** Le point A associé à $\dfrac{2\pi}{3}$ est le symétrique de celui associé à $\dfrac{\pi}{3}$ par rapport à l'axe des ordonnées (voir l'exercice 6).

REMARQUE

Quand on se déplace de $-\dfrac{5\pi}{6}$, c'est-à-dire $\dfrac{5\pi}{6}$ dans le sens négatif, ou quand on se déplace de $\dfrac{7\pi}{6}$ dans le sens positif, on arrive au même point.

Donc ses coordonnées sont $\left(-\dfrac{1}{2} ; \dfrac{\sqrt{3}}{2}\right)$.

Donc : $\cos\left(\dfrac{2\pi}{3}\right) = -\dfrac{1}{2}$ et $\sin\left(\dfrac{2\pi}{3}\right) = \dfrac{\sqrt{3}}{2}$.

e. et **f.** Le point B associé à $-\dfrac{5\pi}{6}$ est confondu avec celui associé à $\dfrac{7\pi}{6}$.

En effet : $-\frac{5\pi}{6}+2\pi=\frac{7\pi}{6}$.

Or ce point est symétrique du point associé à $\frac{\pi}{6}$ par rapport à l'origine.

Donc ses coordonnées sont $\left(-\frac{\sqrt{3}}{2}\ ;-\frac{1}{2}\right)$.

Donc : $\cos\left(-\frac{5\pi}{6}\right)=-\frac{\sqrt{3}}{2}$ et $\sin\left(\frac{7\pi}{6}\right)=-\frac{1}{2}$.

g. et **h.** $\frac{17\pi}{4}=\frac{16\pi}{4}+\frac{\pi}{4}=2\times 2\pi+\frac{\pi}{4}$, donc le point C associé à $\frac{17\pi}{4}$ est confondu avec le point associé à $\frac{\pi}{4}$.

$-\frac{23\pi}{4}=-\frac{24\pi}{4}+\frac{\pi}{4}=-3\times 2\pi+\frac{\pi}{4}$, donc le point associé à $-\frac{23\pi}{4}$ est aussi confondu avec le point associé à $\frac{\pi}{4}$.

Donc : $\cos\left(\frac{17\pi}{4}\right)=\frac{\sqrt{2}}{2}$ et $\sin\left(-\frac{23\pi}{4}\right)=\frac{\sqrt{2}}{2}$.

10 **a.** Sur le cercle trigonométrique il y a deux points qui vérifient $\cos x=\frac{1}{2}$. Ils ont la même abscisse et des ordonnées opposées.

On cherche les solutions dans l'intervalle [0 ; 2π].

On se déplace sur le cercle à partir de I et on effectue un tour complet.

Sachant que $\cos\left(\frac{\pi}{3}\right)=\frac{1}{2}$, les deux solutions sont donc $\frac{\pi}{3}$ et $\frac{5\pi}{3}$.

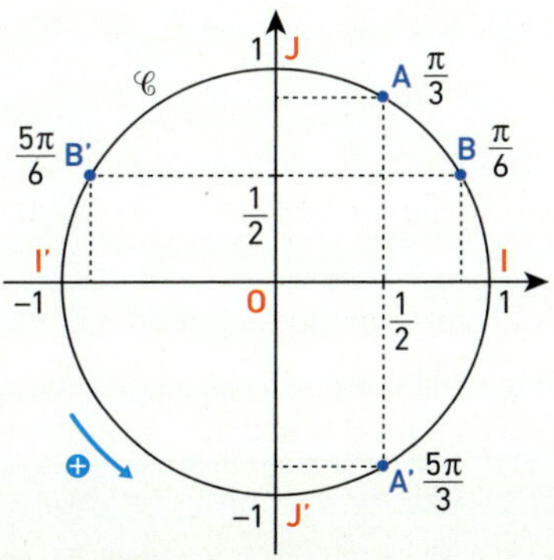

REMARQUE

Le point associé à $\frac{5\pi}{3}$ est confondu avec le point associé à $-\frac{\pi}{3}$, mais seul $\frac{5\pi}{3}$ est dans [0;2π].

b. Sur le cercle trigonométrique il y a deux points qui vérifient $\sin x = \frac{1}{2}$. Ils ont la même ordonnée et des abscisses opposées. Sachant que $\sin\left(\frac{\pi}{6}\right) = \frac{1}{2}$, les deux solutions sont donc $\frac{\pi}{6}$ et $\pi - \frac{\pi}{6} = \frac{5\pi}{6}$.

11 **1. a.** Soit A le point cherché. $\cos x = 0,3$, donc l'abscisse du point A est 0,3.
Il y a deux points d'abscisse 0,3 sur le cercle trigonométrique.
Or x appartient à $[0 ; \pi]$, donc l'ordonnée du point A est positive.
On peut donc le placer précisément.

REMARQUE
On vérifie que 1,27 appartient bien à l'intervalle $[0 ; \pi]$.

b. Sur la calculatrice, on tape **cos^{-1}(0.3)** en mode radian et on obtient le résultat 1,2661…
Donc $x \simeq 1,27$.

2. a. Soit B le point cherché. $\sin x = 0,2$, donc l'ordonnée du point B est 0,2.
Il y a deux points d'ordonnée 0,2 sur le cercle trigonométrique. Or x appartient à $\left[\frac{\pi}{2} ; \pi\right]$, donc l'abscisse du point est négative. On peut donc le placer précisément.

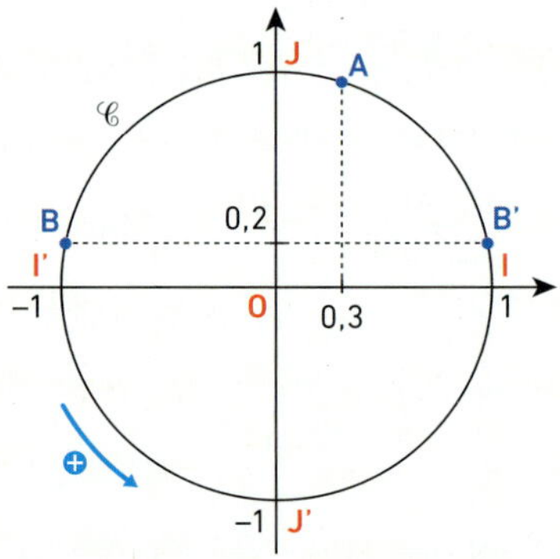

b. Sur la calculatrice, on tape **sin^{-1}(0.2)** en mode radian et on obtient le résultat 0,2013…
Ce résultat n'appartient pas à l'intervalle $\left[\frac{\pi}{2} ; \pi\right]$. Il correspond en fait au point B' d'abscisse positive et d'ordonnée égale à 0,2 (voir figure). Pour trouver x, on peut remarquer que B et B' sont symétriques par rapport à l'axe des ordonnées, comme dans l'exercice 10. Donc $x = \pi - 0,2013... \simeq 2,94$.
On aurait pu aussi calculer le cosinus de x :
$\cos^2 x + \sin^2 x = 1$, donc $\cos^2 x = 1 - 0,2^2 = 0,96$. Or $\cos x < 0$, donc $\cos x = -\sqrt{0,96}$.
En tapant sur la calculatrice **cos**$^{-1}(-\sqrt{\textbf{(0,96)}})$ en mode radian, on retrouve $x \simeq 2,94$.

Géométrie dans l'espace

POUR DÉMARRER

- Revoir les théorèmes et notions de la géométrie plane : **Pythagore**, **Thalès**, **droite des milieux**, **trigonométrie**.

1 Solides usuels

A. Parallélépipède rectangle

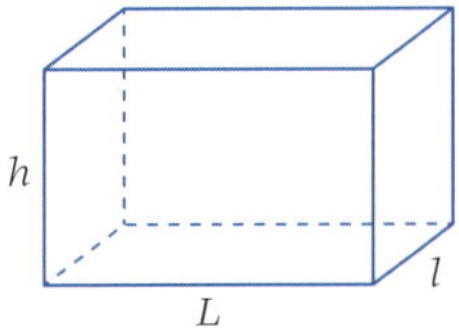

Un **parallélépipède rectangle** possède 6 faces rectangulaires, 8 sommets et 12 arêtes.

Son volume est donné par : $V = L \times l \times h$.

B. Prisme droit

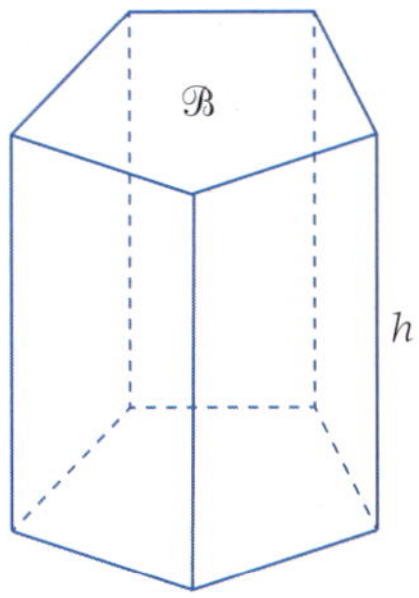

Un **prisme droit** possède deux bases polygonales identiques et parallèles d'aire $\mathcal{B}$ et de périmètre $\mathcal{P}$, des faces latérales rectangulaires de même hauteur h.

- Son volume est donné par : $V = \mathcal{B} \times h$.
- Son aire latérale est donnée par :
$$\mathcal{A} = \mathcal{P} \times h.$$

C. Cylindre de révolution

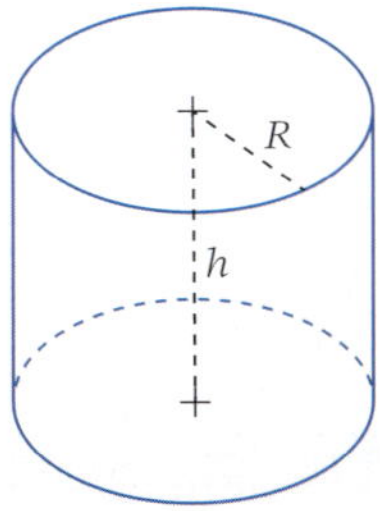

Un **cylindre de révolution** possède deux bases circulaires identiques et parallèles de rayon R et une face latérale.

- Son volume est donné par : $V = \pi R^2 \times h$.
- Son aire latérale est donnée par :
$$\mathcal{A} = 2\pi R \times h.$$

D. Pyramide

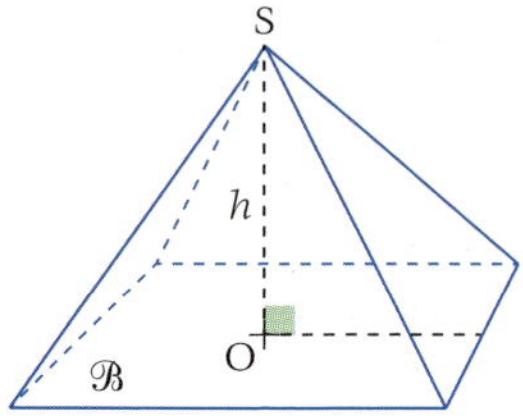

Une **pyramide** possède une base polygonale d'aire $\mathcal{B}$ et un sommet S.

Son volume est donné par : $V = \frac{1}{3}\mathcal{B} \times h$.

La pyramide est régulière lorsque la base est un polygone régulier de centre O et la hauteur est le segment [OS] perpendiculaire à la base.

E. Cône de révolution

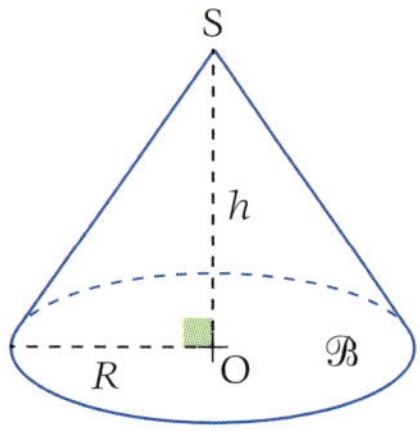

Un **cône de révolution** possède une base circulaire et un sommet S.

À RETENIR

Les formules des volumes du cône et de la pyramide sont les mêmes : un tiers de l'aire de la base multiplié par la hauteur.

Son volume est donné par :

$$V = \frac{1}{3}\mathcal{B} \times h$$

avec $\mathcal{B} = \pi R^2$.

F. Sphère

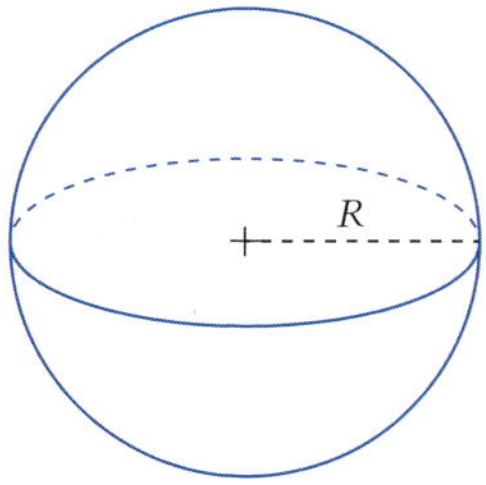

Volume : $V = \frac{4}{3}\pi R^3$.

Aire : $4\pi R^2$.

2 Positions relatives de droites et de plans dans l'espace

A. Droites et plans

Propriétés

- Deux points distincts A et B de l'espace définissent une droite et une seule.
- La droite (AB) est l'ensemble des points M de l'espace tels que A, B et M soient **alignés**.

- Trois points non alignés A, B et C de l'espace définissent un plan et un seul.
- Le plan (ABC) est l'ensemble des points M de l'espace tels que A, B, C et M soient **coplanaires**.

À RETENIR

Coplanaires signifie : « qui sont dans le même plan ».

Théorème

Si deux points distincts A et B de l'espace appartiennent à un plan $\mathcal{P}$, alors la droite (AB) est **incluse** dans le plan $\mathcal{P}$.

Exemples

- Les points A et B définissent la droite (AB) qui contient l'arête [AB].
- Les points A, B et C définissent le plan (ABC) qui contient la face ABCD.

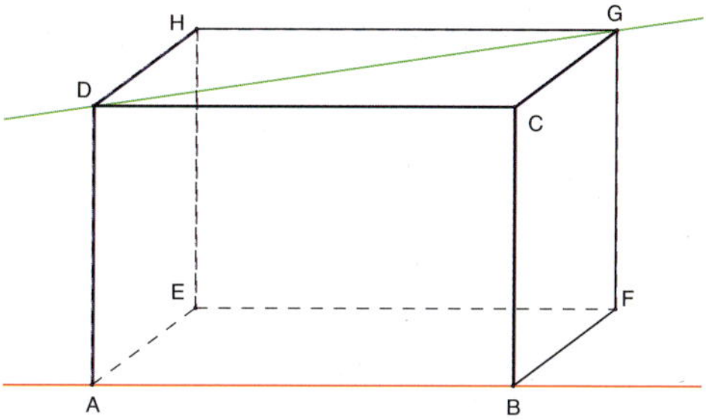

- Les points D, H et C définissent le plan (HDC). Ce plan contient les points D et G, donc la droite (DG) est incluse dans le plan (HDC).

B. Positions relatives de deux plans

Définition

Deux plans sont dits parallèles s'ils sont strictement parallèles ou confondus.

REMARQUE

Deux plans sont sécants ou parallèles.

Propriété

L'intersection de deux plans sécants est une droite.

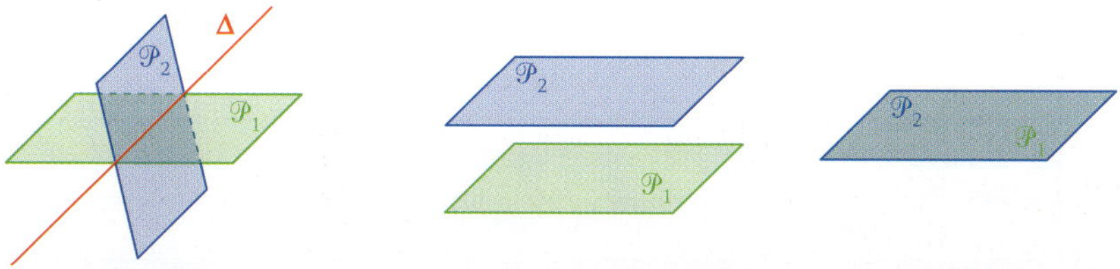

Plans sécants Plans strictement parallèles Plans confondus

C. Positions relatives d'une droite et d'un plan

Une droite et un plan sont sécants ou parallèles.

L'intersection d'une droite et d'un plan sécants est un point.

Une droite et un plan parallèles sont strictement parallèles ou la droite est incluse dans le plan.

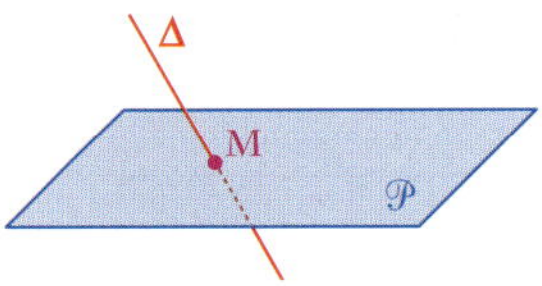

Droite et plan sécants

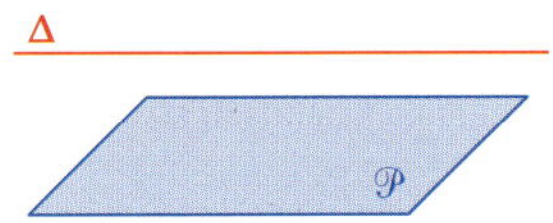

Droite et plan strictement parallèles

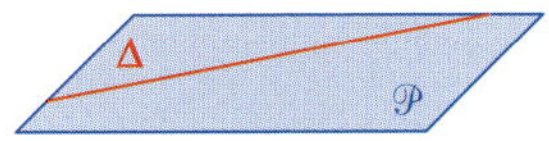

Droite incluse dans le plan

D. Positions relatives de deux droites

Deux droites peuvent être coplanaires ou non coplanaires.

Deux droites parallèles sont coplanaires.

Deux droites sécantes sont coplanaires.

Deux droites non coplanaires n'ont aucun point d'intersection et ne sont pas parallèles.

Exemple

Sur la figure suivante, d et Δ ne sont ni sécantes, ni parallèles.

Il n'existe aucun plan qui les contiennent toutes les deux.

Elles ne sont pas coplanaires.

À RETENIR

Si deux droites ne se coupent pas, elles ne sont pas nécessairement parallèles.

Il faut savoir si elles sont coplanaires ou non.

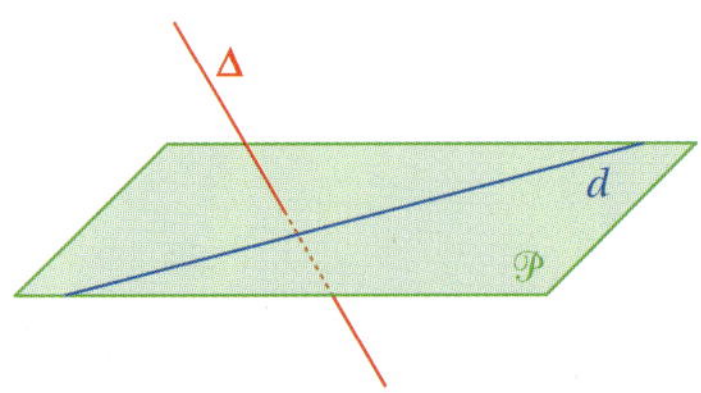

3 Parallélisme dans l'espace

A. Droites parallèles

Propriétés

• Si deux droites sont parallèles, alors toute droite parallèle à l'une est parallèle à l'autre.

• Si deux droites sont parallèles, alors tout plan sécant à l'une est sécant à l'autre.

B. Plans parallèles

Propriété

• Si deux plans sont parallèles, alors tout plan parallèle à l'un est parallèle à l'autre.

• En particulier, si deux plans sont parallèles, alors tout plan qui coupe l'un coupe l'autre, et les droites d'intersection sont parallèles (fig. 1).

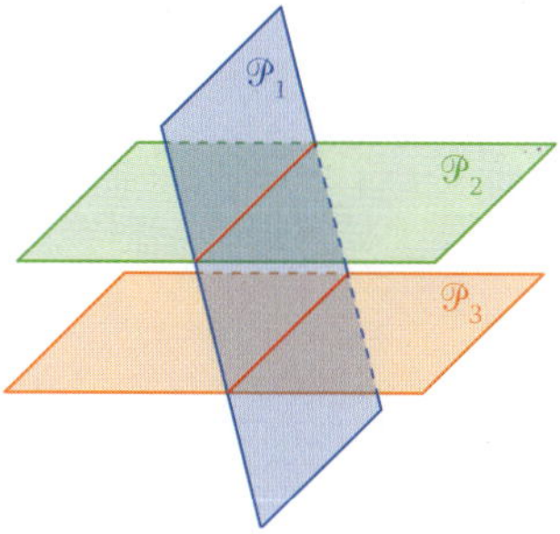

Figure 1

C. Plans et droites parallèles

Propriétés

• Si deux plans sont parallèles, alors toute droite parallèle à l'un est parallèle à l'autre.

• Si deux droites sont parallèles, alors tout plan parallèle à l'une est parallèle à l'autre.

En particulier, si une droite d est parallèle à une droite Δ contenue dans un plan $\mathcal{P}$, alors d est parallèle à $\mathcal{P}$ (fig. 2).

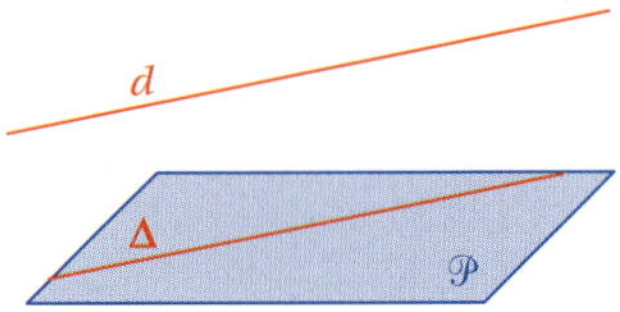

Figure 2

D. Théorème du toit

Si deux plans sécants $\mathcal{P}$ et $\mathcal{P}'$ contiennent respectivement deux droites parallèles d et d', alors leur intersection Δ est parallèle à ces deux droites.

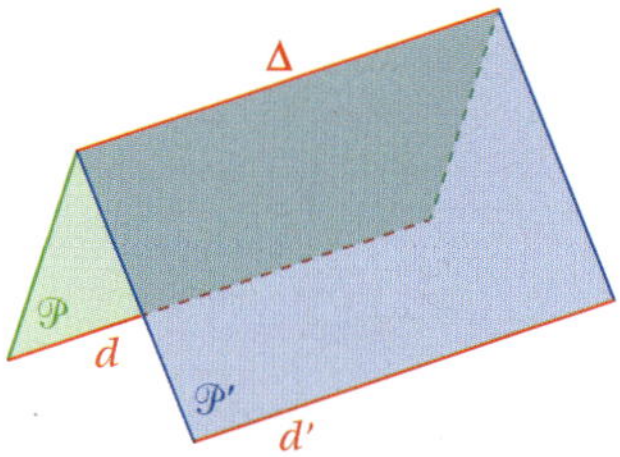

Figure 3

PIÈGES À ÉVITER

- Il faut apprendre à se représenter les objets en trois dimensions. Faire souvent des figures, même imprécises à main levée, permet de progresser.
- On peut aussi se représenter mentalement les situations en considérant les différents éléments de la pièce dans laquelle on travaille. Le sol et le plafond sont deux plans parallèles ; un mur latéral et le plafond sont sécants suivant une droite, par exemple.

1 Représenter un solide en perspective cavalière

CONSEILS

- Prévoir suffisamment de place sur la page.
- Effectuer tous les tracés au crayon pour pouvoir tracer les pointillés.

Exercice

Représenter un cube d'arête 6 cm en perspective cavalière.

POINT MÉTHODE

✓ *On doit choisir une direction pour les droites perpendiculaires au plan de la feuille ainsi qu'un rapport d'agrandissement (ou de réduction) sur cette direction.*

✓ *Les dimensions des objets situés dans le plan de la feuille ou dans tout plan parallèle sont conservées.*

✓ *Les dimensions des autres objets ne sont, en général, pas conservées.*

Comment répondre ?

On utilise une feuille à petits carreaux.

Étape 1 : on trace d'abord la face de devant. Nommons-la ABCD. C'est un carré de côté 6 cm.

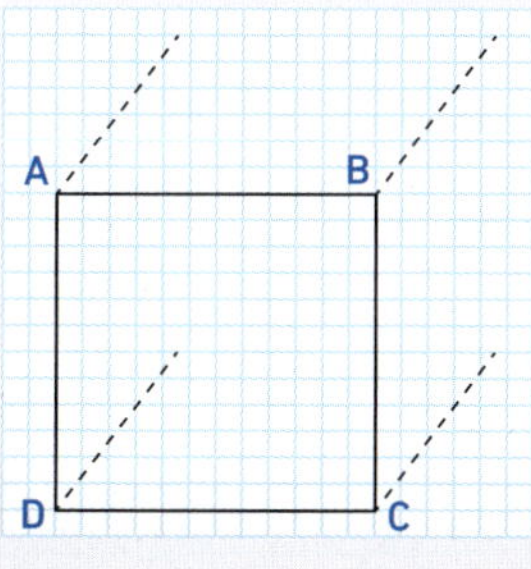

ASTUCE

Toujours faire les figures au crayon. On aura souvent à gommer des segments cachés pour les redessiner en pointillés.

Étape 2 : pour représenter les arêtes latérales qui sont perpendiculaires à la face ABCD, on trace des demi-droites dans une direction choisie. Dans notre cas, on choisit comme direction trois petits carreaux vers la droite et quatre vers le haut.

Étape 3 : sur chacune des demi-droites, on va placer un des sommets qui manquent.

Pour cela, on choisit un rapport de réduction de 0,5. Ainsi, la longueur réelle de 6 cm sera représentée par un segment de longueur 3 cm.
On place ainsi les points A', B', C' et D'.

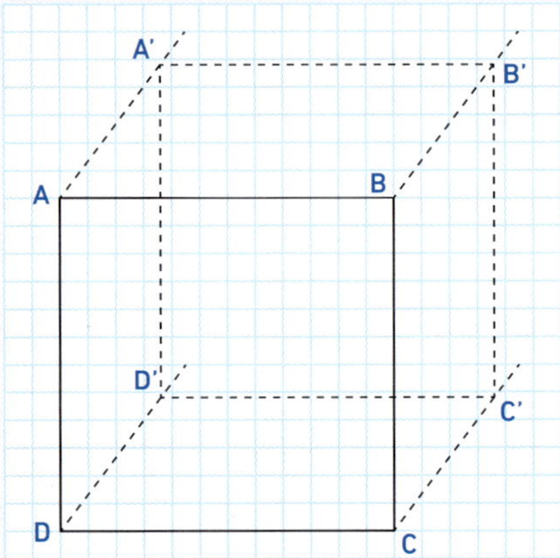

Étape 4 : il n'y a plus qu'à repasser en gras les arêtes visibles, à laisser en pointillés les arêtes cachées et à effacer les traits de constructions superflus.

On obtient la figure suivante :

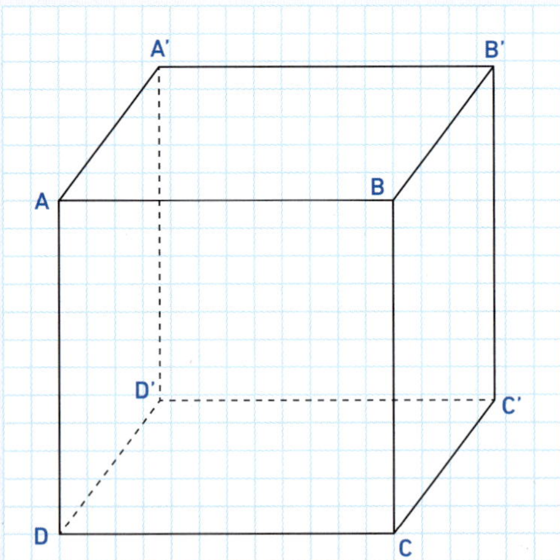

2 Étudier des positions relatives de droites

CONSEILS

- Faire une figure précise en utilisant des pointillés pour les segments cachés.
- Deux droites peuvent n'être ni sécantes, ni parallèles. Dans ce cas, elles ne sont pas coplanaires, ce qui signifie qu'aucun plan ne les contient toutes les deux.

Exercice

On considère le cube ABCDA'B'C'D' représenté dans l'exercice de la méthode 1.

Soit I le milieu de [A'B'], J le milieu de [B'C'], K le milieu de [AA'], L le milieu de [AB], M le milieu de [D'C'] et N le milieu de [CC'].

1 Les droites (IJ) et (KL) sont-elles parallèles ? sécantes ?

2 Les droites (KL) et (BB') sont-elles coplanaires ? Sécantes ?

3 Montrer que les droites (KL) et (MN) sont coplanaires.

POINT MÉTHODE

✓ *Pour montrer que deux droites ne sont pas coplanaires, on aura souvent à montrer que quatre points ne sont pas coplanaires, et donc forment un tétraèdre.*

✓ *Dans chaque plan de l'espace, on pourra appliquer les théorèmes de la géométrie plane. En particulier, le théorème de Thalès (ou celui de la droite des milieux) permet de montrer que deux droites sont parallèles.*

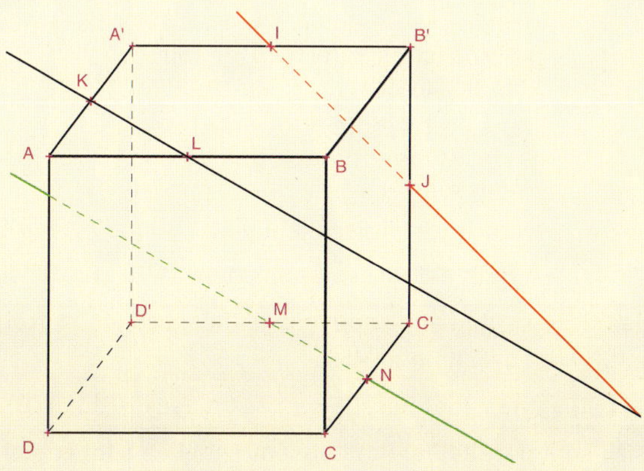

Comment répondre ?

1 Montrons que (IJ) et (KL) ne sont pas coplanaires, donc ne sont ni sécantes, ni parallèles.

REMARQUE

Sur la figure, les droites (IJ) et (KL) ont l'air sécantes. La perspective cavalière peut être source d'erreurs. Il faut être attentif à ce risque et démontrer les résultats.

K est le milieu de [AA'], donc K appartient au plan (AA'B).

L est le milieu de [AB], donc L appartient au plan (AA'B).

I est le milieu de [A'B'], donc I appartient au plan (AA'B').

Or (AA'B') et (AA'B) sont confondus, donc les points K, L et I appartiennent au plan (AA'B).

De plus K, L et I ne sont pas alignés, donc (AA'B) et (IKL) sont confondus.

Ce plan contient la face ABB'A'.

Le point J est le milieu de l'arête [B'C'] qui n'est pas contenue dans le plan (IKL), donc J n'est pas un point du plan (IKL).

Si (IJ) et (KL) étaient coplanaires, alors K, L, I et J appartiendraient au même plan.

Or J n'appartient pas au plan qui contient K, L et I, donc (IJ) et (KL) ne sont pas coplanaires. Donc (IJ) et (KL) ne sont ni parallèles, ni sécantes.

2 Les droites (KL) et (BB') sont coplanaires puisque les points K, L, B et B' appartiennent au plan (AA'B).

Ces deux droites sont donc parallèles ou sécantes.

K appartient à la droite (AA'), qui est parallèle à (BB'), mais L n'appartient pas à cette droite. Donc les droites (KL) et (BB') ne sont pas parallèles, elles sont donc sécantes, comme on peut le voir sur la vue de dessus du cube.

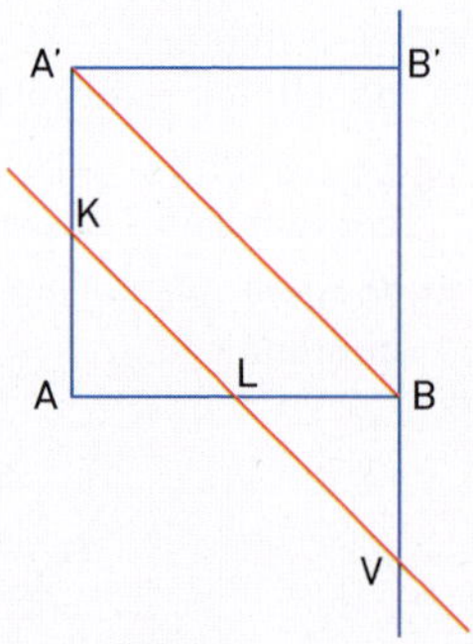

RAPPEL

Théorème de la droite des milieux : dans un triangle, la droite qui passe par le milieu de deux côtés est parallèle au troisième côté.

3 Montrons que (KL) et (MN) sont parallèles.

Dans le triangle BAA', (KL) est la droite des milieux des côtés [AB] et [AA'] (voir figure ci-dessus).

Donc (KL) est parallèle au troisième côté (A'B).

A'BCD' est un rectangle, donc (A'B) et (CD') sont parallèles.

Dans le triangle CC'D', en utilisant à nouveau le théorème de la droite des milieux, on montre que (CD') est parallèle à (MN).

Donc, les droites suivantes sont parallèles deux à deux : (KL), (A'B), (CD') et (MN).

Donc (KL) et (MN) sont parallèles. Par conséquent elles sont coplanaires.

3 Trouver une intersection de plans

CONSEIL

- On essaiera de faire une figure précise. Cependant, il est très difficile de représenter plusieurs plans sur la même figure.
  On essaie alors de faire apparaître quelques points remarquables de chaque plan.

Exercice

On considère le cube ABCDA'B'C'D' représenté dans l'exercice de la méthode 1.

Le point M est le milieu du segment [BC].

Déterminer l'intersection du plan (AB'M) et du plan (DCC').

POINT MÉTHODE

✓ *L'intersection de deux plans sécants est une droite. Pour la déterminer, il suffit de déterminer deux points appartenant aux deux plans, si cela est possible.*

Comment répondre ?

- Les droites (AM) et (DC) sont coplanaires. En effet, ces deux droites toutes incluses dans le plan (ABC).

Si on trace ces deux droites, on peut représenter leur point d'intersection E.

Le point E appartient à (AM), donc à (AB'M).

Il appartient aussi à (DC), donc à (DCC').

ASTUCE

Il faut toujours vérifier que deux droites sont coplanaires avant de chercher leur intersection.

- Les droites (B'M) et (C'C) sont coplanaires. En effet, ces deux droites sont incluses dans le plan (BCC'). Si on trace ces deux droites, on peut représenter leur point d'intersection F.

Le point F appartient à (B'M), donc à (AB'M).

Il appartient aussi à (CC'), donc à (DCC').

- Conclusion : l'intersection du plan (AB'M) et du plan (DCC') est la droite (EF).

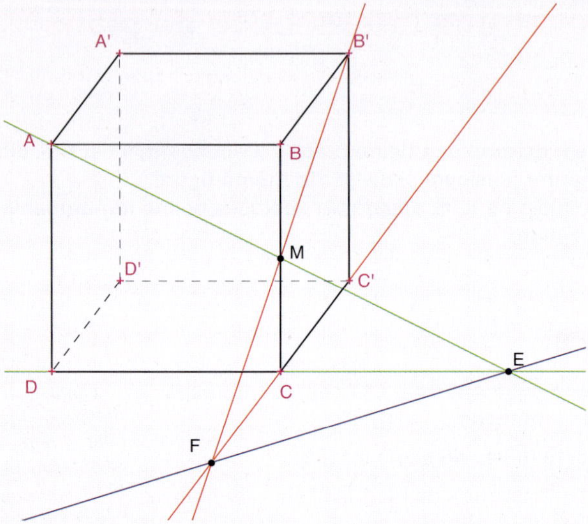
A'
B'
A
B
M
D'
C'
E
D
C
F

TESTEZ VOS CONNAISSANCES

CORRIGÉ p. 304

1. Le volume d'un cylindre de révolution de rayon R et de hauteur h est égal à :

a. $\frac{1}{3}\pi R^2 \times h$. **b.** $\pi R^2 h$. **c.** $\frac{2}{3}\pi R h$.

2. L'aire d'une sphère de rayon R est égale à :

a. $\frac{4}{3}\pi R^3$. **b.** $4\pi R^2$. **c.** $\frac{4}{3}\pi R^2$.

3. Si deux droites ne sont pas coplanaires, alors :

a. elles peuvent être parallèles. **b.** elles peuvent être sécantes.

c. elles n'ont aucun point commun.

4. Dans l'espace, si deux droites sont parallèles, alors :

a. elles sont coplanaires. **b.** elles ne sont pas coplanaires.

c. elles peuvent éventuellement être sécantes.

5. Si deux plans sont sécants, alors leur intersection est :

a. un point. **b.** une droite. **c.** un plan.

6. Une droite et un plan peuvent être (plusieurs réponses sont possibles) :

a. parallèles. **b.** sécants. **c.** confondus.

Dans les questions suivantes, on considère le cube ABCDEFGH représenté ci-contre (plusieurs réponses sont possibles).

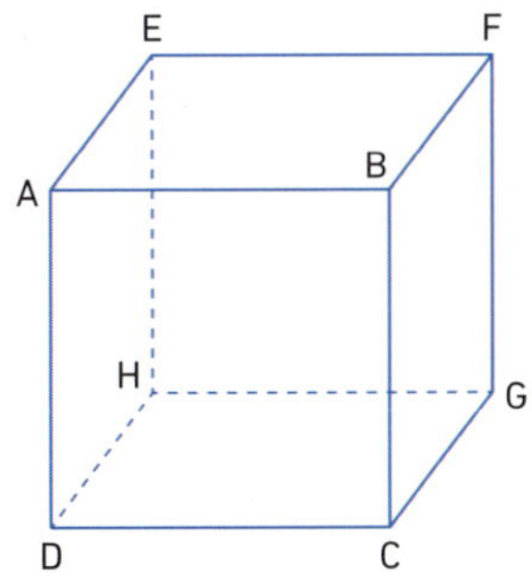

7. Les droites (AB) et (GH) sont :

a. coplanaires.

b. parallèles.

c. sécantes.

8. La droite (AF) est incluse dans le plan :

a. (ABE).

b. (HBD).

c. (DGA).

9. Le plan (ABH) est parallèle à la droite :

a. (HG). **b.** (DC). **c.** (AG).

10. Les droites (AH) et (EF) ne sont pas :

a. coplanaires. **b.** parallèles. **c.** sécantes.

ENTRAÎNEZ-VOUS

CORRIGÉ p. 305

Patrons, aires et volumes

1 On considère le patron du solide ci-contre :

10 min

a. Quelle est la nature de ce solide ?

b. Quelles sont ses dimensions ?

c. Quels sont son volume et son aire ?

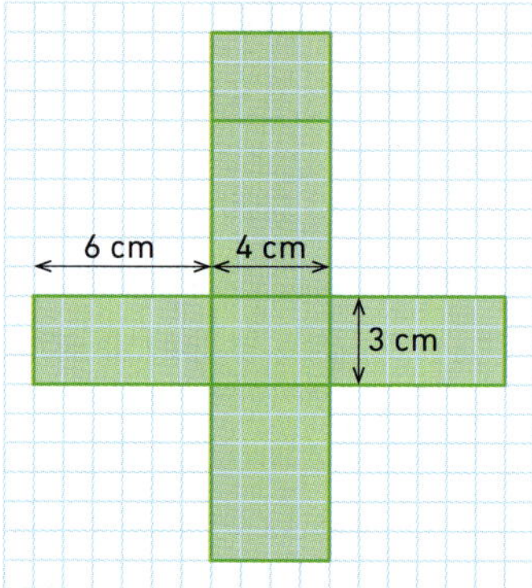

2 On considère le patron du solide ci-contre :

25 min

a. Quelle est la nature de ce solide ?

b. Quelles sont les dimensions de la base et la hauteur de ce solide ?

c. Quels sont son volume et son aire latérale ?

d. Combien mesure une arête latérale ?

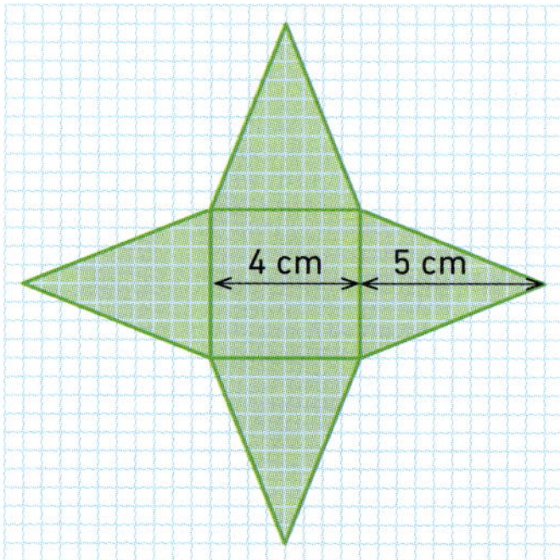

3 On considère le patron du solide ci-contre :

25 min

a. Quelle est la nature de ce solide ?

b. Démontrer que l'angle α est égal à 216°.

c. Quelle est la hauteur de ce solide ?

d. Quels sont son volume et son aire latérale ?

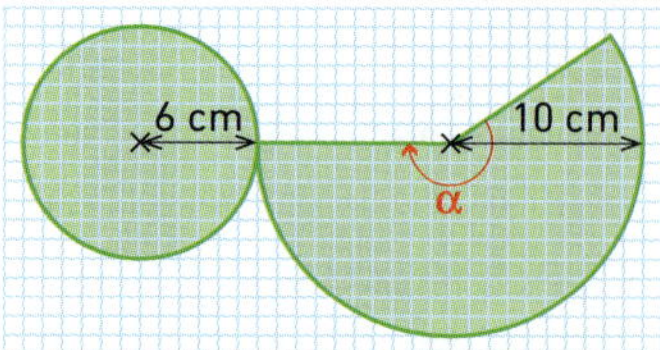

Représenter des solides en perspective cavalière

4 Représenter un parallélépipède rectangle en perspective cavalière dont les dimensions sont : 8 cm, 6 cm et 4 cm. ●○○ 15 min

5 Représenter une pyramide régulière à base carrée de côté 6 cm et de hauteur 8 cm. ●○○ 15 min

6 On considère le cube ABCDEFGH de côté 6 cm représenté ci-contre. ●●○ 30 min

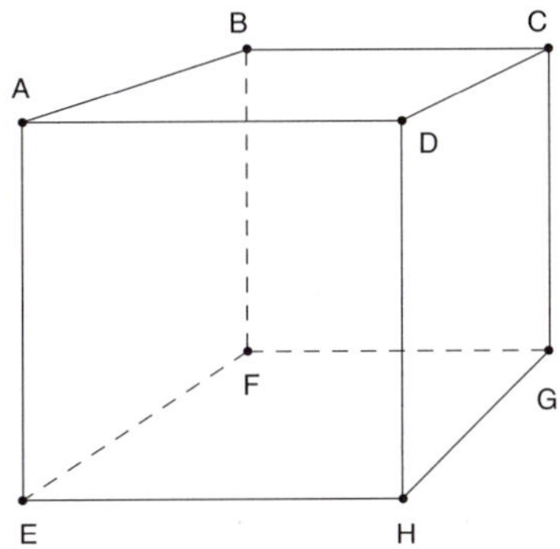

a. La figure ci-contre est-elle une perspective cavalière ?

b. Représenter le cube ABCDEFGH, au crayon, en perspective cavalière en respectant la position des points.

c. Soit I, J, K et L les milieux respectifs des arêtes [AB], [BC], [CD] et [DA].
Sur la figure, représenter le prisme droit dont la base est l'hexagone IBJKDL et la hauteur est [DH].

d. Déterminer le volume de ce prisme.

Étudier des positions relatives de droites

7 On considère le cube ABCDEFGH représenté ci-contre. ●○○ 20 min
Soit I le milieu de l'arête [DC].

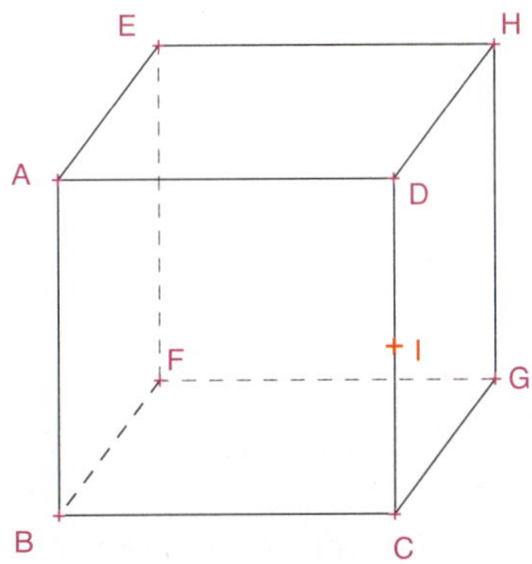

a. Démontrer que les droites (EH) et (BC) sont coplanaires.

b. Démontrer que les droites (EC) et (BH) sont coplanaires.

c. Démontrer que les droites (EI) et (FD) sont sécantes.

d. Les droites (EI) et (BH) sont-elles sécantes ?

Trouver une intersection de plans

8 ABCDEFGH est un cube, représenté ci-contre.
Le point M est le milieu du segment [HG].
Le point N est situé au quart du segment [AB] à partir de A.
Déterminer et représenter l'intersection des plans (EMN) et (BCG).

●●○ 20 min

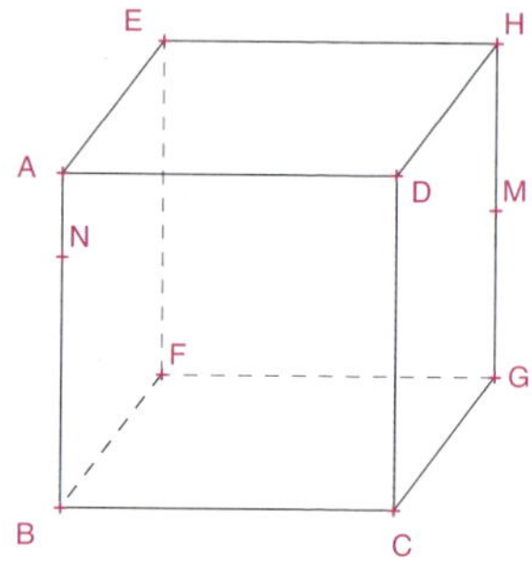

9 SABCD est une pyramide régulière à base carrée.
H est le centre de la base ABCD.
Déterminer l'intersection des plans (ABS) et (CDS).

●●○ 10 min

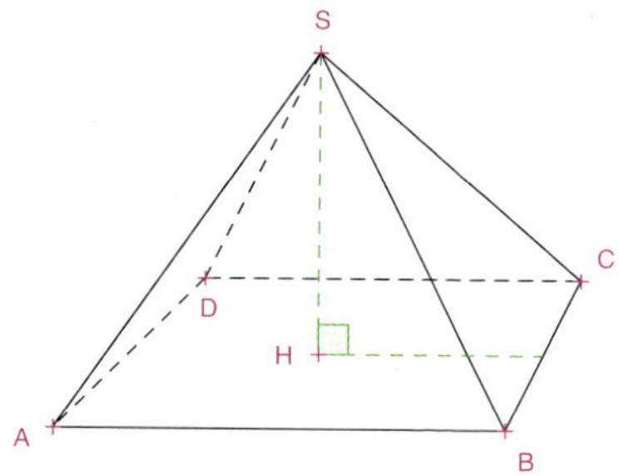

Calculs dans une sphère

10 On peut se représenter la Terre comme une sphère de centre O et de rayon $R = 6{,}38 \cdot 10^3$ km.
N et S désignent respectivement les pôles Nord et Sud.
E est un point de l'équateur et M un point du demi-cercle passant par S, E et N.

●●○ 30 min

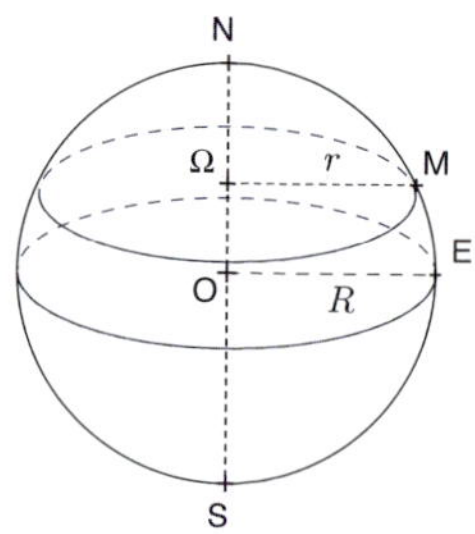

a. Calculer la longueur de l'équateur. On donnera le résultat en écriture scientifique avec trois chiffres significatifs.

b. Dans cette question, on considère un cercle parallèle à l'équateur, dont le centre Ω est situé à la distance $O\Omega = 3{,}19 \cdot 10^3$ km.
Déterminer le rayon et la circonférence de ce cercle.

c. Dans cette question, on considère un cercle parallèle à l'équateur et tel que l'angle $\widehat{EOM}$ soit égal à 45°.
Déterminer le rayon et la circonférence de ce cercle.

Calculs dans une pyramide

11 SABCD est une pyramide régulière de sommet S à base carrée telle que : $AB = 8$ et $SA = 4\sqrt{2}$. ●●● 30 min

Les points I et J sont situés respectivement au tiers des segments [SA] et [SB] en partant du sommet S. Les points K et L sont situés respectivement aux deux tiers des segments [SC] et [SD] en partant du sommet S.

a. Montrer que les faces de la pyramide sont des triangles rectangles isocèles.

b. Montrer que les points I, J, K et L sont coplanaires.

c. Quelle est la nature du quadrilatère IJKL ? Déterminer ses dimensions.

d. Déterminer l'aire du quadrilatère IJKL.

Volumes et fonctions

12 Un verre a une forme conique dont la base a un rayon $HK = 3$ cm et de hauteur $OH = 18$ cm. ●●● 30 min

On note x la hauteur OM du liquide contenu dans le verre.

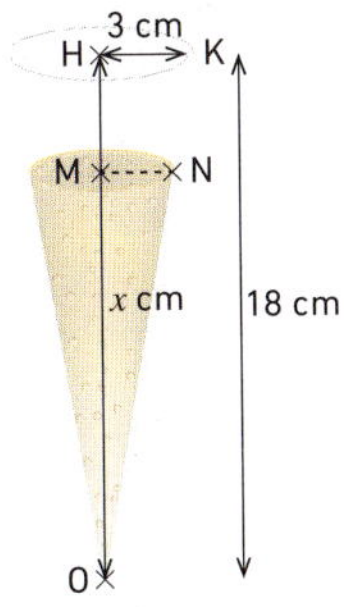

a. Démontrer que le volume, en cm³, du liquide contenu dans le verre en fonction de x est égal à :

$$V(x) = \frac{\pi}{108}x^3.$$

Aide : On pourra considérer le triangle OHK représenté sur la figure ci-contre.

b. Quel est l'ensemble de définition de la fonction V ?

c. Quelle est la contenance maximale V_{max} de ce verre ?
On donnera la valeur exacte ainsi qu'une valeur approchée au cm³.

d. Quel est le volume du liquide contenu dans le verre lorsque le niveau de ce liquide est de 9 cm ?

e. On a représenté ci-contre la courbe de la fonction V sur l'écran d'une calculatrice. Reproduire exactement ce graphique sur votre calculatrice.
Quels sont les paramètres de la fenêtre ?

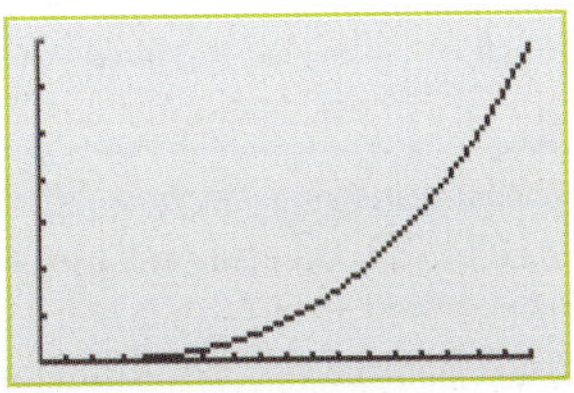

f. À l'aide de la calculatrice, déterminer approximativement le niveau du liquide pour que le verre soit rempli à moitié.

Corrigés de *TESTEZ VOS CONNAISSANCES*

1. Réponse **b.** Voir le paragraphe 1.C.

REMARQUE

Attention à ne pas confondre l'aire et le volume de la sphère.

2. Réponse **b.** Voir le paragraphe 1.F.

3. Réponse **c.** Voir le paragraphe 2.D.

À RETENIR

Deux droites non coplanaires ne sont ni sécantes, ni parallèles.

Si deux droites sont sécantes ou parallèles, alors il existe un plan qui les contient toutes les deux. On dit qu'elles sont coplanaires.
Dans l'espace, il existe un troisième cas où aucun plan ne contient les deux droites. Donc elles n'ont aucun point commun bien qu'elles ne soient pas parallèles.

4. Réponse **a.** Voir le paragraphe 2.D.

5. Réponse **b.** Voir le paragraphe 2.B.

6. Réponses **a.** et **b.** Voir le paragraphe 2.C.
Une droite parallèle à un plan peut, éventuellement, être incluse dans ce plan. Dans ce cas, tous les points de la droite sont communs avec le plan.

7. Réponses **a.** et **b.** Voir le paragraphe 2.D.
Les droites (AB) et (GH) sont parallèles et contenues dans le plan (ABG).
Ce plan contient le rectangle ABGH.

8. Réponses **a.** et **c.**
La droite (AF) est contenue dans le plan (ABE) qui contient la face ABFE, ainsi que dans le plan (DGA) qui contient le rectangle DGFA.
En revanche, le plan (HBD) contient le rectangle HDBF et ne peut pas contenir le point A, donc la droite (AF).

9. Réponses **a.**, **b.** et **c.**
Le plan (ABH) contient le rectangle ABGH. Donc il contient les droites (HG) et (AG). De plus, (DC) est parallèle à (AB), donc parallèle au plan (ABH).

10. Réponses **a.**, **b.** et **c.**
(AH) et (EF) ne peuvent pas être contenues dans le même plan. En effet, AHEF est un tétraèdre (pyramide à base triangulaire).
Deux droites non coplanaires ne sont ni sécantes, ni parallèles.

Corrigés de *ENTRAÎNEZ-VOUS*

Patrons, aires et volumes

1 **a.** On reconnaît un solide qui possède 6 faces rectangulaires.

On vérifie que les faces opposées ont les mêmes dimensions.

Donc il s'agit d'un parallélépipède rectangle.

b. Ses dimensions sont : 3 cm, 4 cm et 6 cm.

c. Le volume est égal à : $3 \times 4 \times 6 = 72$, donc à 72 cm^3.

L'aire du solide est égale à la somme des aires de ses six faces rectangulaires.

Donc : $(6 \times 3 + 6 \times 4 + 3 \times 4) \times 2 = 108$, c'est-à-dire : 108 cm^2.

2 **a.** On reconnaît une base carrée et quatre faces qui sont des triangles isocèles.

Il s'agit d'une pyramide régulière à base carrée.

b. La base est un carré de côté 4 cm de centre H.

Pour calculer la hauteur, représentons la pyramide en perspective cavalière.

Le triangle SHF est rectangle en H. Le côté HF est égal à la moitié du côté de la base, donc 2 cm.

L'hypoténuse SF est égale à 5 cm.

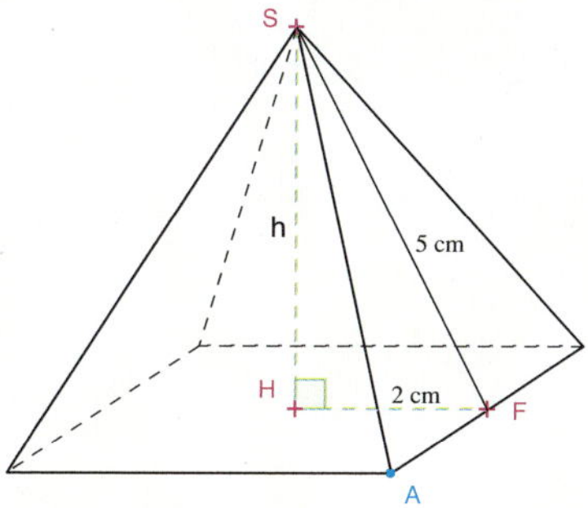

Donc, d'après le théorème de Pythagore,

$$SH^2 = SF^2 - HF^2, \text{ d'où } SH^2 = 5^2 - 2^2 = 21.$$

C'est-à-dire : $SH = \sqrt{21}$.

Donc, la hauteur de la pyramide est $\sqrt{21}$ cm.

c. Le volume (en cm^3) est égal à :

$$V = \frac{1}{3} \times 4^2 \times \sqrt{21} = \frac{16\sqrt{21}}{3}.$$

Pour calculer l'aire latérale, on multiplie l'aire d'une face latérale par 4.

REMARQUE

Les théorèmes de la géométrie plane restent valables dans n'importe quel plan de l'espace.

À RETENIR

Volume d'une pyramide :

$V = \frac{1}{3} \times$ *(aire de la base)* $\times$ *(hauteur).*

Or chaque face latérale est un triangle isocèle de base 4 cm et de hauteur de 5 cm.
Donc l'aire latérale en cm² est égale à : $A = 4 \times \left(\frac{1}{2} \times 4 \times 5\right) = 40$.

d. Pour calculer la longueur d'une arête latérale, on applique à nouveau le théorème de Pythagore dans le triangle SAF rectangle en F.

$SA^2 = SF^2 + FA^2 = 5^2 + 2^2 = 29$, donc : $SA = \sqrt{29}$.

Une arête latérale mesure $\sqrt{29}$ cm.

3 **a.** On reconnaît le patron d'un cône de révolution. La base est un disque de rayon 6 cm et la face latérale est un secteur découpé dans un disque de rayon 10 cm.

À RETENIR
Circonférence d'un cercle de rayon R : $L = 2\pi R$.

b. Pour déterminer l'angle α, il faut utiliser le fait que la circonférence du disque de base est égale à la longueur de l'arc du secteur circulaire.

La circonférence de la base (en cm) est : $l = 2\pi \times 6 = 12\pi$.

Si le cercle de rayon 10 cm était complet, sa circonférence serait $L = 2\pi \times 10 = 20\pi$.

La longueur du secteur étant proportionnelle à l'angle α, on peut penser à présenter cette situation sous la forme d'un tableau de proportionnalité :

Angle	360°	α
Longueur	20π	12π

Donc $\alpha = \frac{360° \times 12\pi}{20\pi}$, d'où : $\alpha = 216°$.

c. Pour calculer la hauteur, représentons le cône en perspective cavalière.

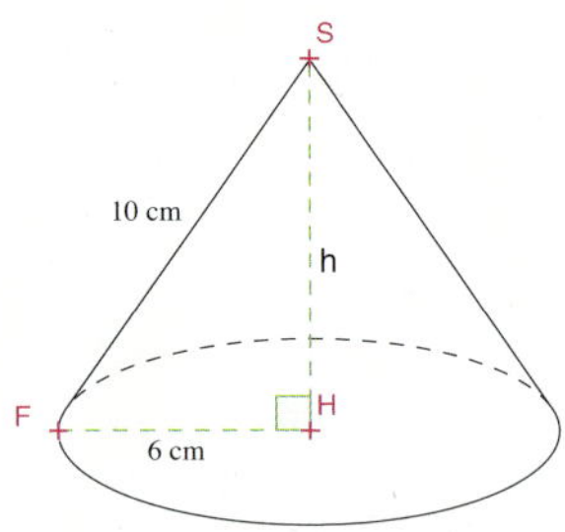

Le triangle SHF est rectangle en H.

Donc, d'après le théorème de Pythagore,

$SH^2 = SF^2 - HF^2$, d'où : $SH^2 = 10^2 - 6^2 = 64$.

Donc la hauteur SH est égale à 8 cm.

À RETENIR
Volume d'un cône :
$V = \frac{1}{3} \times$ (aire de la base) $\times$ (hauteur).

d. Le volume, en cm³, est égal à : $V = \frac{1}{3} \times (\pi \times 6^2) \times 8$,

donc : $V = 96\pi$.

L'aire latérale $\mathcal{A}$, en cm², est égale à l'aire du secteur représenté sur le patron.

Cette aire est proportionnelle à l'angle α.

L'aire du disque complet étant égale à $\pi \times 10^2$, soit à 100π.

À RETENIR
Aire d'un disque de rayon R :
$\mathcal{A} = \pi R^2$.

On peut penser à présenter cette situation sous la forme d'un tableau de proportionnalité :

Angle	360°	216°
Aire	100π	$\mathscr{A}$

Donc : $\mathscr{A} = \dfrac{100\pi \times 216°}{360°} = 60\pi$.

Représenter des solides en perspective cavalière

4 Pour représenter un parallélépipède rectangle, on doit choisir laquelle des faces est représentée devant. Ici, nous choisissons une des deux faces de dimensions 8 cm sur 6 cm.
En suivant la méthode 1, on obtient la figure suivante.

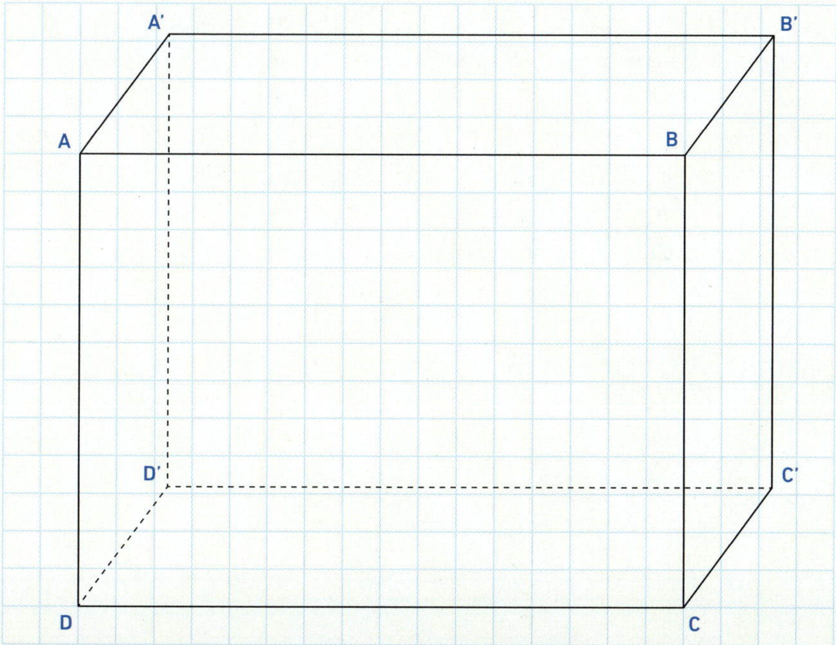

On remarque que l'arête [AA'] qui mesure réellement 4 cm est représentée par un segment de longueur 2 cm.

5 La pyramide est régulière, donc le sommet se trouve à la verticale du centre de la base. On commence par représenter la base en perspective cavalière. C'est un carré ABCD de côté 6 cm.

Les côtés [AB] et [CD] sont parallèles au plan du dessin, donc représentés en grandeur réelle. Les côtés [AD] et [BC] sont perpendiculaires au plan de la feuille, donc leur longueur est multipliée par le coefficient choisi. Comme dans la méthode 1, on choisit de multiplier cette longueur par 0,5.

On obtient donc une base représentée par un parallélogramme ABCD.

Le point d'intersection des diagonales [AD] et [BC] est le centre H de la face.

Le sommet est situé à 8 cm à la verticale de ce point H.

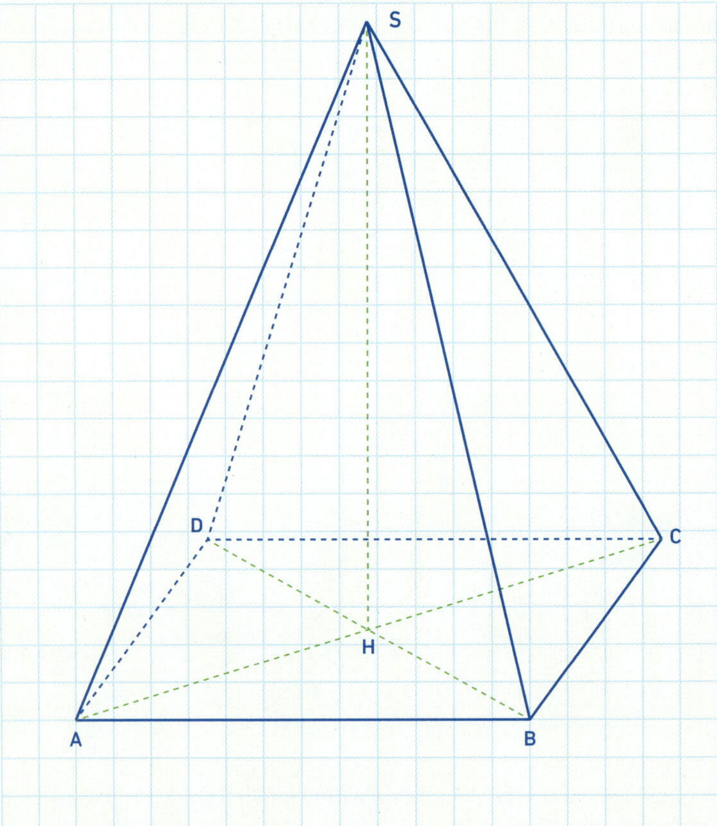

6 **a.** La perspective utilisée dans l'énoncé n'est pas une perspective cavalière. Dans une perspective cavalière, les deux faces d'avant et de derrière auraient les mêmes dimensions. Or, la face ADHE est plus grande que la face BCGF.

b. La représentation en perspective cavalière est identique à la méthode 1.

c. En plaçant les points I, J, K et L, on peut définir l'hexagone IBJKDL.

On trace cet hexagone ainsi que l'hexagone homologue sur la face inférieure.

Il suffit de tracer les segments verticaux pour faire apparaître le prisme droit cherché.

On obtient la figure suivante :

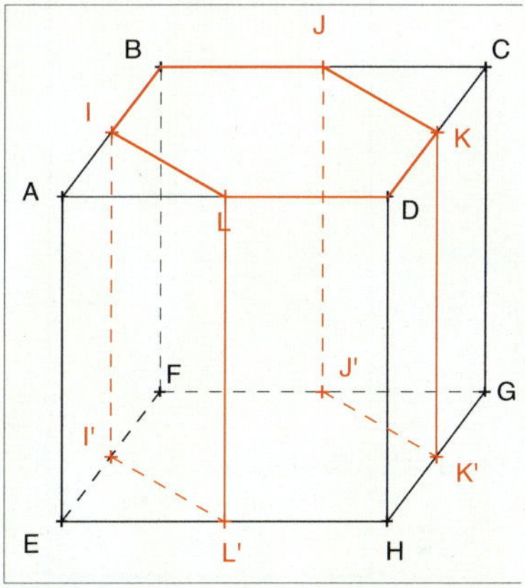

ASTUCE

Toujours réaliser les figures au crayon. Vous serez souvent amené à gommer des traits.

En gommant les sommets et les segments qui ne font plus partie du prisme, on obtient la figure tracée page suivante.

d. Ce prisme droit est obtenu en retirant d'un cube de côté 6 cm deux prismes identiques dont la base est un triangle isocèle rectangle.

Si on réunit ces deux prismes, on obtient un parallélépipède rectangle dont la base est un carré de côté 3 cm et la hauteur est 6 cm.

Donc, le volume du prisme à base hexagonale se calcule ainsi :

$$V = 6^3 - 3^2 \times 6, \text{ d'où : } V = 162 \text{ cm}^3.$$

RAPPEL

Volume d'un prisme :
V = (aire de la base) × (hauteur).

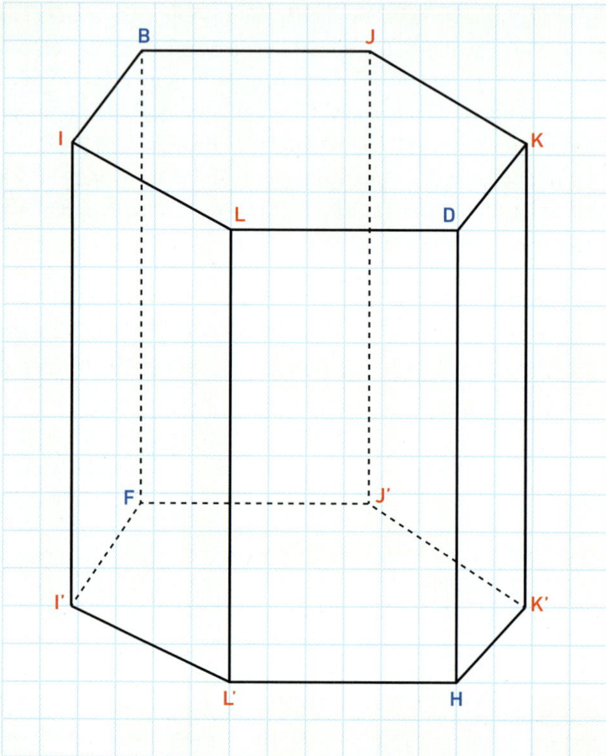

Étudier des positions relatives de droites

7 **a.** AEHD est un carré donc les droites (EH) et (AD) sont parallèles.
De même, (AD) et (BC) sont parallèles.
Donc (EH) et (BC) sont toutes les deux parallèles à (AD).
Par conséquent (EH) et (BC) sont parallèles.
Par conséquent elles sont coplanaires.

À RETENIR
Deux droites parallèles sont coplanaires.

b. Les droites (EH) et (BC) sont coplanaires, donc les points E, H, B et C sont coplanaires. Ainsi (EC) et (HB) sont coplanaires.

c. On peut montrer de même que les points E, F, C et D sont coplanaires.

Donc D et C appartiennent au plan (EFC). Donc, le milieu I de [CD] appartient aussi à ce plan.
Par conséquent (EI) et (FD) sont coplanaires.
Elles ne sont pas parallèles, donc elles sont sécantes.
On peut représenter le rectangle EDCF dans le plan (EFC) comme sur la figure ci-contre.
On a noté M le point d'intersection de (EI) et (FD).

À RETENIR

Deux droites coplanaires sont sécantes ou parallèles.

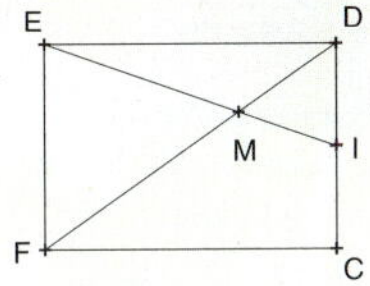

d. Les droites (EI) et (EC) sont incluses dans le plan (EFC) d'après la question **c.**
Or (EC) et (BH) sont sécantes en un point N qui appartient à la droite (EC), donc au plan (EFC). Ce point est également le point d'intersection de la droite (BH) et du plan (EFC).

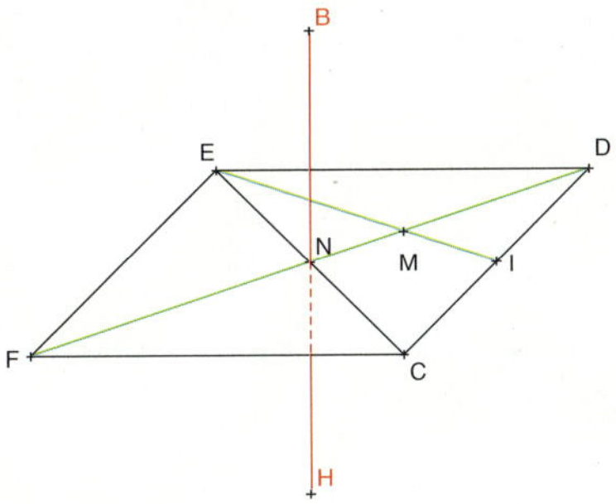

Si (EI) et (BH) étaient sécantes, elles se couperaient au même point d'intersection de (BH) et (ECF). Or (EI) et (EC) sont sécantes en E et E n'appartient pas à (BH).
Donc (EI) et (BH) ne sont pas sécantes.
On peut représenter cette situation par la figure ci-dessus.

À RETENIR

Si deux droites ne sont ni sécantes ni parallèles, alors elles ne sont pas coplanaires.

Trouver une intersection de plans

8 Les plans (EMN) et (BCG) ne sont pas parallèles. En effet, le plan passant par E et parallèle à (BCG) contient la face ADHE, donc ne contient pas les points M et N, donc ne contient pas le plan (EMN).
L'intersection est donc une droite.
Pour l'identifier, nous allons déterminer deux points de cette droite.

À RETENIR

L'intersection de deux plans sécants est une droite.

• Les droites (FB) et (EN) sont incluses dans le plan (EFB), donc sont coplanaires. En les traçant, on peut construire leur point d'intersection. Appelons-le P.

Or (FB) est incluse dans le plan (BCG) car il contient la face BCGF, et (EN) est incluse dans le plan (EMN). Donc, le point P appartient à l'intersection de (EMN) et (BCG).

ASTUCE

Pour trouver la droite d'intersection de deux plans, il suffit de trouver deux points de cette droite.

• De même, (FG) et (EM) sont coplanaires (elles sont incluses dans le plan (EFG)) et se coupent en un point Q.

(FG) est incluse dans (BCG) et (EM) dans (EMN), donc le point Q appartient à l'intersection de (EMN) et (BCG).

• On a trouvé deux points de la droite d'intersection.

Donc (EMN) et (BCG) sont sécants en (PQ).

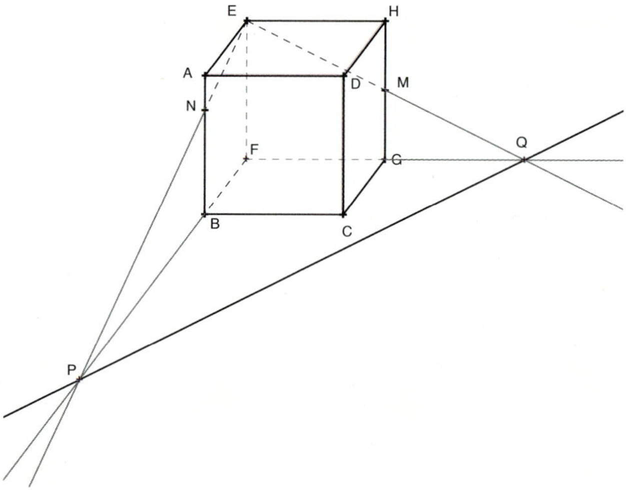

9 Les plans (ABS) et (CDS) ne sont pas parallèles. En effet, ils ne sont pas confondus et possèdent au moins un point en commun qui est le point S.

Donc, leur intersection est une droite.

Le plan (ABS) contient la droite (AB) et le plan (CDS) contient la droite (CD).

Or ABCD est un carré, donc (AB) et (CD) sont parallèles.

Donc, d'après le théorème du toit, (ABS) et (CDS) sont sécants en une droite parallèle à (AB).

Puisque S appartient à l'intersection, (ABS) et (CDS) sont sécants suivant la parallèle à (AB) passant par S.

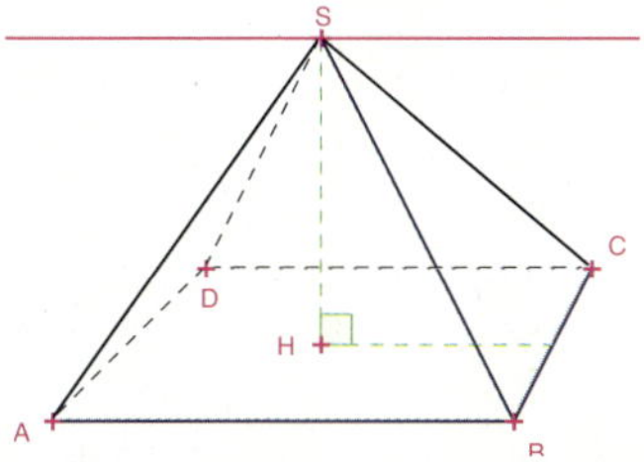

À RETENIR

Théorème du toit : si deux plans sécants $\mathcal{P}$ et $\mathcal{P}'$ contiennent respectivement deux droites parallèles d et d', alors leur intersection Δ est parallèle à ces deux droites.

Calculs dans une sphère

10 **a.** L'équateur est un cercle de rayon $6{,}38 \cdot 10^3$ km. Donc, sa circonférence est égale à $2\pi \times 6{,}38 \cdot 10^3$, soit environ $4{,}01 \cdot 10^4$ km.

b. On considère le triangle $O\Omega M$. Ce triangle est un triangle rectangle en Ω.

Le segment [OM] est un rayon de la sphère, donc $OM = 6{,}38 \cdot 10^3$ et $O\Omega = 3{,}19 \cdot 10^3$. Donc, d'après le théorème de Pythagore,

$$\Omega M^2 = OM^2 - O\Omega^2, \text{ donc } \Omega M^2 = 6\,380^2 - 3\,190^2,$$

d'où : $\Omega M = \sqrt{6\,380^2 - 3\,190^2} \approx 5\,525$, donc $\Omega M \approx 5{,}53 \cdot 10^3$ km.

Donc la circonférence du cercle est environ : $2\pi \times 5{,}53 \cdot 10^3 \approx 34\,746$, donc environ $3{,}47 \cdot 10^4$ km.

c. Dans ce cas, l'angle $\widehat{EOM} = 45°$. Or $\widehat{EOM} + \widehat{MO\Omega} = 90°$ car les deux angles sont complémentaires. Donc $\widehat{MO\Omega} = 45°$ et par conséquent $O\Omega M$ est un triangle rectangle en Ω et qui possède un angle de 45°. Donc : $\Omega M = OM \times \sin(45°)$.

Donc $\Omega M = 6\,380 \times \sin(45°) \approx 4\,511$ et par conséquent $\Omega M \approx 4{,}51 \cdot 10^3$ km.

Ainsi la circonférence du cercle est environ $2\pi \times 4{,}51 \cdot 10^3 \approx 28\,345$, donc environ $2{,}83 \cdot 10^4$ km.

RAPPEL

Dans un triangle $O\Omega M$ rectangle en Ω, $\cos(\widehat{MO\Omega}) = \dfrac{O\Omega}{OM}$ et $\sin(\widehat{MO\Omega}) = \dfrac{\Omega M}{OM}$.

REMARQUE

Ce cercle, parallèle à l'équateur, s'appelle le 45e parallèle.

Calculs dans une pyramide

11 **a.** La pyramide est régulière, donc les faces sont toutes des triangles isocèles dont la base mesure 8 et les côtés $4\sqrt{2}$. Considérons par exemple la face SAB.

$SA^2 + SB^2 = \left(4\sqrt{2}\right)^2 + \left(4\sqrt{2}\right)^2 = 64$ et $AB^2 = 64$, donc : $SA^2 + SB^2 = AB^2$.

D'après la réciproque du théorème de Pythagore, SAB est rectangle en S.

Donc toutes les faces sont des triangles rectangles et isocèles en S.

b. Dans le triangle SAB, les points S, I et A sont alignés dans le même ordre que les points S, J et B.

De plus : $\dfrac{SI}{SA} = \dfrac{SJ}{SB} = \dfrac{1}{3}$. Donc, d'après la réciproque du théorème de Thalès, (IJ) et (AB) sont parallèles.

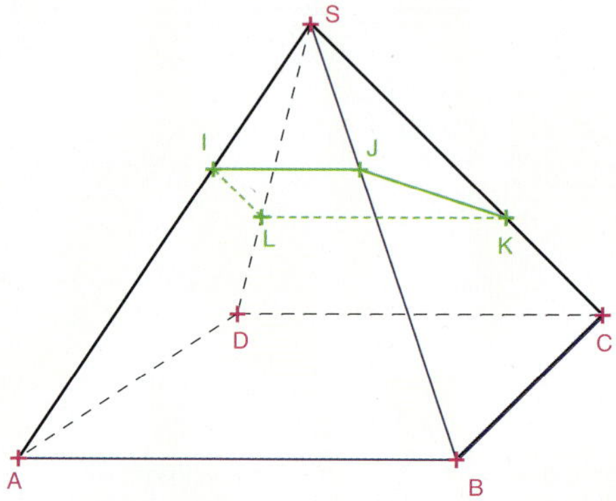

À RETENIR

Si deux droites sont parallèles, alors toute parallèle à l'une est parallèle à l'autre.

On montre de même que (KL) et (CD) sont parallèles.
Or ABCD est un carré, donc (AB) et (CD) sont parallèles.
Donc (IJ) et (KL) sont parallèles et par conséquent coplanaires.
Donc, les points I, J, K et L sont coplanaires.

c. Les points I, J, K et L sont coplanaires, donc IJKL est un quadrilatère. De plus, les droites (IJ) et (KL) sont parallèles, donc IJKL est un trapèze.

Dans le triangle SAB, d'après le théorème de Thalès : $\frac{IJ}{AB} = \frac{SI}{SA} = \frac{SJ}{SB} = \frac{1}{3}$, donc $IJ = \frac{1}{3}AB = \frac{8}{3}$. De même : $KL = \frac{2}{3}DC = \frac{16}{3}$.

Pour déterminer JK et IL, on se place dans le triangle SBC, isocèle et rectangle en S.
Le triangle SJK est rectangle en S,
donc d'après le théorème de Pythagore,

$JK^2 = JS^2 + SK^2 = \left(\frac{4\sqrt{2}}{3}\right)^2 + \left(\frac{8\sqrt{2}}{3}\right)^2 = \frac{160}{9}$,

donc : $JK = \sqrt{\frac{160}{9}} = \frac{\sqrt{16} \times \sqrt{10}}{\sqrt{9}} = \frac{4\sqrt{10}}{3}$.

De même : $IL = \frac{4\sqrt{10}}{3}$.

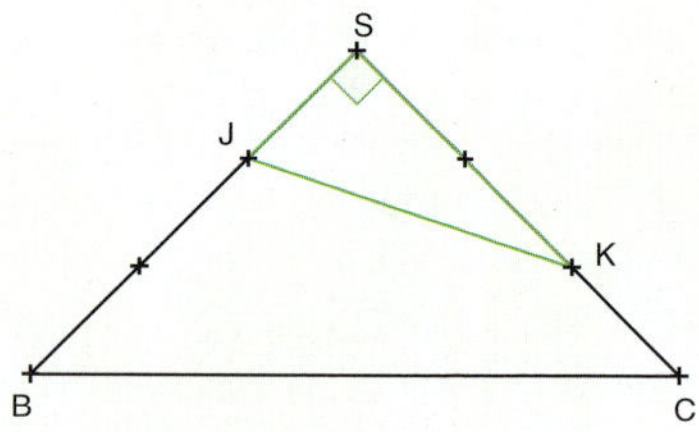

Donc IJKL est un trapèze isocèle dont les bases mesurent $\frac{8}{3}$ et $\frac{16}{3}$ et les côtés latéraux $\frac{4\sqrt{10}}{3}$.

d. Pour déterminer l'aire du trapèze IJKL, représentons-le dans le plan (IJK).

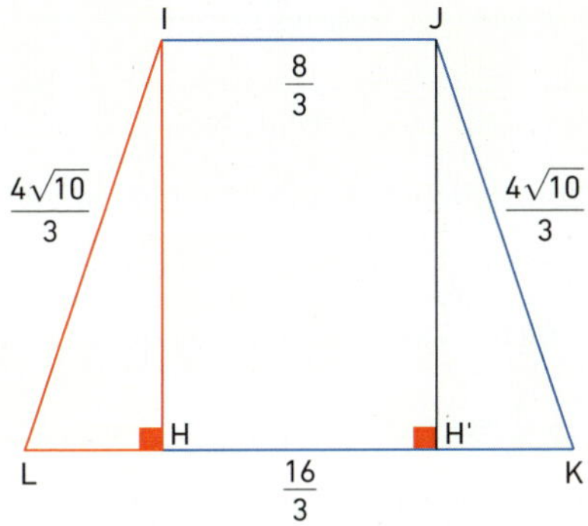

Le trapèze est isocèle, donc, en appelant H le pied de la hauteur issue de I, et H' celui de la hauteur issue de J, on a :

$$\text{LH} + \text{HH'} + \text{H'K} = \frac{16}{3}.$$

Donc $2\text{LH} = \frac{16}{3} - \frac{8}{3} = \frac{8}{3}$, d'où : $\text{LH} = \frac{4}{3}$.

Donc, dans le triangle LHI rectangle en H, d'après le théorème de Pythagore,

$\text{IH}^2 = \text{IL}^2 - \text{LH}^2 = \left(\frac{4\sqrt{10}}{3}\right)^2 - \left(\frac{4}{3}\right)^2 = 16$, donc $\text{IH} = 4$.

Donc, l'aire du trapèze est égale à :

$\frac{1}{2}\left(\frac{8}{3} + \frac{16}{3}\right) \times 4$, donc à 16.

À RETENIR

Aire d'un trapèze :

$A = \frac{(\text{petite base}) + (\text{grande base})}{2} \times (\text{hauteur})$.

Volumes et fonctions

12 **a.** Déterminons le volume du liquide contenu dans le verre, c'est-à-dire le volume du cône dont la base a pour rayon MN et pour hauteur OM.

Dans le triangle OHK, M appartient à (OH), N à (OK) et les droites (HK) et (MN) sont parallèles.

Donc, d'après le théorème de Thalès :

$\frac{\text{MN}}{\text{HK}} = \frac{\text{OM}}{\text{OH}}$, donc $\text{MN} = \frac{\text{OM}}{\text{OH}} \times \text{HK}$. D'où : $\text{MN} = \frac{x}{18} \times 3 = \frac{x}{6}$.

Donc le volume du cône est : $V(x) = \frac{1}{3} \times \pi \times \left(\frac{x}{6}\right)^2 \times x = \frac{\pi}{108}x^3$.

À RETENIR

Volume d'un cône :

$V = \frac{1}{3} \times (\text{aire de la base}) \times (\text{hauteur})$.

b. Le nombre x représente la hauteur, en cm, du liquide dans le verre.

Donc x est compris entre 0 et 18. Donc l'ensemble de définition de V est $[0\,;\,18]$.

c. $V_{max} = V(18) = \dfrac{\pi}{108}\,18^3 = 54\pi$, soit environ 170 cm³.

d. $V(9) = \dfrac{\pi}{108}9^3 = \dfrac{27\pi}{4}$, soit environ 21 cm³.

Remarque : si la hauteur du liquide est la moitié de la hauteur du verre, alors le volume du liquide est égal à $\left(\dfrac{1}{2}\right)^3 = \dfrac{1}{8}$ de celui du verre.

e. Pour obtenir la courbe identique à celle de l'énoncé, on doit modifier la fenêtre ainsi :

$x\text{min} = 0$; $x\text{max} = 18$; $x\text{scl} = 1$; $y\text{min} = 0$; $y\text{max} = 175$; $y\text{scl} = 25$.

f. $\dfrac{170}{2} = 85$, donc, sur la calculatrice, on trace la droite d'équation $y = 85$ et on cherche graphiquement l'abscisse du point d'intersection.

REMARQUE

On cherche un antécédent du nombre 85 par la fonction V.

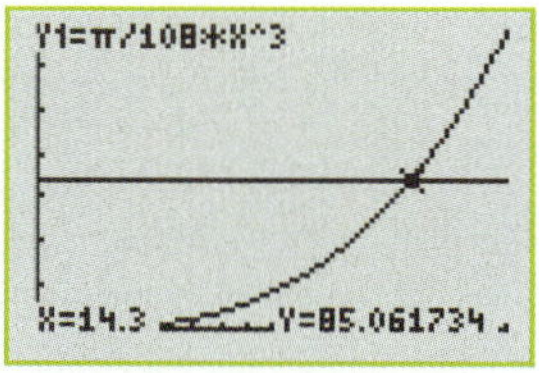

On arrive à une hauteur environ égale à 14,3 cm.

On vérifie par le calcul que $V(14{,}3) = \dfrac{\pi}{108} \times 14{,}3^3 \approx 85$.